变电站设备

诊断与分析

主　编　赵全胜
副主编　闫庆方　石云松
　　　　田　鹏　何　鹏

中国电力出版社
CHINA ELECTRIC POWER PRESS

内 容 提 要

为总结变电设备的运维经验，进一步提高运维人员对设备缺陷、故障分析与处理能力，本书以图文并茂的形式，对变电站设备异常和故障典型案例进行了分析，详细介绍了设备异常和故障产生的原因、处理过程和防范措施。

本书按照设备类型，共分为八章，包括变压器、断路器、互感器、隔离开关、电力电容器、消弧线圈、保护及二次装置、一键顺控的操作应用。

本书可供变电、运维、检修、高压、保护等专业人员日常学习和现场分析使用，也可供电力行业管理人员、电力院校、厂家技工、新员工培训等参考。

图书在版编目（CIP）数据

变电站设备诊断与分析／赵全胜主编．—北京：中国电力出版社，2023.12（2025.7重印）
ISBN 978-7-5198-8209-9

Ⅰ.①变… Ⅱ.①赵… Ⅲ.①变电所－电气设备－故障诊断 Ⅳ.① TM63

中国国家版本馆 CIP 数据核字（2023）第 193969 号

出版发行：中国电力出版社
地　　　址：北京市东城区北京站西街19号（邮政编码100005）
网　　　址：http://www.cepp.sgcc.com.cn
责任编辑：畅　舒（010-63412312）
责任校对：黄　蓓　常燕昆　于　维
装帧设计：王英磊
责任印制：吴　迪

印　　刷：北京锦鸿盛世印刷科技有限公司
版　　次：2023年12月第一版
印　　次：2025年7月北京第二次印刷
开　　本：787毫米×1092毫米　16开本
印　　张：27.25
字　　数：510千字
印　　数：1001—1300册
定　　价：168.00元

编审人员

做中国式的——爱迪生、特斯拉，践行工匠精神，做与时俱进的责任工人专家，谨以此书献给：为全国电力行业付出的普通劳动者！

前言
PREFACE

　　国家电网随着科技的进步，超高压、大电网、大容量对电力系统的安全、稳定、可靠运行，提出了更高要求。

　　《220kV及以下变电站设备异常和故障典型案例分析》一书，于2017年出版，但案例分析还是较少，六年来经过大家共同努力，又进行了第二次修编，补充了大量新的内容，根据多年工作经验和心得感悟加以总结，通过直观描述以往发生的变电设备异常运行和故障情况，使变电运维人员形成直观形象的认识，从而提高其对异常运行和故障的认定和分析处理能力，内容丰富，通俗易懂，贴近实际工作；修编期间，参考了大量相关书籍、论文、规程，得到国网河南省电力公司郑州供电公司的大力协助，还有河南九域恩湃电力技术有限公司、河北旭辉电气股份有限公司、上海思源光电有限公司、福建和盛高科技产业有限公司、平高集团有限公司、大连第一互感器有限责任公司、航天银山电气有限公司、合容电气股份有限公司、许昌电测智能电力装备有限公司等兄弟单位的技术支持，谨在此表示衷心感谢。

　　由于能力水平有限，书中难免有不妥之处，希望广大读者提出宝贵意见，同时欢迎大家与我们进行深入交流探讨，共同做好变电、运维、检修、试验、保护、远动工作。

编者

2023年8月

目录

CONTENTS

2 第二章
断路器

3 第三章
互感器

4   第四章 隔离开关   219

5 第五章
电力电容器

8 第八章
一键顺控的操作应用 385

变压器结构原理

第一节　SECTION 1

（1）变压器由器身（包括铁芯、绕组、结缘结构、引线、分接开关）、油箱、套管、冷却装置、非电量保护组成。外部结构如图1-1所示，内部结构如图1-2所示。

▲ 图1-1　变压器外部结构

▲ 图1-2　变压器内部结构

（2）变压器冷却器部分如图1-3所示，风冷控制箱如图1-4所示，控制电路如图1-5所示。

风扇

热继电器

潜油泵、油流继电器

▲ 图1-3　变压器冷却系统

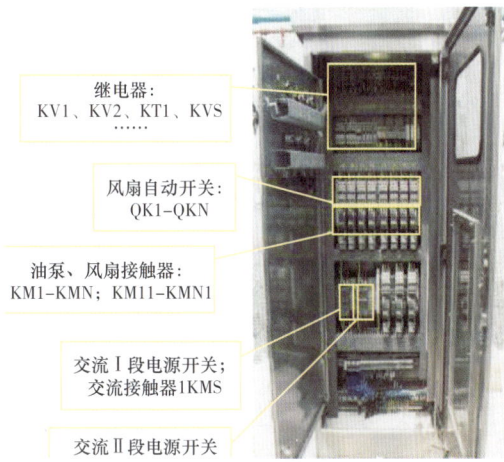

继电器：
KV1、KV2、KT1、KVS
……

风扇自动开关：
QK1-QKN

油泵、风扇接触器：
KM1-KMN；KM11-KMN1

交流Ⅰ段电源开关；
交流接触器1KMS

交流Ⅱ段电源开关

▲ 图1-4　变压器风冷控制箱

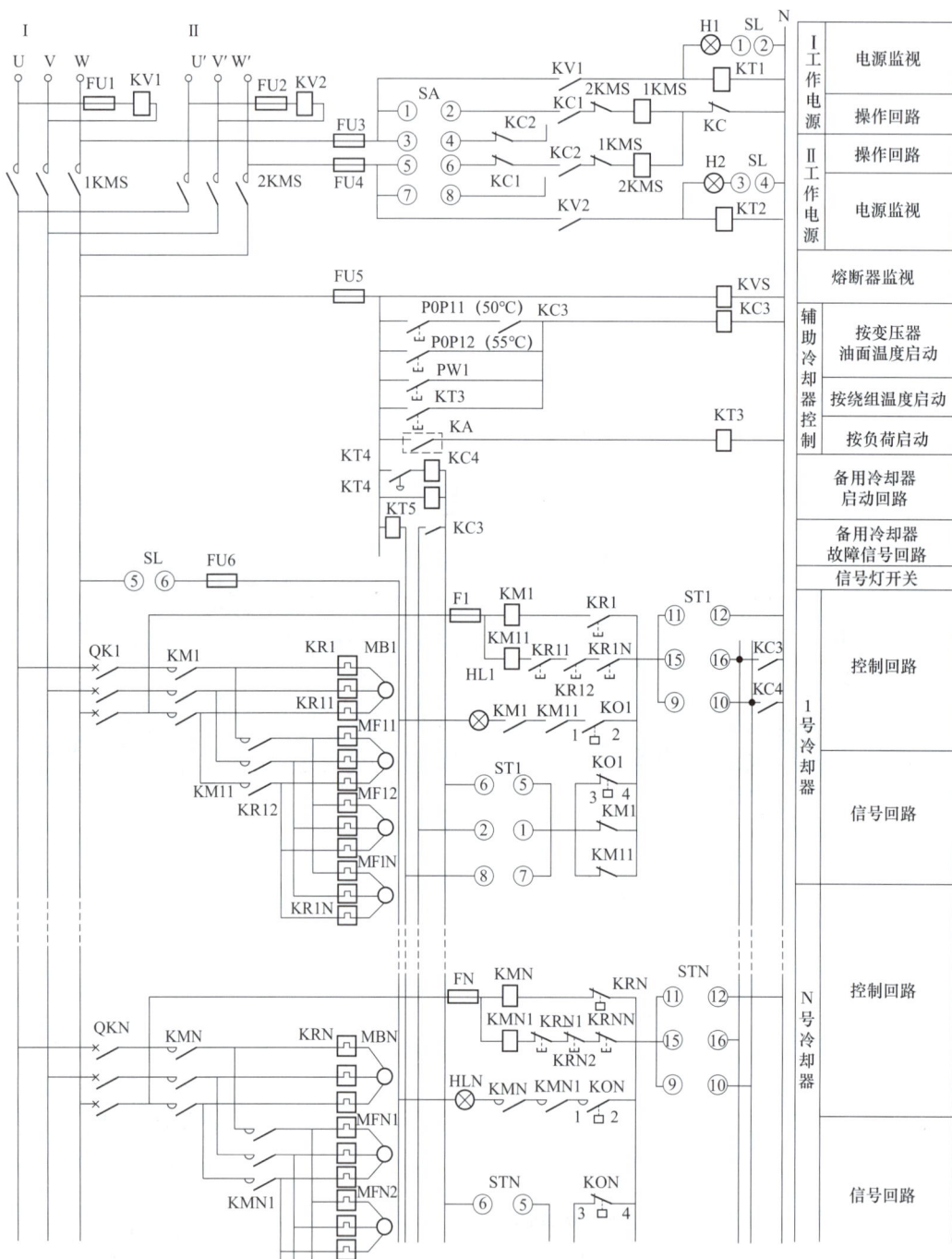

▲ 图1-5 变压器强油风冷控制电路

变压器的诊断与分析

一、35kV主变压器有载调压开关故障

1. 检查情况

（1）某35kV变电站，只有1台35kV变压器运行，1号主变压器无高压侧断路器，高压侧通过对侧某220kV变电站某35kV线路串带，保护全线路和主变压器运行。该站运行方式如图1-6所示，6kV系统采用单母分段接线方式，35kV线路带主变压器和6kV北母运行，6kV南母由另外一个站的一条线路串带运行，60备用，主变压器低压侧配有过电流保护，气体保护只能用于预报信号，不能跳闸。35kV线路保护：许继WXH822；主变压器型号：SZ10-6300/35。

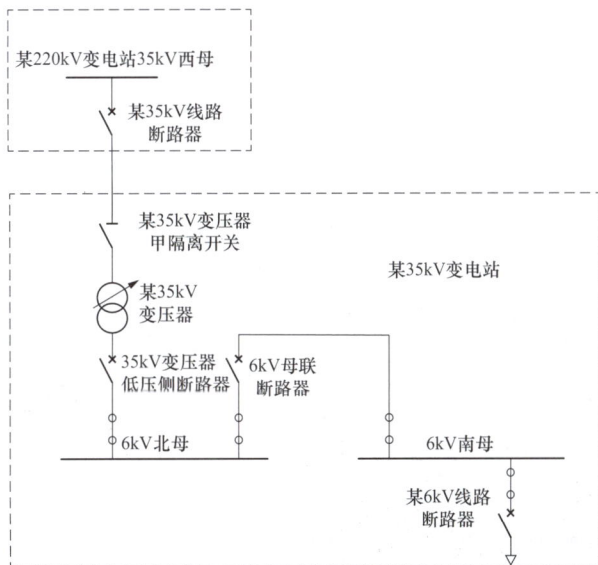

▲ 图1-6　35kV变电站运行方式

（2）2019年2月2日，00：38，某220kV变电站某35kV侧线路保护动作，电流Ⅲ段动作跳闸，造成某35kV变电站1号主变压器及6kV北母失压，三相短路的故障电流

分别为A相8.99A、B相10.33A、C相8.69A，满足电流Ⅲ段定值7.2A（延时2.1s动作）；电流变比300/5，转换成一次电流为，A相539.4A、B相619.8A、C相521.4A，35kV线路保护动作报文如图1-7所示，保护动作值如图1-8所示，保护动作正确。

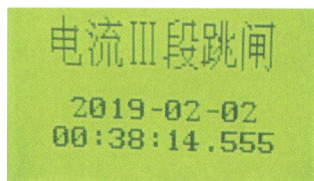

▲ 图1-7　35kV线路保护动作报文　　　　▲ 图1-8　35kV线路保护动作值

（3）35kV变电站监控机SOE信息，在00：40：48后，1号主变压器调压重瓦斯、调压轻瓦斯频繁动作复归，直到00：40：51后，主变压器本体重瓦斯动作，6kV北母失压，此时35kV线路已跳闸。为主变压器内部故障，导致对侧35kV侧线路跳闸。对35kV线路两端设备进行了认真检查，核对保护定值正确，二次设备无异常。

🔧 2.分析处理

（1）将35kV变电站1号主变压器解除备用，做安全措施后，合上60断路器，恢复6kV北母运行。检查1号主变压器周围有黑色油污，有载调压开关喷油，防爆膜爆裂，主变压器本体油色谱数据严重超标，变压器内部存在严重故障；对1号主变压器进行解体检查，吊出有载调压开关芯子，发现有载调压开关的绝缘支撑条三相短路烧焦，如图1-9所示，有载调压开关防爆膜爆裂，如图1-10所示。

▲ 图1-9　绝缘支撑条AB相间烧损　　　　▲ 图1-10　有载调压防爆膜爆裂

（2）进一步检查，发现有载调压开关桥接电阻存在断裂情况，且断裂部位呈尖端

状态，对有载调压开关绝缘筒内部进行检查，绝缘筒内壁存在烧焦痕迹，如图1-11所示。

（3）为进一步确认有载调压开关故障对主变压器本体的影响，将变压器绕组吊出后检查，有载调压开关绝缘筒外部情况良好，未出现烧损痕迹；变压器A、C相绕组正常，B相绕组导线烧断，整组情况如图1-12所示，局部断裂情况如图1-13所示。

▲ 图1-11 绝缘筒内壁烧焦

▲ 图1-12 B相绕组导线烧断

▲ 图1-13 B相绕组导线局部断裂

（4）本次故障，由于主变压器有载调压开关切换过程中，桥接电阻断裂引起内部弧光放电，弧光造成油质劣化，引起对应位置的相间绝缘强度不足，有载调压开关故障瞬间无法切断短路电流，故障进一步扩大至本体，造成变压器三相短路。35kV主变压器损坏，已无法运行，需返厂处理，立即调取一台SZ9-10000/35变压器，经试验合格，调试传动正确，恢复送电正常，如图1-14所示。

▲ 图1-14 更换后的1号主变压器

3. 整改措施

（1）开展同类型有载调压变压器的排查工作，加强变压器的运行维护，对有载调压开关进行检查，强化油化验工作，对达到检修次数以及运行年限的有载开关，及时制定检修计划，开展大修和更新设备工作。

（2）35kV主变压器有载调压开关，对动作次数及绝缘裕度要求更高，应加强有载调压开关的日常维护，重点监测有载调压开关油室、绝缘油的耐压和含水量，发现异常及时汇报处理。

（3）该35kV变电站设计过于简单，1号主变压器高压侧无断路器，当内部发生故障时，由上一级保护切除故障，易造成故障进一步扩大，及时梳理类似的变电站，尽快将此变电站改造。

（4）若由于系统方式不允许，应及时制定相应的升级改造方案，加装高压侧断路器及相应主保护装置，以满足系统保护配置要求。

二、35kV线路故障导致主变压器35kV侧绕组损坏Ⅰ

1. 检查情况

2016年1月24日，某220kV变电站某35kV线路A、C相过电流Ⅰ段保护动作，距离Ⅰ段动作跳闸，重合闸动作，线路永久性故障，然后A、B相过电流Ⅰ段保护动作、距离Ⅰ段动作，过电流加速动作，断路器再次跳闸，然后，1号主变压器重瓦斯动作，三侧断路器跳闸。主变压器型号：SFPSZ9-150000/220。

2. 分析处理

（1）从保护动作信息来看，该主变压器在故障前，遭受了两次低压侧相间短路故障，分别为低压AC相间短路和低压AB相间短路，两次短路过程中，A相分别承受8.8、4.3kA，B相分别承受4.4、8.7kA，C相分别承受4.4、4.3kA的短路电流。故障后，1号主变压器油色谱检测数据，乙炔已明显增加，其中主变压器中部油样乙炔15.86μL/L，底部油样乙炔27.64μL/L，三比值102，属于电弧放电。

（2）35kV侧直流电阻三相偏差6%，B相低压绕组直流电阻明显小于A、C相，低压侧绕组绝缘电阻0.01MΩ，铁芯绝缘电阻为0Ω，高压-低压短路阻抗相间互差超标，其他试验结果无异常。试验结果显示，B相低压绕组存在匝间短路，铁芯之间的绝缘遭受破坏的可能性较大。35kV侧可承受的短路电路有效值为7.5kA，本次短路电流约为8.7kA，达到变压器抗短路能力的核算值。

（3）解体检查，B相铁芯芯片局部烧熔，表面附着铜沫，铁芯保护绝缘纸筒及撑条链破损严重，如图1-15所示。B相低压绕组内部多处绝缘件破损受污，有大量游离碳及绝缘纸屑；高压线圈外表完好，线饼外观整齐、无变形；中压线圈外表完好，内部硬纸筒受挤压开裂；低压线圈多处扭曲变形严重，无法剥离。A、C相绕组外观完好，外部围屏受污染，存在少许游离碳；高调、高压、中压、低压线圈外表完好，线饼外观整齐、无变形。吊罩解体检查，B相低压绕组已严重变形，存在多处匝间短路。

▲ 图1-15 主变压器低压侧B相绕组烧毁

（4）故障时，为强阵风天气，主变压器35kV侧线路在强风作用下，线路发生舞动，引起主变压器低压侧近区短路。该主变压器低压侧抗短路能力为C类，可承受的短路电路有效值为7.5A，本次短路电流约为8.7A，超过低压线圈可承受短路电流值。

（5）线圈遭受突发短路时，在巨大轴向力的作用下，线圈油隙垫块中的油被挤出，在短路结束后，油隙垫块需要经过一定时间的吸油后，才能恢复原稳定状态；在此期间，线圈机械强度尚未完全恢复，抗短路承受能力较低，再次遭受短路冲击后，低压侧部分线圈发生绕组变形，造成匝间短路，引起主变压器重瓦斯动作跳闸。

3. 整改措施

（1）对220kV主变压器中、低压侧线路短路故障排查，线路故障较多地区的主变压器中、低压侧，加装限制短路电流的电抗器；对遭受低压侧短路故障较多的220kV变压器，开展动态抗短路能力评价，制定针对性防范措施。

（2）开展变压器绕组变形及带电检测，对于动态校核结果较差的变压器，开展带电振动测试和扫频阻抗测试，完善振动和扫频阻抗的绕组变形测试方法，明确变压器绕组变形情况，针对性开展返厂大修与更换。

（3）开展220kV及以上变压器，存在异常的110kV变压器的特高频局放带电检测工作，根据检测结果，对存在放电隐患的变压器，制定针对性的检修措施，要求220kV及以上变压器均安装油色谱在线监测装置。

三、35kV线路故障导致主变压器35kV侧绕组损坏 II

1. 检查情况

2021年11月6日，20：06：34，某220kV变电站某35kV线路相间短路跳闸，重合闸动作成功，故障点在主变压器差动保护区外，高低压侧电流很大，且方向相反，差流很小，为穿越性电流，差动保护未动作；6：35：302，低压侧电流波形畸变，二次谐波含量约为45%，闭锁比率差动保护。6：35：352，线路再次故障跳闸，重合失败，区外故障切除，此时区内故障，产生差动电流，达到差动保护动作值，此时制动电流小、二次谐波含量小，满足比率差动动作条件，2号主变压器双套比率差动保护动作，三侧断路器跳闸。主变压器型号：沈变SFPSZ7-120000/220。

2. 分析处理

（1）主变压器跳闸后，对本体及三侧设备进行外观检查，未发现异常。取主变压器本体油样化验，乙炔、氢气、总烃数值较主变压器跳闸前一次数据有明显增加，其中乙炔含量31μL/L。对主变压器进行全面试验，其中低压绕组对高压、中压、平衡及对地绝缘电阻不合格，低压绕组对高压、中压、平衡及对地电容量不合格，绕组各分接位置电压比试验不合格，绕组变形试验显示，低压绕组较上次试验相比有明显变化，B相低压绕组电容、阻抗变化超标，变比测量异常。

（2）35kV线路全长8km，其中出站2.5km为电缆敷设，其余为架空线路，电缆段中存在多处中间接头。线路跳闸后，对架空部分进行检查，未发现异常，随后对电缆段进行检查，发现距站1.7km处，电缆中间接头烧毁，为接头处绝缘击穿造成短路。

（3）先对主变压器B相绕组进行解体，从调压、高压、中压、低压，依次向里逐个解体，高中压绕组和调压绕组，均没有发现异常，低压外第一层绝缘筒开裂，低压绕组严重变形，向外凸出，低压侧在换位导线处扭曲变形，为匝间绝缘破损导致匝间短路，有电弧放电痕迹，如图1-16所示。

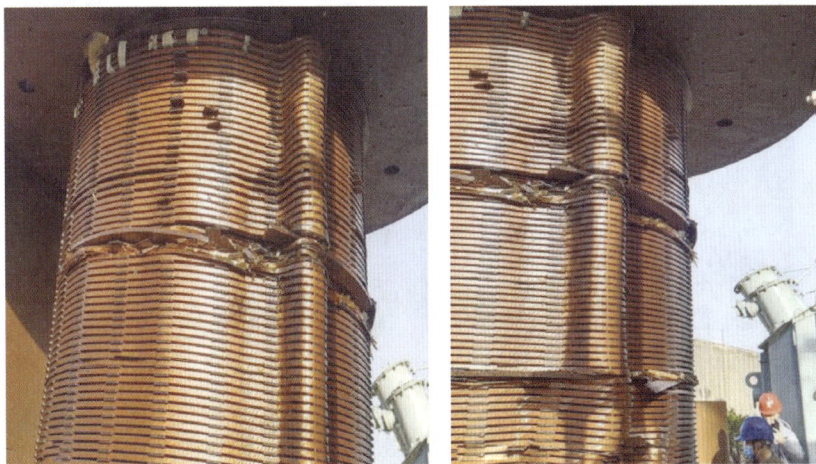

▲ 图1-16　低压侧换位导线处匝间短路

（4）平衡绕组在变压器正常运行时，平衡绕组不带负载，接成三角形，电压为零，几乎没有电流，但在突发短路时，打破了平衡，绕组有瞬时电流，受挤压变形，平衡绕组变形，如图1-17所示。

（5）对A、C相进行解体，情况与B相类似，变形程度不同，这与电容和阻抗等试验结果相吻合，低压侧绕组变形，如图1-18所示。

（6）变压器在运行过程中，受过多次外部短路冲击，使得绕组失去稳定，低压绕组垫块在垂直度上，明显不在一条线，低压绕组有明显扭曲和移位现象，而且低压绕组与绕组下部端圈垫块有整体位移现象，绕组具有多次受短路冲击特征。

▲ 图1-17　平衡绕组严重变形

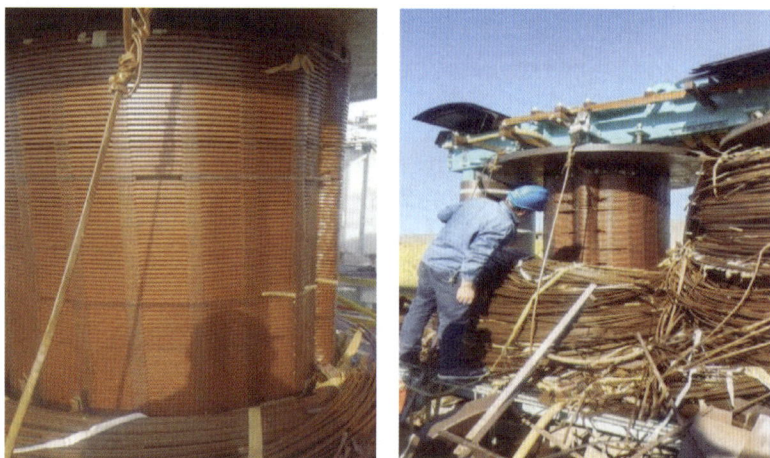

▲ 图1-18 低压侧 A、C 相绕组变形

（7）根据主变压器故障前后保护动作情况，故障显示，二次电流值19.71A，折合一次电流5913A，接近主变压器低压侧可承受短路电流能力。

（8）短路电流引起绕组变形拉伸，导线电缆纸绝缘层受损，尤其是换位处导线扭曲、变形，匝间绝缘破损放电，这是乙炔产生的主要原因，进而导致主变压器比率差动动作跳闸，主变压器已不能运行，需进行更换处理。

3. 整改措施

（1）加强抗短路能力不足主变压器隐患治理。抗短路能力严重不足主变压器受外部短路冲击后，容易引发内部故障。按照《国网设备部关于印发220kV在运变压器抗短路能力校核结果及治理要求的通知》要求，全面整改。

（2）结合设备运行年限，采取设备更换、线圈改造、加装中性点小电抗、加装限流电抗器等措施，提升主变压器抗短路能力。

（3）做好主变压器运行环境治理，加强低压侧母线绝缘化处理，防止主变压器出现外部短路。

四、35kV主变压器10kV侧母线绝缘子发热

1. 检查情况

（1）2016年12月4日，某35kV变电站1号主变压器进行红外测温，发现主变压器10kV侧母线桥C相支柱绝缘子测温异常，表面温度高达35.2℃，正常相最高温度为

9.6℃，温差达25.6K。主变压器型号：SZ9-6300/35；10kV母线：ZS-10/4型支持绝缘子。

（2）支持绝缘子并非载流元件，发热情况为电压致热型，该缺陷为严重缺陷，尽快安排停电处理，并加强监测。主变压器10kV侧母线桥支柱绝缘子红外测温异常，相邻的B相母线支柱绝缘子测试也稍有异常，红外测温图谱，如图1-19所示。

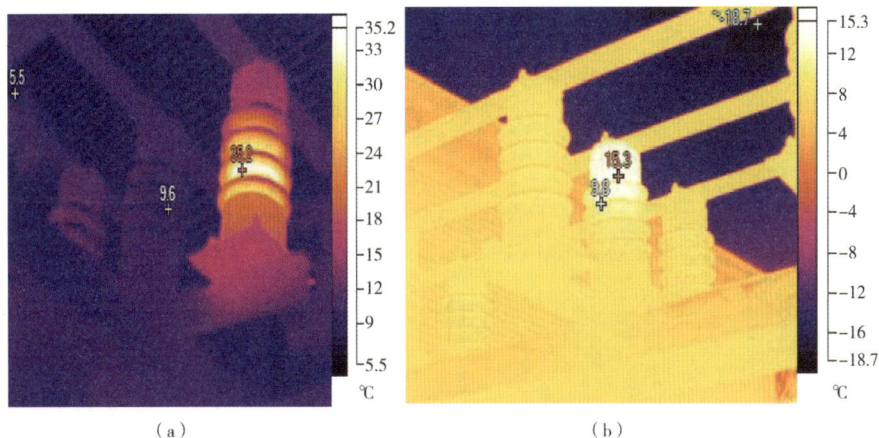

▲ 图1-19 母线支柱绝缘子红外图谱

（a）C相红外图谱；（b）B相红外图谱

2. 分析处理

（1）该主变压器10kV母线桥支柱绝缘子发热部位为靠近穿墙套管处的A相支柱绝缘子，温度最高处为中部伞裙处，热点温度达35.2℃，正常相对应点温度为9.6℃，温差达25.6K。相邻的B相温度T_B=15.3℃，正常温度T=9.8℃，温差达5.5K。依据DL/T 664—2016《带电设备红外诊断应用规范》中，电压致热型设备判断，该两处缺陷应为严重缺陷。

（2）由于绝缘子损伤、受潮、污秽原因，导致绝缘子泄漏电流增大，引起发热；绝缘子在烧结过程中材料结构不达标，电瓷材料特性对该缺陷的存在有一定的影响；选材不良，存在设备隐患，应选购优良厂家产品使用。

（3）经更换试验合格的支柱绝缘子后，恢复送电正常，测温正常，如图1-20所示。

▲ 图1-20 更换后的支柱绝缘子

3. 整改措施

（1）及时清扫、更新设备，加强设备巡视测温。红外检测技术作为监测手段，为带电检测设备缺陷提供了科学依据，避免了一起设备在运行期间，发生接地和短路故障，为设备的安全运行提供了有效保证。

（2）支柱绝缘子作为设备的主要绝缘之一，其运行状态的良好与否，对电力系统的可靠性有重大影响，对于长期运行的陈旧设备，应加强监视，发现问题及时汇报处理，禁止设备超期服役，以保证电网的安全运行。

五、110kV线路故障引起主变压器110kV侧绕组损坏

1. 检查情况

2016年6月20日，18：34，某220kV变电站某110kV线路因雷击线路杆塔，测距0.443km处，C相发生单相接地故障，导致1号主变压器110kV侧C相遭受近区短路冲击，流过主变压器110kV侧C相的故障电流为6.9kA；100ms后，1号主变压器差动保护动作、重瓦斯动作，跳开主变压器三侧断路器，保护动作正确。主变压器型号：SFS9–150000/220。

2. 分析处理

（1）检查试验结果，主变压器油色谱乙炔严重超标，110kV侧C相绕组直流电阻明显偏低，该主变压器110kV侧C相绕组发生了故障，绝缘电阻测试结果见表1–1，主变压器三侧绝缘电阻以及吸收比均明显降低，显示主变压器内部绝缘劣化。

表1–1　　　　　　　　　　　　　绝缘电阻测试

测试时间	2013年11月28日			2016年6月21日		
测试项目	$R_{15"}$（MΩ）	$R_{60"}$（MΩ）	吸收比	$R_{15"}$（MΩ）	$R_{60"}$（MΩ）	吸收比
高压对中、低压、地	49000	10700	2.18	3060	3200	1.05
中压对高、低压、地	27600	6700	2.43	8000	9200	1.15
低压对高、中压、地	27000	68500	2.54	9000	10000	1.11

根据绕组直流电阻测试结果，如表1-2所示，该主变压器中压绕组直流电阻，C相中压绕组直流电阻，明显小于AB两相值，C相中压绕组存在明显匝间短路。

表1-2　　　　　　　　　　　　绕组直流电阻测试

时间	测试相	A0（AB）（Ω）	B0（BC）（Ω）	C0（CA）（Ω）	误差（%）
2013年11月28	高压	0.37580	0.37530	0.37450	0.35
	中压	0.07633	0.07609	0.07645	0.47
	低压	0.01898	0.01893	0.01899	0.32
2016年6月21日	高压	0.4038	0.4048	0.4042	0.25
	中压	0.0763	0.0812	0.0224	77.1
	低压	0.02032	0.02035	0.02038	0.29

根据故障前后油色谱分析结果，如表1-3所示，H_2、C_2H_2以及总烃含量均严重超标，三比值为102，显示故障类型为高能电弧型放电，故障后的电气试验结果为1号主变压器内部故障。

表1-3　　　　　　　　　　　　故障前后油色谱分析

故障试验日期	H_2	CH_4	C_2H_6	C_2H_4	C_2H_2	总烃	CO	CO_2
2016年6月20日（故障后）	353.747	133.042	14.871	151.572	227.169	526.654	1176.274	3363.818
2016年5月30日	3.8	15.75	3.8	1.82	0	21.37	1103.26	3069.21
2016年4月8日	3.21	13.18	3.14	1.65	0	17.98	1029.08	2985.42

（2）对1号主变压器进行返厂解体检查，拆除上铁轭，发现C相绕组上层压板整体压向绕组出线侧偏离2cm，绕组端部靠近高压出线端部，存在炭迹现象，如图1-21所示。

吊出高压侧线圈，高压线圈完好，依次拆除高中压之间的围屏，发现中压线圈（共81饼），从上至下第26~50饼绕组，存在不同程度的向内挤压变形，其中第43、44饼绕组线饼整周严重翘曲变形，最大变形量4cm，第43、44饼绕组，在靠近高压出线对应位置绝缘烧损，存在大量炭黑及细小熔铜颗粒，匝间饼间均有短路现象，如图1-22所示。

▲ 图1-21　C相绕组端部

▲ 图1-22　C相中压绕组外侧

导线故障处，延伸至中压绕组内部，靠近低压绕组侧的围屏，有绝缘纸填充导线现象，如图1-23所示。

（3）吊出中压侧线圈，依次拆除中低压间围屏，中低压绕组间的4层围屏，除因最内、最外层在线圈故障，对应位置严重发黑外，未发现击穿现象；拆除围屏后，低压侧绕组（共91饼），从上至下第43、44饼（处于低压调压段），在中压侧绕组故障位置略偏右位置，存在饼间电弧放电现象，放电处绝缘烧损，部分导线明显烧蚀，如图1-24所示。

（4）A相线圈低压绕组（共91饼），从上至下第48~58饼（处于低压调压段），低压绕组调压抽头位置，局部存在明显的波浪状翘曲变形，最大变形量2cm，变形处的导线绝缘外观完好，A相线圈其余部位未见明显异常，如图1-25所示。

▲ 图1-23　C相中压绕组内侧

▲ 图1-24　C相中压绕组

▲ 图1-25　A相低压绕组

（5）故障当天为强雷电大风天气，录波显示为单相接地，测距为0.443km，线路杆塔有放电痕迹，同时站内线路侧避雷器动作，为雷电导致的单相接地故障，主变压器承受较大的短路电流，造成绕组变形，绝缘破损，导致绝缘击穿。

（6）按照厂家解体前核算了主变压器的抗短路能力，主变压器中压侧可承受短路电流为5.48kA，本次故障中，实际承受的短路电流为6.9kA，超过了核算结果。

（7）110kV线路遭受雷击，导致单相接地故障，是造成主变压器中压绕组发生绕组变形的直接原因，主变压器中压侧抗短路能力不足，是中压绕组发生绕组变形的根本原因。

（8）绕组变形后，导致中压线圈在靠近高压出线处绝缘受损，造成中压匝间、饼间短路，中压绕组变形后挤压低压绕组，使得低压绕组对应位置绝缘破损，造成低压饼间放电，中、低压绕组的故障，共同造成了主变压器差动及重瓦斯动作。

3. 整改措施

（1）将110kV线路全部更换为硅橡胶合成绝缘子，保护改为全线光纤纵差，提高线路快速切除故障能力。

（2）增加串联电抗器，提高变压器的抗短路能力级别，提高变压器的生产工艺。

六、110kV主变压器有载调压开关故障跳闸

1. 检查情况

（1）2013年6月17日，某110kV变电站某1号主变压器有载调压重瓦斯保护动作，两侧断路器跳闸，事故发生前未进行调压，现场检查外观无异常，为有载调压开关内部故障，保护人员对1号主变压器进行检查，测量非电量保护回路，绝缘电阻大于50MΩ，符合要求。

（2）对1号主变压器非电量保护进行动作试验，显示逻辑正确，有载调压重瓦斯保护正确，判断为有载调压开关故障，主变压器型号：SFZ8-31500/110。

2. 分析处理

（1）高压试验人员对主变压器直流电阻、绝缘电阻、耐压、泄漏电流、介质损耗、本体油、分接开关的过渡电阻分析，结果为绝缘电阻、耐压、泄漏电流数据偏大，有载调压开关乙炔含量严重超标。在挡位切换过程中，中间桥接时间段，从波形上分析，B相有过零电位现象，01-02位置过渡波形如图1-26所示，02-03位置过渡波形如图1-27所示。

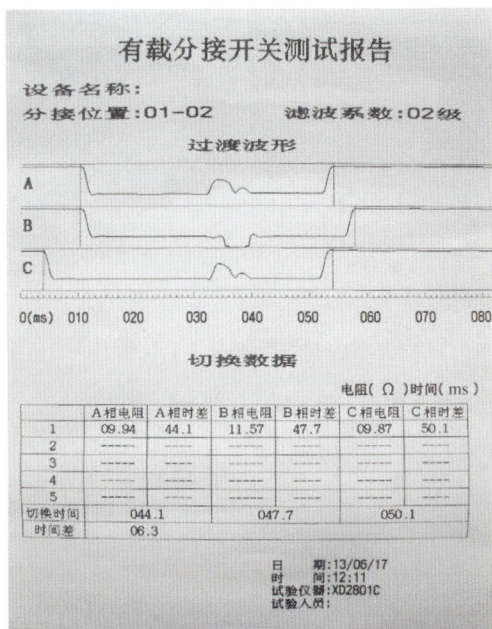

▲ 图1-26　01-02位置过渡波形

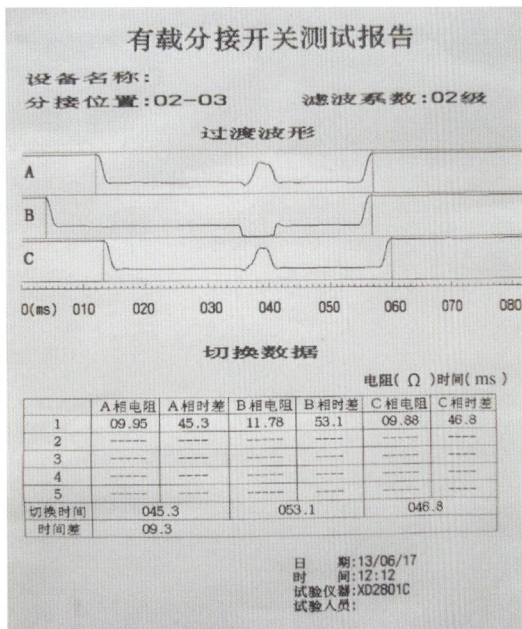

▲ 图1-27　02-03位置过渡波形

（2）从直流电阻及试验数据分析，有载调压切换开关B相波形桥接过渡过程有过零处，发生短时甩负荷，可能是B相切换开关问题，需要吊出分接开关进行检查。

（3）将1号主变压器有载调压开关吊出检查，调压开关B相在桥接部位，因为触头长期磨损、烧蚀造成无法接触，从

▲ 图1-28　分接开关B相桥接部位

而造成波形异常。动、静触头间有间隙，大约在0.2mm，正常状态下，两个单双动静引弧触头的接触部位是触头面积的1/3，B相桥接部位如图1-28所示。

（4）桥接过程中接触不良，造成有载开关油严重劣化，最终造成重瓦斯动作，对有载调压开关进行检修处理后，测试波形正常，如图1-29所示，恢复送电正常。

（5）110kV主变压器有载重瓦斯跳闸，是有载调压开关切换过于频繁，切换较大的负荷电流，造成动静触头烧损，桥接过程中无法接触，电弧分解绝缘油，产生大量气体，有载重瓦斯动作跳闸。

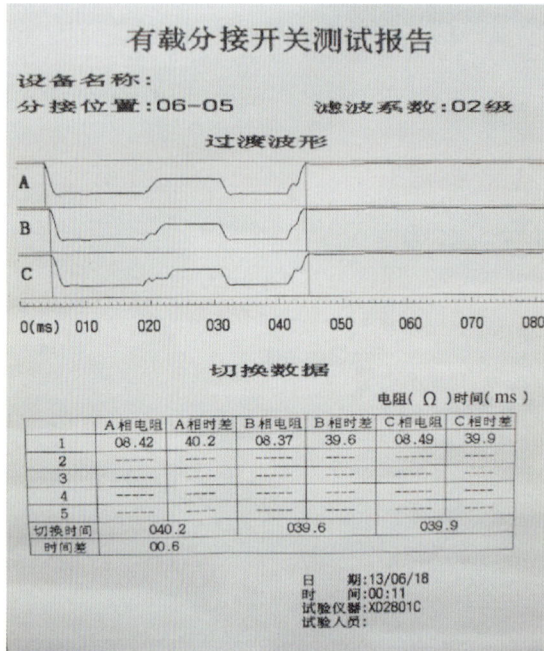

▲ 图1-29　06-05位置过渡波形

⚒ 3. 整改措施

（1）对于长期运行的有载分接开关，频繁调压超过规定次数，要及时对分接开关进行吊出检查，检查触头压力和磨损情况，发现磨损严重的，触头要及时更换，并更换绝缘油。

▲ 图1-30　有载调压装置整体更换

（2）调挡中发现电压变化不正常，应及时停止调压操作，并上报有关部门检查处理，查明原因。做好油色谱跟踪分析工作，对早期产品，应缩短检测周期，以便进行综合分析。

（3）定期进行过渡电阻切换试验，对于重负荷变压器，加强10kV电容器的投切工作，减少调挡次数。后期，经更换新的有载调压装置后，主变压器运行正常，如图1-30所示，型号：贵州长征MA7D。

七、110kV主变压器气体保护误动作跳闸

1. 检查情况

2020年7月31日，当时大风暴雨，15：22，某110kV变电站1号主变压器三侧断路器跳闸，现场检查1号主变压器，本体重瓦斯动作，动作报文如图1-31所示，调压重瓦斯动作，动作报文如图1-32所示。主变压器型号：西变SFSZ7-40000/110；主变压器保护：许继WBH-819C。

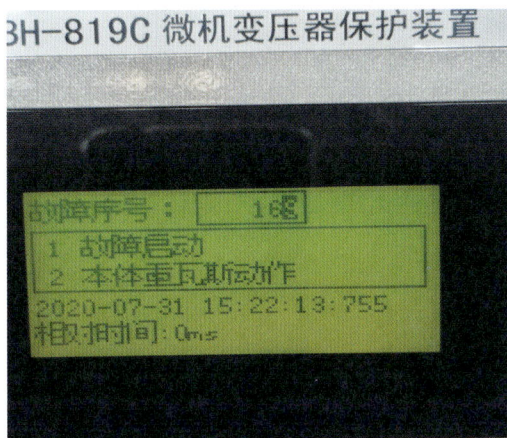

▲ 图1-31　本体重瓦斯报文

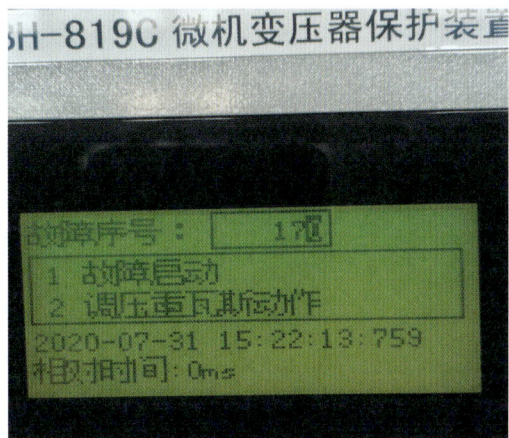

▲ 图1-32　有载重瓦斯报文

2. 分析处理

（1）将1号主变压器三侧解除备用，做安全措施后，检查主变压器，为风冷控制箱密封不严，加上当时大风暴雨天气，雨水从通风孔淋入风冷控制箱，流到有载调压三相交流电源端子上，因绝缘胶木端子老化受潮，造成两相弧光短路，电弧飞溅至相邻的主变压器瓦斯跳闸回路端子，引起01-09-11跳闸回路端子短路，启动主变压器跳闸回路，造成三侧断路器跳闸，短路的端子排如图1-33所示。

（2）根据跳闸信号回路，如图1-34所示，轻瓦斯开入信号告警，重瓦斯开入计时，发出跳闸命令，无故障分量，即非电量无故障动作跳闸。

3. 整改措施

（1）主变压器跳闸信号回路、风冷控制回路不能在一个端子排上，违反十八项反措要求，交直流端子应分开安装。

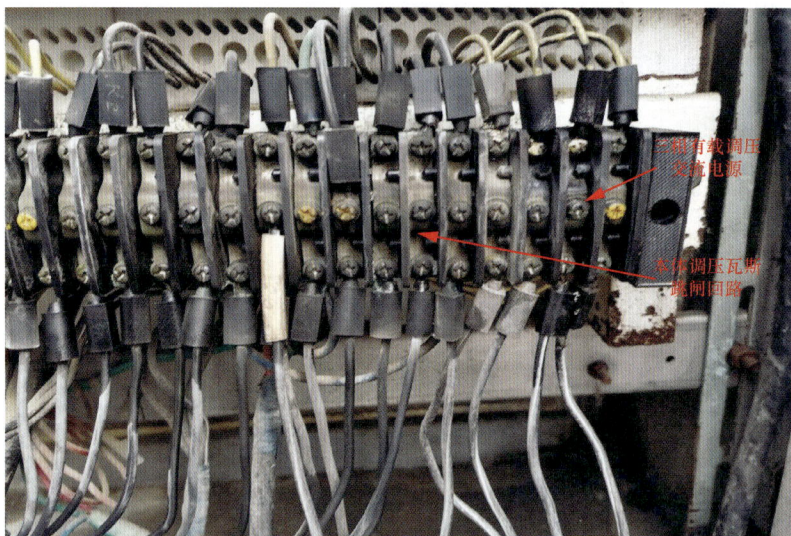

▲ 图1-33　短路的端子排

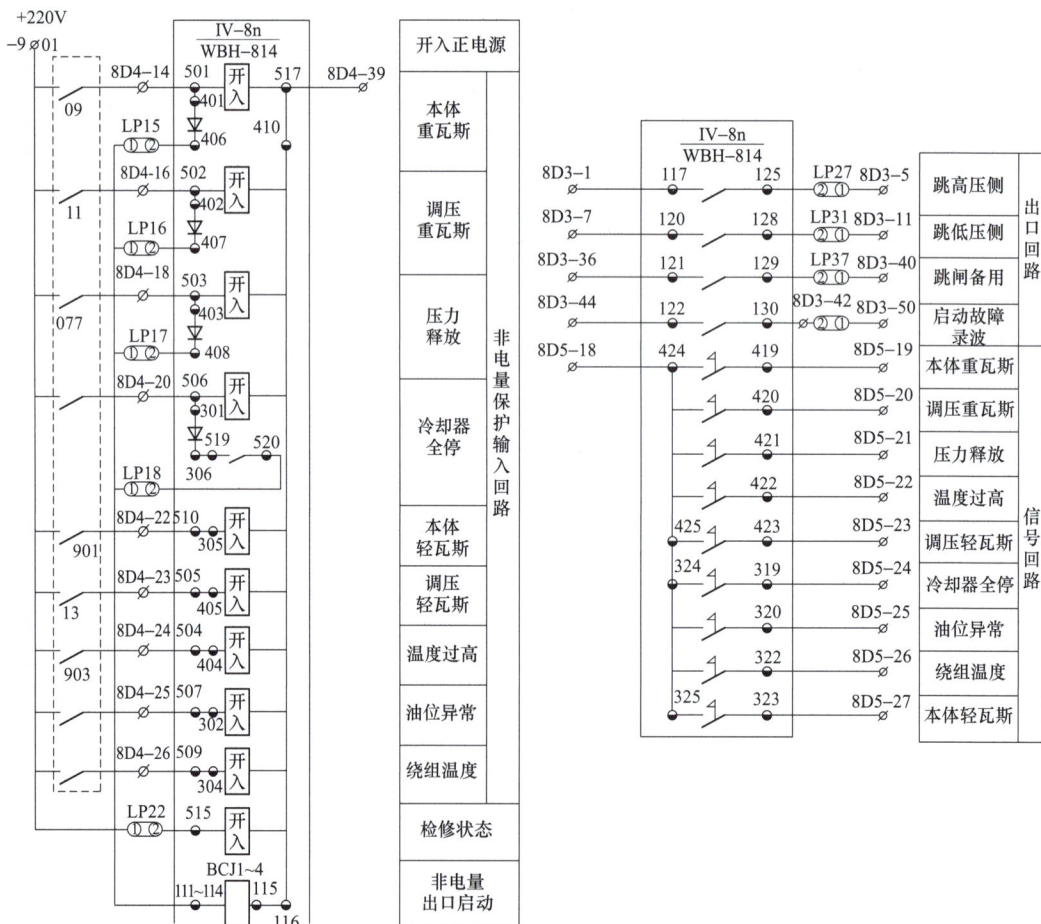

▲ 图1-34　跳闸信号回路

（2）更换老化的端子排、导线，做好端子箱防水密封措施，临时整改后的主变压器瓦斯回路端子，如图1-35所示，1号主变压器经传动，试验合格，恢复送电正常。

（3）加强二次设备的测温和清扫工作，发现异常及时处理，加快陈旧设备的更新改造，防止二次设备短路故障，造成主变压器跳闸。后期，经更换新的风冷控制箱，运行情况良好，如图1-36所示，风控箱型号：西变XBKP-0.75×6。

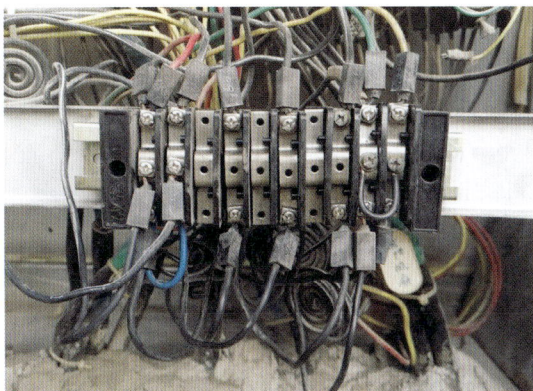

▲ 图1-35 更换后的端子排接线

八、110kV主变压器10kV侧套管污闪跳闸

1. 检查情况

2014年4月1日，18:00，小雨，某110kV变电站监控机报10kV母线B相接地告警，$3U_0$=108V，U_a=10.78kV，U_b=0.21kV，U_c=10.59kV，汇报调度，为不给用户造成停电，调度未下令进

▲ 图1-36 新风冷控制箱

行断、合10kV各分路开关，选择是否有线路接地。约40min后，18:40，1号主变压器比率差动保护动作，三侧断路器跳闸，现场检查，1号主变压器本体10kV侧B、C相套管有闪络放电痕迹，其他未发现异常。主变压器型号：西变SFSZ7-40000/110；保护型号：许继WBH-819C。

2. 分析处理

（1）当时天气一直下小雨，潮湿、气温较低，因运行设备处于铝厂污染区，污染较重，加重了设备放电，10kV套管绝缘护套有老化、脏污、脱落下垂现象，造成10kV

侧B、C两相套管污闪接地，B相套管污闪接地如图1-37所示，C相套管污闪接地如图1-38所示。

▲ 图1-37 主变压器10kV侧B相套管污闪

▲ 图1-38 主变压器10kV侧C相套管污闪

（2）主变压器10kV侧两相套管有长期渗油现象，未得到及时处理，套管表面有较重油污，雨天时放电，使套管电场分布极不均匀，近一段雨天巡视主变压器时有放电声，未引起足够重视，10kV侧套管渗油脏污情况，如图1-39所示。

（3）当主变压器10kV侧套管绝缘降低到临界点时，B相套管首先发生沿面放电，有较长时间的单相接地，随后C相套管又发生沿面放电接地，造成10kV侧B、C两相套管接地短路，引起主变压器差动保护动作跳闸，切除故障，保护动作正确。

▲ 图1-39 主变压器10kV侧套管渗油脏污

（4）立即把主变压器三侧解除备用，做安全措施，拆除10kV侧三相套管塑料护套、清擦套管、紧固底座螺钉、涂刷防污涂料，做直流电阻、绝缘、耐压、绕组变形试验合格，1号主变压器投入运行正常。保护装置运行情况如图1-40所示，10kV侧套管处理后的情况如图1-41所示。

🔧 3. 整改措施

（1）为保持主变压器绝缘化良好，近几年对主变压器套管和铝排均包扎绝缘护套和绝缘带，但绝缘护套有破损、套管渗油，缺陷未及时处理。

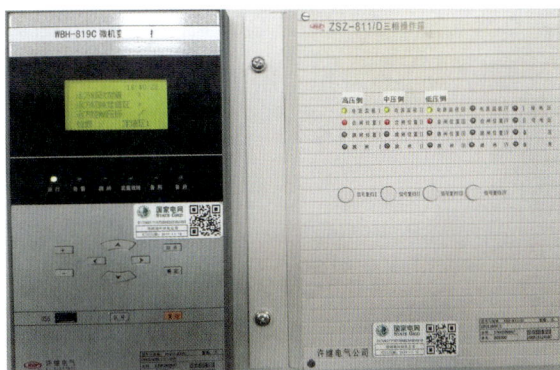

▲ 图1-40　1号主变压器保护装置

▲ 图1-41　1号主变压器10kV侧套管处理后

（2）应加强设备巡视维护力度，及时采取红外测温工作，极端天气加强巡视，发现问题及时汇报处理。

九、110kV主变压器10kV侧绝缘管母穿板故障

🔧 1. 检查情况

（1）2017年10月7日，某110kV变电站1号主变压器10kV侧绝缘管母穿板处相间短路，造成主变压器差动保护动作跳闸，10kV一段母线失压。原因为主变压器10kV管母外侧封闭绝缘板，与管母金属裸露处直接接触，天气潮湿造成绝缘板绝缘性能下降，导致管母相间短路。

▲ 图1-42　10kV管母户外穿墙处绝缘板

（2）检查1号主变压器、101断路器、10kV一段开关柜外观均无异常，主变压器10kV外侧下部绝缘板明显崩开，内侧绝缘板与墙壁间有明显烧伤痕迹，如图1-42所示，主变压器型号：SZ10-63000/110。

🔧 2. 分析处理

（1）主变压器10kV侧绝缘管母穿墙处相间短路，造成差动保护动作跳闸，A相差流20.15A，B相差流19.79A，C相差流19.88A，保护动作正确。主变压器差动动作报文如图1-43所示。

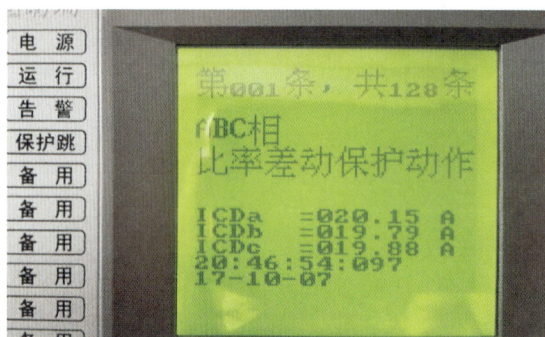

▲ 图1-43 主变压器差动动作报文

（2）故障录波显示，主变压器高压侧B相故障电流最大，A、C相故障电流幅值相等，相位相同，幅值约为B相电流幅值的一半，相位与B相电流相反，无零序分量，符合变压器低压侧AB相间短路的特征，1号主变压器低压侧发生了AB相间短路。

（3）主变压器低压侧AB相间短路，持续约14ms后，发展为三相短路，二次差动电流约为20.15A，超过差动保护定值（2.4A，0s），主变压器差动保护动作跳闸，低后备保护故障录波如图1-44所示。

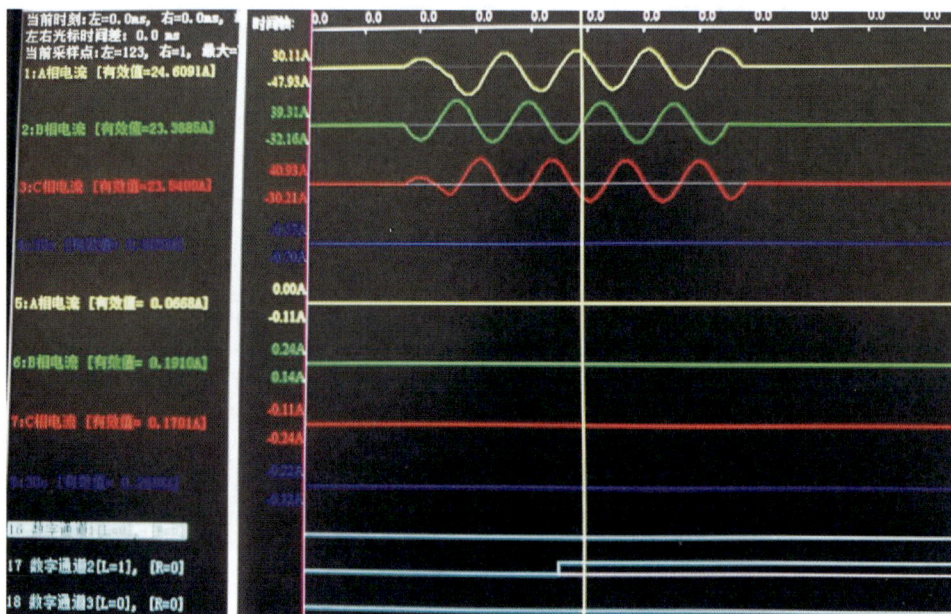

▲ 图1-44 主变压器低后备保护故障录波

（4）将1号主变压器解除备用，做安全措施后，打开10kV穿墙封闭绝缘板检查，发现绝缘板内侧有明显爬电痕迹，管母金具导电部位绝缘板爬电明显，B相管母半导电层有明显烧伤痕迹，管母间放电与保护动作情况相符，如图1-45所示。

（5）根据现场检查情况，对10kV一段母线进行耐压试验合格，对10kV管母穿板击穿处进行了处理，拆除封闭绝缘板，对裸露金属部分进行绝缘包扎，加装绝缘套管固定，对10kV绝缘管母进行耐压试验合格，1号主变压器恢复送电正常。

绝缘板爬电痕迹明显

B相管母护套处有明显烧蚀痕迹

▲ 图1-45　10kV绝缘管母户内放电

3. 整改措施

（1）目前变电站在技改过程中，10kV穿墙套管至变压器10kV母线，会随变压器更换进行改造，10kV穿墙套管至开关柜母线，会随开关柜更换进行改造，不同厂家管母对接处，一般在穿墙套管外侧，增加绝缘板封堵后，存在与管母导电部分直接接触的情况。

（2）在基建建设或技术改造中，10kV管母及其连接方式，均为管母厂家设计，不同厂家设计走向，连接点位置均不一样。在今后技术改造中管母对接处设计时，严禁用绝缘板与管母导电部分接触，避免绝缘板绝缘降低后，导致管母相间短路。

十、110kV主变压器10kV侧绝缘管母烧坏

1. 检查情况

2022年12月15日，天气晴朗，对某110kV变电站进行巡视检查时，发现1号主变压器10kV侧A相绝缘管母烧坏，如图1-46所示，现场未发生放电、接地现象，进行红外测温，绝缘管母烧坏处不发热，立即通知检修人员鉴定处理，经鉴定不能继续运行，需停电处理。主变压器型号：山东电力SZ-63000/110。

▲ 图1-46　A相绝缘管母烧坏

2. 分析处理

（1）此绝缘管母为聚四氟乙烯绝缘带绕包型，护套材料耐候性能不满足要求，昼夜温差大，热胀冷缩后，绝缘能力下降，造成绝缘烧坏，未完全击穿接地。

（2）屏蔽接地处未做好密封，雨水或凝露顺着接地线进入绝缘层内部，导致内部受潮。端口处电场分布不均匀，在表面形成沿面放电。

（3）因紧急停电处理，时间短，厂家无法制作成品，经清除旧的绝缘层，缠绕新的绝缘带后，拆除屏蔽线，为保证安全，在新做的 A 相绝缘管母处加装支柱绝缘子，如图1-47所示，试验合格后，1号主变压器恢复送电正常。等待厂家制作好新的绝缘管母后，再申请停电计划处理。

▲ 图1-47　A相绝缘管母加装支柱绝缘子

3. 整改措施

（1）厂家严格生产工艺，如包绕拉力值控制、包绕重叠比例控制、硅油控制、电容屏尺寸控制等，提高产品质量。

（2）连续监测绝缘管母的局部放电、绝缘电阻及介质损耗等特征参数，及时掌握绝缘状况，当参数发生异常时，及时检修，防止事故发生。

十一、110kV 主变压器10kV侧绝缘管母故障间隙击穿

1. 检查情况

（1）2016年3月28日，某110kV变电站3号主变压器两侧断路器跳闸，因10kV侧绝缘管母击穿短路，故障电流较大，主变压器间隙零序电压保护动作如图1-48所示，间隙零序电流保护动作如图1-49所示。主变压器型号：西电SZ11-50000/110；保护型号：北京四方CSC-326G。

（2）因3号主变压器110kV侧中性点未接地，中性点间隙保护在投入，中性点间隙击穿，保护动作，主变压器后备保护复压过电流Ⅰ、Ⅱ段动作如图1-50所示，保护动作正确。

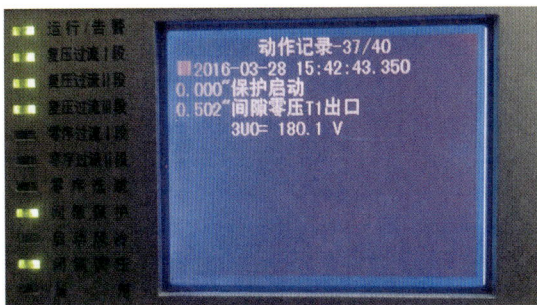

▲ 图1-48 3号主变压器间隙零序电压动作报文

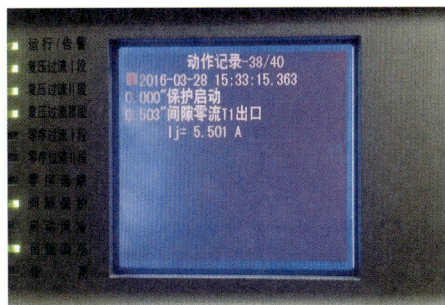

▲ 图1-49 3号主变压器间隙零序电流动作报文

2. 分析处理

（1）故障点为，3号主变压器10kV侧绝缘管母A、C相击穿放电，两相接地后，主变压器间隙保护动作、后备保护动作跳闸。将3号主变压器解除备用，做安全措施后，主变压器中性点间隙击穿，如图1-51所示。

（2）绝缘管母A相绝缘护套已击穿如图1-52所示，C相绝缘已鼓包放电如图1-53所示。此种绝缘管母为硅橡胶挤包型，未采取三层共挤工艺，无内屏蔽层，仅整体挤出绝缘层，外屏蔽层制作工艺不佳，生产环节，容易在绝缘材料和电极间引入气隙、毛刺，隐患积累，造成绝缘击穿。

（3）绝缘管母，要解决均匀电场以及控制局部放电问题，在绝缘管型母线接头中，由于密封不严，导致水分渗入受潮，局部放电。

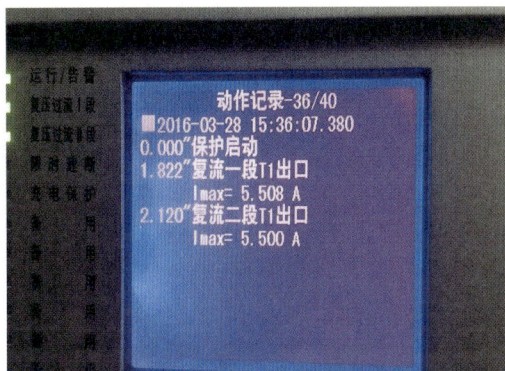

▲ 图1-50 3号主变压器复压过电流动作报文

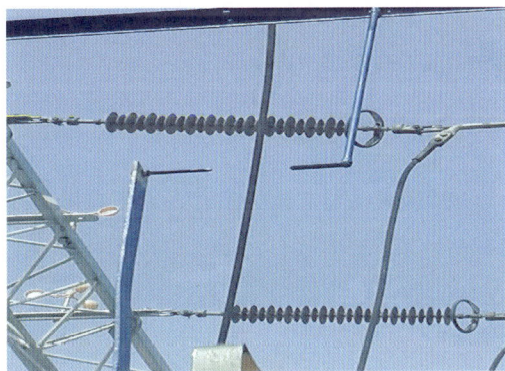

▲ 图1-51 主变压器110kV中性点间隙击穿

（4）对主变压器保护间隙放电棒打磨、调整，更换新的绝缘管母，试验合格，如图1-54所示。检查主变压器气体继电器无集气，油色谱分析正常。对主变压器保护、本体、绕组、中性点、避雷器的各项试验合格，保护传动正确，3号主变压器恢复送电正常。

▲ 图1-52　A相绝缘管母击穿

▲ 图1-53　C相绝缘管母鼓包放电

3. 整改措施

（1）全面分析绝缘管母的材料、结构、工艺条件及应用环境，建立完整的设计体系，改进生产工艺，为运行中采取相应的试验方法，提供依据。

（2）在绝缘管母设备运行中，可采用带电检测和在线监测技术，实现绝缘管母状态特征参数的连续监测。

▲ 图1-54　更换新的绝缘管母

十二、电子互感器采集卡故障引起110kV主变压器差动跳闸

1. 检查情况

2017年1月7日，21:26，某110kV变电站10kV侧103电子式互感器采集卡故障，导致输出数据异常，引起3号主变压器差动保护动作跳闸，230备用自动投入装置动作成功。110kV各间隔和10kV主进间隔采用电子式互感器（电流电压一体式），10kV各支路采用常规互感器。

2. 分析处理

（1）3号主变压器差动保护在跳闸前，TA异常信号和动作情况：21:05:28，低压侧TA品质异常动作；21:05:39，低压侧TA品质异常返回；21:26:38，差动保护动作跳闸；21:26:45，230备用自动投入装置动作。当保护判断为TA品质异常后，会闭锁保护，防止误动。依时间先后顺序，保护动作顺序为：3号主变压器差动保护动作，跳开113、103断路器，230备用自动投入装置动作合上230，动作时，C相差动电流为0.506A，差动动作定值为0.5A，主变压器差动保护动作报文如图1-55所示。

（2）从故障录波分析，103 C相电流运行中突然降低，导致C相出现差动电流，持续时间约190ms。同时3号主变压器高压侧电流未增大，高、低压

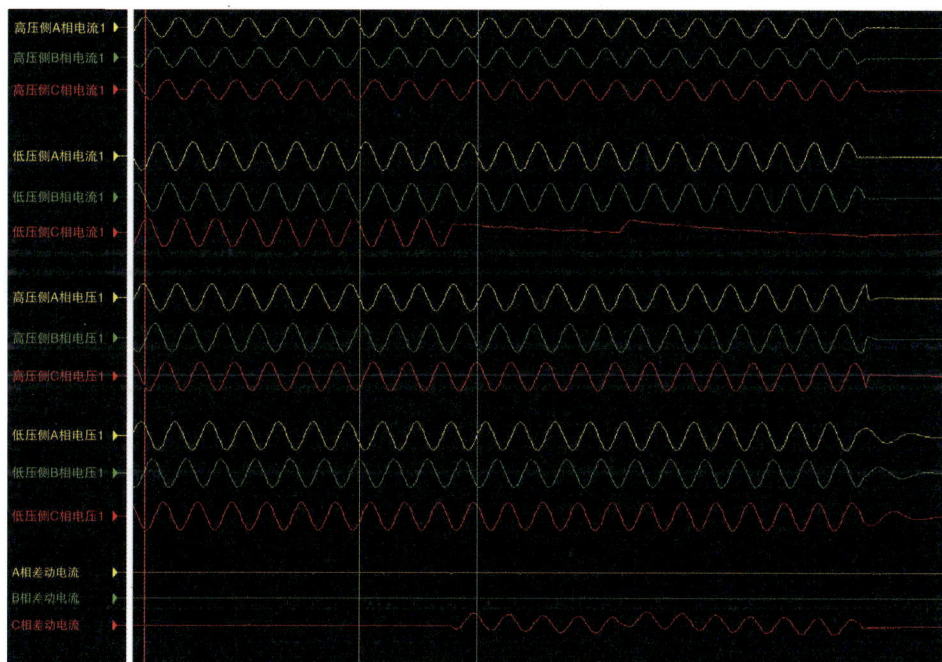

▲ 图1-55 3号主变压器差动保护动作报文

侧三相电压未降低，不符合设备故障的规律，可排除一次设备故障可能。103 C相电流降低至0A，引起差动保护产生差流，超过动作值，差动保护动作故障录波如图1-56所示。103电子式互感器，采集卡输出数据异常，导致差动电流超过整定值动作。

▲ 图1-56 3号主变压器差动保护动作录波

（3）通过比对采集卡输出数据，衰减时间常数（38.3ms）和理论计算时间常数（40ms），判断采集卡本身无异常。对更换采集卡后的输出异常数据分析，为TA本身至采集卡数据线间歇性接触不良，TA本身内传感器异常，引起阻抗分压数据异常，差动保护动作跳闸。

（4）跳闸事件发生后，紧急联系厂家准备新的采集卡，将103 C相TA及三相数据传输线全部更换，并恢复送电，目前运行状况稳定，未再发生类似缺陷。

🔧 3. 整改措施

（1）采集卡输出数据异常的原因有以下几种：采集卡元器件老化、失效；TA本体至采集卡数据传输线断线、接头处接触不良；TA本体内部缺陷、故障。

（2）互感器厂家，电子式互感器采集卡（DSU-821）质量有缺陷，智能化保护，对采集卡输出数据异常反应能力，有待提升，增加防止误动的措施和判据，提升对数据异常的反应能力，杜绝因数据不合格原因，引起保护误动。

十三、110kV 主变压器中性点间隙击穿跳闸

🔧 1. 检查情况

2020年8月27日，某110kV变电站内桥接线，110kV主进线路发生单相接地故障，1号主变压器不接地中性点间隙零序保护动作跳闸，110kV侧中性点放电间隙处可见明显放电痕迹，如图1-57所示。1号主变压器中性点间隙保护在投入，主变压器型号：SSZ10-50000/110。

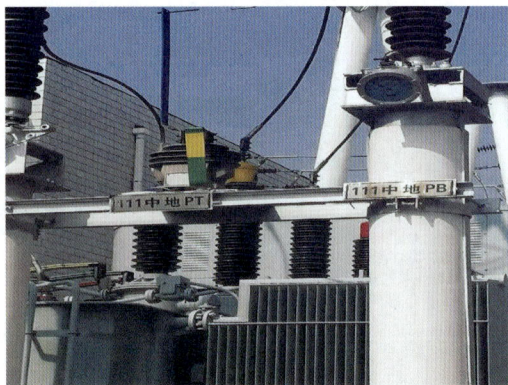

▲ 图1-57　110kV 侧中性点间隙击穿

🔧 2. 分析处理

（1）根据现场检查情况及主变压器故障录波，主变压器间隙保护动作原因为，当系统发生接地短路等不对称故障时，不接地变压器中性点可能出现较高的暂态过电压，造成变压器中性点间隙保护击穿，110kV侧故障录波如图1-58所示。

（2）在故障刚发生、电弧发展瞬间的暂态过程中，因电弧电流的快速增大，线路对地电容与系统对地短路阻抗间，会产生很高频率的暂态过电压，故障电压、电流中还有非周期分量，中性点间隙电压的高频分量、非周期分量，叠加在工频电压分量上，电压的最大值达到间隙的击穿电压，引起1号主变压器中性点间隙击穿，三侧断路器跳闸。主变压器各侧模拟量录波如图1-59所示。

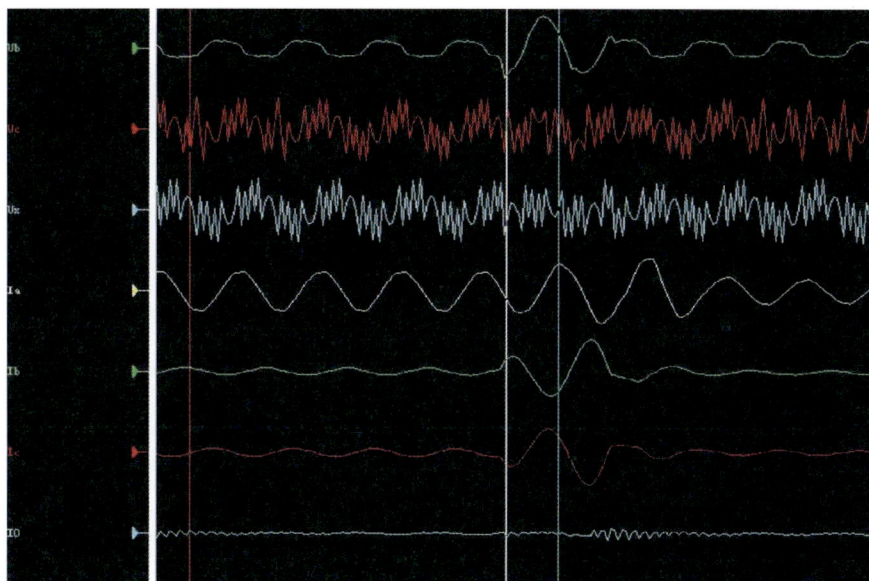

▲ 图1-58 主变压器110kV侧故障录波

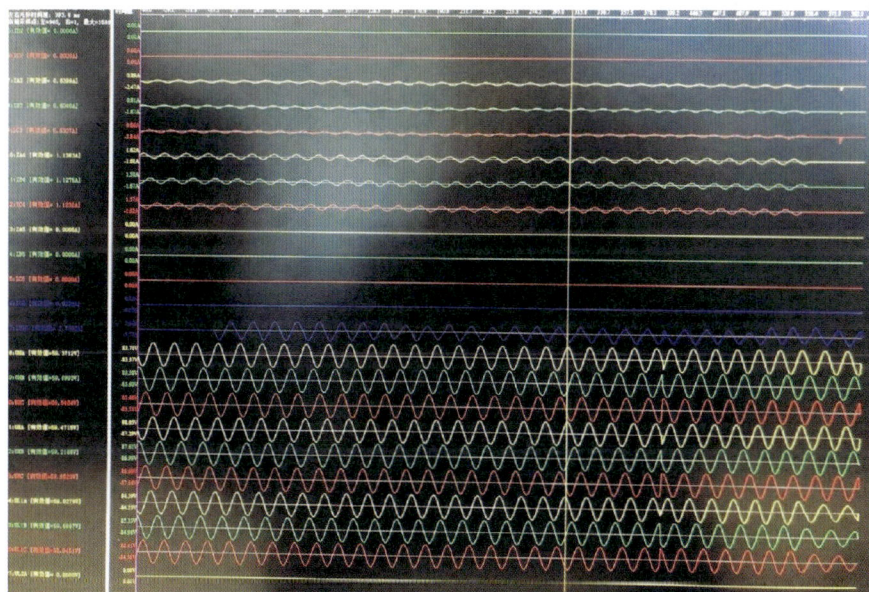

▲ 图1-59 主变压器各侧模拟量录波

（3）将1号主变压器解除备用，做安全措施，对主变压器保护、本体、绕组、中性点、避雷器的各项检查试验合格，传动正确，恢复送电正常。

3. 整改措施

（1）可将1号主变压器间隙零序电流保护的动作时间由0.5s改为0.7~0.8s，躲过上

033

级线路电源侧接地零序电流Ⅱ段整定时间，为0.6s，当线路发生故障时，电源侧线路保护即可快速跳闸，隔离故障点，保证受电侧不接地主变压器，即使中性点间隙击穿，也不会误动跳闸，以保证发生类似故障时保护动作的选择性。

（2）为保证主变压器的稳定运行，对于110kV及以下变压器，可退出中性点间隙和接地保护。

十四、110kV主变压器铁芯接地套管渗油

1. 检查情况

为防止主变压器悬浮电位发生，充分利用油箱电磁场的屏蔽作用，铁芯都经油箱外壳接地。2018年3月12日，巡视某110kV 1号主变压器，发现铁芯接地套管渗油严重，如图1-60所示。主变压器型号：西变SFSZ7-40000/110。

2. 分析处理

（1）接地小瓷套与油箱，通过金属箍压紧法兰面的密封圈，中间导电头通过"算盘子"密封圈，利用螺母压紧密封，在铁芯油箱顶部引出，主变压器在运行中，上层油温较高，密封材料老化速度较快。

（2）由于小瓷套承压能力有限，容易产生损坏小瓷套或密封不良的情况，多数是由于小瓷套顶部的压紧螺栓松动引起，并且测量铁芯接地电流极不方便。经申报计划停电，更换密封件，并将铁芯接地铜排，引入主变压器下端接地，如图1-61所示。

▲ 图1-60 铁芯接地套管严重渗油

▲ 图1-61 改进后的铁芯接地装置

3. 整改措施

检修人员排出油箱内变压器油，更换密封圈和小瓷套管，并将铁芯接地装置改至主变压器下端接地，效果良好，方便测量主变压器铁芯接地电流。

十五、220kV主变压器110kV侧套管故障

1. 检查情况

（1）2020年8月17日，狂风大雨，20：24，某220kV变电站3号主变压器本体重瓦斯动作，10ms差动速断、25ms比率差动、29ms工频变化量差动动作，223、113双侧断路器跳闸。现场检查，3号主变压器110kV侧A相套管将军帽处有放电痕迹，10kV侧套管出口（不运行）C相一只避雷器击穿。主变压器型号：西门子SFPSZ9-150000/220；保护型号：南瑞RCS-978E。

（2）主变压器110kV侧A相套管放电，发生了单相接地，故障点在主变压器差动保护范围内，保护动作正确，主变压器10kV侧C相避雷器、计数器炸裂，如图1-62所示，110kV侧A相套管将军帽处放电痕迹如图1-63所示。

（3）故障报文与实际故障相符，将3号主变压器解除备用，做安全措施，通知检修人员处理，主变压器差动动作报文如图1-64所示。

▲ 图1-62　10kV侧C相避雷器炸裂

▲ 图1-63　110kV侧A相套管处放电

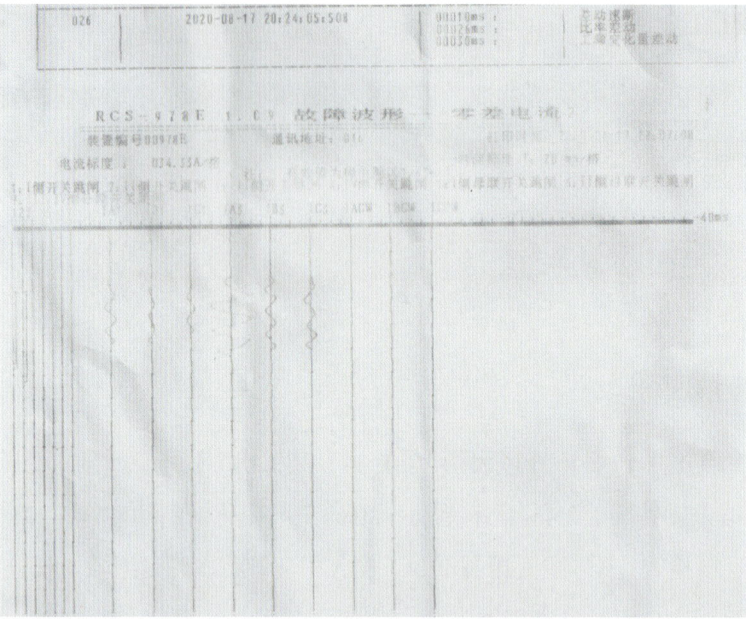

▲ 图1-64　主变压器差动动作报文

🔧 2.分析处理

（1）大风将主变压器顶部的盖线板刮起、脱落，触碰110kV侧套管，引起接地短路故障，盖线板脱落情况，如图1-65所示。

（2）脱落的盖线板，相距10kV侧套管、110kV侧套管均较近，首先触碰110kV侧A相套管，A相接地故障，弧光又造成10kV侧套管三相短路，但10kV侧不运行，套管TA二次封闭，主变压器差动保护动作，切除故障。脱落烧伤的金属盖线板，如图1-66所示。

▲ 图1-65　主变压器顶部盖线板脱落

▲ 图1-66　脱落烧伤的盖线板

（3）提取变压器内部油样，进行油色谱分析，烃类已严重超标，110kV侧绕组变形试验不合格，主变压器已不能运行，需更换处理。经更换后的主变压器如图1-67所示。

▲ 图1-67　更换后的220kV主变压器

🔧 3. 整改措施

（1）主变压器顶盖附件固定不牢，在强对流天气下脱落，触碰110kV侧套管，引起套管接地闪络，是酿成事故的直接原因，隐患排查不仔细，整改不彻底。主变压器低压侧套管绝缘化不彻底，对绝缘问题重视不足。

（2）加强对变电站的运行环境巡查管理，重点关注附件设施，可能危及设备安全运行的隐患，防止重大设备损坏发生。

十六、220kV主变压器220kV侧套管故障

🔧 1. 检查情况

2021年6月30日，某220kV变电站3号主变压器双套纵联差动保护动作，三侧断路器跳闸，事故发生时出现大风雷雨天气。现场检查，大风将3号主变压器储油柜上方的消防水喷雾管吹落，瞬间砸落到B相高压套管将军帽处，造成主变压器高压侧对地短路，主变压器跳闸。主变压器型号：泰开SSZ11-180000/220；第一套保护型号：许继WBH-801；第二套保护型号：长园深瑞PRS-778。

🔧 2. 分析处理

（1）主变压器第一套保护装置报：保护启动、纵差差动速断保护动作，纵差保护、增量差动保护动作，AB相差流25.6A，第一套动作报文如图1-68所示。

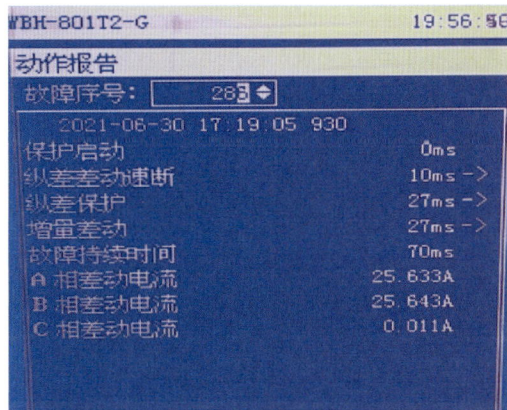

▲ 图1-68　主变压器第一套动作报文

主变压器第二套保护装置报：保护启动、纵差差动速断保护动作、纵差保护动作，AB相差流23.2A，第二套动作报文如图1-69所示。

（2）故障时，220kV母线B相电压U_b降低，零序电压$3U_0$升高，主变压器高压侧B相电流由负荷电流2A突增至59A，折算到一次侧电流为14750A，高压侧零序电流突增至54A，高压侧223断路器、中压侧113断路器相继跳闸，故障电流消失，母线故障录波如图1-70所示。

（3）检查主变压器差动保护范围内，发现高压侧散热片上零星散落着三根水喷雾管，如图1-71所示。

（4）B相高压套管将军帽处，有明显砸痕，喷雾管有放电痕迹，如图1-72所示，储油柜顶端水喷雾管支腿附近有明显放电痕迹。因管路连接口螺纹对接深度不足，施工单位未按照施工图纸施工，储油柜上方管路固定不到位。

（5）事件发生前，该主变压器未经受任何冲击，交接1年期试验合格，事故后，对主变压器进行了变比、直阻、油色谱、套管介质损耗、电容、绕组变形、高压套管"X"光无损探伤等试验，试验结果均合格。即刻组织人员抢修，对区域内设备进行检查，主变压器基础检验合格，3号主变压器恢复送电正常。

（6）大风雷雨天气，将主变压器储油柜上方的水喷雾管吹落，砸落到B相高压套管将军帽处，造成高压侧B相对地短路，主变压器差动保护动作跳闸，整个过程保护动作正确，符合变压器差动区内，瞬时单相短路特征。

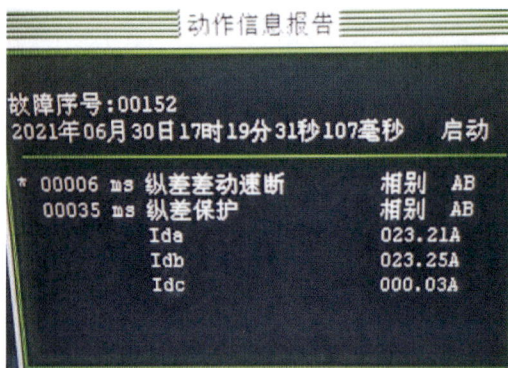

▲ 图1-69 主变压器第二套动作报文

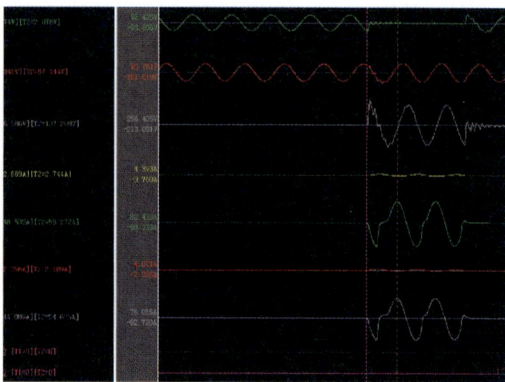

▲ 图1-70 母线故障录波

▲ 图1-71 散热片上散落的水喷雾管

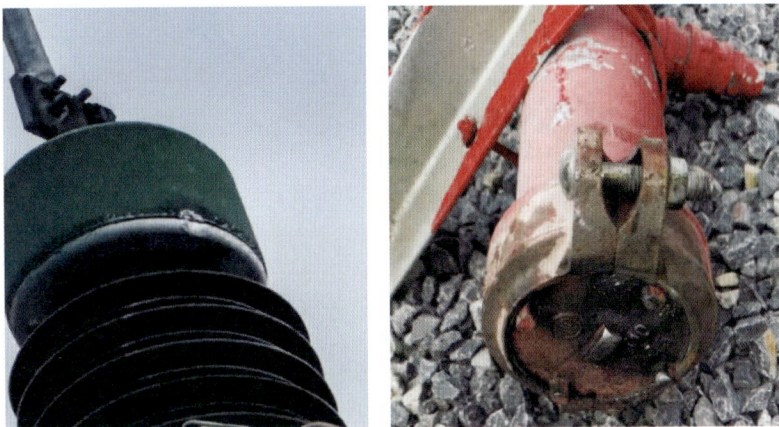

▲ 图1-72　高压套管将军帽砸痕及喷雾管放电痕迹

🔧 3. 整改措施

（1）开展变压器水消防系统隐患排查，对水消防管路连接固定情况进行检查，特别是主变压器储油柜上方管路固定情况，开展运行环境再排查治理，保证全站设备安全运行。

（2）在储油柜两侧增设六组抱箍，将消防管道六个支撑架地脚分别用螺栓连接至扁铁上，同时在横向和纵向管道之间，增设斜向支撑，保障消防管道的稳固。

（3）加强特殊恶劣天气下的设备特巡，发现问题及时处理，严把设备入网关，对于验收不通过的，坚决不准投入运行。

十七、220kV强油风冷变压器潜油泵故障

🔧 1. 检查情况

2012年1月5日，某220kV变电站1号主变压器1、2、3、4号冷却器全部运行，整体结构如图1-73所示，进行取油化验，发现总烃连续超标，测量冷却器潜油泵工作电流，2、3、4号潜油泵三相电流均为7～7.1A，1号潜油泵三相电流不平衡，电流为7.2～7.4A，并且内部有较大撞击声，初步判断为潜油泵内部叶

▲ 图1-73　强油风冷主变压器整体结构

轮或轴承损坏，潜油泵电动机型号：6B150-5/3.8V，3.8kW，930r/min，六极低速盘式电动机，风扇运转正常；主变压器型号：西变SFPSZ9/150000/220。

1号主变压器本体绝缘油，取油进行色谱分析，结果见表1-4。

表1-4　　　　　　　　　　　主变压器绝缘油色谱分析

取样日期	样本本体	油中溶解气体含量（μL/L）								结果
		H_2	CO	CO_2	CH_4	C_2H_4	C_2H_6	C_2H_2	总烃	
2009年2月27日	油	18.65	852.73	6121.97	126.94	211.35	54.47	0.9	393.66	三比值022高温过热
2010年7月14日	油	13.77	663.27	4576.21	128.48	177.7	44.52	0.46	351.16	三比值022高温过热
2011年5月11日	油	16.7	961.17	6607.03	126.01	196.68	50.2	0.45	373.34	三比值022高温过热
2011年9月8日	油	48.12	1228.07	7112.82	197.41	291.38	73.55	0.52	562.86	三比值022高温过热
2012年2月24日	油	78.13	1163.89	7020.12	281.48	457.05	124.0	0.55	863.12	三比值022高温过热

🔧 2. 分析处理

（1）由油色谱分析数据可知，特征气体为甲烷和乙烯，乙烯为主要成分，总烃含量严重超标，且有明显增加趋势；同时改良三比值为022，判断故障性质为油高温过热，经对1号主变压器停运转检修，拆除1号潜油泵，对潜油泵进行解体检查。

（2）检查定转子线圈外观无变色、变形、发热痕迹，摇测绝缘正常，直流电阻三相平衡，三相绕组相间、匝间无接地短路现象，接线接头良好，无松动，无附着异物，O形密封圈良好。

（3）叶轮、蜗壳、端盖、轴颈未发现磨损，轴承未发现弯曲，鼠笼条未断裂；垫圈、螺钉、键子、卡簧紧固，气隙调整正确。

（4）定、转子发现有扫膛现象，定、转子一端发现约1cm宽摩擦带，用手转动转子未发现轴承明显损坏，但有阻力，用手试摸摩擦带转子表面，有金属粉末存在，潜油泵解体情况，如图1-74所示。

（5）查阅说明书，应采用优质高精度轴承，在正常条件下连续工作，轴承寿命为5~8年，之后应全部更换；检查变压器于2001年投运，潜油泵已工作10年，期间未对其进行过维修更换，属于维护不当，超期服役。潜油泵更换后的情况如图1-75所示。

▲ 图1-74 潜油泵定、转子摩擦带

▲ 图1-75 潜油泵更换后

（6）冷却器长期连续运行，因轴承老化磨损，引起定、转子间扫膛，金属间摩擦造成变压器油分解，总烃超标。按照厂家维护规定，更换全部潜油泵，对变压器油进行滤油处理，主变压器加入运行后正常，未再发生烃类超标现象。

3. 整改措施

（1）通过对变压器油定期化验分析，提前发现了变压器内部存在的异常，避免了一次重大设备损坏；油色谱分析，是变压器故障分析的一种非常有效手段，但不能仅仅依靠分析结果判定故障类型，还应综合考虑其他试验结果及现场具体情况。

（2）在对变压器的运行维护工作中，应定期对其他附属设备进行检查，避免设备超期服役造成的故障。

（3）主变压器处理缺陷后，各项指标没有明显增长，坚持对变压器油进行分析化验，严格执行油化验标准，详细记录和分析油的变化，并记录温度和负荷情况，提前发现变压器存在的缺陷，保证了重大设备安全运行。

十八、220kV强油风冷变压器流速继电器损坏

1. 检查情况

2017年4月1日，巡视某220kV变电站，发现4号主变压器，3号冷却器油流继电

器指示在"停止"位置，风扇电动机、油泵电动机运转正常，无异常信号，通知检修人员处理。油流继电器指示状态如图1-76所示。主变压器型号：西门子SFPSZ9/150000/220。

▲ 图1-76　油流继电器指示为零

2. 分析处理

（1）变压器油的循环，经由潜油泵和油流继电器、下阀门而进入变压器油箱下部，3号潜油泵、风扇运转正常，但油流继电器指示为零，可能为油流继电器触点损坏，或内部挡板断裂脱落，报计划停电处理。

（2）断裂的油流继电器挡板，最有可能是随着变压器油的循环方向进入油箱底部，这对变压器绕组的绝缘构成严重威胁，必须尽快消除隐患。断裂的油流继电器挡板进入变压器油箱位置，如图1-77所示。

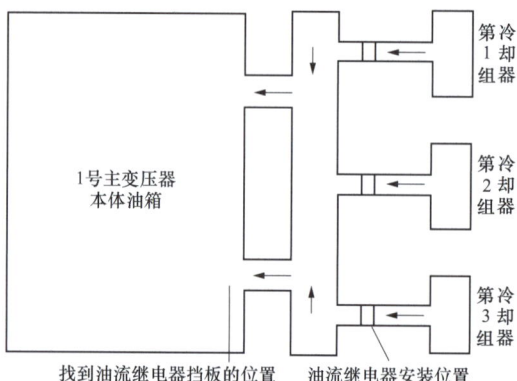

▲ 图1-77　断裂的油流挡板进入变压器油箱

（3）冷却系统潜油泵转速为1500r/min，流量为60m³/h，属于中速油泵，冷却器组采用YJ-150型大流量油流继电器。挡板断裂的原因是，挡板用0.5mm厚的铜板制作，其强度不足，设计工艺欠佳，应改进为不锈钢材质，挡板的偏转角达不到90°，运行中迎面承受油流冲击力偏大，在较大的油流量冲击下，挡板很容易发生从根部撕裂。丢失的油流继电器挡板如图1-78所示。

▲ 图1-78　丢失的油流挡板和完好的油流挡板

3. 整改措施

（1）对YJ-150型油流继电器进行统计和排查，尽快安排计划更换，避免此类事情再次发生。

（2）核查其他型号的油流继电器挡板，有无类似的问题，并尽快安排处理。经更换新的油流继电器后，如图1-79所示，恢复送电正常。

（3）按照反事故措施的要求，应将中速油泵更换为低速油泵（900r/min），减小对油流继电器挡板的冲击力。

（4）上报计划，淘汰落后的强油风冷变压器，尽快更换为新式油浸风冷变压器。

▲ 图1-79　更换后的油流继电器

十九、220kV强油风冷变压器冷却器故障 Ⅰ

🔧 1. 检查情况

2015年7月，某220kV变电站监控机，监控机报：5号主变压器"冷控失电"信号，现场检查，主变压器四组冷却器中，1号冷却器跳闸，风扇、潜油泵均已停转，1号风扇电动机的热偶继电器烧坏，A相引线烧断，检查风扇电动机、潜油泵电动机、交流接触器、空气开关、电源均正常，冷却器外观情况如图1-80所示，1号风扇烧坏的热偶继电器如图1-81所示。

▲ 图1-80　冷却器整体外观

▲ 图1-81　风扇热偶继电器烧坏

🔧 2. 分析处理

（1）检查主变压器风控箱，1号冷却器电源跳闸，打开1号本体冷却器端子箱，风扇交流接触器至热偶继电器间，A相引线发热烧断，热偶继电器已损坏。

（2）检查潜油泵、风扇电动机、交流接触器均正常，因运行时风扇振动较大，连续运行，交流接触器至热偶继电器间引线松动发热，未及时发现，造成热偶继电器发热、引线烧断，1号冷却器跳闸。

（3）更换新的热偶继电器及引线后，送上1号冷却器电源，风扇、潜油泵均运转正常，如图1-82所示，"冷控失电"信号消失。

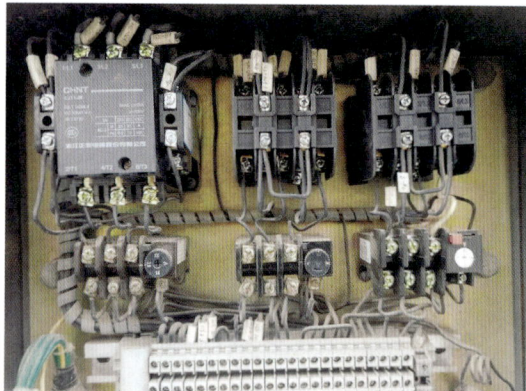

▲ 图1-82　更换后的热偶继电器

🔧 3. 整改措施

加强主变压器的二次设备红外测温和巡视工作，发现风扇电动机运转噪声过大时，可能为轴承损坏、风叶损坏或螺钉松动，需及时汇报处理，防止主变压器油温过热。

二十、220kV强油风冷变压器冷却器故障 II

🔧 1. 检查情况

（1）2016年1月2日，某220kV变电站，监控机报：5号主变压器"冷控失电"信号，现场检查，主变压器冷却器全部跳闸，风扇、潜油泵全部停转。打开主变压器风冷控制箱，检查电压监视继电器正常，总交流接触器2C励磁，但测量下端无电压，判断为接触器主触点损坏，各分路冷却器空气开关未跳闸。

（2）立即将工作电源切至电源 I 工作，总交流接触器1C励磁，电压恢复，各分路风扇、潜油泵恢复正常；打开2C接触器灭弧罩，发现三相主触点烧蚀，背簧片已脱落，经停用冷却器总电源，更换交流接触器。2C主交流接触器触点损坏情况如图1-83所示，更换后的新交流接触器如图1-84所示。

▲ 图1-83　主交流接触器触点损坏

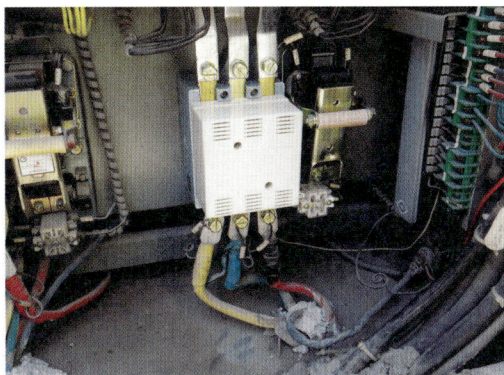

▲ 图1-84　更换后的主交流接触器

2. 分析处理

（1）此接触器为老式主交流接触器，型号为CJ10-150，强油风冷变压器冷却器所有负荷均由此主交流接触器承担，为早期淘汰产品，老化严重，经更换为新式交流接触器后，送电正常，"冷控失电"信号消失。

（2）当风扇、潜油泵电动机损坏故障时，短路电流均会对主接触器造成冲击，影响使用寿命。

3. 整改措施

（1）主变压器风冷控制箱Ⅰ、Ⅱ工作电源长期未进行切换，造成2C长期工作，主接点接触发热老化，及时改造老旧风控箱。

（2）交流接触器主触点罩在灭弧罩中，较为隐蔽，巡视、测温时不易发现，对于此类交流接触器，应及时更换为新式国标型，防止此类情况再次发生。

（3）后期已将此风冷控制箱更换，电源控制部分如图1-85所示，控制面板部分如图1-86所示，运行情况良好。控制柜型号：西电XBKP。

▲ 图1-85　主变压器风冷控制电源

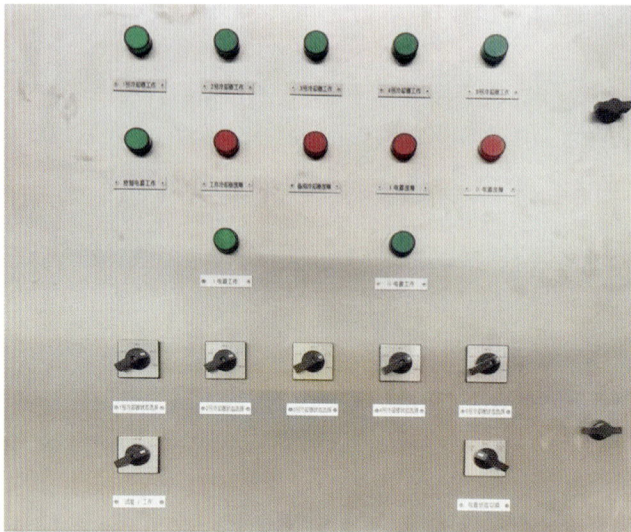

▲ 图1-86　主变压器风冷控制面板

二十一、220kV主变压器低压侧母线桥故障

1. 检查情况

2015年9月28日，某220kV变电站，发生1号主变压器10kV侧过桥母线相间短路，造成主变压器差动保护动作，直接原因为，户外金属封闭母线桥内，支柱绝缘子两相击穿接地，过桥母线所用铜排未做任何绝缘化处理，封闭母线桥上封板缺失后完全暴露在户外环境中，造成内部积水，发生A、B相间短路故障。主变压器型号：SFSZ10-180000/220；主变压器保护：国电南自PST-1202B。

2. 分析处理

（1）1号主变压器10kV侧过桥母线发生相间短路，差动速断保护动作，跳开221、111断路器，（101断路器检修未运行），二次差动电流约为22.22A，大于差动速断保护定值（16A，0s），保护动作正确。对主变压器高、低压故障电流进行计算，低压侧三相二次故障电流分别为76.482、73.687、74.871A，折合一次故障电流分别为61185.6、58949.6、59896.8A，主变压器差动速断故障录波如图1-87所示。

（2）现场检查，主变压器本体外观无异常，220kV侧、110kV侧设备无异常，10kV高压室未见异常，无烧蚀冒烟痕迹。现场有脱落的金属盖板，如图1-88所示，为10kV侧封闭式母线桥箱体上封板，户外封闭式母线桥有滴水现象。

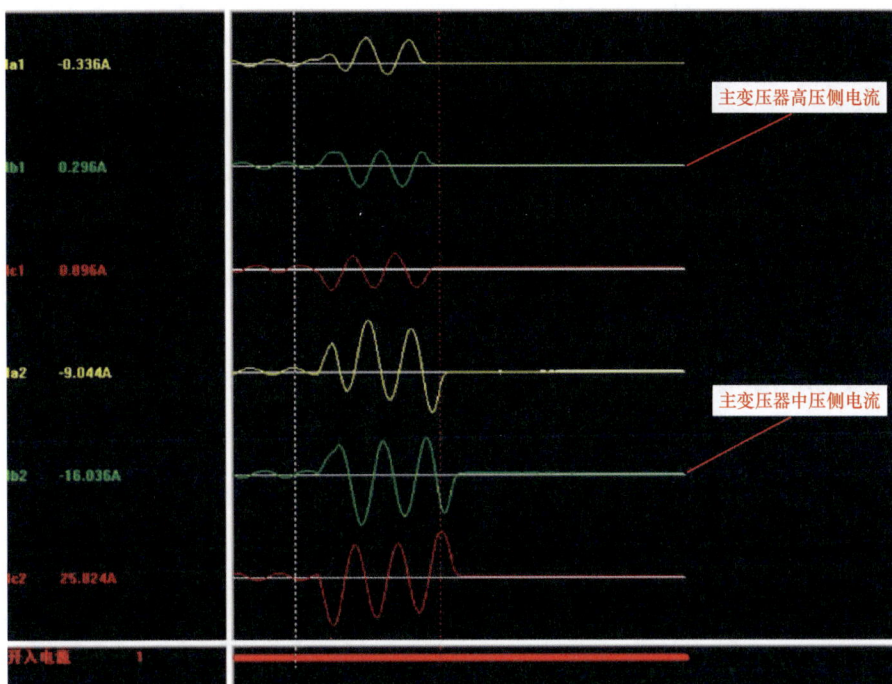

▲ 图1-87　主变压器差动速断故障录波

（3）将1号主变压器解除备用，做安全措施后，检修人员对设备进一步检查，1号主变压器高压侧、中压侧设备无异常，户外封闭式母线桥至主变压器侧情况如图1-89所示。

▲ 图1-88　脱落的金属上封板

▲ 图1-89　户外封闭式母线桥至主变压器侧

（4）低压侧封闭母线箱体上封板锈蚀脱落，如图1-90所示，低压侧母线为裸铜排，内部积水严重，母线相间有放电痕迹，户外母线桥箱体，有3块上封板脱落。

（5）将10kV户外封闭式母线上封板全部拆除，检查母线箱体内部情况，发现箱体内部积水严重，且母线为裸铜排，表面有多处异物，绝缘子击穿，如图1-91所示。

▲ 图1-90 封闭母线桥封板锈蚀脱落

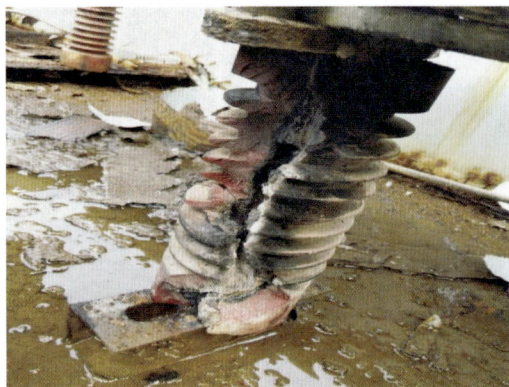

▲ 图1-91 母线A相绝缘子击穿

上封板金属锈蚀脱落物，落在母线表面，积水严重部位，有支柱绝缘子击穿现象，如图1-92所示。

（6）经二次现场检查，1号主变压器保护装置无异常，对主变压器油色谱及绕组变形进行试验，油色谱试验合格，绕组变形试验无异常。拆除户外封闭式母线上封板，清理封闭式母线箱体内部积水与脏污，清擦母线支柱绝缘子，更换损坏的绝缘子。

▲ 图1-92 母线B相绝缘子击穿

（7）对主变压器进行了检查试验，各项试验数据均合格，对低压侧母线桥进行绝缘化处理，如图1-93所示，并进行了母线绝缘试验合格，恢复送电正常。

3.整改措施

（1）低压封闭式母线桥因其结构原因，其内部情况无法进行监视，因外部环境的影响，使封闭式母线内外部存在锈蚀；同时在恶劣天气巡视时，

▲ 图1-93 低压侧母线桥绝缘化处理

存在巡视不到位的现象，在一定的情况下，发生积水或锈蚀物脱落，引起内部母线故障。

（2）低压封闭式母线的运检问题，主变压器或10kV开关柜停电例试工作，注重主变压器和10kV开关柜的例试检修，忽视了对封闭式母线的检查。

（3）加强低压封闭式母线桥的运维检修，随例试周期开展对封闭式母线桥的排查，强化巡视检查，特别是在恶劣天气后，对母线桥重点关注。加强对户外封闭式母线桥结构的排查治理，采用户外全金属封闭式过桥母线的，结合例试对积水进行检查。

（4）严控封闭式母线桥结构在户外的运用，在进行设计审查时，对于户外该型结构的设计进行严格控制，避免投运后发生故障。

（5）此类母线结构方式，存在巡视盲点，难以观察内部母线运行情况，母线桥箱体受损时难以及时发现，内部易积水，母线未作绝缘化处理，易造成母线相间、接地短路。针对存在的此类母线结构变压器，制定整改计划，将封闭式母线桥更换为户外敞开式或绝缘管母结构。

二十二、励磁涌流造成220kV主变压器跳闸

1.检查情况

2014年9月30日，某220kV主变压器完成保护更换、间隔例试后，在送电过程中，由于励磁涌流过大，造成主变压器差动保护动作跳闸，1号主变压器配置两套主变压器保护。主变压器保护：南瑞继保RCS-978E；主变压器型号：SFPSZ9/150000kVA。

2.分析处理

（1）从故障录波图分析，造成保护动作的电流具有典型的励磁涌流特征，含有大量的高次谐波分量，以二次谐波为主，使得电流表现为非正弦波特征，波形之间出现间断，波形向一侧偏移严重，主变压器第一套保护故障录波如图1-94所示。

（2）1号主变压器新更换的第一套保护，差动保护未动作。A、B、C相差动电流分别为$1.33I_N$、$1.58I_N$、$1.18I_N$，大于差动最小动作电流$0.4I_N$。差动保护版本为R3.04，主变压器差动保护在躲励磁涌流上，采用了循环判据技术，即当保护发现电流波形具有励磁涌流的特征时，自动提高门槛值并增加延时，以可靠躲过励磁涌流的影响，具有

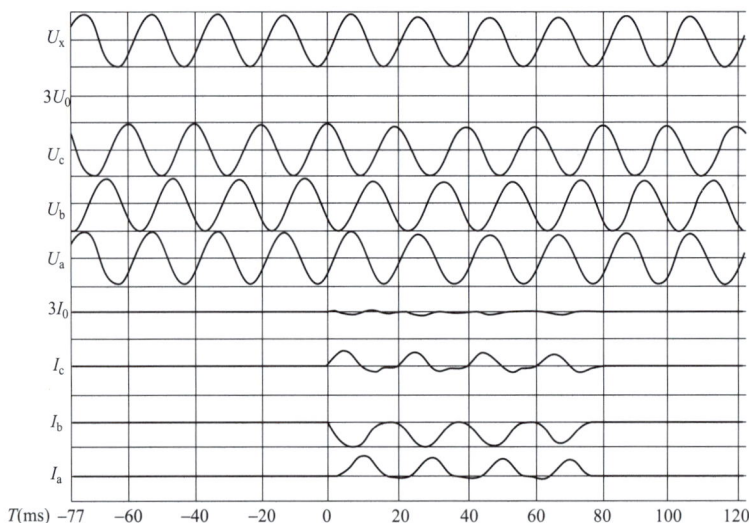

▲ 图1-94　主变压器第一套保护故障录波

较高的躲励磁涌流的能力。

（3）1号主变压器未更换的第二套保护，差动保护动作跳闸，A、B、C相差动电流分别为：$1.34I_N$、$1.58I_N$、$1.19I_N$。大于差动最小动作电流$0.4I_N$。在躲励磁涌流上采用波形识别原理，未采用第一套保护的循环判据技术，因此躲励磁涌流的能力较为一般，造成本次送电未躲过励磁涌流的影响，差动保护动作跳闸。主变压器第二套保护动作报文如图1-95所示。

RCS-978E　　3.03变压器保护装置——动 作 报 告

装置编号:00978E　　通信地址:122　　打印时间:2014-09-30 21:14:13

序号	启 动 时 间	相对时间	动作相别	动 作 信 息
250	2014-09-30 21:11:41:545	00034 ms		工频变化量差动

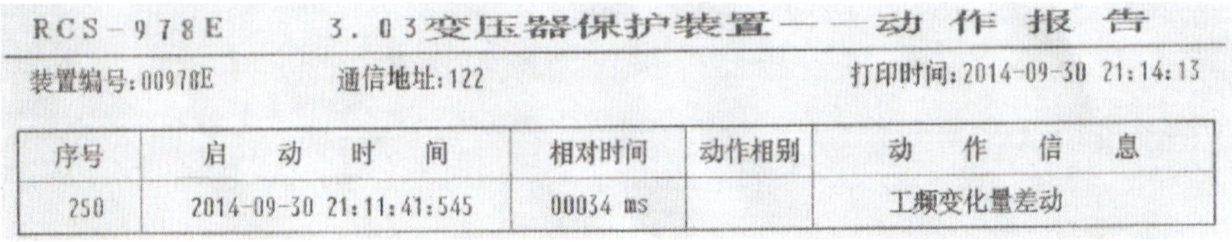

▲ 图1-95　主变压器第二套保护动作报文

3. 整改措施

（1）由于1号主变压器两套保护投运年限不同，保护装置所采取的程序也有些差异，新更换的R3.04程序版本，保护通过本次跳闸，比R3.03的保护能更好的躲过励磁涌流的影响，减少了主变压器送电时，由于励磁涌流过大造成跳闸的概率，应将主变压器第二套保护进行程序升级，提高其躲励磁涌流的能力。

（2）统计目前投运的RCS-978E型保护数量和对应程序版本，利用变压器停电机会，将保护程序升级至R3.04最新版本，提高保护躲励磁涌流的能力。

二十三、220kV主变压器110kV侧中性点隔离开关导电杆烧坏

⚒ 1. 检查情况

2016年8月2日，某220kV变电站，1号主变压器中性点接地运行，2号主变压器中性点不接地运行，在巡视全站设备时，突然发现，1号主变压器110kV侧中性点接地开关，上端触指部分有发热的亮光点，如图1-96所示。立即汇报调度，合上2号主变压器中性点隔离开关，111中性点接地开关上端触指发热的亮光点消失，拉开1号主变压器111中性点接地开关，主变压器中性点二次保护做相应切换，通知检修人员，申请1号主变压器停电处理。主变压器型号：西变SFPSZ9/220/150000kVA。

▲ 图1-96　111中性点接地开关导电杆触头发热

⚒ 2. 分析处理

（1）将1号主变压器解除备用，做安全措施后，发现111中性点接地开关导电杆头部已烧穿，有一贯穿性的小洞，静触头两侧的触指已烧毛，背簧锈蚀严重，烧坏的111中性点接地开关导电杆如图1-97所示，从外观看，为111中性点接地开关老化，导电杆与触指接触不良，发热烧坏。

（2）在室外运行的主变压器中性点隔离开关，受环境温度、雨水、污染等因素影响，接触面易氧化，触头接触电阻较大，背簧在长期的合闸状态下处于疲劳状态，易造成压力下降，动静触头接触不良，没有引起有关部门足够重视。

（3）因1号主变压器110kV侧，所带的一条线路负荷为电气化铁路，有无极调速装置，三相负载电流交替变化较大，

▲ 图1-97　烧坏的中性点接地开关导电杆

致使110kV侧三相电压不平衡，造成111中性点接地开关的中性点电压位移严重，中性点电流瞬间超过了接触不良的111中性点接地开关能力，导致导电杆烧坏。

（4）因系统运行方式固定，如1号主变压器接地运行，2号主变压器不接地运行，中性点隔离开关长期处于固定的合闸或分闸状态，设备也应劳逸结合，应定期倒换运行方式，提高运行寿命。经更换整套中性点接地开关后，如图1-98所示，恢复送电正常。

▲ 图1-98　更换后的中性点接地开关

3.整改措施

（1）为防止此类事故的再次发生，应缩短主变压器中性点隔离开关运行更新周期；更换信誉质量较好的厂家设备，以进一步增加导通载流能力。

（2）若发生110、220kV线路故障，主变压器跳闸等，均应及时检查本站和相邻站主变压器中性点接地装置是否良好。

（3）加强对主变压器中性点隔离开关巡视检查力度，发现触指氧化严重、导电杆锈蚀、接地装置不良等缺陷，及时汇报处理，遇有主变压器停电机会，检查中性点接地装置，将异常消灭在萌芽状态。

二十四、220kV主变压器110kV侧中性点间隙击穿跳闸

1.检查情况

（1）2021年07月11日，雷阵雨，某220kV变电站，110kV线路零序Ⅱ段出口，接地距离Ⅱ段出口，故障相C相，测距1.6km，重合闸动作成功，如图1-99所示。线路保护型号：国电南自PSL-621C。

（2）1号主变压器110kV侧间隙保护动作，如图1-100所示，221、111、101

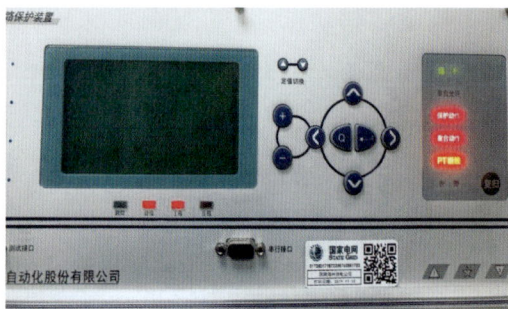

▲ 图1-99　线路保护动作

断路器跳闸。主变压器型号：山东电力 SFSZ10-180000/220；主变压器保护：国电南自 PST-1202B。

⚙ 2. 分析处理

（1）检查 1 号主变压器本体及各侧套管外观无异常，主变压器 110kV 侧中性点间隙放电棒烧坏，如图 1-101 所示，中性点间隙放电棒下端烧蚀脱焊，如图 1-102 所示。

▲ 图1-100　主变压器间隙保护动作

（2）对 110kV 线路进行巡线，发现雷电击到 110kV 线路 C 相 4 号杆塔，瞬间接地，如图 1-103 所示，距离变电站很近，雷电行波沿 110kV 线路入侵到变电站内。

▲ 图1-101　主变压器110kV侧间隙击穿

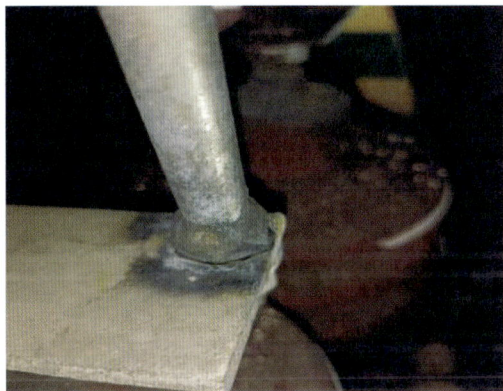

▲ 图1-102　间隙放电棒下端脱焊

（3）雷电行波到达 1 号主变压器 110kV 侧中性点后，电压升高至中性点避雷器动作值，109.8kV 时开始动作，根据故障录波显示，避雷器端电压达到 137.2kV 时，中性点间隙击穿，I_n 间隙过电流很大。1 号主变压器动作录波报文如图 1-104 所示。

（4）因线路接地点故障未切除，中性点间隙形成短路电流通道，持续 0.5s

▲ 图1-103　110kV线路杆塔C相遭受雷击故障

2021年07月11日　17时54分49秒159毫秒

模拟量通道：
Ia=63.00A/格　　　Ib=63.00A/格　　　Ic=63.00A/格　　　3I0=63.00A/格
In=63.00A/格　　　空=321.01/格　　　Ua=156.00V/格　　　Ub=156.00V/格
Uc=156.00V/格　　　3U0=321.01V/格　　　空=321.01/格　　　空=321.01/格
开关量通道：
1=非全相

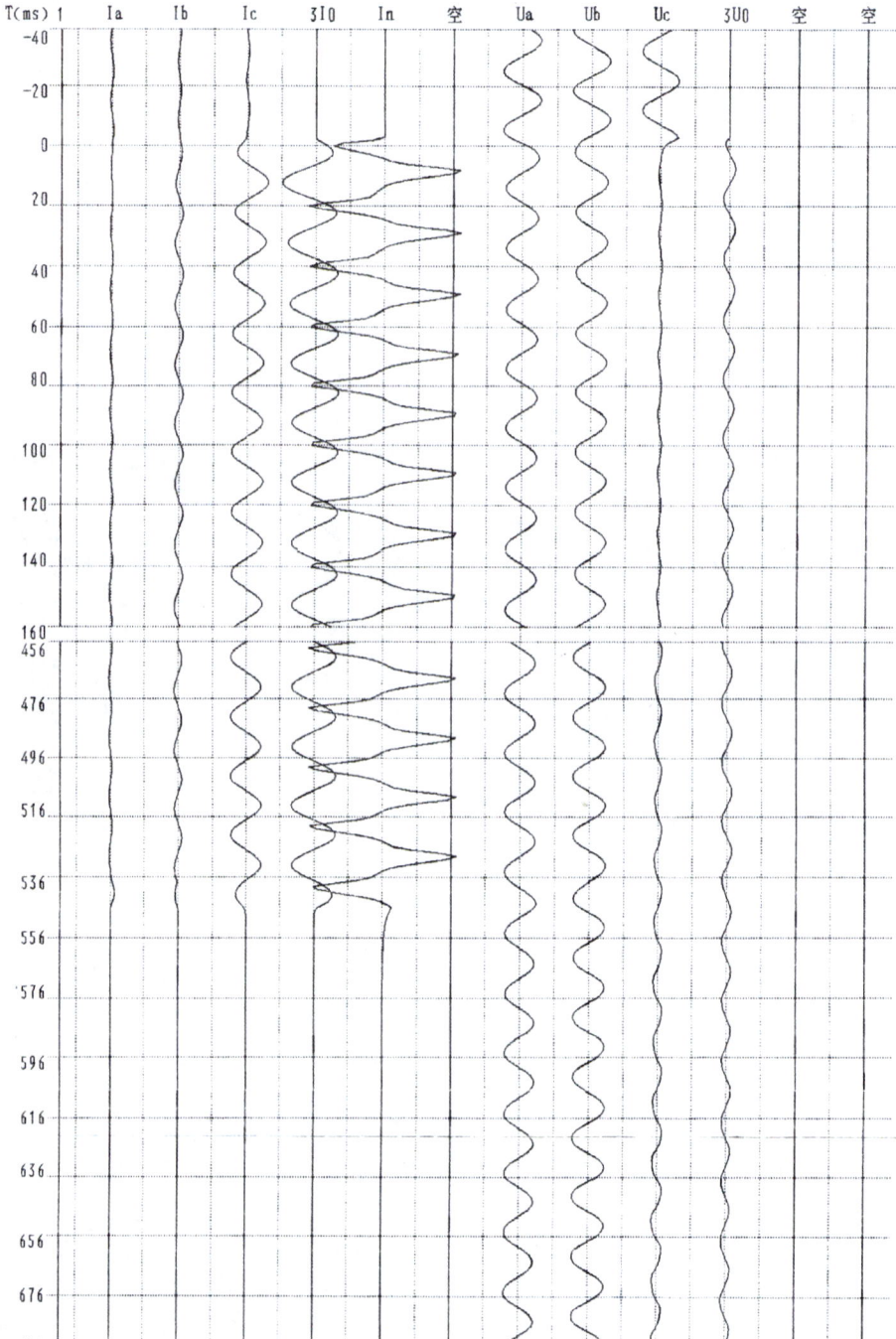

▲ 图1-104　主变压器动作录波报文

后间隙保护动作，1号主变压器三侧跳闸，0.9s后，线路零序过电流Ⅱ段动作、接地距离动作跳闸，2.5s后，110kV线路重合闸动作成功，因110kV母线联络运行，未损失负荷。110kV线路动作故障录波报文如图1-105所示，1、2号主变压器故障录波报文如图1-106所示，2号主变压器中压侧也采到故障电流，只是小些，未达到动作值，1号主变压器动作跳闸，切除故障，2号主变压器保护返回，保护动作正确。

（5）申请1号主变压器停电处理，将三侧解除备用，做安全措施，对主变压器中压侧保护间隙放电棒打磨，下端焊接牢固，调整保护间隙距离为115mm，试验合格后，中性点套管引线恢复。

（6）检查主变压器气体继电器无集气，其他无异常。保护人员检查保护定值及二次接线，均无异常，110kV中性点TA绝缘试验、油色谱分析结果均正常。110kV中性点TA绝缘试验结果见表1-5，油色谱分析结果见表1-6。

表1-5　　　　　　　　　　　　　　1号主变压器中性点试验报告

试验天气	阴	环境温度（℃）	30	相对湿度（%）	75	试验日期	2021年7年11日
一、设备铭牌							
相别				A			
运行编号				111中避雷器			
生产厂家				西安电瓷			
额定电压（kV）				73			
投运日期				—			
出厂日期				2008.01			
出厂编号				—			
设备型号				YH1W-73/200			
1mA电压（kV）				—			

二、直流参考电压和0.75倍直流参考电压下泄漏电流					
相别	U_{1mA}（kV）	U_{1mA}初值（kV）	U_{1mA}初值差（%）	$0.75U_{1mA}$泄漏电流（μA）	$0.75U_{1mA}$泄漏电流初值（μA）
A	109.8	110.2	-0.36	10	4

三、绝缘电阻		
相别		测量值（MΩ）
A	本体	3000
	底座	150

续表

四、放电计数器

相别	A	
动作情况	功能正常	
数字	20	
结论	合格	试验仪器	XD2905、ZVI200/5

标准	1.U_{1mA}实测值与初值差不超过±5%且不低于GB 11032规定值（注意值）。 2.0.75U_{1mA}泄漏电流初值差≤30%或≤50μA（注意值）。 3.底座绝缘电阻≥100MΩ，本体绝缘电阻≥2500MΩ。 4.放电计数器功能检查正常

表1-6　　　　　　　　　　　1号主变压器本体油中溶解气体检测报告

检测天气	阴	环境温度（℃）	30	环境相对湿度（%）	82	2021年7月11日

一、设备铭牌

设备信息	设备名称	1号主变压器	设备型号	SFSZ10-180000/220	电压等级（kV）	220
	出厂序号	200612124	出厂年月	2006年12月		

二、标准气体信息

标准气体批号	20-121404	标准气体状态	√正常（异常）	最佳使用期限	2021年12月30日

三、检测数据

相别	1号主变压器本体	—	—
氢气H_2（μL/L）	13.93	—	—
一氧化碳CO（μL/L）	1698.44	—	—
二氧化碳CO_2（μL/L）	7207.99	—	—
甲烷CH_4（μL/L）	22.11	—	—
乙烯C_2H_4（μL/L）	2.84	—	—
乙烷C_2H_6（μL/L）	4.23	—	—
乙炔C_2H_2（μL/L）	0.20	—	—
总烃（μL/L）	29.38	—	—
仪器型号	中分2000B		
结论	试验合格		
标准	溶解气体含量： 乙炔≤5μL/L（注意值）；氢气≤150μL/L（注意值）；总烃≤150μL/L（注意值）		

```
2021年07月11日   17时54分49秒152毫秒
000000ms    零序保护启动                                    (零序保护及重合闸)[CPU2]
000000ms    距离保护启动                                    (距离保护     )[CPU1]
000900ms    零序Ⅱ段出口        电流=33.297 A              (零序保护及重合闸)[CPU2]
000907ms    接地距离Ⅱ段出口     0.301+j0.098 Ω            (距离保护     )[CPU1]
000907ms    故障类型和测距      C相接地 1.60km             (距离保护     )[CPU1]
000976ms    重合闸启动                                      (零序保护及重合闸)[CPU2]
003476ms    重合闸出口                                      (零序保护及重合闸)[CPU2]
003480ms    重合闸整组复归                                  (零序保护及重合闸)[CPU2]
008620ms    零序保护整组复归                                (零序保护及重合闸)[CPU2]
008622ms    距离保护整组复归                                (距离保护     )[CPU1]
```

● 1

PSL621C数字式保护装置
故障录波
保护类型：距离保护
2021年07月11日   17时54分49秒152毫秒

模拟量通道：
Ia=121.00A/格   Ib=121.00A/格   Ic=121.00A/格   3I0=121.00A/格
Ua=100.00V/格   Ub=100.00V/格   Uc=100.00V/格   3U0=100.00V/格
UX=173.00V/格
开关量通道：
1=三跳   2=永跳   3=重合   4=跳位
5=合位   6=邻线允许加速开入   7=允许邻线加速开出

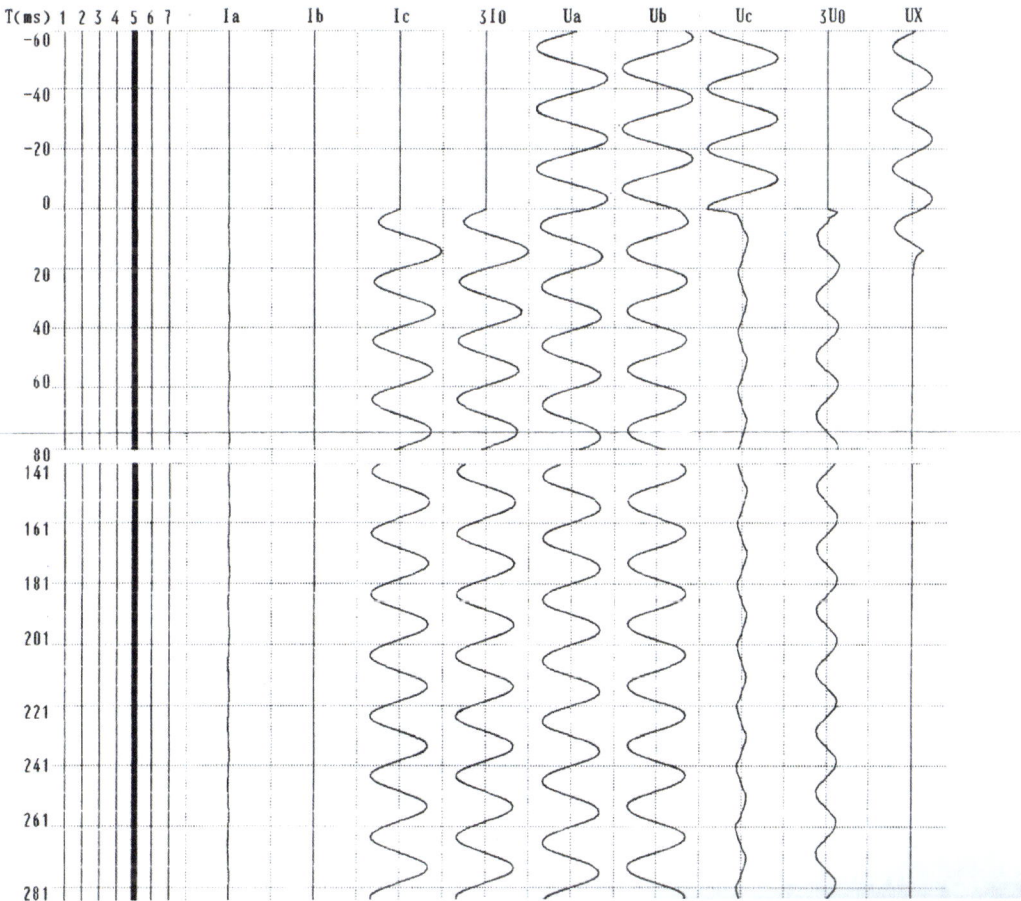

▲ 图1-105　110kV线路动作录波报文

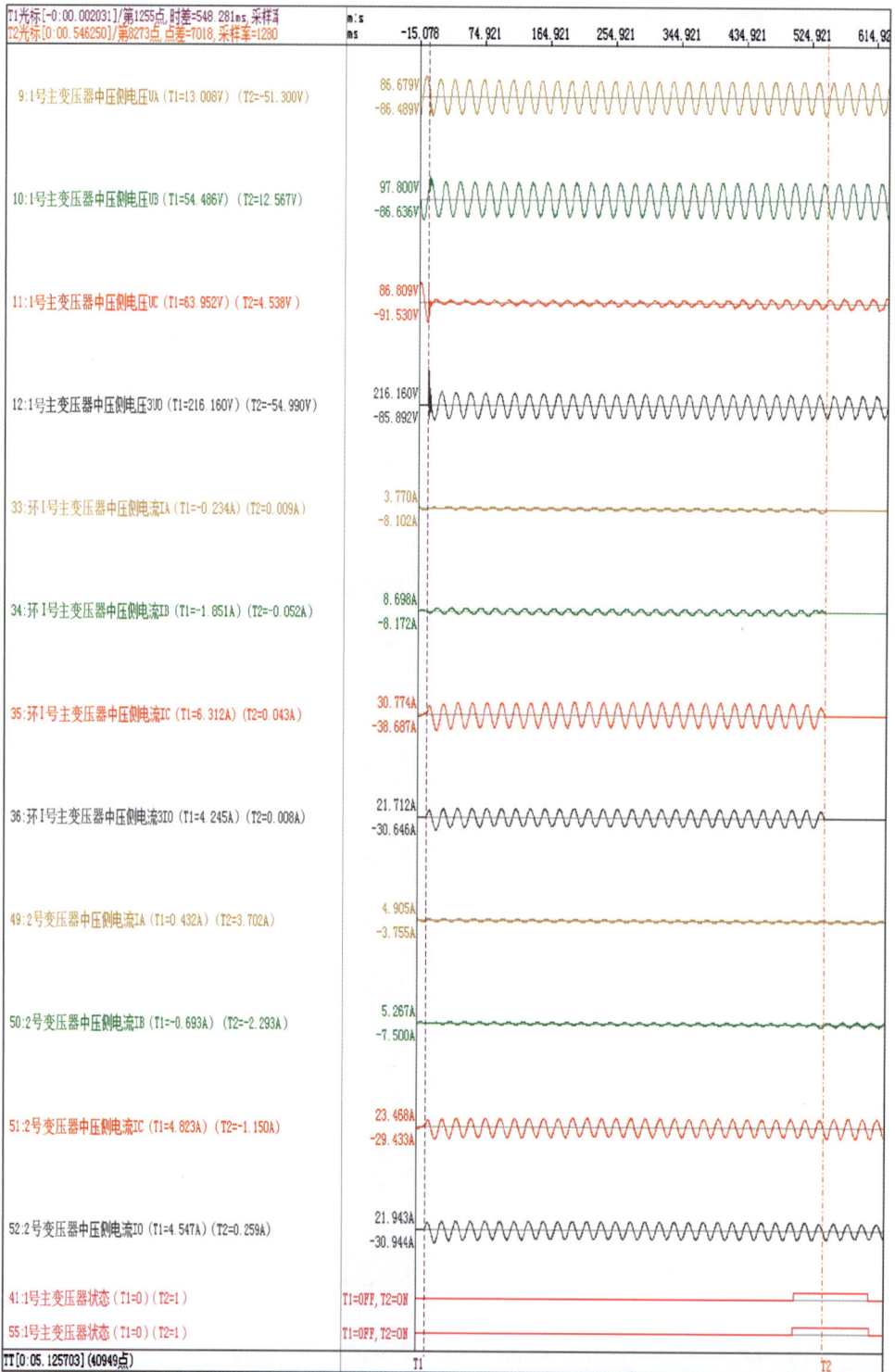

▲ 图1-106　1、2号主变压器故障录波报文

（7）处理缺陷工作结束后，1号主变压器恢复送电正常，110kV侧中性点间隙处理后的情况如图1-107所示。

3.整改措施

（1）强化主变压器中性点间隙装置检查，结合主变压器小修例试等工作，持续开展主变压器中性点间隙保护装置检查，重点检查放电棒间隙情况，不符合要求，及时进行调整更换，日常运维中加强巡视，发现异常及时汇报处理。

▲ 图1-107　主变压器110kV侧中性点间隙处理后

（2）在异常天气下，对主变压器中性点间隙的巡视力度不足，加强中性点间隙日常维护。间隙击穿电压，与气温、气压、温度、湿度等大气条件有关，大气条件变化，会造成间隙放电电压离散性变化。

（3）如有条件，改造110kV线路主保护为全线路光纤纵差保护，零序保护、距离保护作为后备保护，以提高线路快速切除故障能力，防止重大设备损坏。

二十五、220kV主变压器110kV侧套管将军帽发热

1.检查情况

（1）110kV及以上电压等级的变压器套管，均采用将军帽结构连接，即变压器线圈通过穿缆软线引至套管上端，用接线座和引线鼻子再与将军帽拧紧，然后再与外部导线连接。

（2）2019年3月1日，在对某220kV主变压器进行巡视测温时，发现110kV侧B相套管发热154℃，如图1-108所示。主变压器型号：SFPSZ9-150000/220。

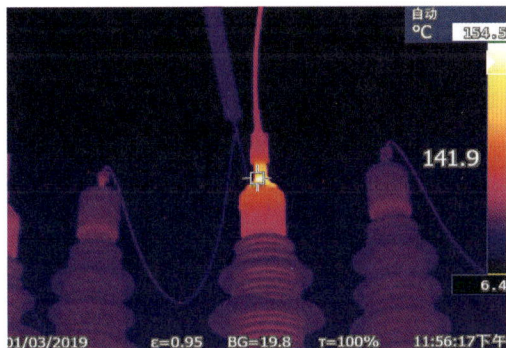

▲ 图1-108　主变压器110kV侧B相套管发热

2. 分析处理

（1）经申请停电，拆除B相导电头，有些松动，未完全紧固，拆开导电头后，发现其内部有多处发热痕迹，且变压器引线接头的螺纹出现局部过热发黑，如图1-109所示，套管结构分布如图1-110所示。

▲ 图1-109　螺纹局部过热发黑

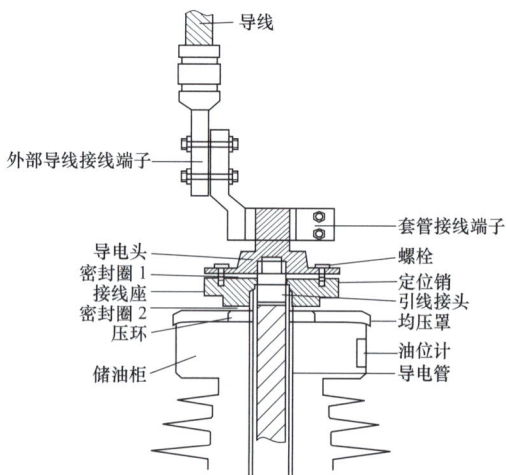

▲ 图1-110　套管结构分布

（2）导电头内部的螺纹和变压器引线接头螺纹，没有完全处理干净，引线接头与导电头之间的接触面就小，当变压器高压套管与外部载流导体连接不良或松动时，电阻增大引起局部过热，其热像特征是连接头过热。

（3）接线座位于导电管上方，通过螺纹进行连接，变压器内部引线穿过导电管后，接头通过定位销固定在接线座上，导电头与套管接线端子间通过螺栓连接，套管接线与外部导线也通过螺栓连接，两者未完全紧固到位，引起接触面减小，负荷大时将军帽过热。处理后的情况如图1-111所示，恢复送电后测温正常。

▲ 图1-111　主变压器套管处理后

3. 整改措施

（1）采用红外测温带电设备，直观灵敏、便捷可靠，是电气设备状态检修的有效手段。

（2）对危机缺陷及时处理，防止继续发展，烧坏主变压器套管。

二十六、220kV线路故障主变压器220kV侧绕组损坏

⚒ 1.检查情况

2012年5月12日，某500kV变电站某500kV主变压器某220kV线路侧B相发生接地故障，接地点距离变电站1.032km处，重合于故障后58.5ms，主变压器B相故障跳闸。从220kV侧测得的两次穿越电流分别为12.2kA和12.3kA，持续时间分别为60.4ms和68.6ms，两次短路时间间隔为1131ms，从500kV侧测得的短路穿越电流为4.78kA。

⚒ 2.分析处理

（1）变压器跳闸后，现场发现主变压器B相气体继电器动作、压力释放阀动作、气体继电器防雨罩倾斜、感温电缆断裂，变压器本体和套管升高座均多处出现裂纹。主变压器故障时，该变电站为雷雨天气，风力较强，变电站内部分设施受大风影响而损坏。在距变电站1km处，某220kV线路杆塔发现雷击放电痕迹。对500kV主变压器高压侧避雷器、220kV中压侧避雷器计数器检查，避雷器均未动作。

（2）变压器故障后，提取主变压器油样和B相瓦斯气体，并进行了现场分析。从油色谱结果来看，该变压器A、C相上、下部油样均正常。B相中、下部油样的H_2、C_2H_2、总烃等组分严重超标，B相瓦斯气体中，H_2、CH_4、CO、总烃严重超标。H_2含量较高，内部存在高温过热；C_2H_2含量较高，内部存在放电性故障；及总烃含量较高，存在过热性故障；CO含量较高，绕组内部绝缘可能受到一定损坏。

（3）绝缘试验，主要进行绕组连同套管的绝缘电阻、吸收比和极化指数测试，以及铁芯、夹件对地的绝缘电阻测试，从测试结果看，铁芯及夹件绝缘电阻为0MΩ，铁芯和夹件对地绝缘已被击穿。

（4）绕组直流电阻结果显示，高压、中压、低压B相绕组直流电阻明显超标，A、C相绕组直流电阻合格。鉴于变压器内部可能存在过热性放电故障，变压器B相绕组可能有烧损或断股现象。

（5）对该主变压器进行了绕组变形（频率响应法）试验，高压绕组的B相频率响应曲线有明显的不一致，低压绕组的频率响应曲线有明显的三相不一致。绕组均严重变形，且高压绕组主要发生在B相上，而低压绕组无法具体判断哪一相变形，结合油色谱试验、绝缘试验和绕组直流电阻试验，判断变压器是B相绕组严重变形。

（6）对变压器进行解体检查，故障主要在主柱绕组上，最外层的高压绕组下半部，

靠近高压绕组中部出线有严重损坏，部分围屏、撑条、端圈及垫块脱落；下部压板高压侧变形断裂；主柱铁芯片有大量卷曲现象，旁柱铁芯片局部有卷曲现象；上铁轭向上位移移15mm；高压上夹件向上弯曲呈拱形；上部压板和引线无变形，500kV高压出头屏蔽筒完好，无载调压开关未见损坏，整个器身油污严重，如图1-112所示。

（7）高压绕组中部区域损坏严重，并有一匝线已烧断，绕组外观情况，如图1-113所示。

▲ 图1-112 器身油污严重

▲ 图1-113 高压绕组外观

（8）中压绕组下部变形非常严重，并有明显的放电区域，大量铜线断裂、扭曲，中压绕组上部基本完好，无倾斜、扭曲和弯曲现象，中压绕组外观情况如图1-114所示，低压绕组及调压绕组变形也比较严重。

（9）变压器出口，线路B相遭受雷击，造成220kV单相接地短路，是此次变压器故障损坏的诱因，变压器承受了较大的短路电流。在十年的运行过程中，

▲ 图1-114 中压绕组外观

遭受过多次短路电流冲击，其累积效应对变压器绕组也有很大的影响和破坏。

（10）变压器低压、调压和中压绕组，采用的是自黏换位导线，高压绕组采用的是纸包组合线。经抗短路强度计算软件校核该变压器，发现中压、低压、调压绕组有较强的抗短路能力，而高压绕组抗短路能力不足。

（11）该变压器绕组严重变形的根源，还在于遭受短路冲击后引发的绝缘击穿，造

成线饼匝间短路，其电流巨大，产生的巨大电动力，造成绕组严重受损，铁芯及其结构件变形损坏。

（12）鉴于变压器绕组、铁芯损坏严重，变压器油箱和套管均存在不同程度的开裂，变压器已不能运行，需进行更换处理。

🔧 3. 整改措施

（1）新的变压器高压绕组采用自黏换位导线，所有绕组应适当提高导线的屈服强度，提高其抗短路能力。

（2）按照最新的变压器设计、制造水平，进行结构设计和产品生产，加强绕组轴向压紧水平，提高垫块等绝缘件的精度和工艺水平，加强绕组换位位置的绝缘强度。

（3）在满足正常运行的条件下，装设中性点接地电抗器，尽量降低短路电流对变压器绕组的冲击。变压器本身抗短路能力不足，是引起短路损坏的主要原因，而外部运行环境不良，也是一个重要的因素。

（4）根据电力变压器绕组变形的电抗法检测判断导则，规定了变压器的检测，是在运行中经受短路电流冲击后，根据短路电流的大小、持续时间、累计次数决定，当达到一定条件时，应对变压器进行绕组变形试验。

二十七、220kV强油风冷变压器绕组温度告警

🔧 1. 检查情况

2023年6月25日，某220kV变电站，主变压器报：绕组温度告警，如图1-115所示，在高温情况下，会促使变压器油劣化，降低绝缘水平，严重影响主变压器的使用寿命，冷却方式为强油风冷。主变压器型号：SFPSZ9-150000/220。

🔧 2. 分析处理

（1）因强油风冷变压器散热片脏堵，如图1-116所示，是造成主变压器油温不断上升的主要原因，另外，夏季天气炎热，用电负荷增加，也是造成油温过高的另一原因。

（2）变电站周边，由于铝业公司生产规模迅速扩大，致使粉尘污染加剧，对变压器冷却器散热有较大影响，散热片吸入大量粉尘并附着散热器表层。

（3）按变压器运行规程规定，强油循环风冷变压器，最高油温不超过85℃，每年夏季负荷高峰，随着用户用电量的增大，严重威胁着主变压器的安全运行。

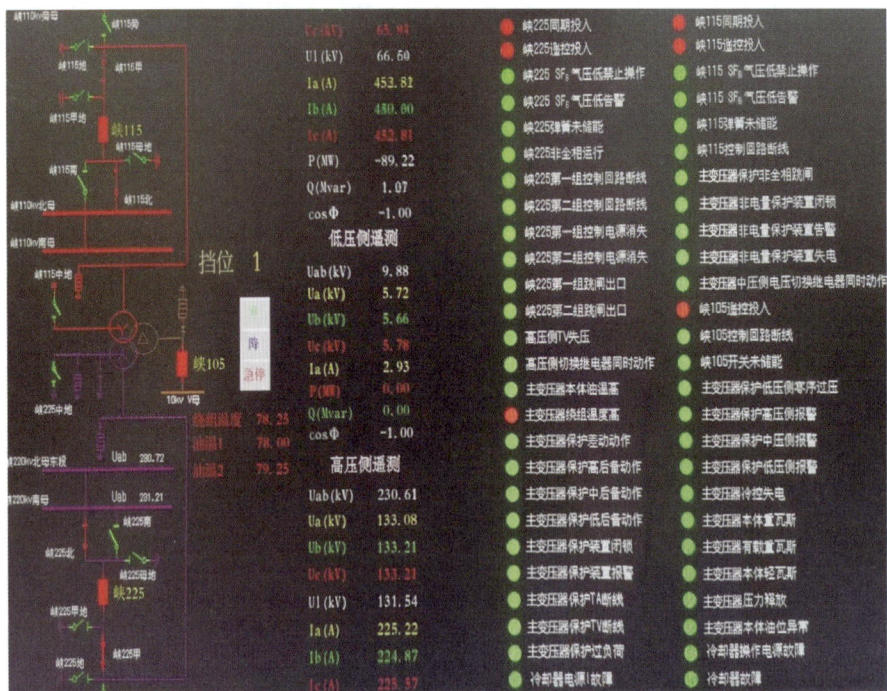

▲ 图1-115　主变压器绕组温度告警

⚙ 3. 整改措施

（1）因变压器散热片厂家设计存在缺陷，冷却器自身又未加装任何除尘装置，未考虑运行环境恶劣情况，运行中的絮状物、粉尘等都会吸附在散热片表层，影响变压器散热功能。

（2）为提高散热效果，夏季普遍采取带电水冲洗散热器的方法，效果良好，如图1-117所示，油温迅速降低，告警信号消失，保证了主变压器安全迎峰度夏。

▲ 图1-116　强油风冷主变压器散热器脏堵

▲ 图1-117　主变压器散热器水冲洗后效果

（3）上报计划，及时改造老旧设备，将强油风冷变压器更换为新式、大容量油浸风冷变压器，防止重大设备损坏发生。

二十八、220kV主变压器引线折弯过大造成的内部故障

1.检查情况

2022年1月2日，某220kV主变压器本体重瓦斯保护动作、主变压器比率差动保护动作、本体压力释放动作、本体轻瓦斯动作、三侧断路器跳闸。故障录波显示，主变压器高压侧A相电流升至820A，A相电压降低约4.4kV，中压侧A相电流升至1440A，A相电压降低约8.8kV，低压侧A、C两相电流幅值相等，方向相反，主变压器各侧电流中谐波含量较大，波形畸变，主变压器保护动作正确。

2.分析处理

（1）现场检查。

1）主变压器跳闸后，对主变压器三侧进行全面检查，发现本体压力释放阀正下方、有载分接开关顶盖上方，均有明显油迹，本体气体继电器有大量气体产生。

2）油色谱在线分析，主变压器跳闸前，本体油色谱在线监测，乙炔0μL/L；主变压器跳闸后，油色谱在线监测，乙炔高达25.31μL/L，远超5μL/L标准规定，三比值102，故障类型为电弧放电，在线色谱检测见表1-7。

表1-7　　　　　　　　　主变压器故障前后本体油在线色谱监测

检测时间	数据	甲烷	乙烯	乙烷	乙炔	总烃	氢气	一氧化碳	二氧化碳	告警信息
2022年1月2日 08：27：15	在线	6.02	0.51	0.57	0.0	7.1	31.13	230.24	767.45	
2022年1月2日 13：31：33	在线	12.2	11.08	1.07	25.31	49.66	49.7	293.19	316.09	乙炔 25.31

3）油色谱离线分析，主变压器有载分接开关绝缘油正常，但本体油色谱乙炔值达16.07μL/L，三比值102，故障类型为电弧放电，与在线数据结果一致，离线色谱分析见表1-8。

表1-8　　　　　　　　　　　　　　本体油离线色谱分析

项目	离线	在线	离线
设备名称	主变压器东侧上部	主变压器东侧中部	主变压器东侧下部
取样日期	2022年1月2日18时10分	2022年1月2日18时15分	2022年1月2日18时20分
分析日期	2022年1月2日	2022年1月2日	2022年1月2日
单位	μL/L	μL/L	μL/L
氢气 H_2	25.82	22.9	20.57
甲烷 CH_4	5.75	5.41	8.05
乙烷 C_2H_6	0.72	0.82	0.98
乙烯 C_2H_4	4.34	3.78	8.20
乙炔 C_2H_2	8.35	6.95	16.07
总烃	19.16	16.96	33.30
一氧化碳 CO	148.42	145.85	117.30
二氧化碳 CO_2	620.83	564.43	443.85

4）通过对主变压器本体离线、在线数据，与瓦斯气体离线综合对比，乙炔量均超标，特别是故障后，本体瓦斯气体中乙炔、氢气、总烃在线和离线数据有明显突变，瓦斯气体色谱分析，三比值102，故障类型为电弧放电，见表1-9。

表1-9　　　　　　　　　　主变压器本体瓦斯气体色谱分析

设备名称	主变压器本体瓦斯	主变压器本体瓦斯
取样日期	2022年1月2日	2022年1月2日
分析日期	2022年1月2日	2022年1月2日
单位	μL/L	μL/L
游离气体	气样浓度值	油中理论值
CH_4	23624.80	9213.68
C_2H_4	5387.60	7865.90
C_2H_6	118.40	272.32
C_2H_2	22951.02	23410.04
H_2	354057.20	21243.44
CO	22898.00	2747.76
CO_2	40.386	37.1551
总烃	52081.8	40761.94
分析	H_2、C_2H_2、总烃均超注意值，三比值102，故障类型电弧放电	

5）瓦斯气体中乙炔、总烃、氢值，与本体油中实际值的比值远大于1，严重故障，产气迅速，来不及溶解与扩散。

6）非典型故障，故障为一起突发性电弧放电故障，且涉及固体绝缘材料。类型为线圈匝间、层间放电，相间闪络、分接引线间油隙闪络、引线对箱壳或其他接地体放电，为本体内部发生突发性短路放电。

7）拆除变压器，对内部进行检查，发现A相调压线圈上部接线，有明显的放电击穿痕迹，存在熔铜现象，且部分线圈已烧断，在放电点下方油箱底部，有大量击穿散落的绝缘纸，如图1-118所示，故障瞬间发生了较大能量的短路放电。

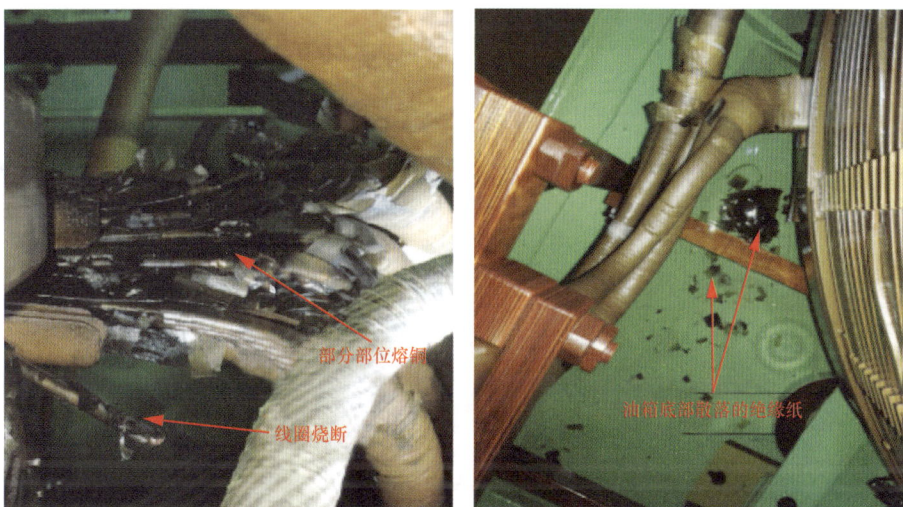

▲ 图1-118　主变压器本体内部检查

8）检查分接开关，触头及连接铜排出现明显的灼伤痕迹，是开关触头电弧放电，切换挡位时电弧放电所致。两台变压器并列运行，分接线绝缘受损，使开关与调压引线间有较大环流，分接线间发生击穿放电，产生的电动力，A相调压绕组距离开关最近，受到的电动力最大，瞬间产生的巨大热量造成本体气体继电器动作，压力释放阀动作。

9）变压器长期运行期间，绕组上部引线折弯处存在绝缘缺陷，经过外部短路冲击累积，引线弯折处包扎绝缘破损，匝间绝缘裕度降低，最终导致击穿放电。

（2）返厂检查。

1）A相调压线圈上部，与4、6、8挡连接的引出线间发生短路，外部绝缘损坏，其中与4、8挡连接的引出线，各有一根铜导线熔断（每挡引出线有4根铜导线），如图1-119所示。

▲ 图1-119 A相上部调压分接线故障

2）依次拆除A、B、C三相线圈，拆解A、B、C三相调压线圈上、下部分接线，发现分接线铜导线折弯处，均有不同程度的变色痕迹，如图1-120所示。

▲ 图1-120 调压线圈出头绕弯处有发黑痕迹

3）铁芯立柱底下部有轻微弯曲变形，不影响设备正常运行，主要为绑扎工艺不良及铁芯上、下部都有夹件侧梁固定，而中间夹紧力偏小所致，经脱油烘干后，旁轭铁芯立柱底部变形情况有明显恢复。

4）对上层铁轭检查，发现铁芯有部分损伤，是硅钢片叠装时磕碰所致，后期对受损硅钢片全部更换，铁芯部分损伤，如图1-121所示。铁芯对夹件、铁芯对地、夹件对地绝缘合格。

5）根据故障设备返厂解体分析，主变压器生产制造环节工艺质量管控不严，导致存在变压器绕弯工艺不良，且厂内未能通过有效检测手段，检测出主变压器调压线圈引线绕弯半径过大，造成铜导线绝缘薄弱情况，设备带隐患出厂。

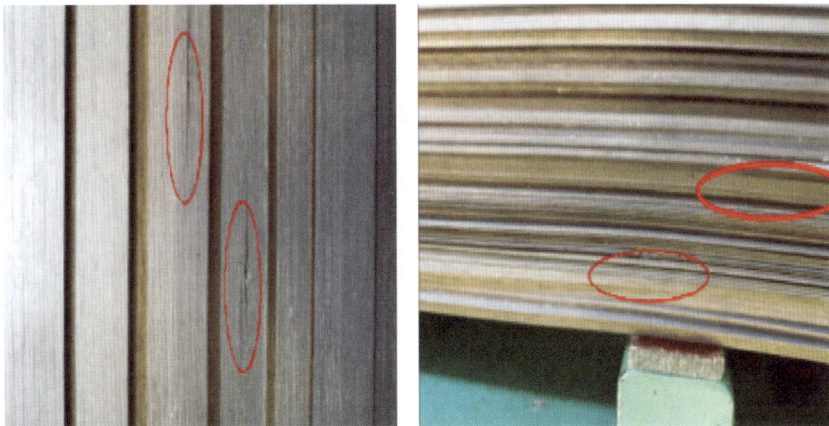

▲ 图1-121　铁轭铁芯部分损伤

3. 整改措施

（1）综合分析，故障前油色谱在线数据正常，本次故障为突发性故障，而在此之前，有一个较强的持续火花放电过程，导致乙炔占总烃比例相对较高，最终导致设备电弧击穿。主变压器故障瞬间经历了大电流，伴随着大量热量，使故障点的温度骤然升高，超过铜的熔点，造成部分绕组熔断，巨大的电动力导致调压线圈变形、绝缘纸破损、变压器油裂解产生乙炔等气体。

（2）A相调压绕组上部引线折弯处导线，存在材质、工艺质量问题，变压器长期运行，经受外部短路冲击累计效应，引线折弯处包扎绝缘磨损，绝缘裕度降低，多种因素叠加，最终造成击穿放电故障。

（3）加强设备技术监督，要高度重视变压器绕弯工艺检查，确保设备零隐患投运。

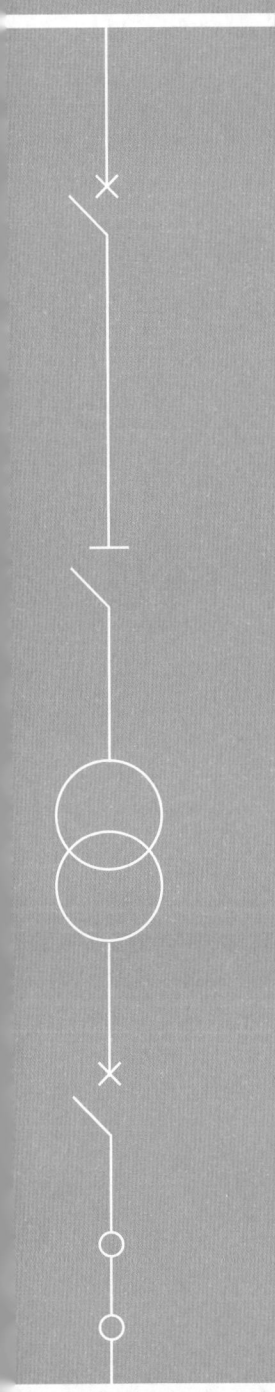

断路器结构原理

第一节　SECTION 1　断路器结构原理

1. 作用

高压断路器是电力系统中起控制、保护作用的重要设备（开合、转换线路、切除故障），特别是在切断短路故障，限制并承受过电压，投切电容器、电抗器等补偿或限流设备等方面起着非常重要的作用。根据灭弧原理分为油断路器（多油和少油）、压缩空气断路器、六氟化硫断路器、真空断路器、磁吹断路器、产气（固体）断路器。机构一般由液压机构、气动机构、弹簧机构、电动机构驱动。

2. GIS设备

ZF12B-126（L）T3150-40型GIS设备，元件结构紧凑、间隔尺寸小，有效节省占地面积，断路器使用自能式灭弧室，配用弹簧操动机构，杜绝漏油、漏气隐患，三工位隔离接地组合集成度非常高，隔离开关、接地开关共用一台机构，实现机械联锁，从根本上避免误操作。GIS设备外观如图2-1所示，GIS设备参数见表2-1。

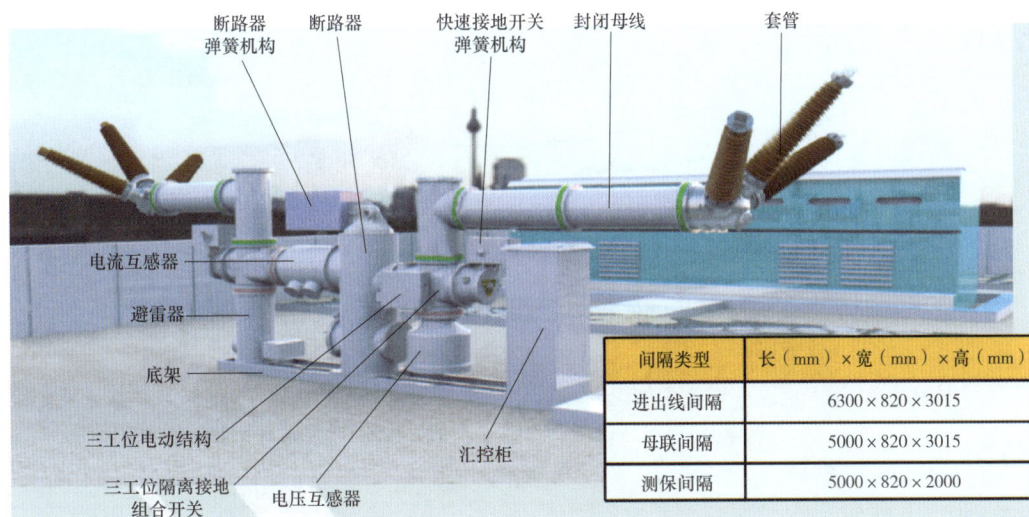

间隔类型	长（mm）×宽（mm）×高（mm）
进出线间隔	6300×820×3015
母联间隔	5000×820×3015
测保间隔	5000×820×2000

▲ 图2-1　GIS设备

表2-1 GIS设备参数

序号	项目名称		单位	参数值
1	额定电压		kV	126
2	额定电流		A	3150
3	额定频率		Hz	50/60
4	额定工频1min耐受电压	断口	kV	230（+70）
		对地		230
	额定雷电冲击耐受电压峰值（1.2/50μs）	断口	kV	550（+100）
		对地		550
5	额定短时耐受电流		kV	40
6	额定短路持续时间		s	3
7	额定峰值耐受电流		kA	100
8	SF$_6$气体压力（表压）	断路器隔室 额定工作压力		0.60
		断路器隔室 补气报警压力		0.52±0.015
		断路器隔室 最低功能压力	MPa	0.50±0.015
		其他隔室 额定工作压力		0.40
		其他隔室 最低功能压力		0.33±0.015
9	每个隔室SF$_6$气体漏气率		%/年	≤0.3

3. 瓷柱式设备

LW35-126/T3150-40瓷柱式SF$_6$断路器，选配CT型或CTB弹簧机构，采用三相机械联动型式，可实现对输电线路、变压器的控制和保护，整体结构如图2-2所示，本体结构如图2-3所示。

▲ 图2-2 LW35-126整体结构

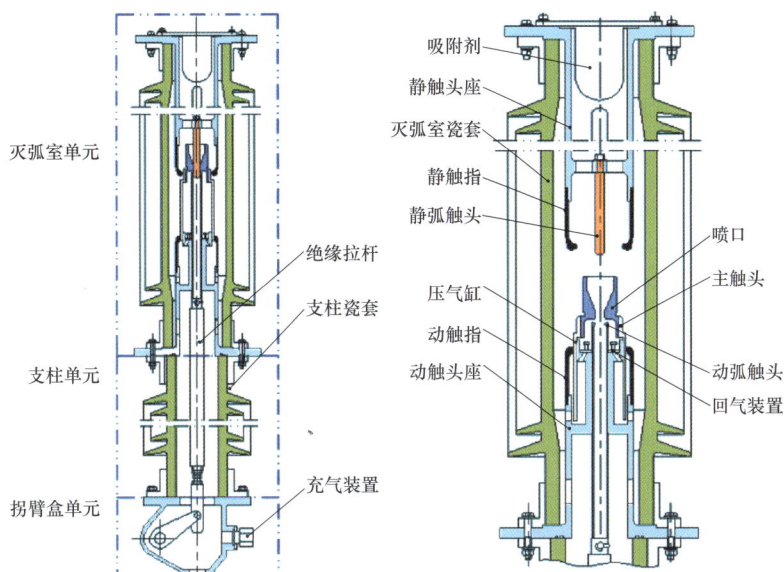

▲ 图2-3 LW35-126本体结构

LW35-252/T4000-50型瓷柱式SF₆断路器，配用CT型弹簧机构，采用分相操作，可实现对输电线路的控制和保护，整体结构如图2-4所示。

LW10B-252（H）型SF₆瓷柱式，是专为满足高寒地区用户需要而设计开发的，低气压型单断口结构252 kV电压等级产品，额定气压0.4MPa，可开断额定短路电流达50kA，整体结构如图2-5所示，液压机构如图2-6所示。

▲ 图2-4 LW35-252整体结构

▲ 图2-5 LW10B-252整体结构

35kV六氟化硫弹簧机构断路器，为LW8-40.5整体机构，如图2-7所示；6～10kV真空断路器VS1，操动机构如图2-8所示，真空断路器参数见表2-2。

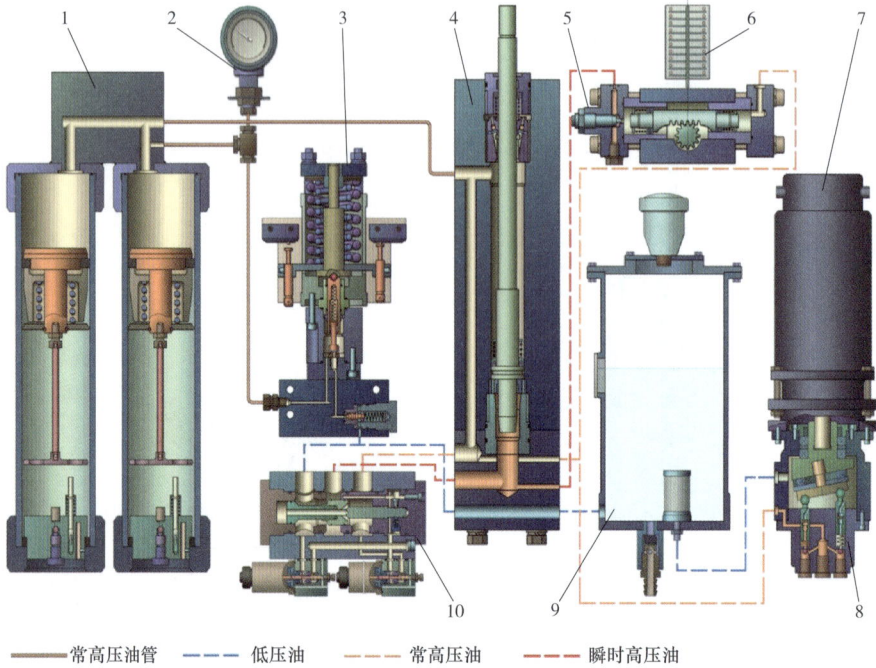

▲ 图2-6　CYT液压机构

1—贮压器；2—油压表；3—压力开关；4—工作缸；5—信号缸；6—辅助开关；
7—电动机；8—油泵；9—油箱；10—控制阀

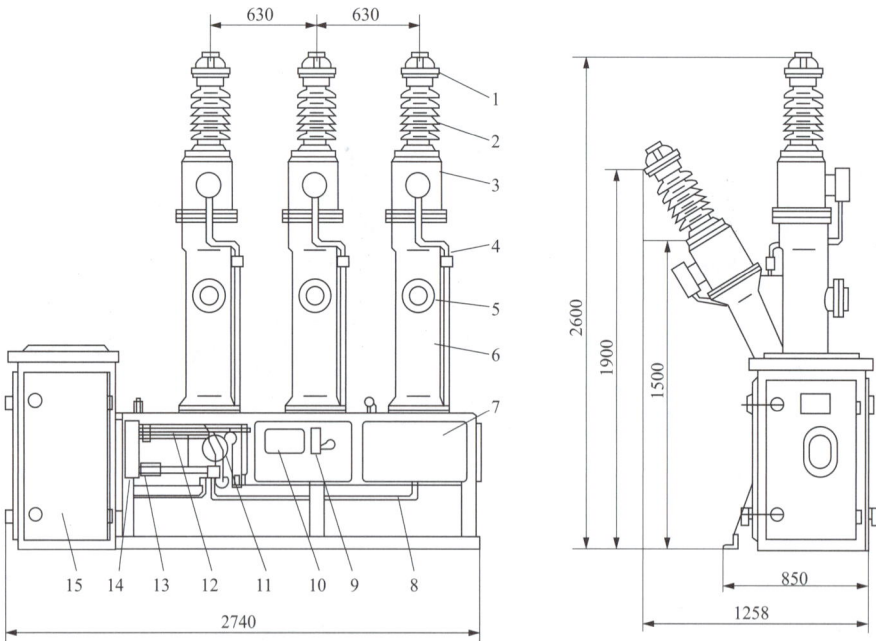

▲ 图2-7　LW8-40.5整体机构

1—出线帽；2—瓷套；3—电流互感器；4—互感器连接护管；5—吸附器；6—外壳；7—底架；8—气体管道；
9—分合指示；10—铭牌；11—传动箱；12—分闸弹簧；13—螺套；14—起吊环；15—弹簧操动机构

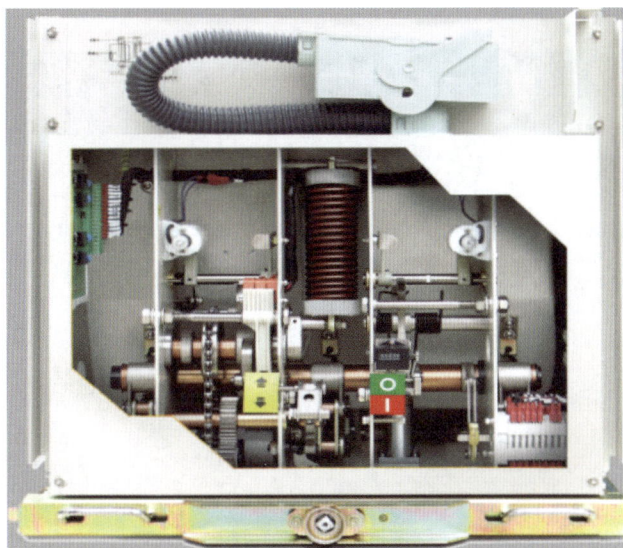

▲ 图2-8　VS1真空断路器操动机构

表2-2　　　　　　　　　　真空断路器参数

序号	参数名称	单位	参数值		
1	额定电压	kV	12		
2	额定频率	Hz	50/60		
3	短时工频耐受电压（1min）	kV	42		
4	雷电冲击耐受电压	kV	75		
5	额定电流	A	630 1250	630 1250 1600 2000 2500	1250 1600 2000 2500 3150 4000
6	额定短路开断电流	kA	25	31.5	40
7	额定短路关合电流	kA	63	80	100
8	额定短时耐受电流（4s）	kA	25	31.5	40
9	额定峰值耐受电流	kA	63	80	100
10	额定单个电容器组开断电流	A	630		
11	额定背对背电容器组开断电流	A	400		
12	额定电缆充电开断电流	A	25A，48次，C2级		

序号	参数名称		单位	参数值		
13	额定操作顺序			O—0.3s—CO—180s—CO		
14	额定短路开断电流开断次数		次	30	20	
15	机械寿命		次	20000	10000	
16	触头允许磨损厚度		mm	3		
17	额定操作电压	合闸线圈	V	AC/DC 220		
		分闸线圈	V	AC/DC 220		
		储能线圈	V	AC/DC 220		
18	储能时间		s	≤15		
19	合闸时间（额定电压）		ms	30～70		
20	分闸时间（额定电压）		ms	20～50		
21	触头开距		mm	9±1		
22	接触行程		mm	3.5±0.5		
23	三相合、分闸同期性		ms	≤2		
24	合闸触头弹跳时间		ms	≤2	≤3	
25	相间中心距		mm	210±1	275±1	
26	分闸速度（0～6mm行程）		m/s	0.8～1.6		
27	合闸速度（6mm～触头闭合）		m/s	0.4～1.0		
28	合闸触头接触压力		N	2300±200	3000±200	4000±200
29	每相主回路电阻（不大于）		μΩ	≤50（630A） ≤45（1250A） ≤35（1600～2500A） ≤25（2500A以上）		

第二节　SECTION 2

断路器的诊断与分析

一、10kV少油断路器爆炸

1.检查情况

　　2010年8月10日，雷阵雨，某110kV变电站某10kV线路（17板）断路器爆炸，17板内1隔离开关发生相间短路，主变压器10kV侧复压过电流动作，101主进断路器跳闸切除故障，10kV Ⅰ 母失压。17板靠母线侧隔离开关烧坏，如图2-9所示；TA穿板套管烧坏，如图2-10所示；少油断路器爆炸，如图2-11所示；二次设备烧坏，如图2-12所示。断路器型号：SN10-10；电磁机构：CD-10；开关柜型号：GG-1A。

▲ 图2-9　母线侧隔离开关烧坏

▲ 图2-10　TA穿板套管烧坏

▲ 图2-11 少油断路器爆炸

▲ 图2-12 二次设备烧坏

2. 分析处理

（1）SN10-10为少油断路器，已运行20多年，设备陈旧落后，从事故象征分析，同时调取事故录像，前后共发生了两次爆炸，伴有起火现象。

（2）首先17板线路侧B、C相遭受雷击，询问线路用户，为柱上断路器遭受雷击，雷电行波沿线路侵入变电站内，在17板开关柜内B、C相间放电，弧光又造成三相短路，17板断路器爆炸，15板电流互感器穿板套管烧毁，其中B相烧毁最为严重，故障电流越级至主变压器低侧后备保护动作跳闸，切除故障。

（3）原10kV高压室GG-1A开关柜，如图2-13所示。

▲ 图2-13 GG-1A开关柜

3. 整改措施

少油断路器为20世纪80年代产品，属于淘汰产品，后期已全部更换为ZN63A真空手车断路器，机构均为弹簧机构，如图2-14所示，运行状态良好。

▲ 图2-14 更换后的真空断路器

二、10kV少油断路器母线穿板套管发热故障

1. 检查情况

2021年2月15日，某35kV变电站2号主变压器低压侧后备过电流Ⅰ段动作，102断路器跳闸，最大相电流17.929A，ABC三相短路，检查为2号主变压器所带10kV线路14板故障，故障情况如图2-15所示。断路器型号：SN10-10；开关柜：GG-1A；主变压器保护：南自PST642U。

2. 分析处理

（1）故障点为14内1隔离开关靠断

▲ 图2-15　穿板套管与铝排连接处发热故障

路器侧，A、C两相穿板套管与铝排连接处发热故障，当时14板所带负荷较重，约400多安负荷。套管螺栓严重老化，铝排严重氧化，造成严重接触不良，负荷较大时严重发热，C相发热弧光造成三相短路故障，2号主变压器跳闸切除故障。

（2）GG-1A开关柜，是20世纪80年代产品，配备SN10少油断路器，CD-10电磁机构，灭弧能力差，早属于淘汰产品，严重影响设备安全运行，弧光短路熏黑的开关柜内部情况如图2-16所示。

（3）监控机SOE报文如图2-17所示，主变压器保护动作报文如图2-18所示，故障点在线路电流互感器上端，不在线路保护范围，属于主变压器低压侧保护范围，102断路器跳闸，保护动作正确。

▲ 图2-16　弧光短路熏黑的开关柜

3. 整改措施

（1）加强红外测温巡视工作，发现问题及时汇报处理。

2号主变压器	告知	2021-02-15 11:59:34.437	2号主变压器低后备	过流Ⅰ段动作	事件状态	复归
10kV高17板_高常线	告知	2021-02-15 07:43:03.065	10kV高17板	保护启动	事件状态	复归
10kV高17板_高常线	事故	2021-02-15 07:43:00.040	10kV高17板	保护启动	事件状态	动作
2号主变压器	告知	2021-02-15 07:42:27.584	2号主变压器低后备	保护启动	事件状态	复归
10kV高12板_高马线	告知	2021-02-15 07:42:27.728	10kV高12板	保护启动	事件状态	复归
2号主变压器	告知	2021-02-15 07:42:27.605	2号主变压器高后备	保护启动	事件状态	复归
10kV高12板_高马线	事故	2021-02-15 07:42:24.703	10kV高12板	保护启动	事件状态	动作
2号主变压器	事故	2021-02-15 07:42:24.574	2号主变压器低后备	保护启动	事件状态	动作
2号主变压器	事故	2021-02-15 07:42:24.585	2号主变压器高后备	保护启动	事件状态	动作
2号主变压器	告知	2021-02-15 06:25:13.230	2号主变压器高后备	保护启动	事件状态	复归
2号主变压器	告知	2021-02-15 06:25:13.243	2号主变压器低后备	保护启动	事件状态	复归
2号主变压器	告知	2021-02-15 06:25:10.233	2号主变压器低后备	过流Ⅰ段动作	事件状态	复归
2号主变压器	事故	2021-02-15 06:25:10.158	2号主变压器低后备	过流Ⅰ段动作	事件状态	动作

▲ 图2-17　监控机SOE报文

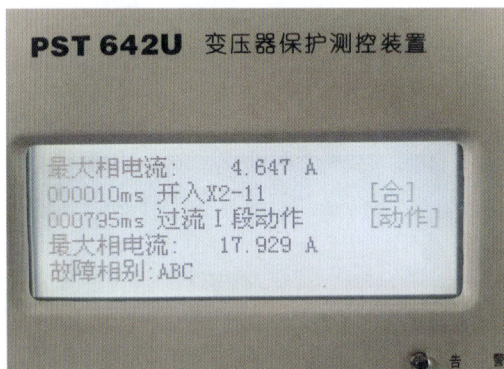

▲ 图2-18　主变压器保护动作报文

（2）加快更新换代淘汰产品，立即上报计划，10kV开关柜，应立即更换为真空断路器手车开关柜，防止事故再次发生。

三、10kV线路柱上断路器故障爆炸

🔧 1. 检查情况

2022年5月11日，某110kV变电站某10kV线路B相先发生单相接地，随后电流Ⅰ段动作跳闸，重合闸未投，保护动作报文如图2-19所示，A相动作电流101.5A，C相动作电流97.02A，为10kV线路柱上高压断路器爆炸。10kV线路保护：许继WXH-822；10kV断路器型号：陕西宝光ZN28-10/1250-31.5；柱上断路器型号：ZW20-12。

🔧 2. 分析处理

（1）巡线检查，为10kV线路柱上高压断路器爆炸，如图2-20所示，气室真空度下降击穿导致。

（2）某10kV开关站避雷器爆炸，如图2-21所示。为氧化锌避雷器内部受潮，B相避雷器首先发生单相接地，弧光又造成ABC三相避雷器相间短路，瞬间的系统过电压，再次造成所连接的柱上断路器爆炸，真空度下降引起，线路保护动作跳闸，切除故障。

（3）调取变电站故障录波，主变压器低压侧故障录波，如图2-22所示。故障前140ms时发生B相接地，零序电压出现，然后发生三相短路，断路器跳闸。

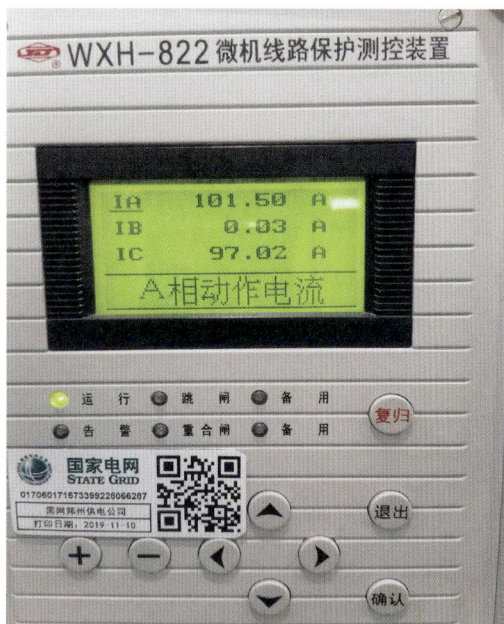

▲ 图2-19　10kV线路故障报文

▲ 图2-20　柱上高压断路器爆炸

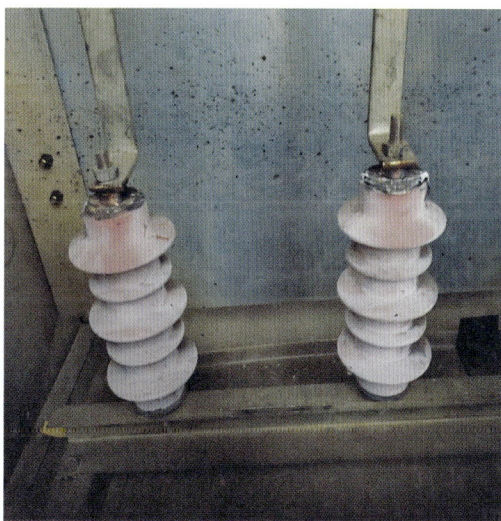

▲ 图2-21　开关站避雷器爆炸

（4）更换开关站三相避雷器，设备试验合格，更换线路上柱上断路器，线路恢复送电正常。

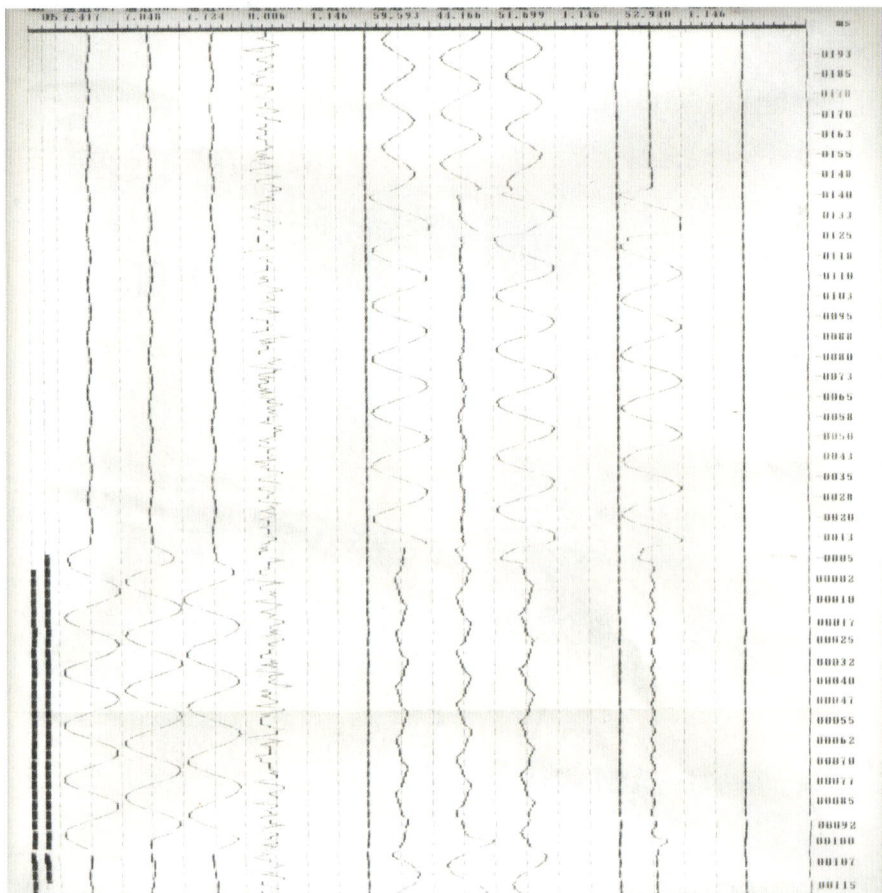

▲ 图2-22　主变压器低压侧故障录波

🔧 3. 整改措施

加强对10kV设备的预试、维护工作，提高产品质量，发现异常，及时汇报处理。

四、10kV线路故障跳闸引起母线短路跳闸

🔧 1. 检查情况

2017年9月14日，某110kV变电站某10kV线路（22板）故障跳闸，震动引发相邻的20板开关柜（站用变）内母线短路，开关柜烧毁，主变压器低后备保护动作跳闸。为20板B相主母线支持绝缘子，固定金具卡销脱落，导致金具跌落，引起B、C相间短路，造成10kV母线三相短路，开关柜烧损一面。开关柜型号：北开KYN28A-12；断路器：ZN65A-EP；主变压器保护：北京四方CSC-326GD。

2. 分析处理

（1）22板线路发生了AB相间短路，流过保护的二次故障电流约为70.21A，折合成一次故障电流为8425.2A，超过保护定值（20A，0.7s），22板动作跳闸，保护动作正确，线路保护动作报文如图2-23所示。

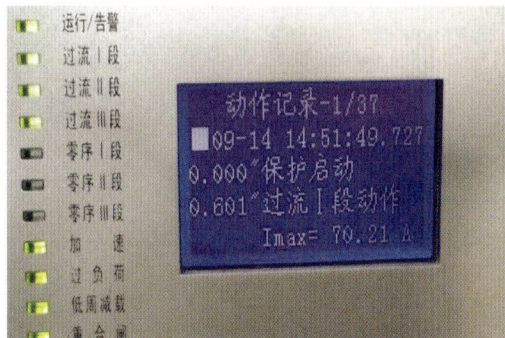

▲ 图2-23　线路保护动作报文

（2）故障时，流过1021侧的二次故障电流为16.61A，折合成一次故障电流为13288A，超过其复压过电流保护定值（6.5A，2.4s），保护动作正确，主变压器低后备保护动作报文如图2-24所示。

（3）20板开关柜内部烧损严重，开关室内部熏黑严重。上部主母线室分支母线，B相对C相、A相对柜壁放电烧蚀，

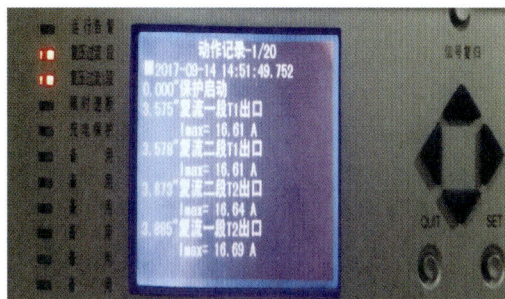

▲ 图2-24　主变压器低后备保护动作报文

A、B、C三相主母线对开关柜后面板放电，其中A、B两相对后面板放电严重，如图2-25所示，手车开关动静触头三相已烧毁，如图2-26所示。

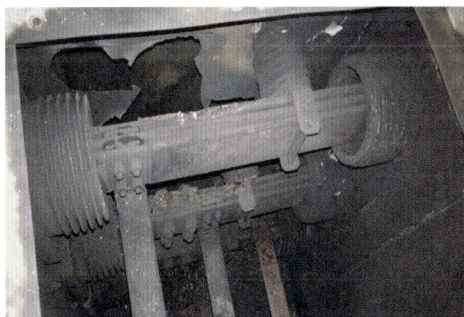

▲ 图2-25　20板母线内部短路烧毁

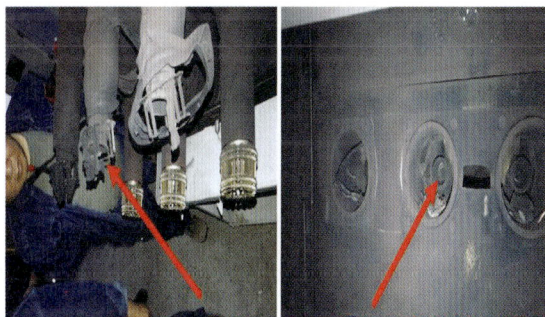

▲ 图2-26　手车开关动静触头烧毁

（4）22板动作跳闸，引起开关柜振动，造成相邻已松动的20板B相上部主母线，支持绝缘子固定金具卡销脱落，金具因缺少卡销固定而掉落，引起母线B、C相间短路，弧光瞬间引发上方主母线三相短路，并对柜体放电，如图2-27所示，掉落的卡销如图2-28所示。

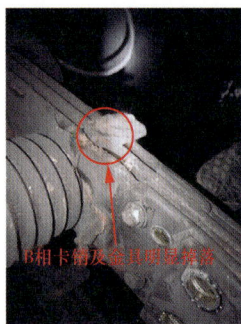

▲ 图2-27　B相支柱绝缘子卡销掉落　　▲ 图2-28　掉落的金具卡销

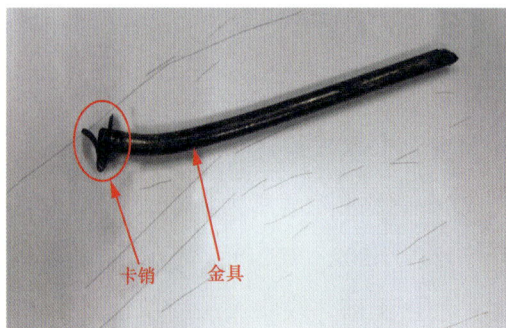

3. 整改措施

对该类型母线固定金具卡销进行排查，更换存在隐患的母线固定金具及卡销，并在今后设备验收过程中，杜绝此类母线固定金具的使用，避免类似故障再次发生。

五、10kV线路电缆头故障引起母线短路跳闸

1. 检查情况

2018年6月14日，某110kV变电站某10kV线路（45板）开关柜电缆头内发生短路，造成主变压器保护低后备动作跳闸，开关柜电缆仓室内设备受到冲击，绝缘受损，继而引发相间短路，45板跳闸切除故障点，但短路电弧引燃绝缘材料，造成的火焰及烟尘引起10kV母线相间短路，开关柜烧损三面。10kV开关柜型号：KYN28A-12；断路器：厦门ABB VD4/Z；线路保护：南瑞NSR-610R。

2. 分析处理

（1）某10kV线路先发生A相单相接地，约14min后，45板电流互感器靠线路侧发生AB相短路故障，继而引发三相短路，二次故障电流约为119.55A，折合成一次故障电流约为14346A，超过45板过电流一段保护定值（20A，0.7s），45板过电流Ⅰ段保护动作跳闸，0.7s后，开关重合于永久性故障，再次跳闸。45板开关柜烧蚀严重，上部母线桥熏黑严重，相邻的46板开关柜，受高温影响也发生部分烧蚀及变形，如图2-29所示。

（2）26min后，故障蔓延到10kV母线，母线上发生AB相间短路，继而引发三相短路，3号主变压器低压侧二次故障电流为19.07A，折合成一次故障电流约为

15256A，超过3号变压器低后备保护定值（6.4A，1.8s），3号主变压器低复压过电流Ⅰ段保护动作跳闸，保护动作正确。主变压器低后备保护故障录波1如图2-30所示，低后备保护故障录波2如图2-31所示。

（3）对10kV母线及分路停电，做安全措施后，对开关柜内部进行检查，45

▲ 图2-29　10kV高压室开关柜烧坏

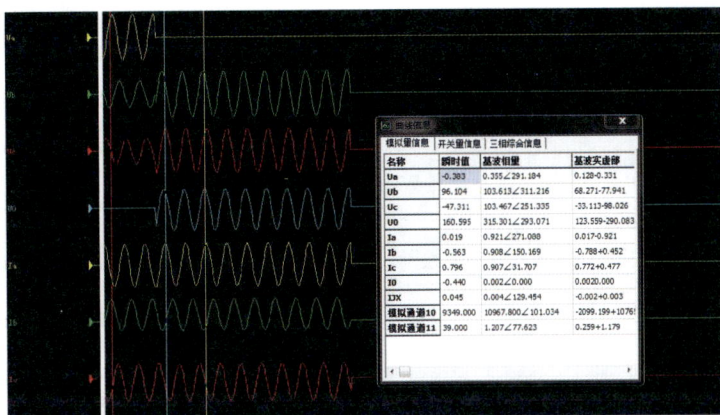

▲ 图2-30　主变压器低后备保护故障录波1

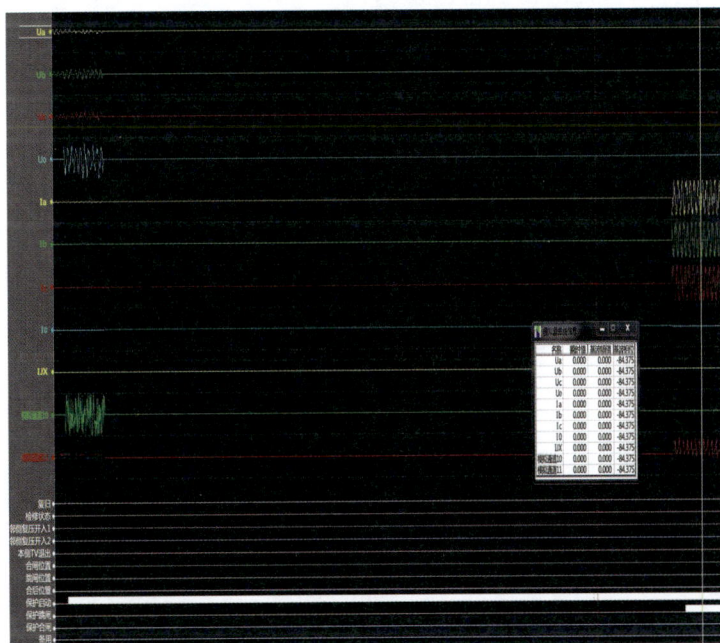

▲ 图2-31　主变压器低后备保护故障录波2

板开关柜烧蚀严重，手车开关绝缘及上下触头盒已烧成粉末，通过观察手车开关机构拐臂情况，判断开关为分位，保护动作正确。开关柜内保护装置、内部配线及二次控缆烧毁严重，开关柜烧毁情况如图2-32所示，手车开关机构严重受损，弹簧机构烧坏情况如图2-33所示。

▲ 图2-32　开关柜及电缆烧毁

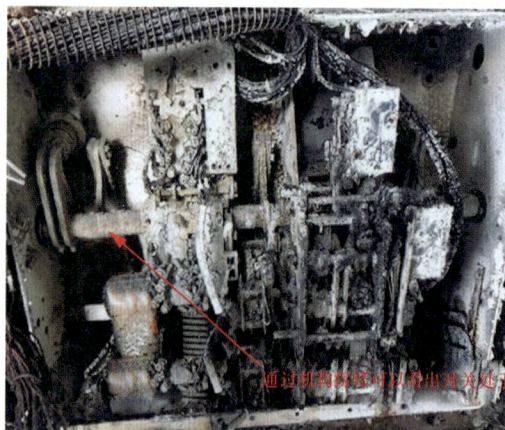

▲ 图2-33　弹簧机构烧坏

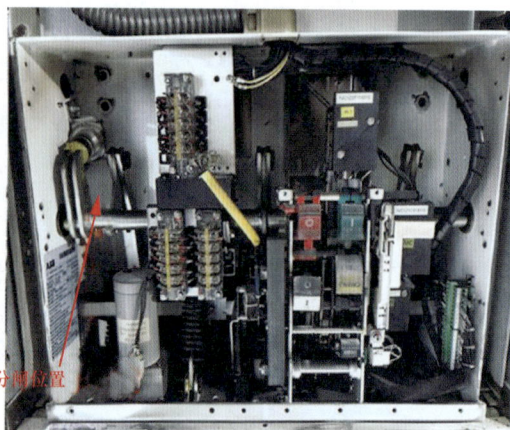

（4）45板开关柜后侧电缆室，电流互感器外绝缘已烧成粉末脱落，露出内部线圈，开关柜上下静触头盒均已烧成粉末，后侧电缆室左右两侧有烧蚀痕迹，10kV电缆三指套处A相电缆炸裂，避雷器完全粉化，如图2-34所示。

（5）开关柜电缆头处相间短路，为电缆头三指套处受到单相接地冲击，最终造成场强最为集中的电缆三指套处，AB相间绝缘击穿短路跳闸。因电缆头三指套密封于水泥中，瞬间短路能量崩开水泥后，在开关柜两侧形成放电点，电弧高温引燃电缆头及其他绝缘材料，电缆头、电流互感器、避雷器等设备绝缘材料燃烧，45

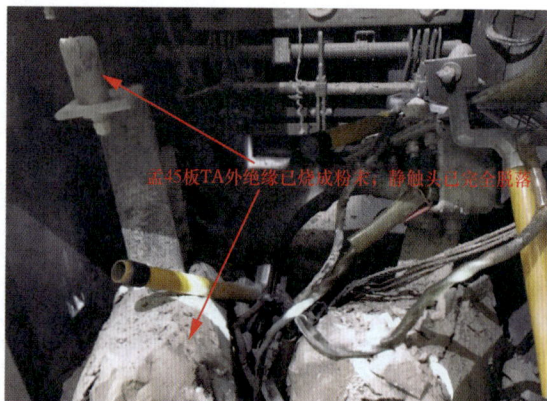

▲ 图2-34　电流互感器烧坏

板电缆室火焰及烟尘，蔓延到开关柜上触头，引发 AB 相间短路，继而引发三相短路，主变压器低后备动作跳闸，切除故障。

3. 整改措施

（1）高压室风机及遥视系统电源取自一段母线，事故跳闸后，造成风机及遥视系统的交流电源失去。早期设计对直流环网重视程度不够，直流环网分段布置不合理，现场保护直流电源采用盘顶小母线敷设形式，单独柜体直流控缆发生故障后，将造成整个 10kV 保护直流电源失去。

（2）由于双根电缆接入后场强分布不均匀，其中一根电缆发生单相接地时，容易引发另一根电缆故障，扩大故障范围。电缆头直接与主网开关柜连接，电缆头制作工艺的优劣，直接对主网设备的安全运行造成影响，需强化对电缆头的制作工艺。

（3）开展电缆仓设备的在线检测技术的应用，如对电缆头开展在线测温，对避雷器开展在线泄漏电流检测，开展例行试验及震荡波局部放电诊断性试验，以减少扩大设备故障的事故发生。

六、10kV 开关柜故障造成主变压器低后备和差动跳闸

1. 检查情况

2017 年 8 月 18 日，某 110kV 变电站，10kV 主进开关柜内部故障，造成变压器保护动作，为 102 主进手车开关触指弹簧性能下降，触头接触不良发热，最终导致放电和三相短路，开关柜烧毁三面，开关柜型号：飞龙 KYN28A-12；断路器型号：上海格立特 ZN63A（VS1）；保护型号：四方 CSC-326。

2. 分析处理

（1）102 开关柜内存在短路，造成 2 号主变压器低后备保护动作跳闸，低压侧二次故障电流为 20.58A，折合成一次故障电流为 12348A，超过 2 号主变压器低后备保护定值（7A，1.8s），2 号主变压器低后备保护动作跳闸，低后备动作报文如图 2-35 所示。

▲ 图 2-35　主变压器低后备保护动作报文

（2）2号主变压器低后备保护动作0.4s后，由于故障电弧蔓延至102电流互感器，又造成主变压器差动保护动作跳闸，二次差动电流约为19.44A，超过差动保护定值（2A，0s），主变压器差动保护动作报文如图2-36所示。

▲ 图2-36 主变压器差动保护动作报文

（3）102开关柜烧蚀严重，相邻两侧开关柜受高温影响，也发生部分烧蚀及变形，如图2-37所示。102断路器B相上触臂弹簧、C相上下触臂弹簧脱落，102断路器A、C两相对开关柜内侧板有两处明显放电点，102断路器B相上触头烧蚀严重，保护动作正确。

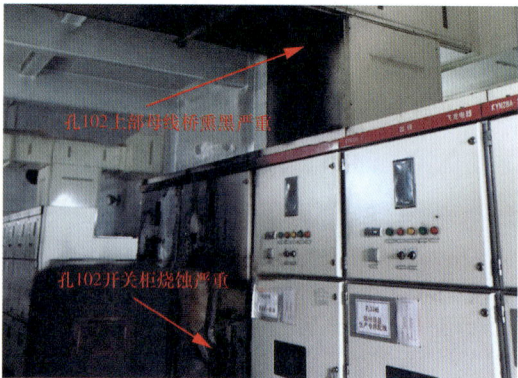

▲ 图2-37 102开关柜烧毁

（4）开关柜后侧主进母线室电流互感器外绝缘已经烧成粉末，露出内部线圈，开关柜上下静触头盒均已烧成粉末；封闭母线桥仓室，有大量燃烧产生的黑色粉尘，部分支柱绝缘子因高温产生裂纹，102开关柜内配线及二次控缆烧毁严重，如图2-38所示。

（5）主进开关触指弹簧性能下降，造成B相上触臂动静触头接触发热，绝缘降低，最终接地放电，引起B相上触头燃烧，粉尘燃烧瞬间引起102断路器上触头三相短路，并对柜壁放电，主变

▲ 图2-38 102手车开关及电缆烧毁

压器差动保护动作。清理高压室积灰，对烧损的34、36、102开关柜更换，对10kV母线内部绝缘子清擦处理，试验合格，恢复送电正常。

3.整改措施

（1）加强手车动触头及弹簧的检查，对运行超过8年的10kV手车开关进行动触头弹簧更换，避免类似故障的再次发生。

（2）10kV金属全封闭开关柜，手车开关动静触头密封于柜体内，无法利用红外检测等手段进行有效测温。对主进手车开关全部进行触臂改造，加装测温装置，设定温度报警，发现异常，及时汇报处理。

七、两条10kV线路相继故障跳闸

1. 检查情况

2018年9月07日，08：52，发生两起10kV分路开关柜电缆故障跳闸。38板、33板均在一段母线上运行，38板由于电缆线路故障，相间短路跳闸。33板开关柜内电缆仓三指套处绝缘击穿，造成三相短路跳闸，开关柜电缆仓室烧损严重。开关柜型号：森源KYN28A-12；断路器型号：VS1；保护型号：南自PSL641。

2. 分析处理

（1）08：52：15，38板出线电缆发生AB相间故障，二次故障电流为19.8A，折合成一次故障电流约为2376A，超过38板过电流Ⅱ、Ⅲ段保护定值（7.5A，1.5s），延时1.5s，38板过电流Ⅱ、Ⅲ段保护动作跳闸，0.7s后，38板重合于永久性故障，再次跳闸。38板保护动作故障录波如图2-39所示，保护动作正确。

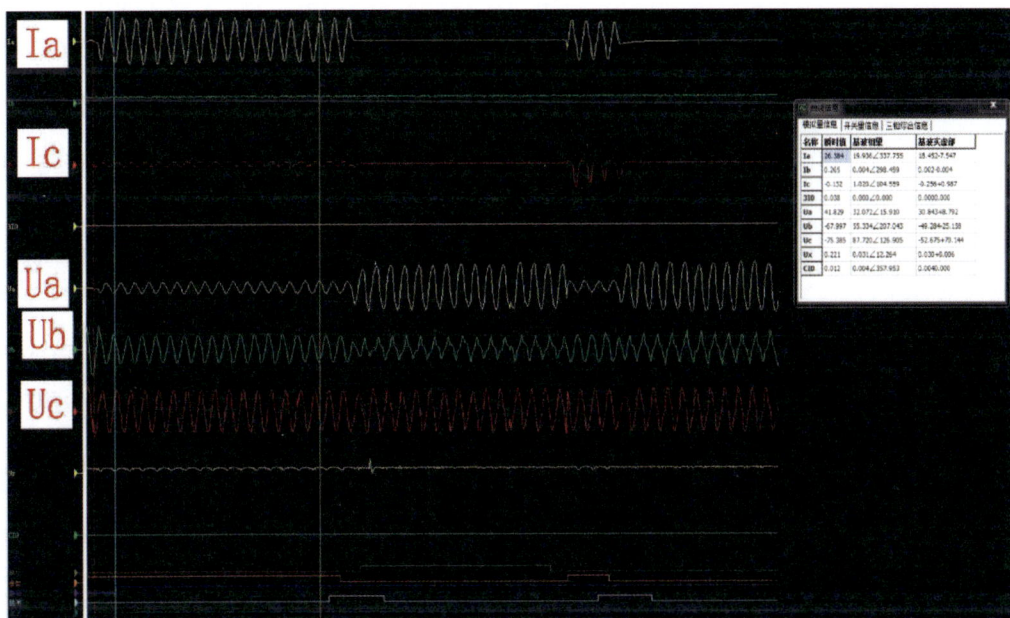

▲ 图2-39　38板保护动作故障录波

（2）08:52:39，10kV母线发生A相接地，08:52:59，33板AB相间短路，继而引发三相短路，二次故障电流为99.7A，折合成一次故障电流约为11964A，超过33板过电流Ⅰ段保护定值（20A，0.7s），过电流Ⅰ段保护动作跳闸（重合闸未投），切除故障。33板保护动作故障录波如图2-40所示，保护动作正确。

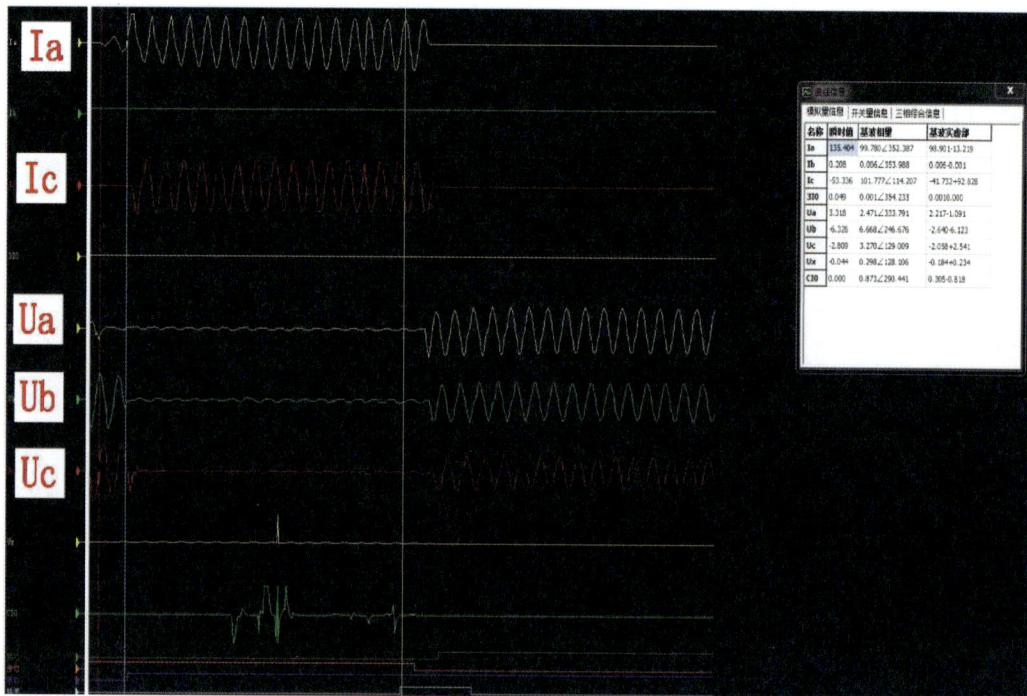

▲ 图2-40　33板保护动作故障录波

（3）38板外观完好，33板开关柜前部完好，如图2-41所示，电缆仓室有明显烧损痕迹，上部防爆口已经打开，开关柜后部情况如图2-42所示。

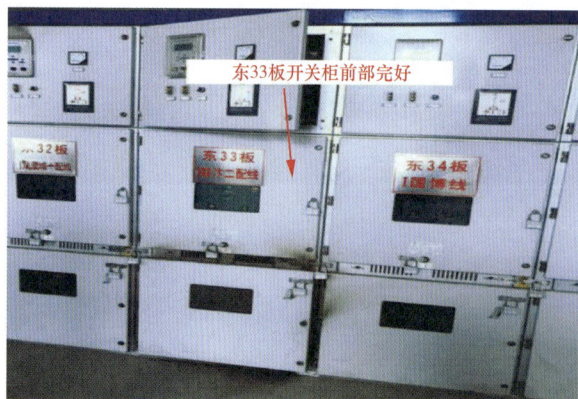

▲ 图2-41　开关柜前情况

▲ 图2-42　开关柜后情况

（4）对33板开关室内部检查，未见异常，拉出后的手车开关如图2-43所示，上下触头未见放电痕迹，手车开关触臂上有少量燃烧后产生的黑色粉末，绝缘良好，触指完好，未发现发热痕迹。

（5）33板电缆室烧毁，电缆头三指套处放电炸裂，后侧避雷器引线完全烧断，分支排未见明显放电，柜壁两侧未见放电点，如图2-44所示。

▲ 图2-43　熏黑的33板手车开关

▲ 图2-44　电缆仓室烧毁

（6）38板出线电缆A相首先发生单相接地，后发展为AB相间短路跳闸，重合于永久性故障再次跳闸，对10kV系统有较大冲击，产生过电压，使33板绝缘薄弱处，电缆头三指套A相绝缘击穿放电，为集中的电缆三指套处，发展为AB相间短路，继而引发三相短路跳闸，切除故障，电缆头三指套处放电情况如图2-45所示。

▲ 图2-45　电缆头三指套放电

3. 整改措施

严把10kV电缆入网关，对接入主网开关柜的电缆，全部开展交流耐压试验，并对电缆线路，定期开展例行试验及振荡波局部放电试验，发现异常，立即汇报处理。

八、35kV线路手车断路器静触头烧损

🔧 1. 检查情况

2012年5月5日，某35kV变电站后台机告警，35kV东母C相接地，35kV某DNF-7开关柜上方冒烟，立即汇报调度，穿绝缘靴、戴绝缘手套到现场，检查为某线路手车开关靠35kV母线侧C相静触头绝缘筒烧损，当时负荷电流150A，静触头绝缘筒烧损，如图2-46所示，产生的热气流痕迹如图2-47所示。手车断路器型号：阿尔斯通DNF-7。

▲ 图2-46 静触头绝缘筒烧损

▲ 图2-47 上部产生的热气流痕迹

🔧 2. 分析处理

（1）立即汇报调度转移负荷，将35kV东母母线解除备用，做安全措施，检修人员拆掉C相静触头与母线连接板后，高压人员对母线做耐压试验合格，随后母线投入运行。

（2）怀疑潮气顺电缆进入开关柜内，湿度过大所致，后经检查电缆头处封堵严密，开关柜电缆头处干燥，柜内驱潮装置投入，只是高压室通风性能稍差。

（3）分析为C相静触头接触不良发热，已有一段时间，未及时发现，又因当时线路负荷较重，发热更为严重，使绝缘损坏击穿形成单相接地，需对静触头绝缘筒做进一步的检查。隔离开关手车上有燃烧形成的黑色烟尘，在开关柜顶部防爆通道一角有喷出黑烟的痕迹，二次接线柜内也有大量的黑烟存在，足以说明当时发热程度。

（4）此类手车隔离开关运行时间较长，2001年投运，技术落后，性能欠佳，在后期操作中常发生操作不到位的情况，说明设备已有严重的老化趋势；开关柜体维护不善，柜内发热缺乏有效检测手段。

（5）线路负荷过重，气温又较高，线路受到短路电流冲击时，设备薄弱环节就会发热，接头发热后其材料机械强度、绝缘强度都将下降，从而导致接头弹性老化，接触不良，若不能及时发现就可能导致事故发生。

（6）常用的红外测温仪，均无法穿透柜体钢板测温，而通过观察窗检查范围又小，采用粘贴测温蜡片的方法，只能观察局部很小一部分，大部分需停电检查；触摸柜体外壳，观察有无声响、气味，又有很大的偶然性和随意性，不够严谨。

3. 整改措施

（1）严把采购设备的质量关，采购技术参数好、信誉高、质量可靠的名牌产品，逐步开展老旧设备的更新换代。

（2）高压室整体设计欠妥，通风对流效果较差，应加装大功率自动通风除湿装置。

（3）后期已将35kV手车断路器改为泰开ZF45-40.5 GIS设备，运行效果良好，如图2-48所示。

▲ 图2-48　35kV GIS设备

九、110kV少油断路器爆炸

1. 检查情况

2005年3月28日，某220kV变电站，对3号主变压器恢复送电，当合上高压侧223断路器后，110kV设备区传来一声爆炸声，并有强烈的亮光，223、110kV北母所连元件跳闸，3号主变压器差动保护动作，重瓦斯保护动作，110kV母差保护动作。检查一次设备发现，中压侧113断路器C相北断口爆炸，如图2-49所示。断路器型号：SW6-110；机构：CY3液压机构。

▲ 图2-49　110kV少油断路器爆炸

🛠 2.分析处理

（1）将3号主变压器解除备用，做安全措施后，对113断路器进行解体检查，发现C相南北两个断口，均有电弧沿绝缘桶贯穿性放电，如图2-50、图2-51所示，对其他两相断口和支持绝缘子解体检查，均没有异常。

▲ 图2-50　113 C相北断口

▲ 图2-51　113 C相南断口

（2）从110kV母差的故障录波来看，C相发生单相接地故障，110kV母差故障录波如图2-52所示。

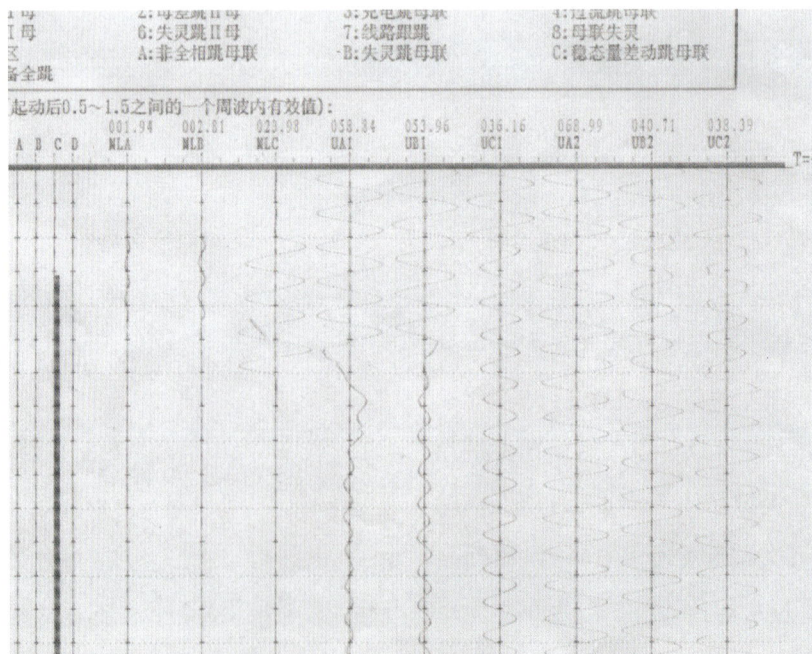

▲ 图2-52　110kV母差故障录波

（3）当223断路器合闸时，发生了操作过电压。223断路器（型号：LW6-220HW，CY5液压机构）为分相操作的双断口断路器，在合闸过程中，三相不完全同期，产生了操作过电压；现场对该断路器进行速度、时间特性试验，发现该断路器的同期性很差、数据的离散也非常严重，其中一次超过了5ms，证实了该断路器三相同期性很差。

（4）该变压器为一个大的电抗元件，流过其中的电流不能突变，在合闸涌流的情况下，产生了过电压，在223断路器同期性非常差的条件下，二者相互作用，使过电压急剧升高。

（5）113断路器的C相断口，绝缘桶质量不良，长期运行后绝缘性下降，在过电压作用下发生贯穿性放电，绝缘桶被击穿接地，断路器内部燃弧，随即喷油爆炸，保护动作正确。

3. 整改措施

（1）调整223断路器三相同期性能，更换113断路器，为平高LW35-126型SF₆弹簧机构断路器，恢复送电正常，如图2-53所示。

（2）鉴于此类少油断路器，质量非常不可靠，多次发生液压机构渗漏油等缺陷，需及时淘汰老旧产品，更换为新式SF₆弹簧机构断路器，以确保设备安全运行。

（3）后期已将223断路器更换为三相连动式SF₆弹簧机构断路器，运行效果良好，如图2-54所示，断路器型号：北京ABB，LTB-245E1。

▲ 图2-53　110kV弹簧机构断路器　　　　▲ 图2-54　220kV弹簧机构断路器

十、110kV断路器气动机构打压不停

1. 检查情况

2012年11月21日，某220kV变电站某110kV线路，后台机报"线路电动机运转

动作"信号，"电动机运转"信号长达5min不消失，现场检查发现机构空气压力为1.44MPa，电动机运转，但无法打至正常压力1.5MPa，断合几次电动机空气开关后，仍然无法恢复正常，判断是空气压缩机舌簧片锈断裂或变形密封不良，通知检修人员处理。断路器机构型号：平高LW10B-126。

🔧 2.分析处理

（1）由于气动机构舌簧片容易锈蚀，打压时经常出现断裂或者变形，之后由于密封不严，出现无法打至正常压力，由于设备陈旧，本身存在缺陷，经常造成舌簧锈蚀断裂或变形。气动机构空气压缩机如图2-55所示，舌簧片锈蚀程度如图2-56所示。

▲ 图2-55　气动机构空气压缩机

▲ 图2-56　舌簧片锈蚀

（2）现场打开空气压缩机泵头，检查为舌簧片锈蚀，簧片不平造成漏气，更换新的舌簧片，更换密封垫后，打压恢复正常。

🔧 3.整改措施

（1）此机构箱加热器应常投，保持箱内空气相对干燥，延缓舌簧片锈蚀或断裂，舌簧片本身使用材质应改进，使用弹性韧性高且防锈材质的舌簧片，及时更新老旧设备。

（2）后期已将此断路器更换为新式弹簧机构断路器，如图2-57所示，效果良好。断路器型号：阿尔斯通GL312-F1。

▲ 图2-57　110kV弹簧机构断路器

十一、110kV液压机构漏油闭锁跳合闸

1. 检查情况

2021年12月25日，某110kV变电站110kV线路报："机构压力低闭锁跳合闸""打压超时""控制回路断线"信号，现场检查110kV液压机构泵头处高压油管渗漏油严重，液压29MPa，低于额定压力32MPa，SF_6压力正常，保护装置告警，运行灯熄灭，线路告警信号，如图2-58所示。机构型号：CY型，平高LW6-110。

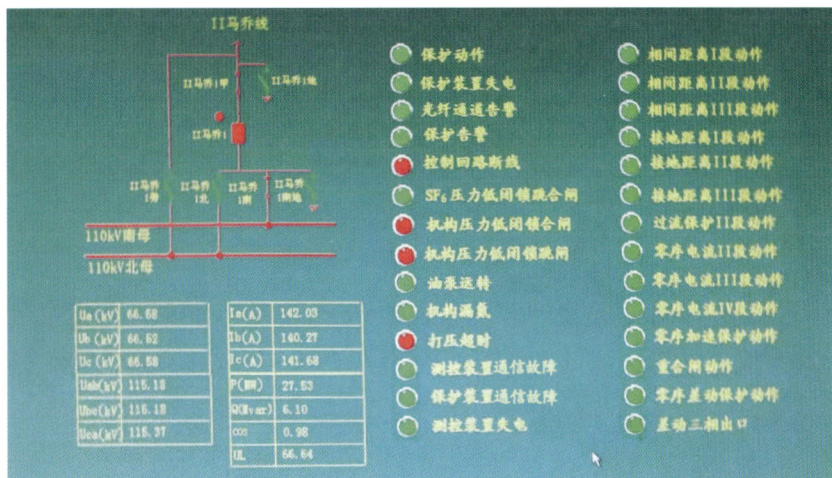

▲ 图2-58　线路告警信号

2. 分析处理

（1）检查机构箱，发现电动机泵头处高压油管渗漏油严重，机构箱底处存有红色液压油迹，如图2-59所示，油箱油位过低，如图2-60所示。

▲ 图2-59　油泵高压油管渗漏油

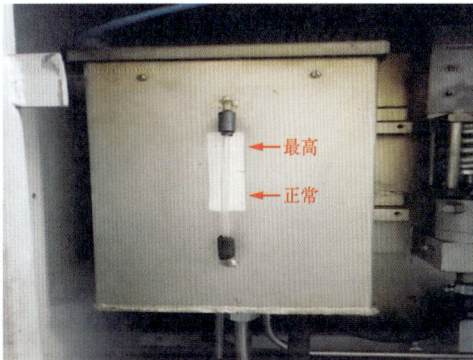

▲ 图2-60　机构油箱油位过低

（2）立即断开油泵电动机电源，汇报调度转移负荷，将线路解除备用，通知检修人员立即处理。检修检查为高压油管密封垫老化，设备老化，经更换新的密封垫，添加液压油，打压恢复正常，恢复正常送电。

3. 整改措施

（1）加强巡视，上报缺陷，及时更换新油泵及油管部分。

（2）设备老化严重，及时更换为新式弹簧机构，防止机构漏油闭锁，线路故障，造成越级跳闸事故。

十二、110kV线路液压降低闭锁重合闸

1. 检查情况

2023年6月23日，某110kV变电站某110kV线路报"压力降低闭锁重合闸"告警信号，如图2-61所示，检查SF$_6$压力为0.6MPa，正常，检查液压压力为28MPa，额定压力32.6 MPa，液压降低，如图2-62所示。机构型号：平高LW6-110，液压机构。

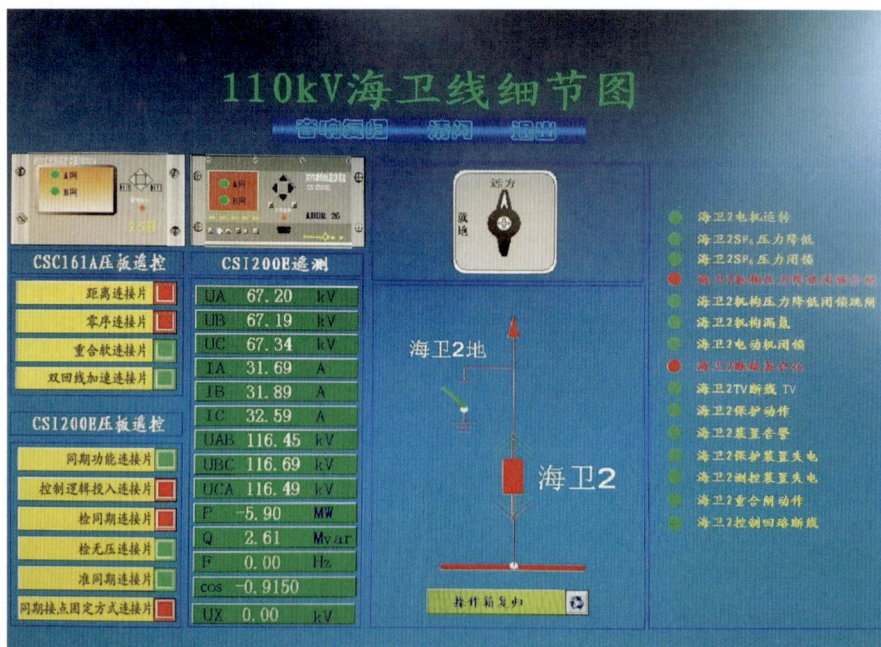

▲ 图2-61 压力降低闭锁重合闸告警

🛠 2. 分析处理

（1）检查电动机打压回路，直流接触器不励磁，闭锁合闸继电器励磁，如图2-63所示。

（2）测量电动机电源空气开关无电压，检查端子箱，为端子箱电动机熔断器熔断，更换熔断器后，油泵哼了一声，熔断器再次熔断，转动油泵联轴器部分，无法转动，转动轴卡死，为油泵电动机堵转，造成熔断器熔断，端子箱螺旋熔断器熔断情况如图2-64所示。

▲ 图2-62　表计液压降低

▲ 图2-63　直流接触器不励磁

▲ 图2-64　端子箱螺旋熔断器熔断

（3）卸开靠背轮联轴器，检查电动机，通电运转正常，为泵头曲轴、轴承卡死，无法转动损坏，电动机与泵头间联轴器拆开后的情况如图2-65所示，拆除损坏的泵头如图2-66所示。

（4）申请线路停电，需更换泵头处理，经更换泵头后，打压恢复正常，"压力降低闭锁合闸"告警信号消失，保护装置告警恢复正常，如图2-67所示。

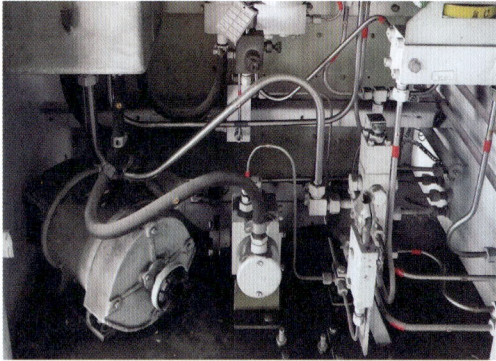

▲ 图2-65　电动机与油泵间联轴器拆开

▲ 图2-66　拆除损坏的泵头

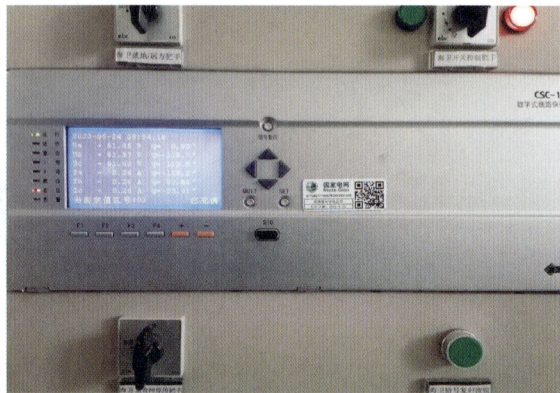

▲ 图2-67　保护装置恢复正常

🔧 3. 整改措施

此种液压机构断路器已运行二十多年，设备陈旧落后，需要尽快更换升级，防止异常情况再次发生，当线路故障时，影响保护正确动作。

十三、110kV气动机构压力降低闭锁跳合闸

🔧 1. 检查情况

2016年7月23日，某110kV变电站监控机报：某110kV线路"控制回路断线"信号，现场检查，保护装置合闸红灯熄灭，运行灯熄灭，机构SF$_6$压力0.55MPa正常，空气压力1.15MPa不正常，低于正常压力1.5MPa，机构压力如图2-68所示，判断为空气压力降低，闭锁控制回路。保护型号：南自：PSL621D，断路器型号：平高LW14-110，液压气动机构。

⚙ 2.分析处理

（1）检查电动机打压回路，三相电动机电源B相缺相，为熔断器熔断，更换熔断器后，三相电源恢复正常，电动机电源熔断器如图2-69所示，但电动机仍然不打压。

▲ 图2-68　气动机构压力

（2）进一步检查，为热偶继电器辅助触点老化粘连，经多次按压复位，调整电流旋钮后，电动机运转，打压至1.55MPa后停转，"控制回路断线"信号消失，保护装置合闸红灯亮，运行灯亮，保护装置信号恢复正常，如图2-70所示，气动机构打压正常，如图2-71所示。

▲ 图2-69　三相电动机电源熔断器

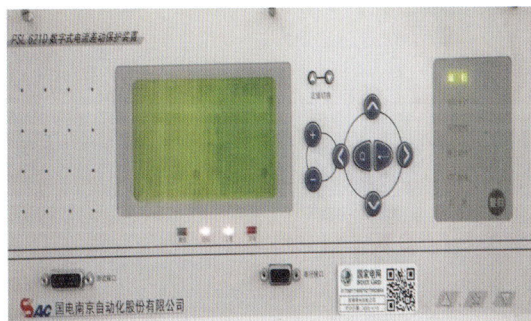

▲ 图2-70　保护装置信号正常

▲ 图2-71　气动机构压力恢复正常

（3）二相电动机启动瞬间电流较大，再加上热偶继电器辅助触点老化，造成一相熔断器熔断缺相，电动机停转，空气压力持续降低，直至闭锁控制回路。机构电动机热偶继电器如图2-72所示。

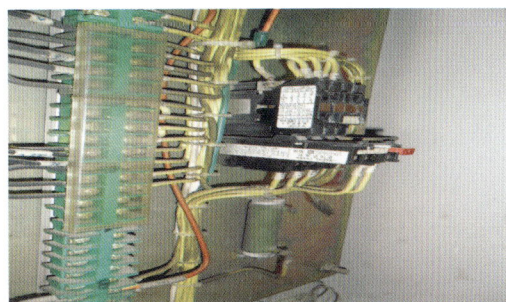

▲ 图2-72　机构电动机热偶继电器

3.整改措施

（1）对于老化的热偶继电器、交流接触器、熔断器，发现异常及时处理，防止线路故障造成越级跳闸。

（2）后期已将断路器更换为新式弹簧机构，如图2-73所示，运行效果良好。断路器型号：西电LW25A-126。

▲ 图2-73　西电LW25A-126断路器

十四、110kV线路弹簧机构跳闸线圈烧坏

1.检查情况

（1）2014年2月1日，某220kV变电站某110kV线路发生单相接地，永久性故障，断路器跳闸，重合闸动作成功，后加速动作，线路断路器拒动，造成主变压器110kV侧后备保护动作，跳母联、跳本侧，110kV北母失压，切除故障，保护动作正确。立即手动断开故障线路断路器，解除备用，恢复110kV北母母线及各分路负荷。110kV母差保护如图2-74所示，母差保护型号：南瑞RCS-915；主变压器保护：南瑞RCS-978E。

▲ 图2-74　110kV母差保护

（2）现场检查为线路跳闸线圈烧坏，如图2-75所示。断路器型号：平高LW35-126；弹簧机构：CT27-I。

2.分析处理

（1）跳闸线圈烧坏情况，为跳闸铁芯有些锈蚀、卡涩，开关辅助触点有些接触不良。机构驱潮装置温控器损坏，不能加热，机构有些潮湿。经清擦跳闸铁芯、开关辅助触点，涂抹转动部分润滑油，更换新的跳闸线圈，传动跳合闸正常，弹簧机构内部结构如图2-76所示。

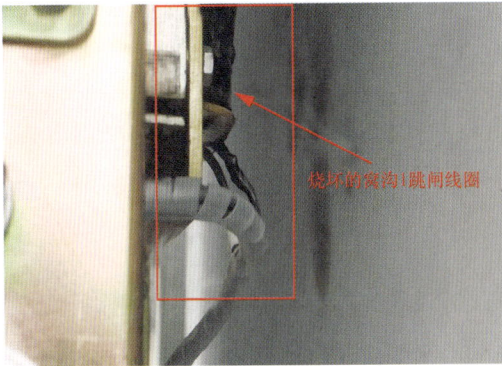

▲ 图2-75　弹簧机构跳闸线圈烧坏

▲ 图2-76　弹簧机构内部结构

（2）经更换新的温控器，加热器后正常，恢复送电正常，弹簧机构电路原理如图2-77所示。

电源控制回路	合闸控制回路	防跳控制回路	分闸控制回路	SF$_6$气体压力控制回路	储能控制回路	合闸簧储能状态信号	SF$_6$气压报警信号	电动机手动/电动联锁	电动机储能控制回路

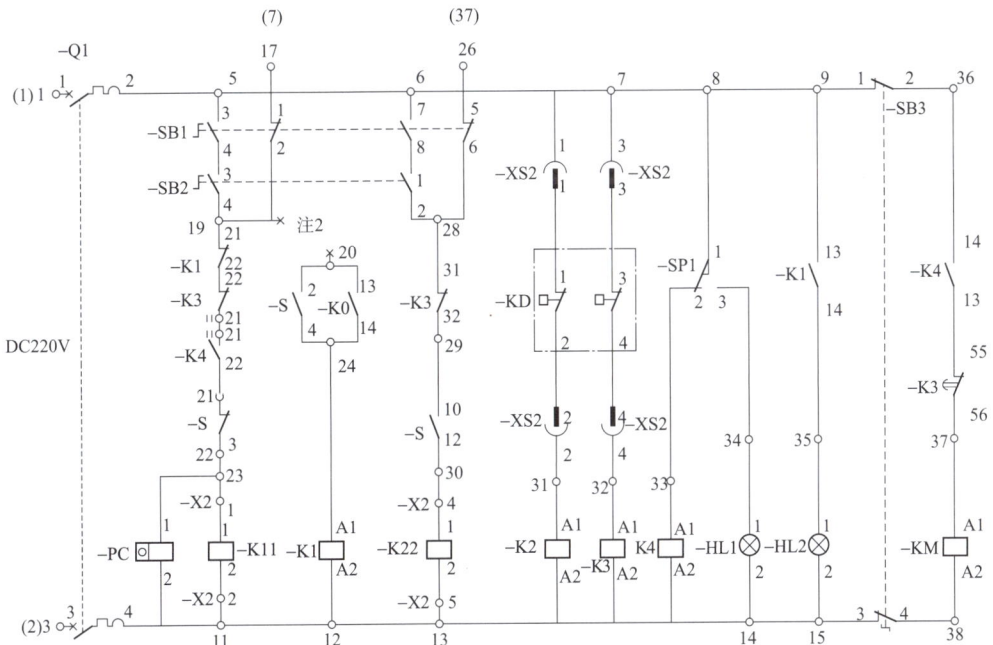

▲ 图2-77　弹簧机构电路原理

🔧 3. 整改措施

（1）跳合闸线圈应加强绝缘防潮处理，铁芯应防锈化处理。加强巡视，机构驱潮装置损坏时，应及时更换，常年投入运行，遇有停电机会，转动部分及时涂抹润滑油，检查辅助接点是否良好，检查弹簧储能回路是否正常储能。

（2）经处理后的断路器弹簧机构，未再发生上述故障，断路器整体外观情况如图2-78所示。

▲ 图2-78　断路器整体外观

十五、110kV液压机构漏油闭锁跳闸

🔧 1. 检查情况

2018年9月3日，某110kV变电站110断路器机构漏油严重，报："打压超时""控制回路断线""气体压力降低闭锁跳闸"信号，现场检查大量红色液压油漏油，立即断开机构油泵电源，液压表指示28MPa，压力在缓慢下降，压力表表头内部漏油，红色液压油漏入机构箱箱底，如图2-79所示，立即汇报调度，通知检修处理。断路器型号：平高LW6-110，CY液压机构。

🔧 2. 分析处理

（1）断路器已经闭锁控制回路，但110断路器在分闸位置（备用），也需要

▲ 图2-79　压力表内部漏油

马上处理。检修人员关闭压力表阀门，拆除压力表，检查为压力表内部波纹管裂纹，更换新的压力表，打开压力表阀门，添加液压油，合上油泵电源，机构打压恢复正常，

告警信号消失，液压机构处理后的情况如图2-80所示。

（2）监控机"控制回路断线""压力降低闭锁跳闸"信号消失，如图2-81所示。

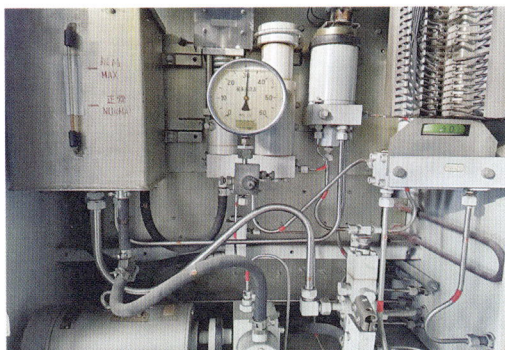

▲ 图2-80　液压机构漏油处理后

3. 整改措施

此种断路器液压机构陈旧落后，上报计划，及时更换为新式弹簧机构，防止故障时断路器拒动，扩大事故范围。

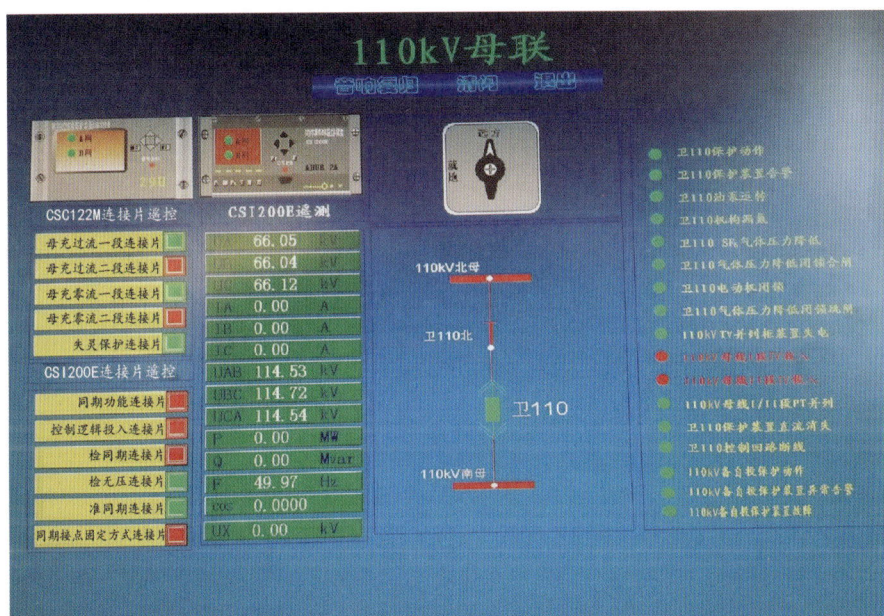

▲ 图2-81　压力降低信号消失

十六、220kV断路器弹簧机构不储能 I

1. 检查情况

2013年7月2日，当调度下令，合上某220kV线路断路器后，监控机报"弹簧未储能"信号，检查B相机构弹簧未储能，A、C相机构弹簧储能正常，直流电源正常，通知检修处理，弹簧储能电路如图2-82所示。断路器型号：ABB LTB245E1；机构：BLK222。

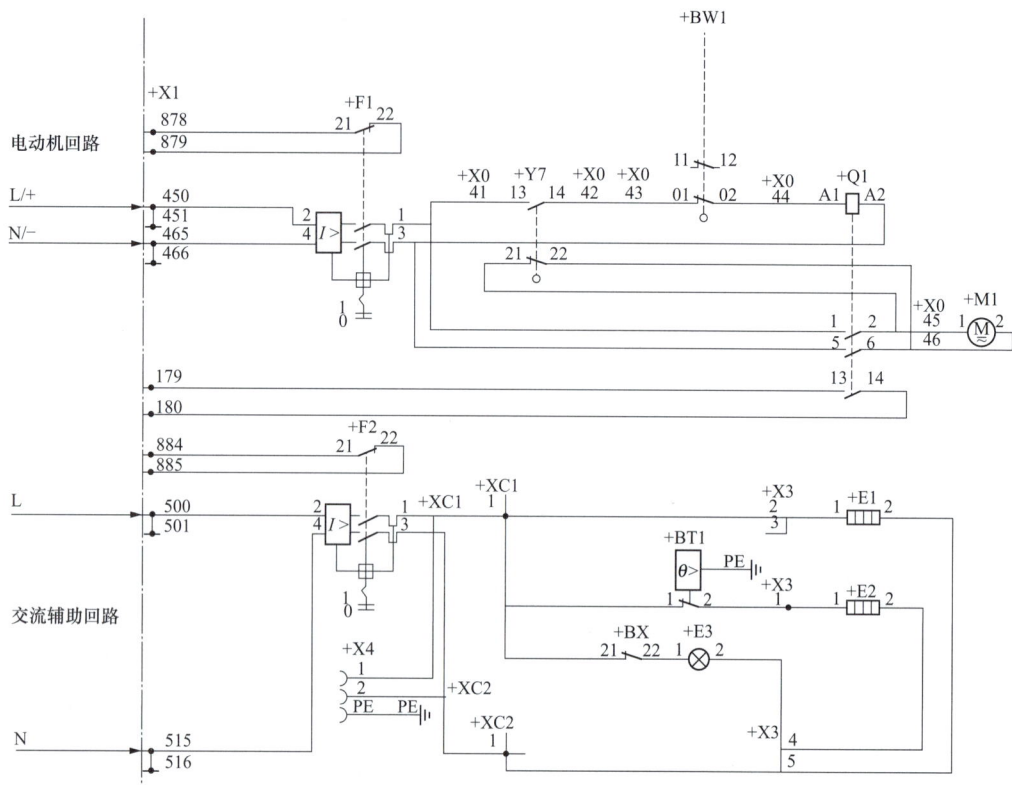

▲ 图2-82 弹簧储能电路

🔧 2. 分析处理

（1）当合上线路开关时，BW1储能限位开关01-02接通，Y7（手动、电动选择开关）13、14触点闭合，接触器Q1励磁，触点1-2、5-6导通，储能电动机M1运转，当储能结束后BW1储能限位开关01-02触点打开，接触器Q1失磁，触点1-2、5-6打开，储能电动机M1停转，机构完成储能。

（2）全面检查弹簧储能回路，检查直流电源空气开关F1正常，储能限位开关BW1、接触器Q1、电动机M1正常，端子接线正常；测量Y7（手动、电动储能选择开关）13、14常闭触点不通，位置在机构底部下面盖板处，然后打开底部螺钉盖板，清洗Y7微动开关后，合上储能空气开关，弹簧储能正常，"弹簧未储能"信号消失。

（3）进一步检查，发现机构底部钢板有轻微下垂现象，但可以坚持运行，待以后处理，汇报调度处理正常，投入线路单相重合闸，Y7微动开关情况如图2-83所示。

⚙ 3.整改措施

（1）由于Y7微动开关接触不良，加上底部钢板有下垂现象，由于以上两种原因，造成B相弹簧机构不储能，遇有停电机会，及时更换Y7微动开关，加固底部钢板，防止此类异常再次发生。

（2）ABB弹簧机构控制面板，空气开关电源恢复正常，如图2-84所示。

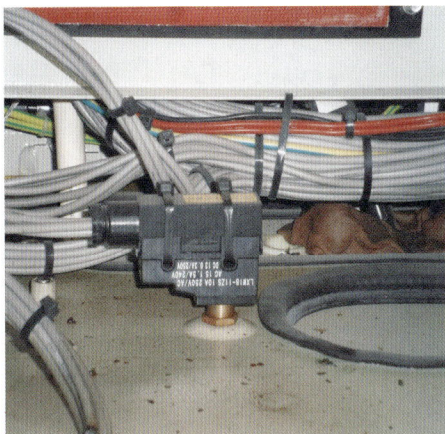

▲ 图2-83　弹簧机构微动开关

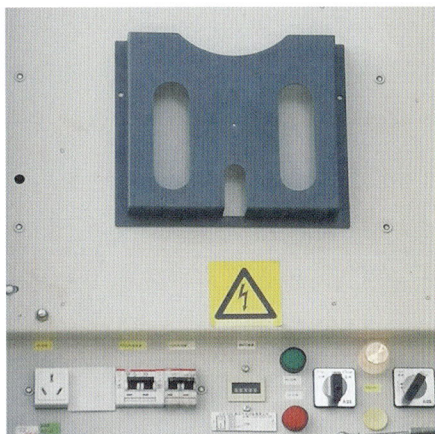

▲ 图2-84　弹簧机构控制面板

十七、220kV断路器弹簧机构不储能 Ⅱ

⚙ 1. 检查情况

（1）2021年10月7日，某220kV变电站一条220kV线路停电后，发生C相机构弹簧未储能，未储能的弹簧机构如图2-85所示。断路器型号：ABB LTB245E1；机构：BLK222。

（2）断开输电线路断路器后，监控机报"弹簧储能空气开关跳闸""弹簧未储能"信号。运维人员立即到现场查看，发现C相弹簧机械指示未到储满能位置，打开机构箱，发现储能电动机空气开关已跳闸，怀疑电动机短路，用万用表测量电动

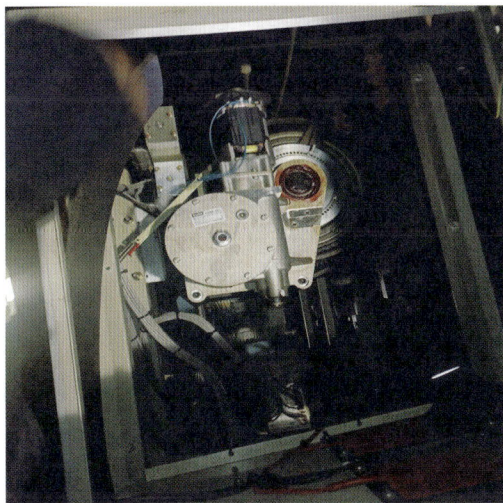

▲ 图2-85　未储能的弹簧机构

机直流电阻正常。正常情况下储能在10s左右就应完成，再次合上储能空气开关后，发现储能电动机一直有运转声，声音沉闷，储能指示一直无法到达"储满能"位置，10s后，储能空气开关再次跳闸，运维人员无法处理，随即汇报调度将运行设备转检修，通知检修处理。

🔧 2. 分析处理

（1）检修人员到现场后，初步分析是储能位置继电器损坏，造成电动机无法自动切断储能回路，电动机堵转跳闸。根据电动机储能回路分析，电动机储能控制是由储能位置辅助触点直接控制的，与断路器分、合闸状态无关，机构在分、合闸位置时均应正常储能。

（2）BLK222型操动机构，是利用"涡卷"式合闸弹簧直接驱动断路器的连杆，不需要任何中间凸轮盘、连杆或轴。卷簧由一个直流电动机储能，所有动力元件都安装在一根由箱体支撑的主轴上，分闸缓冲器用于缓冲触头系统行程末期运动，分闸和合闸掣子相同，具有速动和防震的特点，其结构如图2-86所示。

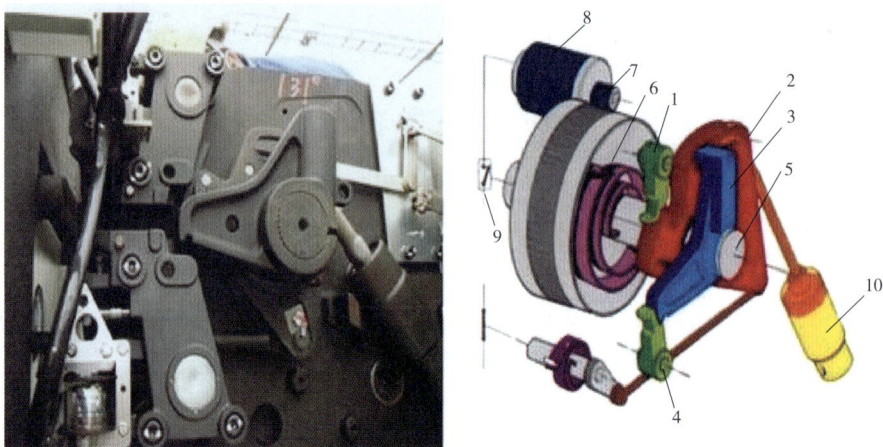

▲ 图2-86 断路器BLK222弹簧储能结构

1—分闸掣子；2—驱动拐臂；3—偏心拐臂；4—合闸掣子；5—主轴；6—合闸簧；7—驱动器；8—储能电动机；
9—限位开关；10—分闸缓冲器

（3）该"涡卷"式弹簧操动机构，断路器在合闸过程中，就先完成了对分闸弹簧的储能。涡卷弹簧装于弹簧盒内，其内外端有钩环，分别与主轴和弹簧盒连接，弹簧盒外圆有齿轮。储能时主轴不动，电动机带动弹簧盒旋转，使涡卷弹簧储能，储能到位后，由合闸掣子闭锁，弹簧储能继电器限位开关动作，切断储能回路。

（4）当合闸线圈接收到合闸指令脉冲后，使合闸掣子脱扣，合闸弹簧释放能量，由合闸驱动轴带动驱动拐臂，再经驱动拐臂牵引偏心拐臂，传递给断路器的拉杆和分闸弹簧，断路器合闸，此后电动机对合闸弹簧再次储能。牵引偏心拐臂由分闸掣子闭锁，合闸驱动拐臂由合闸掣子闭锁，断路器保持在合闸位置。

（5）在厂家技术人员的指导下，检修人员对 C 相开关机构进行了解体，发现储能位置继电器正常，为卷簧的夹紧件底衬固定螺钉脱落，检修人员及时处理后，"弹簧未储能"信号消失。

🛠 3. 整改措施

（1）BLK 弹簧机构采用卷簧机构，成套性高，维护量小，整体运行可靠性较高。对于储能回路，大部分是在电气回路，例如储能电动机短路、行程开关失灵，机械故障也多发生于卷簧质量不佳导致断裂。

（2）虽然弹簧机构检修维护量小，但对它的维护工作仍需引起检修人员的高度重视，弹簧机构一旦出现故障，很容易发生开关拒动，造成事故范围扩大。日常巡视中，其最直观的影响，是储能机械指示不到位，指示是与储能卷簧连动的，与正常储能相比有偏差，在定期检修中，弹簧机构的检查，主要进行目测检查、定期润滑等。

（3）固定底衬主要是依靠卷簧首端的夹紧件，夹紧件的功能就是调整卷簧与底衬之间的空隙与受力。当过紧时，卷簧与底衬空间太小，受的摩擦力明显增大，特别是最内圈受力最大，容易发生变形；当过松时，容易在释放过程中发生位移。因此，夹紧件的压紧量有严格规定，只有在正常范围才能保证卷簧的正常工作。

（4）此次情况，就是由于 C 相机构加紧固定件螺钉松动脱落导致，开始卷簧的变形量还能够保证正常储能，底衬逐步受挤压使弹簧行程受到限制，储能行程挡板无法到位，造成无法切断储能回路，从而电动机堵转过载，储能空气开关跳闸。

十八、220kV 断路器液压机构漏油闭锁

🛠 1. 检查情况

（1）某 220kV 变电站，巡视发现 220kV 断路器，B 相液压机构表三通处漏油，油压表指示 19.5MPa，且 40min 内压力降到了分闸闭锁，判断为危急缺陷，立即通知检修处理。

（2）现场断路器 B 相机构处于合闸位置，表计内充满液压油，有少量红色液压油

从表计裂纹处流出，油箱油位看不到，检查其余管路连接处未发现明显漏点，如图 2-87 所示。断路器型号：LW10-252W，液压机构。

🛠 2. 分析处理

（1）检修更换损坏的油压表后，将液压油补充至正常，启动电动机电源进行机构打压，打压电动机可以正常运转，但是机构建立不起油压，外部连接管路未发现渗漏，分合闸一级阀，高压放油阀位置正确，排除油箱内部渗油故障，机构漏油损坏，如图 2-88 所示。

▲ 图 2-87　压力降低闭锁表计

▲ 图 2-88　液压机构损坏

（2）排查中发现机构油泵声音异常，建压出油口无高压油喷出，确认油泵由于长时间打压已损坏，更换新油泵后，油压恢复正常，表计指示正确且油压稳定，行程开关正常，现场和后台操作断路器均正常。

（3）分析为表计内高压油路破损后，高压油冲破表面裂纹形成裂口，高压油通过表面裂口流出，初期表计裂口较小，油压缓慢下降，储能电动机工作 1~3min，能够正常启动停止，后期表面裂口扩大后，油压下降过快，储能电动机持续运转，监控机报，油压低重合闸闭锁、合闸闭锁、分闸闭锁信号。

🛠 3. 整改措施

（1）重点检查液压机构是否存在渗漏油、频繁打压现象，做到及时发现，及时处理。加强设备维护和巡视，对运行 15 年以上的液压机构，缩短检修周期或通过大修进行检查，对开关机构油路容易渗漏的地方，进行重点检查。

（2）根据状态评价情况，进行相应维修和治理，更换老化的机械和二次部件，保证设备可靠运行。增加备品备件储备，缩短缺陷设备处理及恢复送电时间，依据设备运行状况及运维经验，储备足量的易损部件，缺陷发生时能迅速及时处理。后期更换为改进型的液压机构，开关型号：平高LW10-252W；液压机构：CYT-50液压机构两面结构，如图2-89所示，运行效果良好。

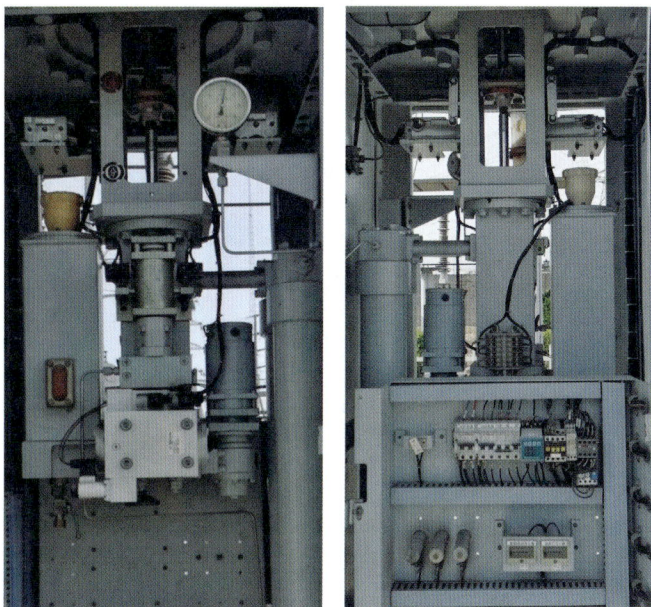

▲ 图2-89　液压机构两侧结构情况

十九、220kV断路器SF$_6$压力表下坠

1. 检查情况

2016年8月15日，发现220kV设备区，部分三相断路器SF$_6$压力表表头下垂晃动，指针压力值不易看清，如图2-90所示。断路器型号：ABB LTB245E1；机构：BLK222。

2. 分析处理

固定压力表的螺钉橡胶垫老化脱落，后边只有SF$_6$气体的细铜管相连，下边还有信号线相连，有大风时表头会晃动，暂不影响运行。但长期会造成气管折断漏气，信号线折断短路等，都会报告警或断路器闭锁信号，设备已运行十多年，有严重隐患存在，立即上报缺陷更换处理。

3.整改措施

经与厂家联系，全部更换为新式，带防雨罩SF_6压力表，如图2-91所示，运行效果良好。

▲ 图2-90 断路器压力表下垂

▲ 图2-91 更换后的压力表

二十、220kV断路器SF_6密度继电器漏气

1. 检查情况

2021年7月8日，某220kV线路断路器SF_6压力降低报警，现场检查发现，A相SF_6压力为0.62MPa，如图2-92所示，检修立即对220kV断路器开展检漏，发现A相SF_6密度继电器下方存在漏气现象，如图2-93所示。综合判断，A相SF_6密度继电器漏气，需停电进行更换处理。断路器型号：LTB245E1；密度继电器：ABB。

▲ 图2-92 压力低于额定压力

▲ 图2-93 漏点位置

⚒ 2.分析处理

（1）汇报调度情况，申请停电处理，更换A相SF$_6$压力表一套，如图2-94所示，并重新补气至额定压力，压力降低信号消失，恢复送电正常，如图2-95所示。

▲ 图2-94　现场更换密度继电器

▲ 图2-95　密度继电器更换后

（2）拆下来的密度继电器表后面有灰尘，无铜管裂纹和引线折断现象，排除指示错误情况，初步检查，未发现精确漏气点，如图2-96所示。立即联系厂家技术支持，将漏气的密度继电器送往厂家进行拆解检漏，进一步查找漏气原因，如图2-97所示。

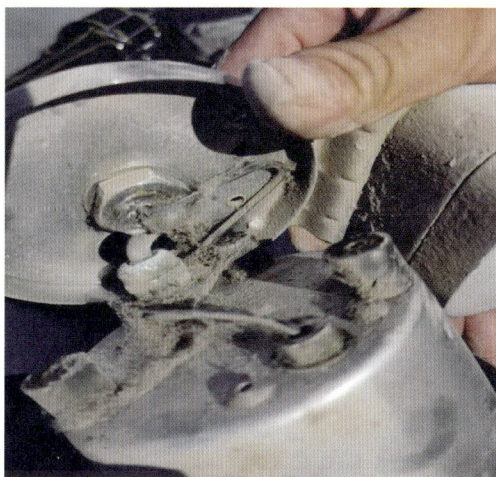

▲ 图2-96　表后积有灰尘

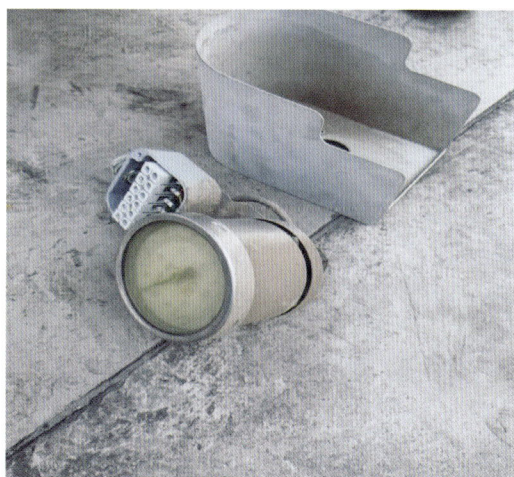

▲ 图2-97　拆下的密度继电器

（3）通过对该密度继电器的通气罩位置，采用氦质谱检漏仪进行检测，如图2-98所示，发现壳体内部存在微漏现象，漏率为$8.3 \times 10^{-6} Pa \cdot m^3/s$。打开表壳，对弹性元件用水检方式查找，发现漏点是在管帽与巴登管焊接位置，有细微漏气现象，如图2-99所示。

▲ 图2-98　检漏仪检测

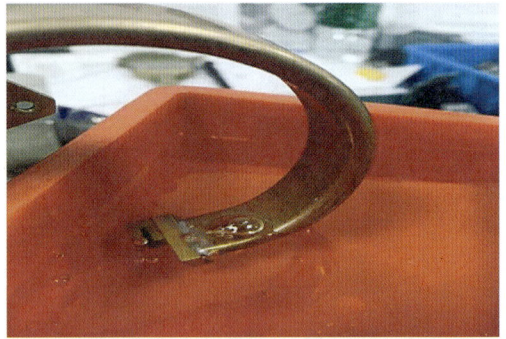

▲ 图2-99　水检漏点冒泡

（4）通过以上检查，判断密度继电器内部巴登管组件，上管帽与巴登管焊接位置有焊接缺陷，产生漏气，如图2-100所示。经询问厂家，以前生产的密度继电器管帽焊接深度为3mm，个别存在焊接缺陷，偶尔会出现漏气现象，将巴登管焊接深度增加至5mm，提升了焊接工艺，如图2-101所示。

▲ 图2-100　改造前情况

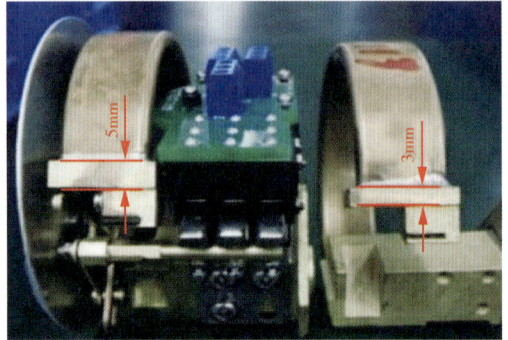

▲ 图2-101　改造后情况

🔧 3. 整改措施

（1）查明原因后，再次组织排查在运220kV断路器，同型号、同厂家的密度继电器情况，检查断路器检修记录，均未发现有漏气现象。

（2）加强断路器等设备运行状态巡视，重点监测密度继电器压力情况；结合断路器预试定检，对密度继电器开展定期校验，及时更换运行年限较长的密度继电器，确保设备缺陷隐患，早发现、早处理。

二十一、220kV断路器弹簧机构SF$_6$漏气闭锁

1. 检查情况

2021年12月26日，3：49，某220kV线路断路器报SF$_6$低气压报警（额定值0.7MPa，报警值0.62MPa，闭锁值0.6MPa），04：06，报分闸回路1、分闸回路2闭锁，现场检查，B相SF$_6$压力降至0.58MPa，其他两相压力值正常，设备外观良好，B相SF$_6$压力降低，如图2-102所示，立即汇报调度，通知检修处理。断路器型号：ABB LTB245E1。

▲ 图2-102　机构SF$_6$压力降低

2. 分析处理

（1）检修对断路器外观及充气回路检查，发现密度继电器与三通阀连接处密封环老化变形，如图2-103所示。更换新表计及密封环后，充入SF$_6$气体正常，测试告警及闭锁信号均能正常报出，完成包扎并开始保压测试，确认设备压力正常，检漏正常。

▲ 图2-103　三通阀密封环老化变形

（2）对旧表计进行解体，发现表计密封环手感偏硬，存在老化变形，密封圈及表计密封接口处未发现其他痕迹，判断表计密封口处密封环在极寒天气下性能劣化，导致突然大量漏气，当气温下降至一定程度或气温回升时，漏气量减少。

3. 整改措施

（1）立即对充气设备充气接口进行逐一检漏，未发现新的漏气点，为防止类似情况再次发生，车内常备抢修应急工器具，确保出现故障时能够及时处理。

（2）再次对变电站机构箱、汇控柜内加热器进行排查，购置加热器及温控器备件，及时消除加热器异常缺陷，确保设备在低温状态下动作可靠。

（3）对同批次断路器进行检查及更换密封环，同时密切跟踪周、日停电计划，对该批次设备临时新增停电计划，及时开展密封环检查工作。

二十二、220kV汇控柜继电器烧坏造成断路器跳闸

1. 检查情况

2021年8月11日，18：36，某220kV线路间隔报，"智能终端照明断电、加热交流电源断电"，18：42，报"A相跳闸"，18：44，三相断路器跳闸。检查汇控柜，为温湿度控制器烧坏，波及邻近的非全相时间继电器、非全相出口继电器烧坏，造成断路器跳闸。设备型号：泰开ZF16-252。

2. 分析处理

（1）汇控柜内温湿度控制器、非全相时间继电器、非全相出口继电器烧坏，控制器下部二次线基本完好。汇控柜其他设备及一次设备正常，温湿度控制器、非全相时间继电器、非全相出口继电器烧坏严重，如图2-104所示。

（2）保护采用双重化配置，第一套采用南瑞继保PCS-931GPM-D型光纤差动保护，第二套采用国电南自PSL-602U型光纤距离保护。18时42分01秒，控制

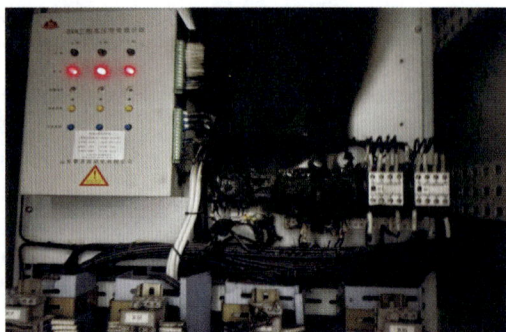
▲ 图2-104 汇控柜温控器烧坏情况

电源正极与非全相中间继电器 A 相出口回路（47TX1-13）导通，导致 A 相跳闸，保护判断路器偷跳，启动重合闸 A 相重合成功。

（3）18时43分01秒，A 相出口回路再次导通，A 相跳闸，现场不满足重合闸充电时间条件，故不再重合，断路器非全相运行；18时44分08秒，汇控柜内部烧损持续扩大，导致非全相中间继电器（47TX1）动作，A 相出口触点（47TX1-13、14）、B 相出口触点（47TX1-23、24）、C 相出口节触点（47TX1-33、34）全部导通，电源正极从 A 相跳闸 47TX1-13 经相关触点串入 B 、C 相跳闸回路，断路器三相跳闸，保护装置逻辑合理，均正确动作。

（4）故障发生后，立即联系厂家人员，带着备品备件赶赴现场，对温湿度控制器、非全相时间继电器、非全相出口继电器更换后，保护传动正确，恢复送电正常，更换后进行一次专项红外检测，未发现异常，一次设备如图 2-105 所示，汇控柜温控器、非全相继电器更换后的情况如图 2-106 所示。

▲ 图 2-105　一次设备正常

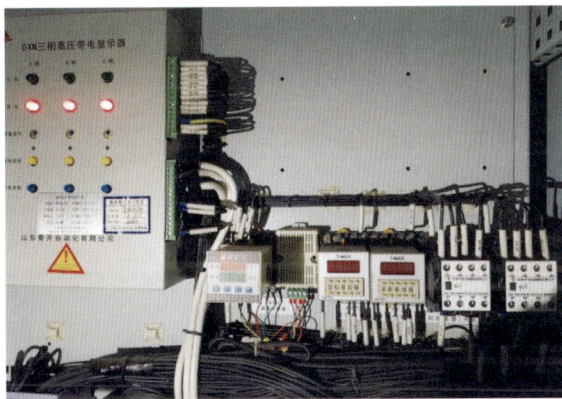

▲ 图 2-106　继电器更换后正常

（5）对更换下来的同批次温湿度控制器进行燃烧试验，发现材质控制器极易燃烧，且火势扩散极快。该温湿度控制器外壳和底座，均采用非阻燃的 ABS 塑料，属于易燃材料，不符合反措要求。从现场燃烧痕迹分析，为控制器内部元件发热，造成局部温度过高烧坏。控制器已运行 9 年，内部电子元件老化、绝缘降低，在热量持续积累作用下，最终导致输出继电器发热起火，波及相邻的非全保护继电器。温湿度控制器如图 2-107 所示。

（6）结合现场一次设备、汇控柜内元器件情况、保护动作情况、试验检验情况及故障过程分析，故障的直接原因为汇控柜内温湿度控制器内部故障自燃，波及非全相继电器，造成非全相继电器出口短路，引起断路器跳闸；间接原因为温湿度控制器存在隐患，外壳和底座采用非阻燃材料，且布置位置不合理。

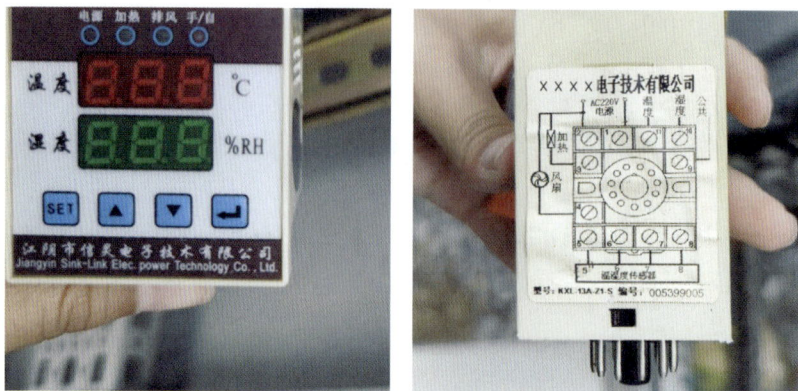

▲ 图2-107　温湿度控制器

3. 整改措施

（1）排查公司系统内具备同样问题的温湿度控制器，对外壳绝缘材料，采用非阻燃的温湿度控制器进行更换，并调整控制器功率元件的安装位置，使其远离电气元件和线束集中位置，增加控制器所处位置的通风散热条件，减少故障发生后的影响范围。

（2）进一步重视汇控柜、端子箱、机构箱等辅件的全过程技术监督，从设备的入网验收，到日常运维检修，从本质上提升汇控柜、端子箱、机构箱等辅件的安全水平。加快推进电力集约化管控平台的建设，从设备的状态监测、主动预警到管理，全面推进信息化建设，提高整体管理流程的效率，集中精力做好设备的安全水平提升工作。

二十三、220kV液压机构压力降低打压超时

1. 检查情况

2022年4月3日，某220kV线路断路器液压机构，报"打压超时"信号，无法继续建立压力，压力值显示19.5MPa，接近分闸闭锁值19 MPa，判定为危急缺陷，立即汇报调度，需要紧急停电处理。断路器型号：平高LW10B-252W。

2. 分析处理

（1）油泵出现打压超时，无法建立压力，如图2-108所示，泵体各部件无渗漏油，放油阀、止回阀密封良好，如图2-109所示。

▲ 图2-108　压力值显示19.5MPa

▲ 图2-109　油泵各部件无渗漏油

（2）通过油泵转动声音，判断油泵无出力，为内部发生故障，拆除后的油泵如图2-110所示，根据检查情况，为内部柱塞损坏，经更换新油泵后，打压恢复正常，分合闸试验打压正常，如图2-111所示。

▲ 图2-110　故障油泵

▲ 图2-111　新更换的油泵

🔧 3.整改措施

（1）检查油泵、油压开关、电动机、电气回路、二次元件，必要时更换，同时更换液压油、过滤网、密封件，清洗油箱及管路。

（2）对在运的老旧设备开展差异化巡视，加大改造力度，预防因设备老化造成的强迫停电，提高检修和缺陷处理质量，保证缺陷处理的及时性。

二十四、500kV断路器SF$_6$气体零压

🔧 1. 检查情况

2020年10月13日，某500kV断路器在停电检修期间，进行保护传动分闸，出现本体密封失效现象，本体SF$_6$气体压力降至零压。分析认为，A相断路器传动气室，内部轴承孔壁开裂脱落，传动轴一端失去约束，在操作过程中主轴脱出，造成轴密封破损，本体SF$_6$气体泄漏至零压。断路器型号：HPL550B2W/C。

🔧 2. 分析处理

（1）通过分合指示器显示，A相断路器在分闸状态，分闸弹簧未储能，分闸拐臂行程指示分闸到位，如图2-112所示。密度继电器指示压力为0 MPa（设备额定气压0.80MPa，报警气压0.72MPa，闭锁气压0.70MPa），如图2-113所示。

▲ 图2-112　断路器分闸　　　▲ 图2-113　断路器SF$_6$零压

（2）对A相断路器进行解体检查，两侧断口动静触头摩擦痕迹均匀，操动机构部件无异常，分合闸缓冲器良好。拆下传动气室外拐臂后，发现传动主轴孔处沿圆周方向被撕裂，传动主轴脱出，轴密封失效，如图2-114、图2-115所示。灭弧室、支柱绝缘子、机构分合闸缓冲器、分合闸弹簧、分合闸线圈等关键部件外观未见异常。

（3）检查A相断路器故障期间后台信息，报出"断路器SF$_6$压力低报警动作""断路器SF$_6$气压降低闭锁分合闸动作""断路器第一组控制回路断线动作""断路器第二组控制回路断线动作""断路器SF$_6$气压降低闭锁分闸动作"。综合判断，A相断路器在保护传动分闸后，传动气室内部出现异常，传动主轴密封失效，本体SF$_6$压力泄漏。在A相断路器分闸5s后，本体SF$_6$压力从额定值降低到报警值，2s后继续降至闭锁值，最终

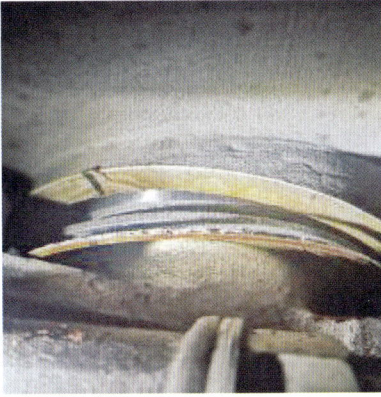

▲ 图2-114　A相断路器传动气室

▲ 图2-115　分闸拐臂主轴脱出

快速泄漏至0MPa压力。

（4）对传动气室解体，发现传动轴承内孔壁，铸件部分断裂脱落至气室底部，传动主轴失去一端约束，造成传动轴脱出，内拐臂变形，传动气室铸件脱落，如图2-116所示，轴承孔壁附近组织存在较大疏松，颜色与正常组织差异明显，无金属光泽，如图2-117所示。

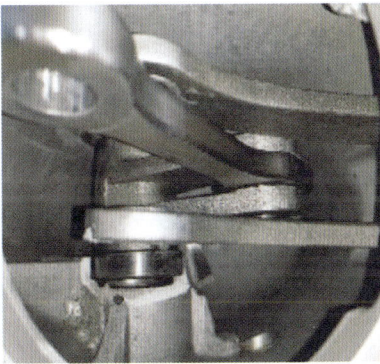

▲ 图2-116　传动气室铸件脱落

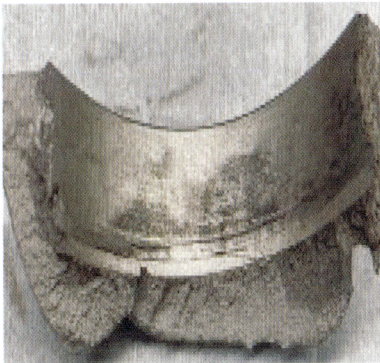

▲ 图2-117　轴承孔壁材质组织疏松

（5）由于铸铝传动气室铸造工艺问题，致使内部轴承孔壁产生较多缩松缺陷，操作过程中的机械振动使缺陷部位首先开裂，裂纹随动作次数增加不断扩展，最终在本次操作后铸件脱落，造成传动主轴失去一端约束后，传动轴脱出、内拐臂变形，本体轴密封失效，SF_6气体持续泄漏至零压。现场完成故障相断路器拆除并返厂处理，复装并通过耐压传动试验后，恢复送电正常。

🔧 3. 整改措施

（1）公司承诺提供传动气室作为应急备件，调研传动气室生产制造及检测工艺，探讨进一步加强入网设备关键件质量的措施，力争从源头杜绝此类故障发生。

（2）新入网断路器设备，在厂内制造环节存在质量问题，在出厂及交接试验环节，无法通过有效手段及时发现，造成设备在运维阶段发生故障。建议会同设备厂家，现场开展传动气室铸件探伤检测，为排查在运断路器铸件隐患提供技术支撑。

二十五、500kV断路器气室放电

🔧 1. 检查情况

2020年8月9日，某500kVⅡ母双套差动保护及1号主变压器双套保护动作，造成500kVⅡ母及1号主变压器跳闸。原因为A相断路器气室内部放电引起。HGIS型号：ZHW8-550；断路器型号：LW13-550。

🔧 2. 分析处理

（1）根据故障的保护动作及故障录波分析，故障点在A相断路器两侧TA之间，故障电流为20.1kA，保护动作正确。检查1号主变压器及Ⅱ母母线差动保护范围内，一次设备外观无异常。开展组合电器SF_6气体成分检测，发现断路器A相气室SF_6气体分解物，SO_2含量为293.3μL/L，超过注意值（1μL/L）。其他气室检测未见异常。

（2）现场打开断路器A相手孔盖板，发现机构侧灭弧室动触头屏蔽罩有烧蚀痕迹，表面附着有白色放电分解物。对断路器进行解体检查，顶部两侧盆式绝缘子表面无沿面放电，附着有少量白色放电分解物。灭弧室表面附着有大量的白色放电分解物。机构侧屏蔽环方向位置有放电烧蚀痕迹，附近的绝缘台和框架有放电喷溅的痕迹，喷口处有正常的烧蚀痕迹，屏蔽、触头、绝缘支撑等零部件正常。

（3）打开断路器下方手孔盖，发现静主触头内壁有少许金属碎屑，动主触头有轻微划痕，动静触头存在轻微放电烧蚀痕迹，如图2-118所示，壳体底部等其他部件未见明显异物。公司完成对A相组合电器断路器的修复，通过出厂试验后运抵现场，完成A相断路器复装，并通过耐压试验，恢复送电。

▲ 图2-118　断路器动静主触头

（4）放电点为机构侧屏蔽罩下方，附近的绝缘台和框架有放电喷溅的痕迹，放电屏蔽罩正下方壳体内表面有一处直径约40mm、深度约5mm的烧蚀坑，烧蚀坑附近壳体表面油漆在电弧高温下，有直径约260mm的碳化痕迹，壳体表面存在烧蚀颗粒，如图2-119所示。

▲ 图2-119　屏蔽罩下方放电及罐体上放电

（5）根据A相断路器返厂解体情况，表明存在颗粒物将会引起电场畸变，导致电场强度增大，使筒体内壁与屏蔽间发生间隙放电，因此，判断A相断路器内部存在异物，导致壳体与机构侧屏蔽罩间发生间隙放电，造成本次故障，总体结构及故障点位置标识如图2-120所示。

（6）组合电器在厂内装配及机械试验过程中，将会产生金属碎屑，在设备出厂前

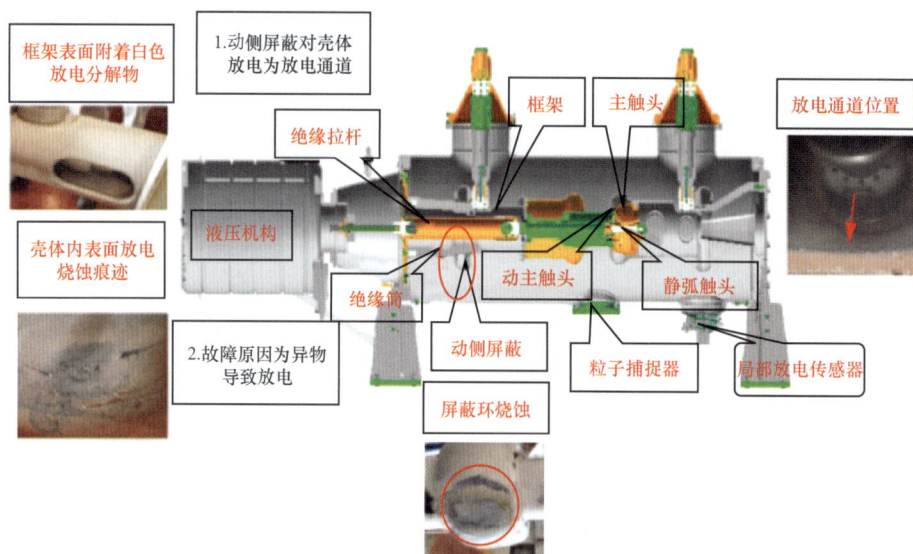

▲ 图2-120　A相总体结构及故障点位置标识

清理不彻底，将会导致金属异物留在屏蔽罩内，而在厂内绝缘试验和现场交接试验均无法发现。此类留存的金属异物，在断路器操作和电磁场的作用下，位置会发生变化，移动至屏蔽罩与壳体之间绝缘薄弱处，最终导致屏蔽罩对壳体放电。

🔧 3. 整改措施

（1）根据制定的组合电器差异化运维措施，做好后续的设备运维检修、带电检测等工作。新入网组合电器设备存在内部隐患，在出厂及交接试验环节无法通过有效手段及时发现，造成设备在运维阶段发生故障。

（2）协同物资部门加强对入网组合电器的质量管控，在厂内监造环节重点做好机械操作试验，开盖清理及出厂试验的见证和技术把关。

二十六、500kV断路器气动机构频繁打压

🔧 1. 检查情况

2021年12月29日，某500kV断路器报频繁打压，现场检查，该气动机构每1h打压1次，超过厂家技术标准，检查确认为油气分离器与气罐之间的止回阀密封老化，如图2-121所示，为避免漏气进一步影响断路器动作，申请停电，更换止回阀。断路器型号：西电LW13-550。

▲ 图2-121　断路器气动机构

2. 分析处理

（1）此断路器为气动机构罐式断路器，已经运行15年以上，气动机构使用压缩空气作为操作介质，由电磁阀系统、工作缸、压缩机、气水分离器、电动机、储气罐、空气管路、触头、阀门、压力表、压力开关等组成。止回阀安装在压缩机和储气罐之间，检查发现，止回阀密封圈因长期老化、变硬、失去弹性，当气温骤降之后，密封漏气，如图2-122所示。

▲ 图2-122　止回阀密封老化漏气

（2）气动机构使用压缩空气作为操作介质，由于气动机构外露空气压缩机、空气管路、触头、阀门、压力表、压力开关、气水分离器、储气罐装配环节多、连接点多，因而漏气点多、检修维护成本相对较高。更换止回阀后，进行机构保压及相关试验，12h内无漏气，试验合格，确认缺陷消除，断路器恢复运行。

3. 整改措施

（1）在原气动机构产品的基础上，研发了配液压机构的LW13-550/Y产品。液压机构采用高度集成化、模块化设备，几乎没有外露空气的连接管路、触头、阀门、压力表等，质量较为稳定可靠，基本上达到了免维护的要求。

（2）液压机构罐式断路器得到了广泛使用，目前已经在工程中大量应用，并且现场进行将气动机构改造为液压机构，施工技术成熟，将气动机构更换为液压碟簧机构，彻底消除气动机构频繁打压的安全隐患。

二十七、500kV断路器液压机构频繁打压

1. 检查情况

2020年3月21日，15:32，某500kV第一串HGIS断路器C相机构频繁打压，为每2~3min一次，每次持续2~3s，对该断路器机构进行检查，未发现机构存在外漏等异常情况，分析为液压碟簧机构油缸存在内漏。机构采用HMB-8液压蝶簧型，通过油缸建压，碟簧储能，操作时碟簧释放能量。断路器型号：LW13A-550/Y6300-63罐式。

2. 分析处理

（1）现场对设备解体后，发现工作缸高低压转换油道，内壁存在明显裂纹，与高低压油箱相通，如图2-123所示，导致合闸状态下，高低压转换油道中，高压油向低压油箱渗漏，压力无法保持，频繁打压；储能模块、控制模块、泄压模块未见异常。

▲ 图2-123　碟簧液压机构

（2）对断路器机构缸体进行裂纹形态、材质、力学、断口等分析，确认缸体开裂的根本原因，为铝合金基体内部存在缺陷，更换断路器液压碟簧机构后，内漏隐患消除。

3. 整改措施

（1）厂家对于缸体内部缺陷的检测手段缺失，导致存在隐患的机构投入运行，影响设备安全运行。

（2）厂家应完善机构各部件的检测，确保出厂设备无隐患，加强机构维护，确保设备处于最佳状态，缺陷隐患早发现早处理。

二十八、GIS 设备异常造成 220kV 线路重合不成功

1. 检查情况

2022年3月12日，某220kV线路发生C相接地故障，光纤差动保护动作跳闸，1080ms后，重合闸动作，合闸命令发出，断路器未合闸成功。设备型号：思源ZF28-252；保护型号：第一套NSR-303A-G-R，第二套WXH-803A-G-R。

2. 分析处理

（1）双套保护装置重合闸动作，操作箱重合闸灯点亮，但是C相断路器未合上，后台报"控制回路断线"信号。测量合闸回路不通。断路器操作回路如图2-124所示，红色框内LSJ触点，左侧电位为+110V，右侧电位为-110V，说明LSJ触点打开，合闸回路负电被切断。

（2）LSJ继电器，受LSJ1和LSJ2两个触点控制，检查发现，LSJ1未闭合，LSJ2闭合，断路器联锁回路如图2-125所示。

（3）LSJ2的启动线圈控制回路如图2-126所示，紫色框内的HJ11、TJ12、CK14均能导致LSJ2启动闭合。HJ11为线路甲隔离开关合闸继电器触点，TJ12为甲隔离开关分闸继电器触点，CK14为甲隔离开关手动操作把手对应的微动开关，经检查HJ11、TJ12为断开状态，CK14为闭合状态。

（4）CK14微动开关靠隔离开关机构箱外部，一个手动拨片带动一支半圆柱轴体控制触点分合。正常运行状态时，拨片处于锁止状态，微动开关处于断开状态，断路器

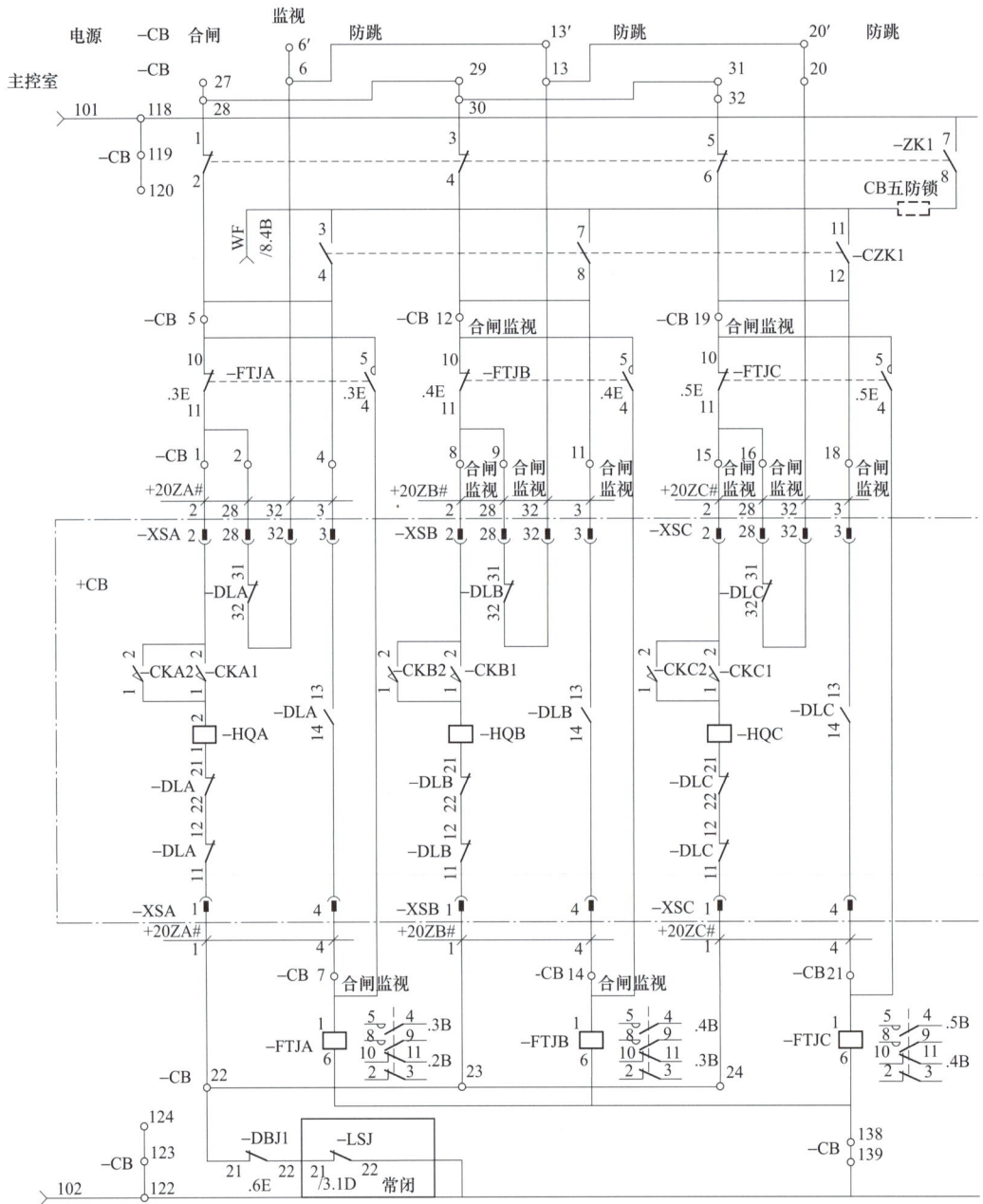

▲ 图2-124　断路器操作回路

合闸回路接通。有手动操作隔离开关需求时，拨片调至工作位置，此时拨片带动与之连接的半圆柱轴体转动，轴体圆柱面压住微动开关弹片，触点闭合，进而断开断路器合闸回路。手动操作完毕后，将拨片调至正常位置，微动开关弹片展开，触点断开，断路器合闸回路接通，手动操作，如图2-127所示。

（5）当拨片位于正常锁止位置时，CK14微动开关触点处于闭合状态，CK13微动开

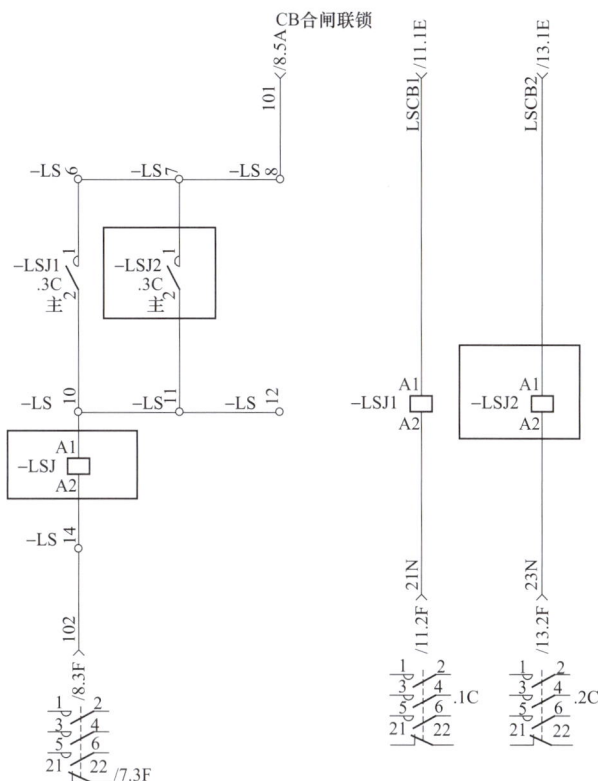

▲ 图2-125　断路器联锁回路

关处于断开状态。多次手动操作调整拨片位置，CK14微动开关触点均处于闭合状态、不能正常切换，而CK13微动开关能够分合正常。

（6）微动开关安装金具固定螺栓为长螺孔设计，存在可调节性，安装位置为最低状态，如图2-128所示，导致半圆柱轴体与微动开关距离过近，弹片压缩量大，位置切换时，弹片展开量不足以断开内部触点。拆除半圆柱传动轴后，再次测量CK14微动开关触点，触点已断开，手动拨动微动开关弹片，微动开关分合状态切换正常。

3. 整改措施

（1）设备运行、操作时的振动，造成手动拨片、金属圆轴产生微小位移，手动操作拨片传动轴与微动开关配合失效，正常运行状态时，触点处于闭合状态，断开了断路器合闸回路。

（2）金属圆轴在机构箱外壳上的固定方式不可靠，金属圆轴、机构箱外壳等部件加工精度有偏差，机构箱手动拨片、半圆柱轴体、微动开关装配控制不到位，微动开关弹片与控制触点分合金属圆轴之间的距离过小，不满足设计要求。

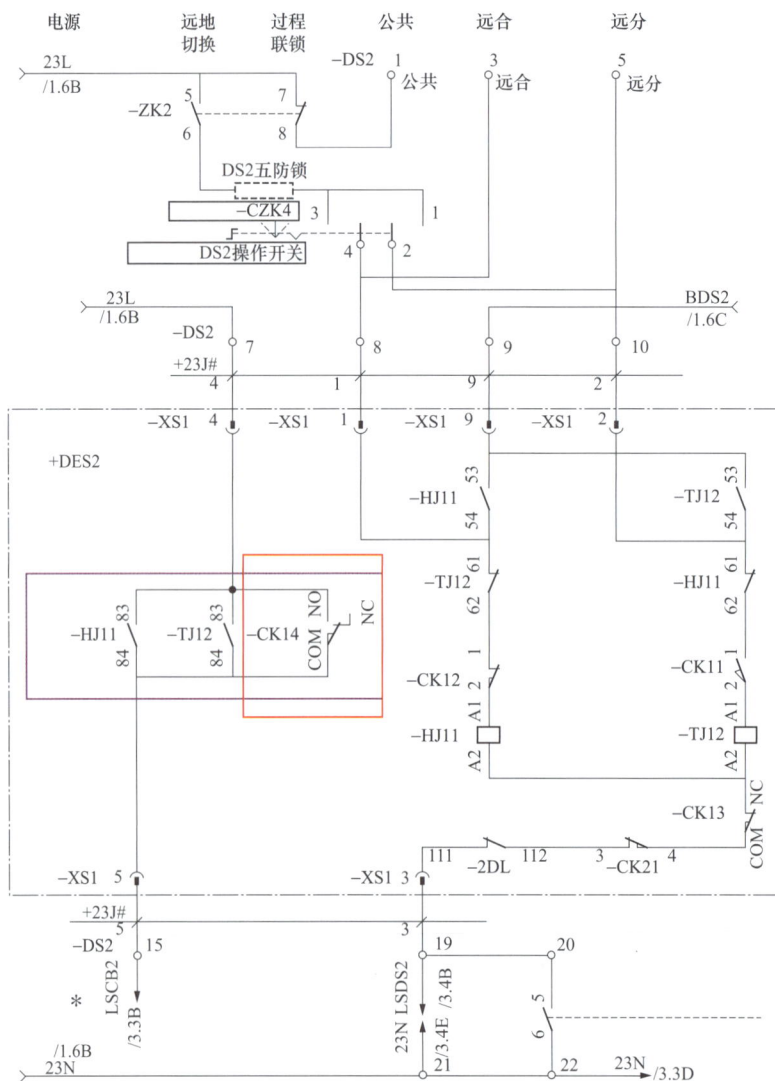

▲ 图2-126　甲隔离开关触点关联

▲ 图2-127　甲隔离开关手动操作拨片

▲ 图2-128　机构箱内CK14微动开关

二十九、500kV线路断路器气室故障

🛠 1.检查情况

2022年7月25日，某500kV线路发生A相永久性故障，纵联差动保护（PCS-931）动作跳A相，故障测距51.1km，纵联差动保护（WXH-803B/G）动作跳A相，故障测距53.47km，为区内故障。重合闸动作，合于故障点，两套线路保护加速动作跳三相，三相跳闸后，断路器气室故障接地，Ⅱ母母线差动保护（CSC-150）动作，Ⅱ母（BP-2C-D）差动保护动作，切除故障，保护动作正确。HGIS断路器型号：ELK-SP3，配用液压碟簧操动机构，2013年10月投运，故障断路器外观如图2-129所示。

▲ 图2-129　HGIS断路器外观

🛠 2. 分析处理

（1）现场检查。检查Ⅱ母母线、线路间隔，设备外观无异常，机构压力、气室压力均未见异常。经检测，断路器A相气室，二氧化硫含量达2006μL/L，相关范围内其他断路器、隔离开关，气室分解物测试值均合格。通过断路器A相观察窗，发现气室内部有大量疑似放电分解物，B、C两相检查无异常。

（2）故障录波。

1）第一次跳闸，线路A相永久性接地故障，流经断路器电流8.803kA，A、B、C相电压分别为223.46、295.59、300.42kV，单相接地故障明显，故障录波如图2-130所示。

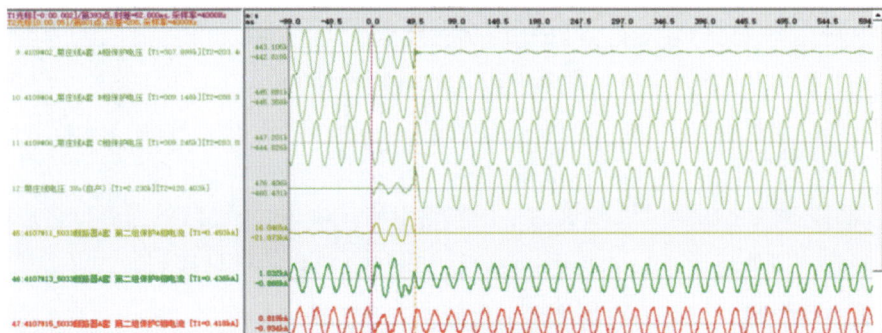

▲ 图2-130　A相跳闸时故障录波

2）A相断路器重合于永久故障，流经电流为11.377kA，A、B、C相电压分别为150.70、310.24、307.32kV，单相接地故障明显，故障录波如图2-131所示。

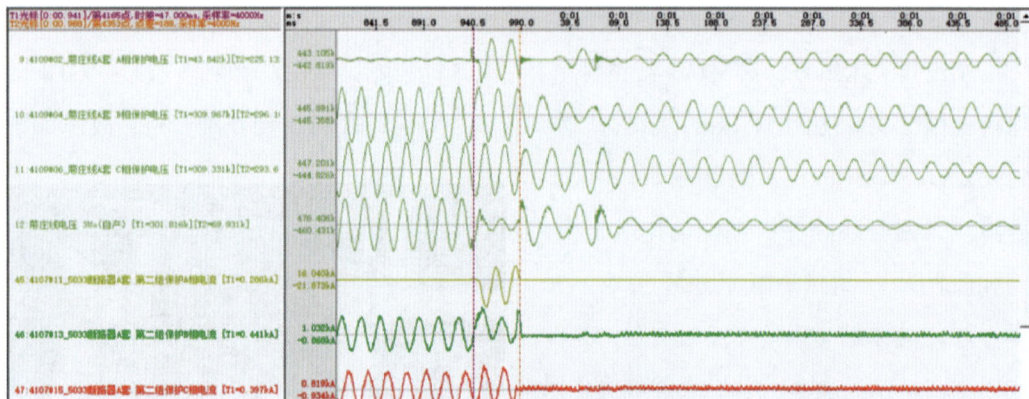

▲ 图2-131　A相重合时故障录波

3）断路器三相跳闸后，故障电流消失，电压恢复正常，故障录波如图2-132所示。线路巡视人员巡视，发现线路杆塔A相导线及邻近塔身处有放电痕迹，确定为故障点，故障原因为风偏故障所致。

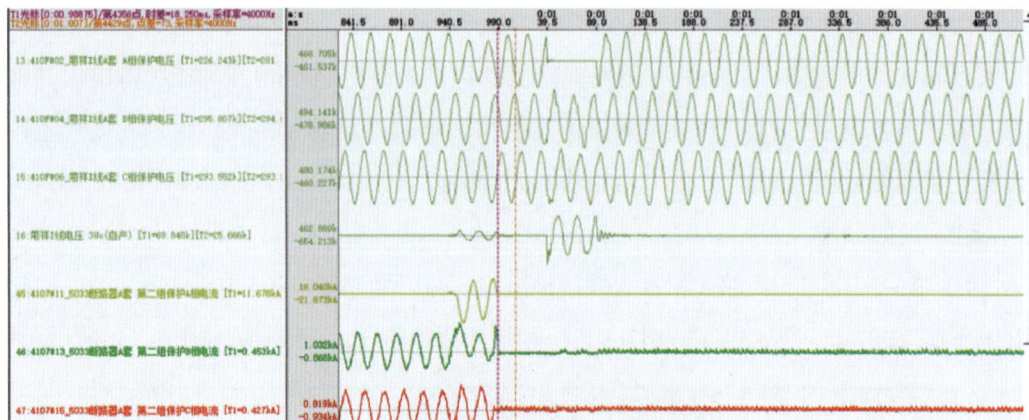

▲ 图2-132　三相跳闸后故障录波

（3）返厂检查。

1）断路器气室底部及屏蔽罩内存在大量电阻片碎片，SF$_6$白色固态分解产物，吸附剂及吸附剂罩外观良好，未见放电痕迹，如图2-133所示。母线侧断口屏蔽罩对应断路器内壁壳体区域，下半周可见大量金属液滴喷溅区域。

▲ 图2-133　断路器A相气室电阻片碎片及吸附剂

2）断路器气室机构侧、母线侧盆式绝缘子表面无沿面放电痕迹，表面附着有明显白色放电分解物，抽出断路器灭弧室，螺栓、螺母紧固无松动，灭弧室内部绝缘件无异常，合闸电阻断口，绝缘筒被熏黑并附着电弧喷溅物，绝缘筒左侧屏蔽罩有放电烧蚀痕迹。

3）合闸电阻屏蔽罩下方破损，存在约长150mm、宽80mm的孔洞，其附近区域伴有烧熔痕迹，内侧有放电痕迹；在断路器气室底部SF_6白色固态分解产物中找到部分屏蔽罩裂片，如图2-134所示，屏蔽罩对应断路器壳体部位存在明显烧蚀痕迹，如图2-135所示。

▲ 图2-134　合闸电阻屏蔽罩下方破损

▲ 图2-135　壳体内侧烧蚀痕迹

4）移除合闸电阻屏蔽罩，右侧合闸电阻串炸裂，中心绝缘杆上合闸电阻仍有19片（原每串有合闸电阻37片），其中第1、2、3、4、10、11号共6片破裂明显，少部分仍悬挂在中心绝缘杆上。外形完整的合闸电阻13片，其中第14~19片整体完好，下部1/3圆周表面污染。第20~37号电阻片（共计18片）完全从中心绝缘杆上脱落，不同程度碎裂，散落在壳体内壁屏蔽罩内，合闸电阻串后端盖侧通流软铜线与固定法兰板之间的连接断裂。左侧合闸电阻串基本完好，20~35号电阻片两柱间的金属连接铜片烧蚀严重，如图2-136所示。

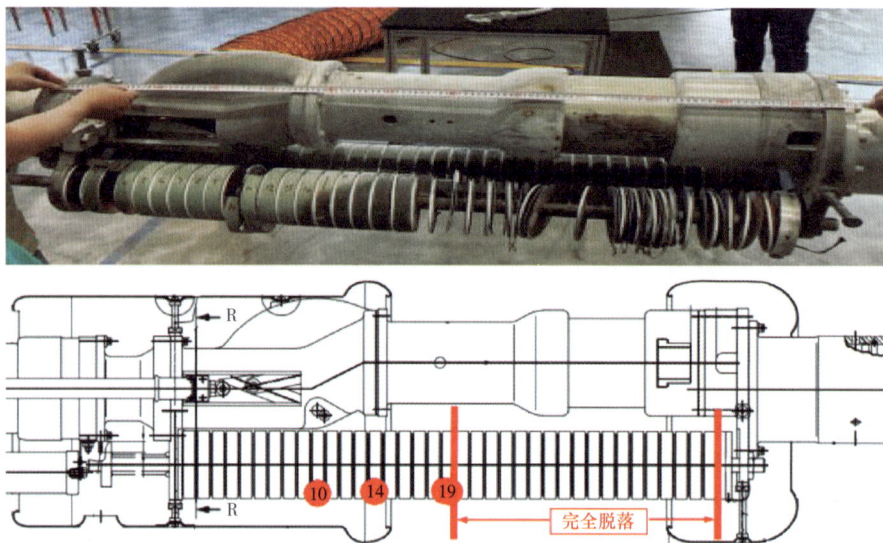

▲ 图2-136 合闸电阻串整体情况

5）对屏蔽罩破裂部位进行电镜检测，碎片及破口处的断面边缘均无显著变形特征，断面区域微观形貌为沿晶，且沿晶面呈圆滑状，表面有氧化层覆盖，晶界处可见热蚀沟，造成断裂的主要原因为电弧烧蚀。

6）对屏蔽罩碎片成分分析，外表面白色物质主要含有Al、F、Cu元素，其中质量百分比中F占54.78%、Al占23.63%、Cu占16.17%；内表面飞溅区域主要为Cu、Al、F元素，其中质量百分比中Cu占64.8%、F占11.2%、Al占4.08%。Cu元素含量较高，为屏蔽罩与合闸电阻间存在电弧烧蚀，造成合闸电阻铜连片烧融，并溅至屏蔽罩内表面；断面主要为Al与F的化合物，为SF_6气体与铝合金反应，屏蔽罩碎片及断口处经受过电弧烧蚀。

7）重合闸及合闸电阻异常分析，重合闸时母线电压、线路电压及电流波形如图2-137所示。合闸电阻投入时间约为9.75ms，即在合闸电阻退出时，电流值已达到2884A，远超过了正常状态下，可能通过合闸电阻的电流值，断路器电流波形如图2-138所示。

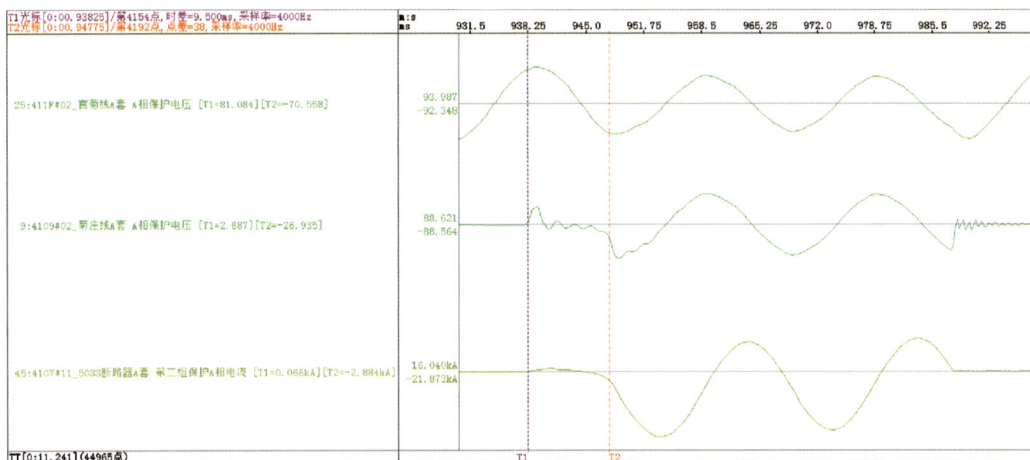

▲ 图2-137　重合闸时母线电压、线路电压及电流波形

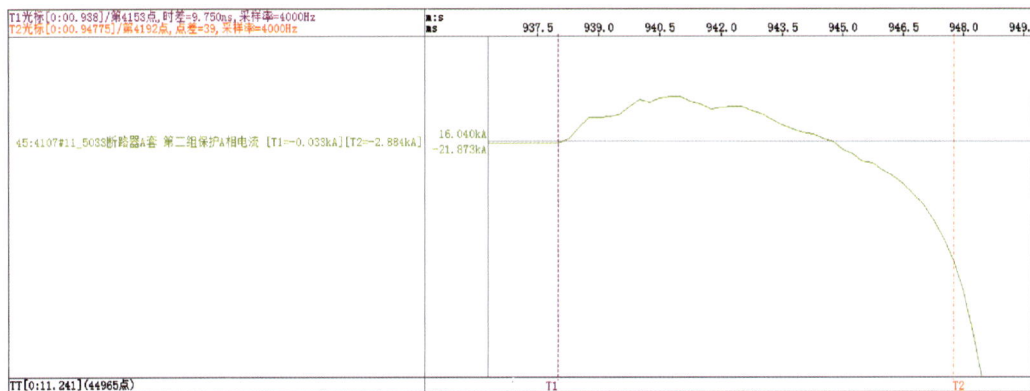

▲ 图2-138　重合闸时断路器电流波形

8）电阻阻值在约2.5ms时，突然由400Ω以上降至约二百多欧姆之间，在6.5ms左右电流过零，阻值数据异常；自7.5ms后阻值快速降低，在临近合闸电阻退出时刻，阻值降至几十欧姆，因断口侧有整串接近一半电阻保持形态完好，若电流通过这些电阻片，则电阻不可能降至几十欧姆，判断7.5ms以后，断口侧的多片电阻整体被短接，断路器电阻变化曲线如图2-139所示。

9）发展过程：在合闸电阻投入约2.5ms，电阻串内开始出现异常，出现局部击穿，并发展为局部电弧，导致接入回路的电阻片随时间推移有所减少；第7.5ms左右，受合闸电阻串中电弧影响，屏蔽罩2与电阻串间击穿放电，将左侧完好电阻片短接，导致总阻值快速下降。

10）内部放电过程：断路器分闸后，右柱电阻串在前一过程因受电弧烧灼，电阻碎片掉落，引起高压侧屏蔽罩与外壳之间电场严重畸变，导致气隙击穿。电弧沿母线

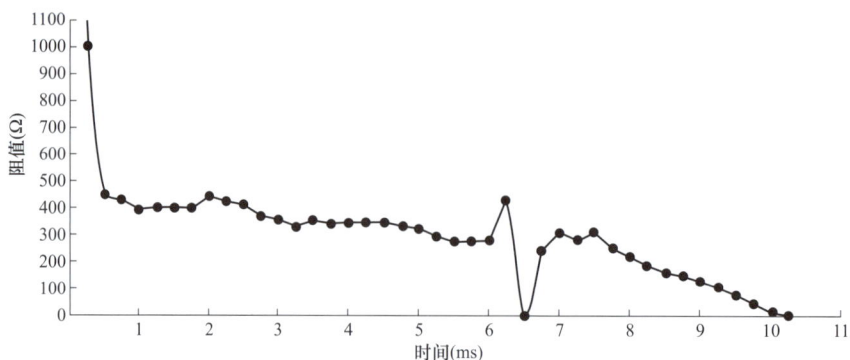

▲ 图2-139　故障断路器电阻变化曲线

侧合闸电阻、屏蔽罩与外壳之间形成通路。其中20~37号合闸电阻在重合时段已形成电弧通道，电弧烧灼约50ms，电阻片局部过热炸裂，喷溅至外壳形成大面积点状痕迹，放电路径示意图如图2-140所示。

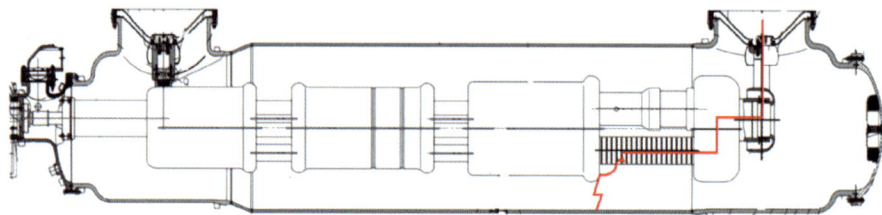

▲ 图2-140　放电路径示意图

3. 整改措施

（1）500kV线路发生A相接地故障，断路器重合于线路故障，因右柱合闸电阻片存在缺陷，在重合过程出现局部击穿产生熔融物，并发展为局部电弧。断路器再次分闸后部分电阻碎片掉落，引起高压侧屏蔽罩与外壳间电场畸变，导致气隙击穿。电弧沿母线侧合闸电阻、屏蔽罩外沿与外壳之间形成通路，电阻片局部过热炸裂故障。

（2）根据《国网设备部关于引发线路频繁故障时带合闸电阻断路器运维处置措施的通知》要求，落实带合闸电阻断路器重合闸、线路多次故障时和日常差异化运维措施，必要时及时更换。

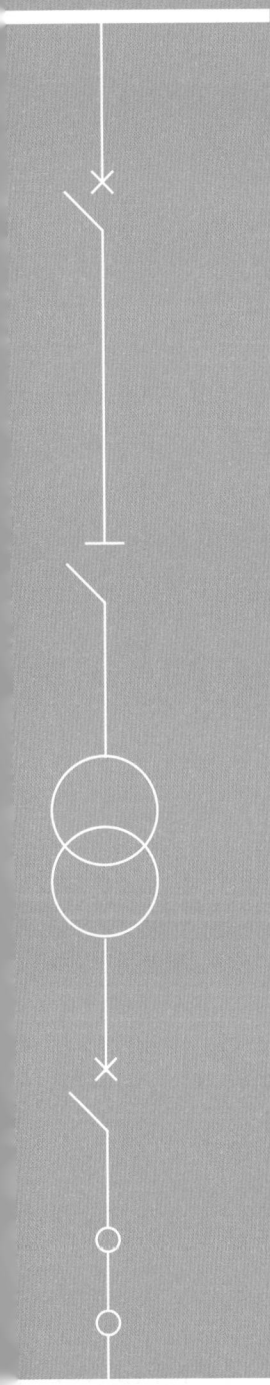

第三章

互感器

SECTION 1

互感器
结构原理

互感器是特种的变压器，其主要作用是：①给测量仪器、仪表或继电保护，控制装置传递信息；②使测量、保护和控制装置与高电压相隔离；③有利于测量仪器、仪表和继电保护，控制装置小型化、标准化。电流互感器就是将大电流变为小电流（一般为5A或1A）的特种变压器；电压互感器就是将高电压变为低电压（一般为100V或 $100/\sqrt{3}$ V等）的特种变压器。

一、电流互感器

1. 电流互感器原理电路图（$E = 4.44\,fNBS$）

电路图如图3-1所示，当 I_1（此 I_1 是一个电流源，其电流不因互感器的负荷变化而变化）通过互感器的一次绕组（匝数为 N_1）时，对铁芯励磁，在铁芯中产生磁通，二次绕组产生感应电动势，通过负载 Z_b 产生二次电流。

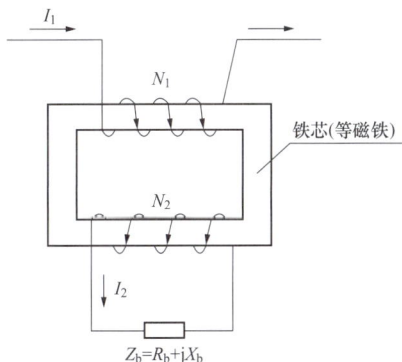

▲ 图3-1　电流互感器原理电路图

在这个磁系统中，要遵守磁动势平衡原理，有

$$\dot{I}_1 N_1 + \dot{I}_2 N_2 = \dot{I}_0 N_1 \tag{3-1}$$

通常励磁磁势 I_0N_1 是很小的，只是百分之零点几到百分之几的一次磁势。假定 $I_0N_1 \approx 0$，则

$$I_1N_1 = I_2N_2$$

$$\frac{I_1}{I_2} = \frac{N_2}{N_1} = K \qquad (3-2)$$

这就是：一次电流（系统线路电流）通过一、二次绕组匝数的改变而变成标准的、统一的小电流，以便于测量。$K = \dfrac{I_1}{I_2}$ 称为变比系数。

分析电流互感器的各参量之间的关系，通常用等值电路图和相量图进行。

2. 等值电路图

把一、二次匝数假设一样，则一、二次绕组感应电势相等，把一次绕组合二为一，并把铁芯的励磁用一通过励磁电流的电感线圈来代替，电路图如图3-2所示，所有各参数及其相互关系与原理电路图一致，这种图称为等值电路图。图3-2中 $\dot{I}_2'$ 为折算到一次侧的二次电流。

$$\dot{I}_2' = K\dot{I}_2$$

为了简化书写，通常把"'"不写，即认为等值电路图中的各量已折算到一次侧或二次侧。

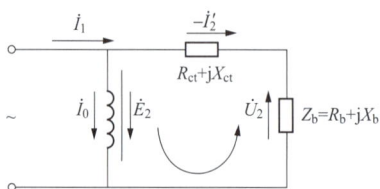

▲ 图3-2 电流互感器等值电路图

注：R_{ct}，X_{ct} 分别为互感器二次绕组的电阻和漏电抗（二次漏磁通产生的感应电势作为电抗压降来看待）；R_b，X_b 分别为负载的电阻与电抗，（通常负载是感性的）；等值电路中的各量符号为假定的。

3. 相量图

交流电路的解法通常用复数法和相量图。

据图3-2，按电路定律可以写成以下两式（折算到一次侧）。

$$\dot{I}_1 = (-\dot{I}_2) + \dot{I}_0 \qquad (3-3)$$

按图示回路方向

$$\begin{aligned}
\dot{E}_2 &= \dot{U}_2 \pm \left(-\dot{I}_2\right)\left(R_{ct} + jX_{ct}\right) \\
&= -\left(-\dot{I}_2\right)\left(R_b + jX_b\right) + \dot{I}_2\left(R_{ct} + jX_{ct}\right) \\
&= \dot{I}_2\left[\left(R_{ct} + R_b\right) + j\left(X_{ct} + X_b\right)\right]
\end{aligned} \tag{3-4}$$

根据式（3-3）和式（3-4）给出的相量图见图3-3。

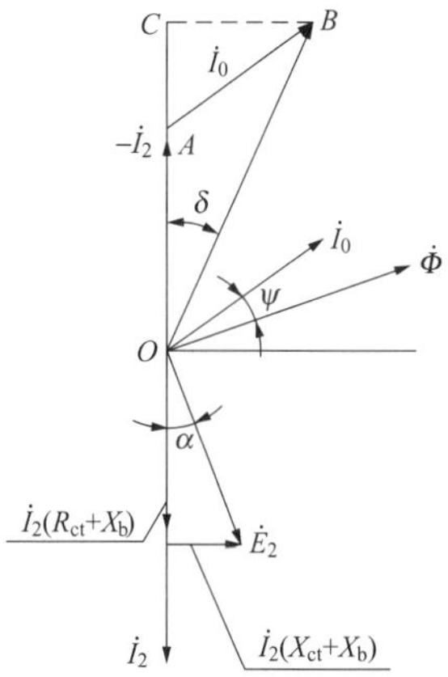

▲ 图3-3 电流互感器相量图

从相量图很清晰地看出，在电流互感器将一次电流变换成二次电流时，不但从数值上有了差别，而且在相位上也有差别。（图3-3是 $\dot{I}_1$ 与 $-\dot{I}_2$ 相比较）实际上就是 $\dot{I}_1$ 与 $\dot{I}_2$ 的差别，即 $\dot{I}_2$ 应在第一象限，因为在电流互感器的极性上有规定。采用 $-\dot{I}_2$ 的假定方向，是为了给图时明确各量之间的物理意义，这说明，相位差并不是180°+δ。

4. 误差由来及计算式

经过电流互感器变换后，二次电流在数值上和相位差上都出现了差别，就是出现了误差。

定义：电流数值上的差别为电流误差，或称比值差，即互感器经变换后，一、二次电流的实际变比系数与额定变比系数有差别。

二次电流与一次电流相位上的差别称为相位差或角差。

电流误差用公式表示为

$$f = \frac{k_N I_2 - I_1}{I_1} \times 100 \, (\%) \tag{3-5}$$

式中　k_N——额定电流变比系数，$k_N = \dfrac{I_{1N}}{I_{2N}}$（$I_{1N}$为额定一次电流；$I_{2N}$为额定二次

电流);

I_2 ——实际二次电流方均根值;

I_1 ——实际一次电流方均根值。

通过几何的运算,将电流写成磁动势可以得出

$$f = -\frac{\dot{I}_0 N_1}{\dot{I}_1 N_1} \times \sin(\alpha + \psi) \times 100 \quad (\%) \qquad (3-6)$$

$$\delta = \frac{I_0 N_1}{I_1 N_1} \times \cos(\alpha + \psi) \times 3438 \quad (') \qquad (3-7)$$

式中 α ——总阻抗角;

ψ ——铁芯损耗角。

二、电压互感器

1. 电压互感器原理电路图

电压互感器由一次绕组和二次绕组及铁芯构成,如图 3-1,当一次绕组通以一次电压 U 时,在铁芯中产生主磁通 Φ_0。这时根据电磁感应定律,在一次绕组中产生感应电势

$$E_1 = 4.44 f N_1 \Phi_0$$

其中 $\Phi_0 = BS$

在二次绕组中产生感应电势

$$E_2 = 4.44 f N_2 \Phi_0$$

式中 N_1、N_2 —— 一、二次绕组匝数。

电压互感器一次绕组是接在系统的不变电压上,其电压不因二次负载而变化。

在理想情况 $U_1 = E_1$ $U_2 = E_2$,所以

$$\frac{U_1}{U_2} = \frac{E_1}{E_2} = \frac{4.44 f N_1 \Phi_0}{4.44 f N_2 \Phi_0} = \frac{N_1}{N_2} = K_N \quad (额定电压比) \qquad (3-8)$$

通过一、二次绕组匝数的改变,可以把一次任何电压变换成标准的低电压,这就是电压互感器的基本作用原理。

但实际的电压互感器在变换中不能完全按额定电压比变换,就是说在变换上出现误差。

🍴 2. 等值电路图

为了分析电压互感器的误差,与电流互感器一样也从其等值电路图来进行分析。

先由电路图来分析其物理过程。

当二次不带负荷时,即二次电路空载,在磁路系统中有(见图3-4)

$$\left.\begin{array}{l} \dot{U}_1 = -\dot{E}_1 + \dot{I}_1 Z_0 \\ \dot{U}_2 = \dot{E}_2 \end{array}\right\} \tag{3-9}$$

其中

$$Z_0 = R_1 + jX_0$$

式中　R_1——一次电阻;

　　　X_0——空载漏抗(由漏磁通产生)。

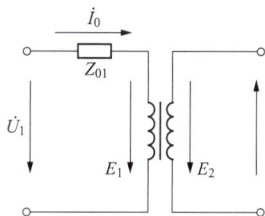

▲ 图3-4　互感器空载电路图

$\dot{I}_0$—空载电流(励磁电流)

当二次带上负载时,二次有电流通过,在磁系统上产生二次磁势,这磁势企图去削弱主磁通,根据电磁感应原理,一次绕组要产生电流,以补偿二次磁势对主磁通的削弱,一直到一次电流产生的磁势与二次磁势相抵消,从而保持主磁通不变,这是磁势平衡原理,也是互感器传递能量的过程。如图3-5所示。

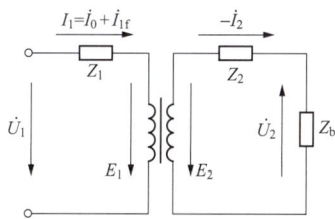

▲ 图3-5　互感器负载电路图

根据图3-5有

$$\left.\begin{array}{l} \dot{U}_1 = -\dot{E}_1 + \dot{I}_1 Z_1 \\ \dot{E}_2 = \dot{U}_2 - \left(-\dot{I}_2\right) Z_2 \end{array}\right\} \longrightarrow \left.\begin{array}{l} \dot{U}_1 = -\dot{E}_1 + \dot{I}_1 Z_1 \\ \dot{U}_2 = \dot{E}_2 - \dot{I}_2 Z_2 \end{array}\right\} \tag{3-10}$$

$$\dot{I}_1 N_1 + \dot{I}_2 N_2 = \dot{I}_0 N_1 \tag{3-11}$$

根据式（3-9）~式（3-11），假定把二次感应电势变成与一次感应电势相等，则可以把一、二次绕组两端相连，而把铁芯励磁用一等值的电感线圈代替（线圈通以励磁电流），再把二次负载电流变成与一次负载电流相同，则可画出等值电路图，如图3-6所示。显然，当二次电势变成与一次电势相等，则

$$\dot{E}''_2 = \dot{E}_2\frac{N_1}{N_2} = \dot{E}_2 K_{\mathrm{N}}$$

而

$$\dot{I}''_2 = \dot{I}_2 \Big/ \frac{N_1}{N_2} = \dot{I}_2 / K_{\mathrm{N}}$$

I''_2、E''_2 称为折算到一次侧的量。同样，根据能量关系，可求出将阻抗值折算到一次侧。

$$Z'_2 = Z_2 K_{\mathrm{N}}^2$$

为了书写简化，通常把各折合量的"'"省略。以下书写即为此。

$$Z_2 = R_2 + jX_2$$

式中　R_2——二次绕组电阻；

　　　X_2——二次绕组漏抗，由二次绕组漏磁产生。

$$Z_1 = R_1 + jX_1$$

式中　R_1——一次绕组电阻；

　　　X_1——一次绕组漏抗。

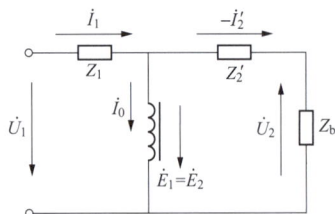

▲ 图3-6　电压互感器等值电路图

3. 相量图

根据等值电路图，写出如下方程式

$$\left. \begin{aligned} \dot{U}_1 &= -\dot{E}_1 + \dot{I}_1 Z_1 \\ \dot{U}_2 &= \dot{E}_2 - \dot{I}_2 Z_2 \\ \dot{I}_1 &= -\dot{I}_2 + \dot{I}_0 \end{aligned} \right\} \tag{3-12}$$

将 $\dot{U}_2 = \dot{E}_2 - \dot{I}_2 Z_2 = \dot{E}_1 - \dot{I}_2 Z_2$，即 $\dot{E}_1 = \dot{U}_2 + \dot{I}_2 Z_2$ 及 $\dot{I}_{1f} = -\dot{I}_2 \left(\dot{I}_0 + \dot{I}_{1f} = \dot{I}_1 = -\dot{I}_2 + \dot{I}_0 \right)$，代入式（3-12）得

$$\dot{U}_1 = -\dot{E}_1 + \dot{I}_1 Z_1 = -\left(\dot{U}_2 + \dot{I}_2 Z_2 \right) + \dot{I}_1 Z_1$$

$$= -\dot{U}_2 - \dot{I}_2 Z_2 + \left(\dot{I}_0 + \dot{I}_{1f} \right) Z_1$$

$$= -\dot{U}_2 + \left(-\dot{I}_2 Z_2 \right) + \dot{I}_0 Z_1 + \left(-\dot{I}_2 \right) Z_1$$

$$= -\dot{U}_2 + \left(-\dot{I}_2 \right)\left[(R_1 + R_2) + j(X_1 + X_2) \right] + \dot{I}_0 (R_1 + jX_1)$$

一般取 $X_0 \approx X_1$ 则

$$\dot{U}_1 = -\dot{U}_2 + \left(-\dot{I}_2 \right)\left[(R_1 + R_2) + j(X_1 + X_2) \right] + \dot{I}_0 (R_1 + jX_0) \tag{3-13}$$

根据式（3-12）画出相量图如图3-7所示，根据式（3-13）和 $\dot{I}_1 = -\dot{I}_2 + \dot{I}_0$ 且忽略因 Z_2 带来的 $\dot{E}_2$ 和 $\dot{U}_2$ 的相位差即认为 $\dot{E}_2$ 和 $\dot{U}_2$ 同相（对实际计算不会带来多大的影响），相量图如图3-8所示。

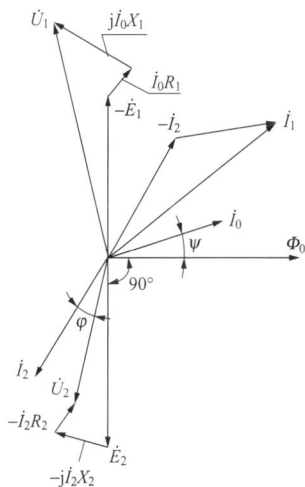

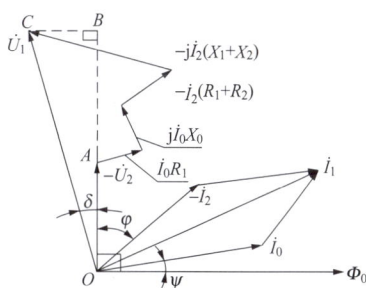

▲ 图3-7　互感器负载相量图　　　▲ 图3-8　忽略 $\dot{U}_2$ 与 $\dot{E}$ 相位差的相量图

🔧 4.误差与计算式

电压互感器在从 $\dot{U}_1$ 变换到二次输出的电压 $\dot{U}_2$ 时，不但数值上有差别，在相位上也有差别，这就产生了误差，误差的产生是由空载电流和负载电流在绕组上产生的压降所造成的。

电压误差为

$$f = \frac{K_N U_2 - U_1}{U_1} \times 100 \quad (\%) \qquad (3\text{-}14)$$

式中 K_N —— 额定电压比。

忽略负载电流在一次绕组中造成压降而将 E_1 及 Φ_0 有很微小的减弱影响不计，误差也可由空载误差和负载误差组成。即

$$f = f_0 + f_Z$$

式中 f_0、f_Z ——空载和负载的电压误差。

相位差一般用 "'" 表示。

通过几何运算可求出

$$f_0 = -\frac{I_0 R_1 \sin\psi + I_0 X_1 \cos\psi}{U_1} \times 100 (\%)$$

$$f_Z = -\frac{I_2 (R_1 + R_2) s \cos\varphi + I_2 (X_1 + X_2) \sin\varphi}{U_1} \times 100 (\%)$$

$$\delta_0 = \frac{I_0 R_1 \cos\psi - I_0 X_1 \sin\psi}{U_1} \times 3438(')$$

$$\delta_Z = \frac{I_2 (R_1 + R_2) \sin\varphi - I_2 (X_1 + X_2) \cos\varphi}{U_1} \times 3438(')$$

第二节 SECTION 2

电流互感器诊断与分析

一、110kV主变压器10kV侧电流互感器二次开路

1. 检查情况

2015年5月，对某110kV变电站进行计算电量平衡时，发现10kV Ⅱ母严重不平衡，立即全面检查计量电流、电压回路，发现2号主变压器102断路器电流互感器的计量回路端子A相开路烧坏，二次端子烧坏情况如图3-9所示。

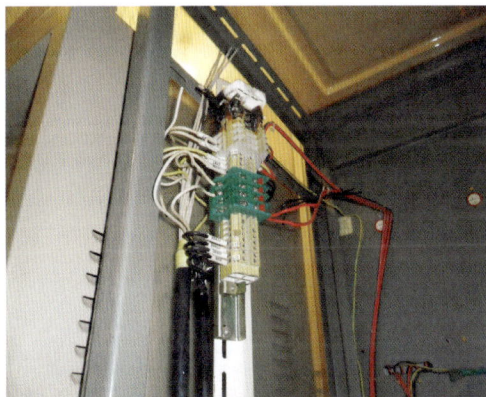

▲ 图3-9 计量回路端子烧坏

2. 分析处理

（1）计量电流回路中的电流端子，由于结构质量上有缺陷，部分电流端子的连接片出现细小的裂痕，该端子排使用时间较长，端子老化，连接片出现肉眼不易发现的裂痕，导致电流回路接触电阻增大。

（2）此端子排接线螺钉不带弹簧垫，导致螺钉松动，造成电流回路接触不良，长期发热，使该端子及相邻端子严重烧损，必然造成开路。

（3）近期部分用户负荷突增，当电流互感器一次电流较大时，将引起开路点处二次电流增大，端子绝缘击穿烧坏，导致主进102断路器TA二次计量开路烧坏。102断路器、主进电流互感器正常，电流、电压端子排接线良好，如图3-10所示。

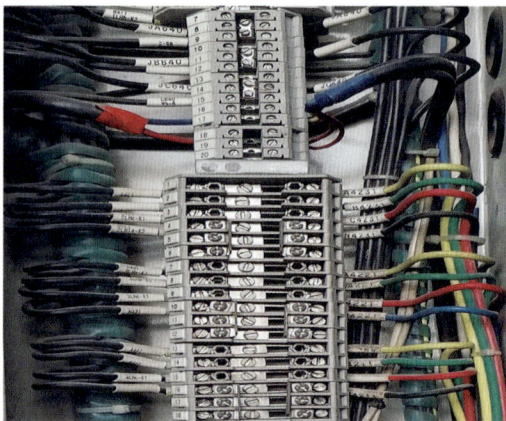

▲ 图3-10　主进102断路器电流、电压端子排

（4）立即汇报调度，通知检修人员处理，保护对102断路器电流互感器端子三相短路封闭，更换新的端子排，打开102断路器电流端子短接线，计量电流恢复正常。更换后的电流计量端子如图3-11所示。

3. 整改措施

加强设备巡视，对二次回路及时采取红外测温，记录时间，追加损失电量。老式二次回路端子及时更新为新式端子排，淘汰旧式端子排。

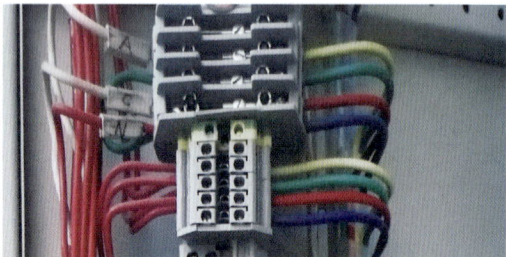

▲ 图3-11　更换后的电流计量端子

二、10kV电流转换器故障造成主变压器低后备跳闸

1. 检查情况

（1）2021年8月16日，某110kV变电站某10kV线路发生相间故障，因电流转换插件氧化松动，将电流转换器烧坏，线路保护拒动，越级2号主变压器低后备保护动作，1021断路器跳闸，导致10kV I 母及 II 母一段母线失压，跳闸前的运行方式如图3-12所示。10kV开关柜型号：KYN28A；10kV保护：思源弘瑞UDL-551U；主变压器保护：南瑞PCS-978T1。

（2）2号主变压器低压侧接收到故障电流，合并单元发送低电压信息，达到2号主变压器保护动作值，GOOSE发送跳闸命令，直采直跳，智能终端1021断路器跳闸，切除故障。

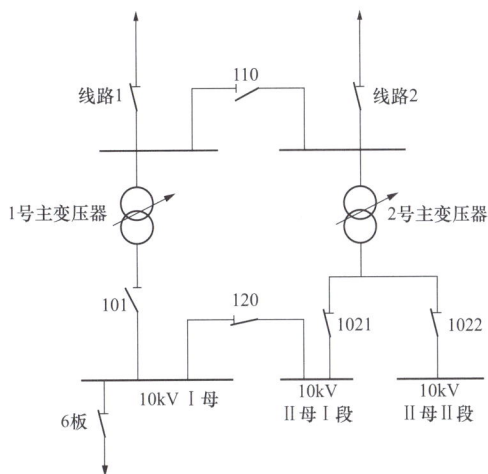

▲ 图3-12　跳闸前运行方式

2. 分析处理

（1）现场检查，2号主变压器保护动作，1021断路器分闸，10kV Ⅰ母及Ⅱ母一段各分路均失压。对站内10kV开关柜、2号主变压器以及110kV间隔检查，一次设备无异常。检查2号主变压器保护动作报文及所有10kV分路，发现6板保护有零序过压告警信息，后告警返回，无任何保护启动及动作跳闸信息，其余所有10kV分路保护均无启动及动作信息。

（2）断开6板断路器，隔离故障点，送上10kV Ⅰ母及Ⅱ母一段各分路，恢复送电，将6板解除备用，做安全措施。检查6板保护装置，发现电流转换插件烧坏，转换器烧坏情况如图3-13所示。

▲ 图3-13　电流转换器烧坏

（3）插件背板端子氧化松动发热，如图3-14所示。6板保护更换电流转换器插件，配线工作完成后，保护传动正确，线路故障已排除，恢复送电正常。

（4）6板保护出现零序过压告警信息，为线路发生B相接地，后发展为BC两相接地短路，短路电流11440A（变比600/5，二次值95A），达到线路保护过电流Ⅰ段定值（20A，0.7s），但6板保护未动作，流过1021的电流二次值为14.3A（变比4000/5），达到主变压器低后备过电流Ⅰ段2时限定值（8.75A，1s），1021断路器跳闸，切除故障，6板保护告警信息如图3-15所示，主变压器保护动作报

▲ 图3-14　插件背板端子松动发热

文如图3-16所示。

（5）6板交流转换插件背板端子松动，引起电阻增大，当线路故障时，产生较大二次电流，在松动处发热烧损，导致二次电流无法流入保护装置，装置未能正确感知故障电流，故不会动作。故障电流越级至主变压器低后备保护，1021断路器跳闸，保护动作正确。主变压器低后备故障录波如图3-17所示。

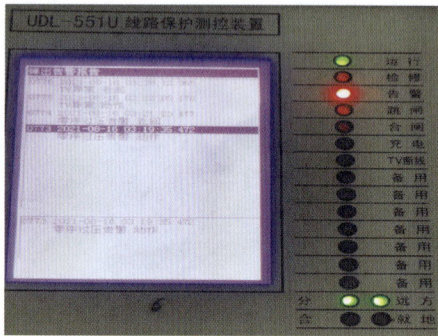

▲ 图3-15　6板保护告警信息

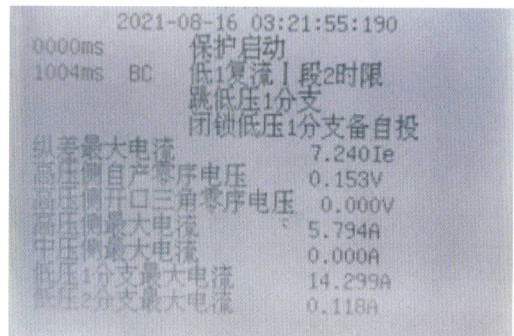

▲ 图3-16　主变压器保护动作报文

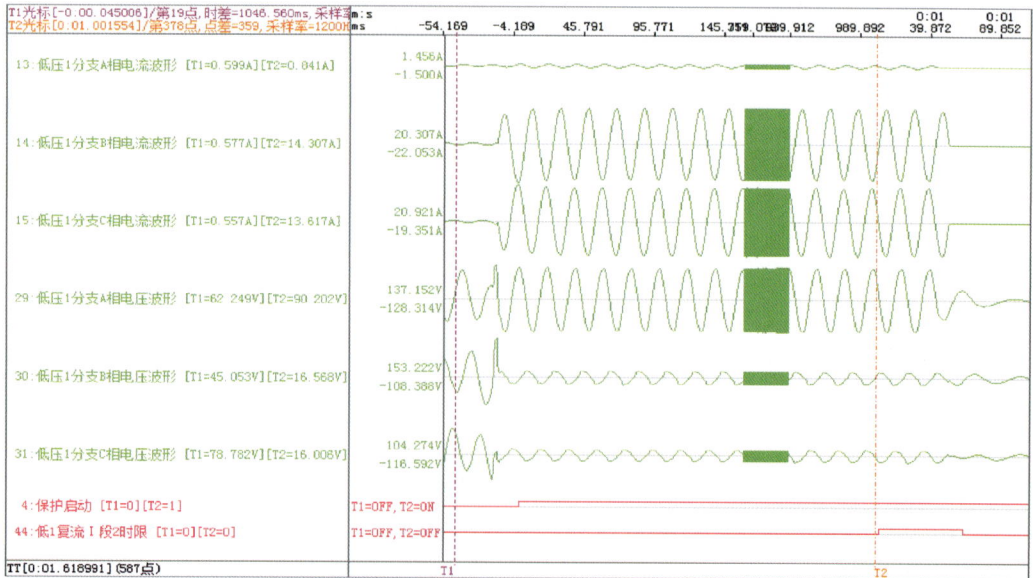

▲ 图3-17　主变压器低后备故障录波

3. 整改措施

（1）保护人员检查其余10kV保护，电流显示均正常，无同类隐患，已完成排查，装置采样电流均正常。加强对10kV各分路交流电流及告警信息的检查，发现异常，及时汇报处理。

（2）缩短保护检验周期，注重二次保测装置的检查、螺钉紧固情况、通流试验、开关传动等工作。

三、35kV电流互感器绝缘损坏

1. 检查情况

2015年，某220kV变电站，三台35kV电流互感器高压部位绝缘损坏，电流互感器（内有一次绕组，属于高压位置）外部环氧树脂层，均出现相似的绝缘损坏，停电后拆除损坏的设备，如图3-18所示，电流互感器型号：LZZBW-35。

▲ 图3-18　电流互感器树脂绝缘损坏

2. 分析处理

（1）在绝缘树脂损坏的破口处，可以看到一次绕组导线有向外膨突现象，最外层导线膨突特别明显，且有铜导体撕裂的现象，经对现场其他设备和系统保护数据进行检查，发现有外部相间短路现象，造成流过电流互感器一次绕组的电流过大，超出互感器的参数性能指标，短路电流的电动力，在此处引起电流互感器损坏，以至造成绝缘损坏。

（2）对破坏处的树脂绝缘进行测量，环氧树脂绝缘层有40mm厚度，绝缘性能足够，同时也具有较强的机械性能，根据多年运行经验，电流互感器的变比 20/5，短时热电流为6kA/s，动稳定电流为15kA。而实际故障后的短路电流为9kA/s，动稳定电流为22.5kA。

（3）实际额定运行电流达到22.3A，电流互感器设定的一次额定电流，相对于额定运行电流偏小，将电流互感器的变比改为 40/5，短时热电流为10kA/s，动稳定电流为

25kA，将站内同参数的电流互感器进行参数更改，验收合格，恢复送电正常，未再出现绝缘损坏情况。

3. 整改措施

（1）在工程设计时，核算出实际的额定电流、短路电流，实际所需的输出容量等具体参数。

（2）针对相关参数进行互感器选择，满足短路要求，确定互感器的动、热稳定值，有一定的裕度，适当提高额定一次电流值，即增大电流变比。

四、220kV线路电流互感器末屏接地放电

1. 检查情况

2019年5月，巡视某220kV变电站时，发现某220kV线路B相电流互感器末屏接地端有放电声，声音逐渐变大，电流互感器接地端放电情况如图3-19所示，立即汇报调度，申请停电处理，停电后，检查末屏接地线烧断，如图3-20所示。电流互感器型号：LB11-220W。

▲ 图3-19 末屏接地端放电

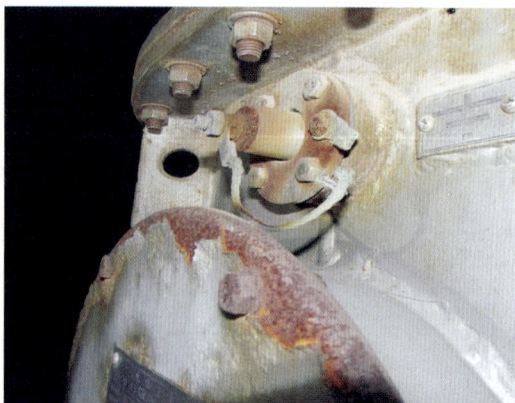

▲ 图3-20 末屏接地线烧断

2. 分析处理

（1）该末屏接地引线烧断，为多股软铜线氧化锈蚀严重，造成末屏接地引线对外壳放电，长时间放电，将引起电流互感器损坏，造成事故。

（2）设备锈蚀严重，经更换末屏接地线后，试验合格，恢复送电正常。

3. 整改措施

（1）日常巡视、测温不到位，检修质量工艺不良。对同类设备的末屏接地进行全面排查，全面提升检修质量和设备运维水平。

（2）对老旧设备开展精细化评价，纳入大修技改项目，提高设备安全水平。

五、220kV线路电流互感器末屏接地端烧坏

1. 检查情况

2015年11月，巡视某220kV线路时，发现B相电流互感器二次线端子盒处放电，立即汇报调度，申请停电处理，停电后，检查末屏接地软线已烧断，末屏小瓷套管出现裂纹，已无法继续运行。末屏接地小瓷套管裂纹如图3-21所示，末屏接地软线烧断如图3-22所示。

▲ 图3-21　接地套管裂纹

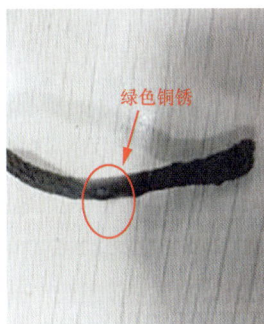

绿色铜锈

线已变色发黑，脆化

▲ 图3-22　末屏软线烧断

2. 分析处理

（1）电流互感器末屏接地线，采用多股编制软铜线，长期暴露于室外氧化腐蚀断裂，造成末屏电位悬浮，对外壳放电，使得末屏套管发热裂纹，密封件损坏。

（2）B相电流互感器已不能运行，经更换三相电流互感器，如图3-23所示，试验合格，恢复送电正常。

▲ 图3-23　更换后的电流互感器

3. 整改措施

加强设备巡视，及时进行红外测温，对于末屏接地软线全面排查，发现锈蚀严重的，立即申请停电处理，防止事故发生。

六、220kV线路电流互感器末屏发热

1. 检查情况

2020年6月11日，对某220kV变电站进行红外测温时，发现某220kV线路电流互感器C相二次接线盒处，有一发热的亮点，温度达到90℃，依据带电设备红外诊断应用规范分析，热点温度大于80℃，应定级为危急缺陷。当即汇报调度和检修人员，申请停电处理，末瓶发热情况如图3-24所示。电流互感器型号：江苏精科LB7-220W。

▲ 图3-24　电流互感器末屏线盒发热

2. 分析处理

（1）检修人员对电流互感器C相接线盒、二次回路端子，进行全面检查，发现末屏接地线，固定螺钉锈蚀松动，紧固正常后，并进行防腐、防污处理，加入运行正常。

（2）末屏接地端固定螺钉锈蚀、氧化，长期运行中，接触不良引起。电流互感器末屏处理后的情况如图3-25所示。

3. 整改措施

（1）加强电流互感器末瓶的巡视检查和红外测温，发现异常时，及时汇报处理。遇有设备停电，及时安排检查，重点关注接线盒密封、末屏接地情况，定期进行防腐处理。

▲ 图3-25　电流互感器末屏处理后

（2）变电站位于污染区，设备腐蚀性较大，电流互感器运行近20年，设备出现老化现象。

（3）对老旧设备开展精细化评价，认真评估设备状态，及时纳入大修技术改造项目，提高设备安全水平。

七、220kV线路电流互感器渗油

1. 检查情况

2020年6月15日，巡视某220kV变电站，发现某220kV线路，A相电流互感器渗油，为A相金属膨胀器与油箱连接处，立即汇报调度，申请停电，通知检修人员处理。电流互感器型号：江苏思源赫兹，LVB-220W3。

2. 分析处理

（1）打开A相电流互感器金属膨胀器上盖，对渗油点进行清擦，查找漏点，发现A相金属膨胀器与油箱连接处渗油，对漏点封堵后，检查油位正常，因为渗漏程度较低，长时间将互感器的凹槽存满后，开始通过上盖缝隙外漏。使用堵漏胶对渗油处进行封堵后，试验合格，恢复送电正常。打开后的上部金属膨胀器如图3-26所示，膨胀器与油箱连接处渗油如图3-27所示。

▲ 图3-26　上部的金属膨胀器　　▲ 图3-27　膨胀器与油箱连接处渗油

（2）经连续运行观察，还有轻微渗油现象，为确保设备安全运行，要求厂家按互感器相关参数，重新发一台新的电流互感器，安装调试后，各项试验合格，恢复送电正常。

3. 整改措施

（1）针对本次缺陷，对所有此批次的互感器进行排查，未发现此类问题。

（2）设备工艺欠佳，运行三年出现渗油，需对设备入网严格把关。本次设备缺陷，有较大的隐蔽性，要对设备加强巡视，确保隐患及时发现消除。

八、220kV母联电流互感器渗漏油

1. 检查情况

2020年7月6日，对某220kV变电站巡视，发现220A相电流互感器渗油严重，上报严重缺陷，申请停电处理。互感器型号：LB7-220W2。

2. 分析处理

（1）停电后，对220电流互感器进行试验和油样检查，试验数据，如表3-1所示。发现膨胀器注油口密封圈渗油，更换密封圈，检查其余两相并更换密封圈，更换处理后，对绝缘瓷套表面进行清洁处理，观察半小时后无渗油，恢复送电正常。

表3-1 绝缘油水分试验

相别	A	B	C
型号	LB7-220W2	LB7-220W2	LB7-220W2
制造厂家	牡丹江第一互感器厂	牡丹江第一互感器厂	牡丹江第一互感器厂
出厂编号	089069	089067	089071
序号	测试项目		
1　外状	浅黄色透明	浅黄色透明	浅黄色透明
2　水分（mg/L）	18.5	17.1	16.8
结论	合格	合格	合格

（2）高压试验数据分析，高压试验介质损耗和电容量测试，A相介质损耗和电容量分别为0.23%、779.3pF，试验数据在标准范围内，属于合格数据。

（3）绝缘油水分数据分析，绝缘油水分数据合格，油性状无异常。电流互感器内部无故障，处理后可正常运行。处理后加强巡视，未发现有渗油现象，红外测温正常，渗油原因，为膨胀器注油口密封圈老化，造成设备渗油。

3. 整改措施

（1）加强设备巡视，发现轻微渗油后增加巡视次数，渗油严重或渗油现象增强，
及时停电处理。遇有停电试验、检修时，检查充油设备的各部位密封件，适时更换。

（2）开展设备差异化巡视，重点做好红外检测、特殊天气巡视等，加快老旧设备的更新换代。后期更换的倒置式电流互感器如图3-28所示，运行情况良好，电流互感器型号：湖南电力LVB-220。

▲ 图3-28　倒置式电流互感器

九、220kV电流互感器SF₆严重漏气

1. 检查情况

2020年12月15日，05：12，某220kV变电站监控机报："TA SF_6 压力低告警"，05：34，监控机报"TA SF_6 压力低闭锁"，报文报"TA SF_6 压力低闭锁"动作，立即申请调度停电处理。经紧急停电后，观察电流互感器，发现C相 SF_6 压力表指示继续下降至0.15MPa。电流互感器型号：LVQB-220W。

2. 原因分析

（1）整个发展过程，运维人员发现及时，判断正确，处置果断，避免了220kV线路及母线跳闸的事故发生。检修人员现场检查，压力已接近零压，如图3-29所示，对设备进行补气、检漏，在电流互感器上法兰与绝缘支柱处，发现漏气点。

（2）此电流互感器已不能运行，经更换新的电流互感器，传动试验合格，

▲ 图3-29　电流互感器SF₆压力降低

恢复送电正常。

（3）故障发生时，环境温度为零下 –18℃，且设备老旧，密封性能不良，电流互感器存在密封不良现象，同时突然遇到寒潮天气，设备泄漏点加剧，发生快速泄漏。

🔧 3. 整改措施

（1）关注同厂家同型号电流互感器压力变化趋势。进行横向、纵向比较，发现异常，及时汇报处理，特别是在气温骤降、雨雪冰雹等特殊天气，加强设备特巡。

（2）结合天气、设备情况，做好特殊天气下，设备危急缺陷的应急处置，制定紧急处理措施，针对不同设备类型，制定具体的应急处置方案。

十、220kV 倒置式电流互感器着火损坏

🔧 1. 检查情况

（1）2019年2月4日，某220kV变电站某220kV线路跳闸，监控机显示：线路第一、二套光纤差动保护动作，距离Ⅰ段保护动作、重合闸动作、零序加速动作、距离加速动作跳闸。现场跳闸线路间隔，B相电流互感器顶部着火，立即汇报调度，及时采取灭火、隔离措施，电流互感器故障着火情况如图3–30所示。电流互感器型号：CA–245。

（2）WXH–803A保护：电流差动保护动作（B相），距离Ⅰ段保护动作（B相），重合闸动作，电流差动保护动作（ABC相），距离加速动作（ABC相），故障测距0.1km。

▲ 图3–30 B相电流互感器故障着火

（3）RCS–931BM保护：A通道差动动作（B相），距离Ⅰ段动作（B相），重合闸出口动作，A通道差动动作（ABC相），零序加速动作（ABC相），距离加速动作（ABC相），故障测距0.05km。

🔧 2. 分析处理

（1）对故障的 B 相电流互感器进行解体检查，发现头部铸铝罩壳严重破损，铝制低压屏蔽筒表面油浸纸主绝缘已完全烧毁，绝缘油受热汽化，产生的压力和短路电流应力，使低压屏蔽筒外表面发生凹陷，如图 3-31 所示。导电管靠近 P2 侧上部，铝制低压屏蔽筒相应位置存在短路放电烧蚀，如图 3-32 所示。

▲ 图 3-31 烧毁的主绝缘图

▲ 图 3-32 低压屏蔽筒放电烧蚀

（2）直线部分主绝缘解体，未见异常，如图 3-33、图 3-34 所示。

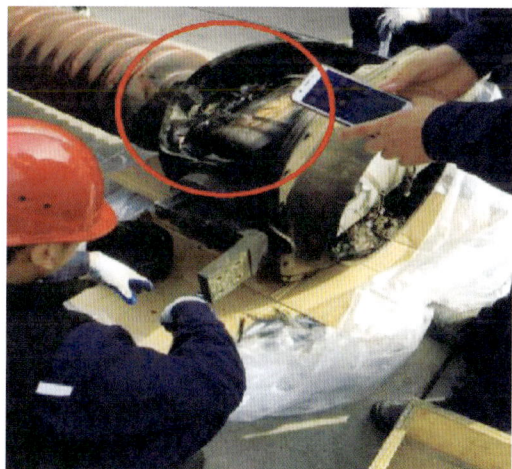

▲ 图 3-33 直线部分油纸绝缘

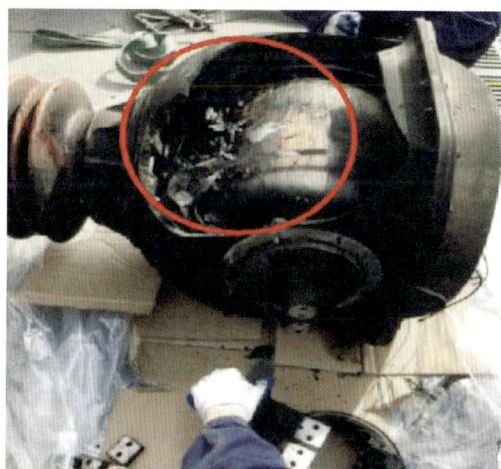

▲ 图 3-34 直线部分铝管

（3）在打开头部低压屏蔽筒，对互感器二次绕组进行外观检查，发现铁芯及二次绕组聚酯薄膜绝缘层均烧损，但绕组线圈表面绝缘漆完好，如图 3-35 所示。

▲ 图3-35　二次绕组解体

（a）打开的低压屏蔽筒；（b）取出的二次绕组

（4）对未发生故障的A、C相进行检查，外观基本完好，无渗、漏油等异常情况，打开膨胀器外罩后，发现A相互感器油位指示计与膨胀器间的杠杆机构，使用开口销作为转轴，轴套采用塑料材质，容易造成油位指示卡涩。

（5）为检验互感器密封状态，对C相进行了充油试验，从下方取油口处向互感器内注油至最高油位，打开膨胀器外罩后，发现膨胀器已膨胀至极限。

（6）同时对A相进行了放油试验，通过互感器底部取油口，将绝缘油对外放出，在记录放油量的同时，观察膨胀器变化，在放出11.2L油后，膨胀器已明显收缩，负压作用使绝缘油无法从取油口流出。

（7）更换三相新的倒置式电流互感器，试验合格，恢复送电正常，如图3-36所示。

▲ 图3-36　更换后的倒置式电流互感器

3. 整改措施

（1）按照微正压结构的要求，根据设备运行环境最高和最低温度，并应留有一定裕度的原则，对膨胀器容量进行核算，按照结果，对在运同类设备进行排查，必要时开展补油或膨胀器改造，避免电流互感器发生内部绝缘故障。

（2）对于在运和今后出厂的同类设备，应在油位观察窗处，标注清晰耐久的最高（MAX）、最低（MIN）油位线及20℃标注油位线，油位观察窗应选用具有耐老化、透明度高的材料制造，油位指示器应采用荧光材料；杠杆机构应全部改用灵活性可靠的金属转轴，轴套采用金属材质，提高生产工艺。

（3）倒置式电流互感器头部，是绝缘设计的关键部位，此处电场强度和电压较高，内部油纸绝缘介质一旦受潮，将导致绝缘击穿、着火，要加强生产安装过程中各密封部位的检查。

（4）结合检修期间，可对油中含气量检测、油色谱分析和真空脱气处理，防止气泡放电造成绝缘受损。

（5）作为高压带电检测的重要手段，要加强红外测温工作，提高缺陷的诊断准确性，尤其进入冬季和初春温度突然降低时，及时观察油位指示变化，发现异常，及时汇报处理。

十一、220kV电流互感器软连接金具发热

1. 检查情况

2020年9月10日，对某220kV变电站进行测温时，发现某220kV线路电流互感器B相管母金具软连接处发热130.7℃，A、C两相正常，如图3-37所示，立即汇报调度，申请停电处理。电流互感器型号：AGU252。

2. 分析处理

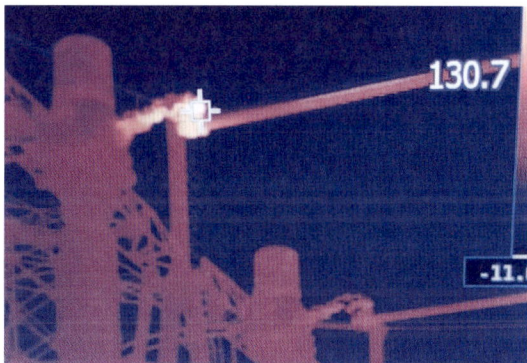

▲ 图3-37　管母金具软连接发热

（1）停电后，拆除管母金具，发现软连接和线板均为铝质材料，如图3-38所示。当时线路负荷较大，电流600A，铝材导电性能不良，B相连接处金具氧化松动发热。

（2）对三相软连接金具，均更换为铜质软连接，两侧又加装两根50mm²引流软导线，恢复送电，测温正常，软连接更换后的情况如图3-39所示。

3. 整改措施

提高产品入网质量，改进生产工艺，发现问题，及时汇报处理。

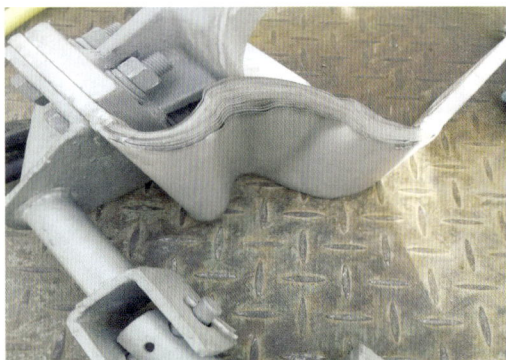

▲ 图3-38　铝材软连接

▲ 图3-39　软连接更换后的情况

十二、220kV电流互感器膨胀器顶盖脱落

⚙ 1. 检查情况

2022年7月2日，巡视220kV变电站，发现某220kV线路电流互感器金属膨胀器C相顶盖脱落，如图3-40所示，红外测温、负荷电流均未发现异常。电流互感器型号：江苏精科LB7-220W3。

⚙ 2. 分析处理

（1）电流互感器膨胀器C相顶盖脱落，为顶部部分螺钉松动、缺失，当天风力较大，导致顶盖在大风下螺钉松动脱落，顶盖脱落的电流互感器如图3-41所示。顶盖脱落后，内部绝缘密封存在渗水风险，申请停电处理。

▲ 图3-40　膨胀器顶盖脱落

▲ 图3-41　顶盖脱落的电流互感器

（2）检查顶部膨胀器无异常，对顶盖进行加固安装，在螺钉上增加弹垫防止松动，同时对另外两相螺钉进行紧固，如图3-42所示。因设备运行年限较久，顶盖较薄，在大风吹动下反复震动，螺钉逐渐松动，导致顶盖脱落。

（3）检修人员对脱落顶盖复装检查，同时进行油色谱、微水测试合格，恢复送电正常。

▲ 图3-42　顶盖螺钉加固安装

3. 整改措施

（1）恶劣天气增加巡视次数，及时发现异常，备好备品备件。加强入网设备质量管控，认真做好全过程验收工作，确保设备零隐患投运。

（2）严格落实关于设备专业化巡视要求，发现设备异常，及时汇报处理，切实提升设备专业化巡视水平。

十三、220kV电流互感器二次端子严重发热

1. 检查情况

2020年12月17日，在对某220kV变电站进行巡视测温时，发现某220kV线路端子箱电流互感器N461端子发热，达到314℃，端子排有烧伤痕迹现象，立即汇报调度，并通知保护人员现场处理，端子排烧伤情况如图3-43所示。

2. 分析处理

（1）经保护人员封闭N461二次电流回路，更换N461螺钉、连片，紧固后，

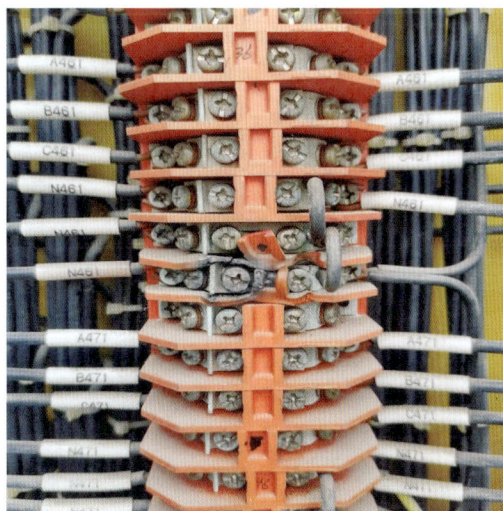

▲ 图3-43　电流互感器二次端子排烧伤

打开封闭端子，测温正常，更换后的电流二次端子排如图3-44所示。

（2）对此异常进行了观察分析，连接片处烧伤痕迹较新，为新发热现象，查看以往测温图谱，没有发现此端子有发热缺陷，N461端子为电流计量回路。

（3）经保护鉴定为，N461端子连接片松动，为近期负荷变化较大发热所致，如继续发展下去，将造成电流互感器二次开路，运维人员及时发现，避免了一次电流互感器损坏的后果。查看监控机线路遥测量，数据均正常，如图3-45所示。

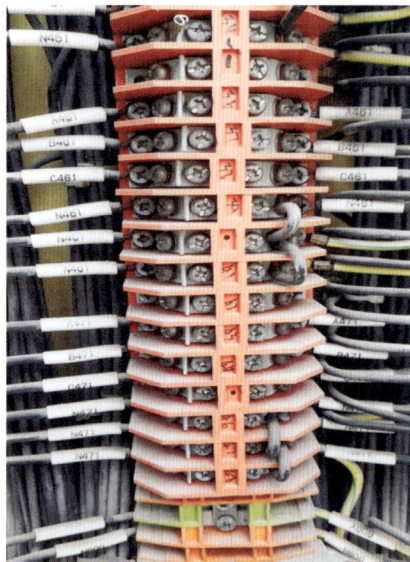

▲ 图3-44　更换后的电流二次端子排

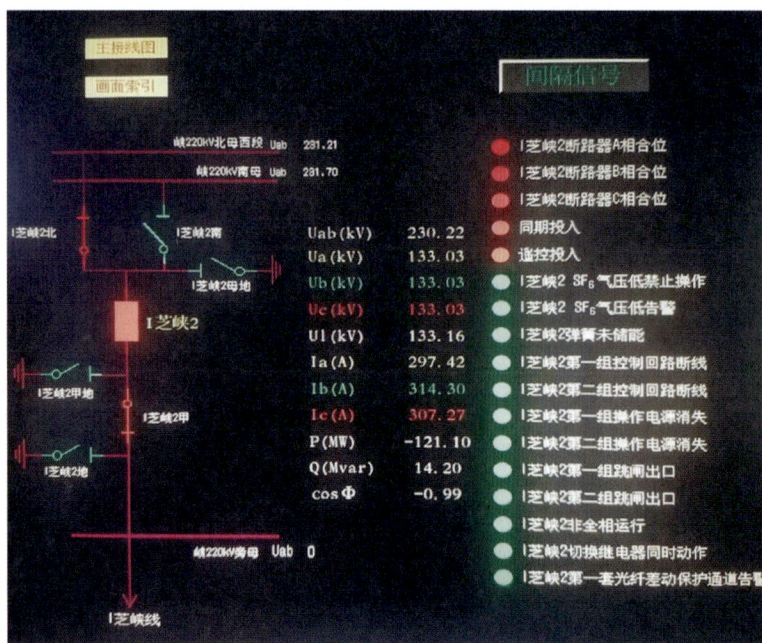

▲ 图3-45　线路遥测量

3. 整改措施

（1）严格开展一、二次设备测温工作，发现异常，及时汇报处理。

（2）对设备的端子箱、汇控柜、保护屏等二次装置端子排，进行专项测温巡视，并保留记录及测温图谱。

十四、220kV电流互感器二次异常告警

🛠 1. 检查情况

（1）2021年3月24日，某220kV变电站报220kV第一套母线保护"装置异常"告警，检查报警内容为"支路6 TA异常"，支路6为某220kV线路，立即汇报调度，通知保护人员检查处理。检查为电流互感器接线盒至端子箱B相控缆绝缘老化。采用电缆：KVVP2，2.5，14，ZR型电缆。

（2）对220kV第一套母线保护进行检查，发现支路6线路A相电流0.83A，B相电流0.26A，C相电流0.82A，B相电流明显偏低，检查线路双套保护及测控装置、220kV第二套母线保护，各装置中B相电流均有不同程度的降低。对线路电流二次回路进行全面检查，确认端子箱至继电室的二次电流回路无问题，开关端子箱至电流互感器接线盒，二次电缆有问题，需停电处理。

（3）线路停电后，220kV第一、二套母线保护告警消失。第一套母差装置：深圳南瑞；第二套母差装置：许继WMH-800，其中许继母线保护运行情况如图3-46所示。

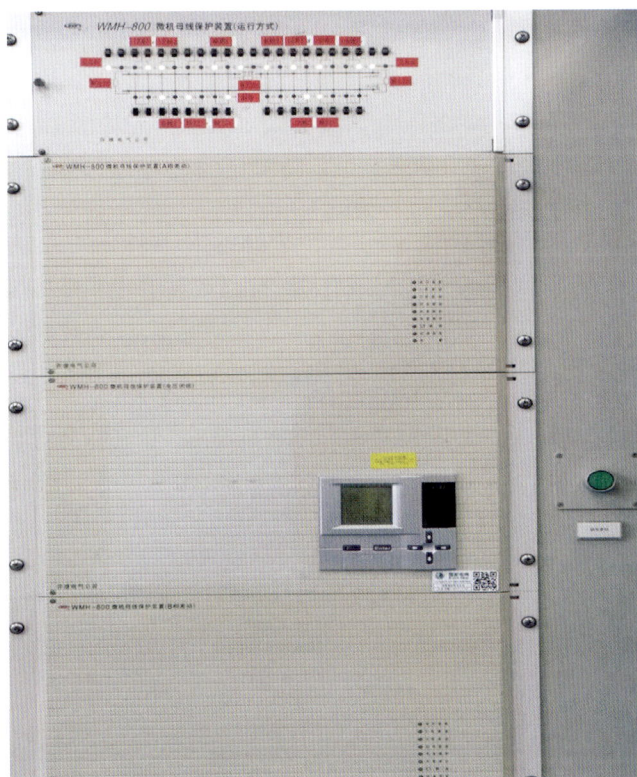

▲ 图3-46 第二套母线保护

（4）对开关端子箱至电流互感器接线盒间，B相二次电缆进行绝缘检查，该14芯电缆各线芯对地绝缘均降低，确定二次电缆绝缘存在问题，需要进行更换处理。当挖掘至管道入口处时，发现线路电压互感器二次电缆与电流互感器电缆叠放位置，两根电缆存在烧损痕迹，其中电压互感器电缆仅剩裸漏铜芯，电流互感器电缆外绝缘皮开裂，如图3-47所示，将线路电压互感器二次电缆一同更换。

▲ 图3-47　电缆外绝缘皮开裂

（5）高压对线路电压互感器进行绝缘电阻、介质损耗及电容量试验合格。对开关端子箱至电流互感器接线盒，电压互感器二次控缆更换完毕，二次回路试验合格，两根电缆绝缘测试正常。由于电缆进行了更换，按规定，对线路双套保护、220kV双套母线保护，进行带负荷校验正确，恢复送电正常。

🔧 2. 分析处理

（1）线路电压互感器电缆外皮，由于地埋时间过长，已老化脱落，且该电缆无钢铠防护，近期强降雨，导致线路电压互感器至端子箱，二次控缆内部受潮，绝缘降低，电缆内部发生短路。

（2）二次电缆烧损点，距离线路电压互感器8m，电缆电阻为0.11Ω，估算二次电缆流过短路电流达57.7V/0.11Ω ≈ 525A，短路电流远超过2.5mm²电缆最大可承受的28A电流，造成电压互感器电缆烧断，并导致相邻的B相电流互感器至端子箱电缆烧损，其中220kV第一套母线保护，电流互感器二次电缆线芯极性端B4K1对地绝缘降低最为严重，电流回路在绝缘降低处形成分流，母线保护感受到的电流值减小，造成母线保护告警信号。

🔧 3. 整改措施

（1）结合停电工作，对运行年限较长的室外设备，所有间隔进行彻底排查，逐根电缆进行绝缘测试，对绝缘存在问题的电缆及时更换，对所有直埋电缆进行钢管防护，杜绝因电缆绝缘问题导致的设备异常。

（2）增加线路电压互感器电压越限告警信号，加强电流、电压曲线监视，通过大数据信息及时发现异常。通过红外测温、外观检查等手段，发现异常，及时汇报处理。

电压互感器诊断与分析

一、10kV电压互感器一次末端绝缘损坏

1. 检查情况

2017年3月18日，某10kV电压互感器A、B两相故障烧毁损坏。型号：JDZX9-10，现场检查，互感器一次末端外部引线已经严重烧黑，本身也发生烧毁开裂，如图3-48所示，二次外接引线烧坏，如图3-49所示。

▲ 图3-48　一次末端引线绝缘严重烧黑

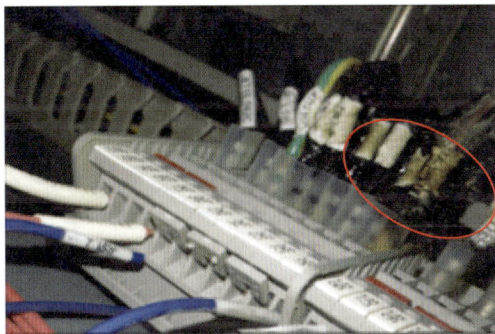

▲ 图3-49　二次外接引线严重烧黑

2. 分析处理

（1）检查发现，一次系统电缆母线C相发生单相接地后，使中性点出现零序电流（基本为$3I_0$），$3I_0$流过消谐器（阻抗值R）时，会在消谐器上产生压降$3U$，这个压降有时会很大，对于10kV等级的电压互感器，会使电压互感器的一次绕组低压端，即中性点端的电压远大于5kV，特别是在有弧光接地或间歇性接地情况下，可能会更高。对电压互感器解体检查，一次绕组外层部分绝缘层良好，如图3-50所示。

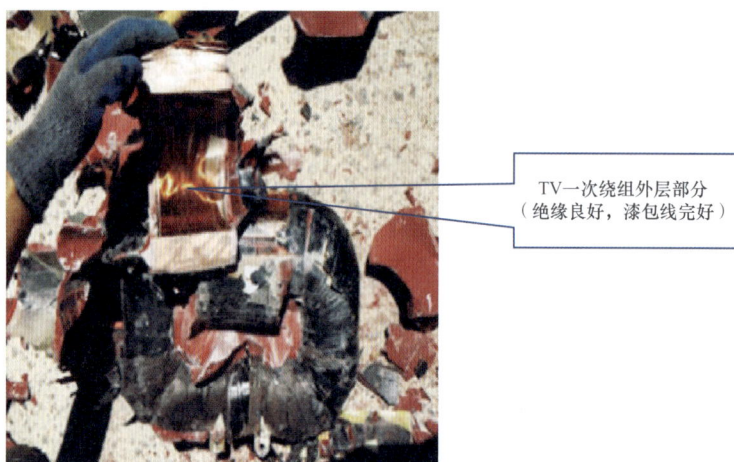

▲ 图3-50　一次绕组外层部分绝缘层良好

（2）当C相电缆发生单相弧光接地后，A、B相电压互感器一次绕组接地点端电压抬高，并运行一段时间后，超过A、B相接地端对地3kV的绝缘能力，使A、B相的接地端内部发生对地击穿放电，击穿放电发生在电压互感器内部，引燃内部的层间绝缘纸、屏蔽缓冲包扎材料，使互感器炸裂，一次绕组外层与二次绕组间绝缘烧坏情况如图3-51所示。

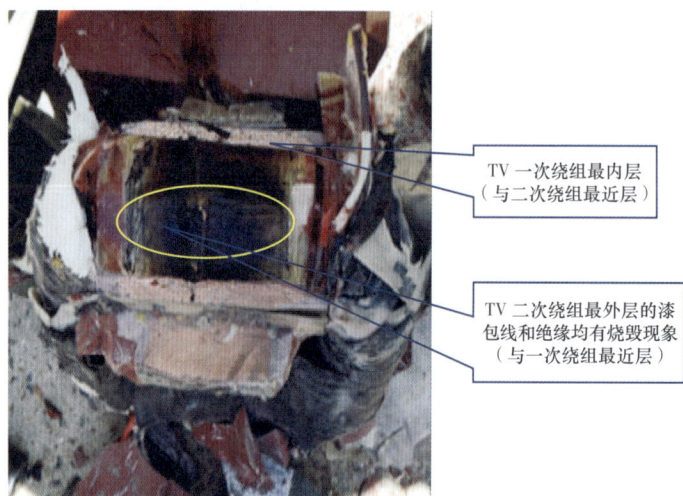

▲ 图3-51　一次绕组与二次绕组间绝缘烧坏

（3）10kV母线电压互感器，采用常规半绝缘电压互感器，一次只有一个高压接线端子接入系统，另一端为接地端子，又称一次绕组低压端，其一般都是直接接地用的，而对于一次中性点还要接消谐器，或零序电压互感器等装置，如图3-52所示。

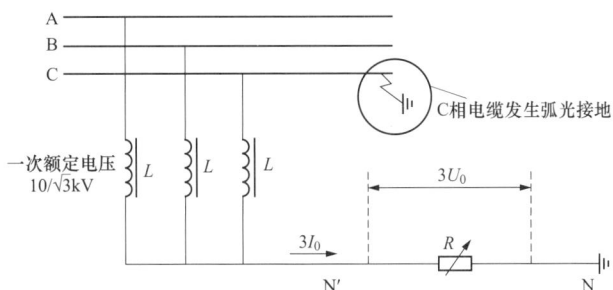

▲ 图3-52 互感器中性点接一次消谐器

（4）在运行过程中发生单相接地时，电压互感器一次接地端的对地电压值，一般可高达5kV以上或更高，如图3-53所示。要尽可能做成全绝缘的接地电压互感器，即一次绕组具有可承受其电压等级，所对应高电压的绝缘性能，如对于$10/\sqrt{3}$ kV的接地电压互感器，其全绝缘结构均可承受42kV的工频耐压。经更换为全绝缘的电压互感器，恢复送电正常。

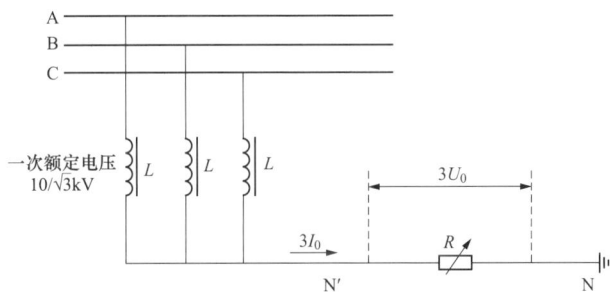

▲ 图3-53 C相电压互感器单相接地故障

3. 整改措施

（1）对于接地电压互感器的一次中性点，接有一次消谐器，或第四台做零序用的电压互感器，以起到消谐作用，为了能保证运行可靠，消谐功能更有效，应尽量选用全绝缘的接地电压互感器。

（2）对于采用常规半绝缘接地电压互感器，应增设保护装置，防止发生单相接地（主要指间歇或弧光接地）等故障时，抬高末端电压，而导致末端对地绝缘击穿，在一次消谐器上，加装防过电压保护装置。

二、35kV母线电压互感器故障

1. 检查情况

（1）2012年12月5日，某110kV变电站，监控机报"35kV北母接地、35kV南母接地"，35kV南北母电压$3U_0$越上限60V，35kV高压室北母电压互感器有异常响声，传来有爆炸声。

（2）检查35kV北母三相相电压均为零，35kV北母电压互感器A相膨胀器冲开，A相高压熔断器爆炸，35kV分路及主变压器35kV中压侧保护装置报TV断线，电压互感器膨胀器膨出，如图3-54所示，高压熔断器爆炸，如图3-55所示。35kV电压互感器型号：JDX6-35W3；高压熔断器：RN2-35/0.5；主变压器型号：SFSZ9-40000/110，三绕组变压器。

▲ 图3-54 电压互感器膨胀器膨出

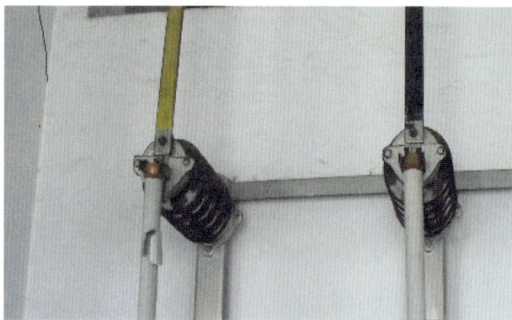

▲ 图3-55 高压熔断器爆炸

2. 分析处理

（1）断开35kV线路断路器，断开352断路器，拉开35表北隔离开关，取下35kV北母TV高压熔断器，合上352断路器，将35kV南北母电压互感器二次并列，检查南北母电压正常后，送上35kV线路。

（2）35kV南母为空母线，经350联络运行，35kV南母TV未故障，电压互感器均为电磁式电压互感器，35kV北母带有煤矿负荷，有高压电动机频繁启动，这种情况极易发生铁磁谐振。

（3）35kV母线加装一次消谐装置，或者安装消谐良好的电压互感器，防止电压互感器再次损坏。

3. 整改措施

安装带有消谐装置的电压互感器后，投入运行正常，未再发生此类事故。新更换的电压互感器，如图3-56所示。

三、35kV电压互感器一次线松脱

1. 检查情况

2018年1月25日，某110kV变电站35kV西母A相电压降低告警，二次空气开关正常，测量二次A相相电压几乎为零，外观检查，无发热、放电、渗漏油现象，高压熔断器正常，可能A相电压互感器内部断线，如图3-57所示，立即将西母电压互感器停止运行，解除备用，做安全措施。电压互感器型号：JDXF7-35W。

2. 分析处理

检查一次高压熔断器正常，二次末屏接线完好，检修人员打开A相电压互感器上部防雨罩，发现一次引线氧化，松动脱落，如图3-58所示，经紧固、试验合格后，恢复送电正常，上报计划更换。

3. 整改措施

电压互感器陈旧、锈蚀老化严重，经上报缺陷，更换新的电压互感器，运行情况良好。新安装的电压互感器如图3-59所示，电压互感器型号：江苏思源赫兹JDX6-35W3/$\sqrt{3}$。

▲ 图3-56　更换后的电压互感器

▲ 图3-57　内部断线的电压互感器

▲ 图3-58　防雨罩内引线松脱

▲ 图 3-59　更换后的电压互感器

四、35kV电压互感器高压熔断器熔断

1. 检查情况

2021年2月24日，某110kV变电站监控机报：35kV Ⅰ母TV断线告警信号，如图3-60所示，U_a=18.3kV、U_b=7.41kV、U_c=19.96kV，U_{ab}=18.54kV、U_{bc}=27.22kV、U_{ca}=31.25kV、$3u_o$=28.19V，判断为B相高压熔断器熔断，通知检修处理。35kV高压熔断器型号：RN2-35/0.5；电压互感器型号：JDX1-35W。

▲ 图 3-60　电压断线告警

2. 分析处理

（1）现场检查，35kV Ⅰ母电压互感器端子箱空气开关正常，测量电压与监控机信号一致，外观无异常，用10kV高压验电器，测量B相高压熔断器靠电压互感器侧无电，靠母线侧正常，判断为B相高压熔断器熔断。高压熔断器接线如图3-61所示。

▲ 图 3-61　高压熔断器接线

（2）汇报调度，根据命令，合上一次侧母联断路器，合上 35kV 电压互感器二次联络开关，检查二次电压正常，拉开 35kV Ⅰ母隔离开关，将 35kV Ⅰ母 TV、PB 停运转检修，检修人员拆除 TV 引线，

▲ 图 3-62　拆除损坏的高压熔断器

取下 B 相瓷套管内高压熔断器，测量已熔断，瓷套内部弹簧夹锈蚀严重，需整体更换，拆除后的高压熔断器如图 3-62 所示。

3. 整改措施

（1）更换高压瓷套管，更换新的高压熔断器，接好引线后，恢复送电正常，更换后的高压熔断器和瓷套管如图 3-63 所示。

（2）35kV Ⅰ母所带线路负荷，带有高压电动机用户，变频调速装置频繁启动高压电动机，对于电磁式电压互感器，易造成铁磁谐振，使高压熔断器熔断，建议在 35kV 母线 TV 上安装一次消谐器，或改装为四 TV 接线，用户加装滤波装置。

▲ 图 3-63　更换后的瓷套管和高压熔断器

五、35kV 电压互感器一次绝缘损坏

1. 检查情况

2018 年 6 月 18 日，某 35kV 电压互感器烧毁炸裂，型号：JDZX9-35R 0.2/0.5/6P。

2. 分析处理

（1）A 相电压互感器炸裂，解体检查发现，一次绕组烧毁，二次嵌件完好无损，铜箔处一次线烧毁，二次线第 1 ~ 4 层、第 5 ~ 6 层、第 7 层完好。互感器装在开关柜中 A 相部位，一次绕组严重烧损，二次绕组没有烧毁，只是二次绕组外层受到一次绕组影响，有一点过热痕迹，排除二次短路问题，如图 3-64 所示。

（2）C相一次绝缘筒损坏，断裂的一次绝缘筒有长时间拉弧放电痕迹，底面流出黑色物质，一次绕组烧毁，铜箔处一次线烧毁，二次线每层完好，线圈包扎材料烧毁。互感器装在开关柜中C相部位，一次绕组烧损，但未爆开，二次绕组内部没有烧毁，排除二次外部短路的情况，但熔断器座断裂，座筒内有电弧烧伤痕迹，如图3-65所示。

▲ 图3-64 A相电压互感器炸裂

▲ 图3-65 C相电压互感器绝缘筒损坏

（3）A、C两相电压互感器的一次绕组都有不同程度烧毁，而B相完好，经对相关设备进行检查试验，分析发现，当时线路B相有单相间歇性接地，从而引发谐振，使A、C两相产生低频谐振，铁芯饱和，且一次有过电流、过电压现象，导致A、C相一次发热烧毁。其中A相一次绕组内部烧毁严重，产生烟气爆裂，C相的一次绕组也有过热烧糊现象，但产生的烟气相对较轻，没有达到爆裂程度。

（4）新装三相全绝缘的电压互感器，在电压互感器一次中性点加装一只专用一次消谐器，二次开口三角加装滤波器，恢复送电正常。

🔧 3. 整改措施

（1）对于易产生谐振的系统，可采用四TV接线的消谐方法，即采用三台全绝缘电压互感器，并在三台电压互感器一次中性点加装一只专用的零序电压互感器，可消除单相间歇性弧光接地引发的系统谐振。

（2）提高电压互感器铁芯饱和磁密度，控制铁芯励磁特性的一致性。

（3）加装二次消谐器，对防止谐振有一定的作用。

六、110kV 线路电压互感器线鼻脱落故障

1. 检查情况

2016年1月10日，大风寒冷天气，某110kV线路断路器跳闸，保护动作，重合闸动作成功，事故报告显示，接地距离 I 段动作，A相接地，测距0.0608km。线路电压互感器型号：桂容TYD-110$\sqrt{3}$-0.02。

2. 分析处理

（1）检查站内设备，发现线路A相电压互感器一次引线线鼻脱落，线鼻处有放电痕迹，线路负荷正常，线路二次侧电压指示为零，立即汇报调度，倒换负荷，通知检修处理，将线路停电转检修。一次引线线鼻脱落情况如图3-66所示。

▲ 图3-66 一次脱落的线鼻

（2）线路电压互感器已老化，经更换新的电压互感器，试验合格，压接新的线鼻，恢复送电正常，如图3-67所示。

3. 整改措施

（1）老式铝排加工的线鼻，运行时间长、氧化腐蚀严重，应更换为专用压接线鼻。

（2）在大风、寒冷天气时，线鼻容易发生折断，上部不易发现。遇有恶劣天气，应加强巡视，发现异常，及时汇报处理。

▲ 图3-67 新安装的电压互感器

七、110kV 电压互感器电磁绕组烧坏

1. 故障情况

2015年6月2日，巡视发现，某110kV I 母B相电压互感器有异味，二次电压异

常，立即申请停电处理。检查为电压互感器下部电磁部分受潮，绕组已烧坏。电压互感器型号：TYD-110$\sqrt{3}$-0.02。

2. 分析处理

（1）对电压互感器进行解体检查，发现B相电磁单元，油箱顶部法兰密封不严，绝缘材料受潮，绝缘性能下降，泄漏电流增大而发热，并持续发展加速绝缘老化，造成绕组匝间、层间击穿，短路损坏。绕组内部绝缘损坏情况如图3-68、图3-69所示。

▲ 图3-68 电磁单元内部油箱锈迹

▲ 图3-69 电磁绕组烧坏绝缘碳化

（2）电压互感器已不能运行，经更换三相电压互感器后，试验合格，恢复送电正常，如图3-70所示。

▲ 图3-70　新更换后的电压互感器

3. 整改措施

应加强红外测温工作，遇有电压互感器停电，打开末屏线盒，检查密封、接线是否正常，绝缘是否良好，将事故隐患消灭在萌芽状态。

八、110kV母线避雷器泄漏电流超标

1. 检查情况

（1）2009年7月8日，某220kV变电站，巡视检查110kV北母避雷器，发现三相泄漏电流分别是：A：0.60mA、B：0.65mA、C：0.65mA，三相避雷器动作计数器指示为40，均处于正常运行状态。7月9日，19:00左右，雷雨大风天气，10日，对全站避雷器进行雷雨后检查，发现110kV北母PB B相在线监测仪泄漏电流达1.4mA，超标严重。

（2）对110kV北母PB进行红外测温，通过红外图谱分析，B相PB上部第三片绝缘子较其他两相有明显发热点（37℃，正常相28℃），环境温度20℃，B相PB内部可能存在绝缘受潮的缺陷，红外图谱如图3-71、图3-72所示。避雷器型号：Y10W-108/268W1。

2. 分析处理

（1）7月10日，对110kV北母停电，对PB进行试验，B相避雷器在1mA泄漏电流下，直流参考电压为36kV，远远低于规程要求（145kV），泄漏电流明显超标，避雷器内部已经受潮，绝缘下降，试验数据见表3-2。

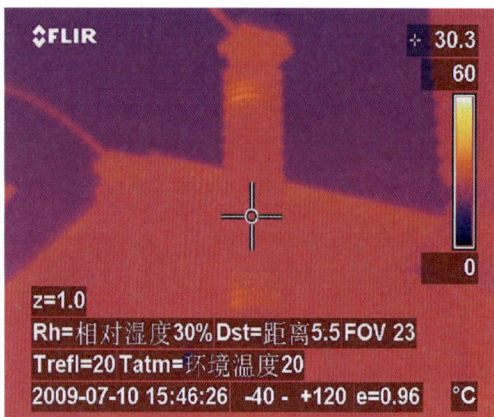

▲ 图3-71 北母PB B相红外图谱

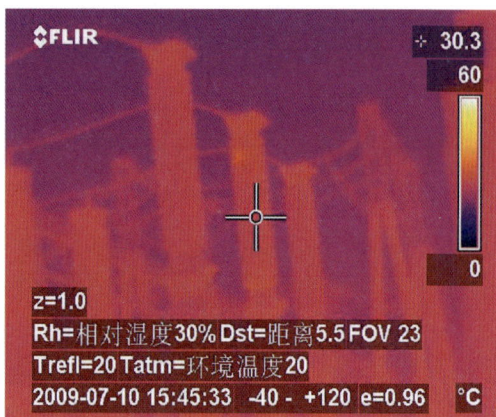

▲ 图3-72 北母PB整体相红外图谱

表3-2 避雷器试验数据

项目	测试条件		相别		A相	B相	C相
缺陷前	试验日期	2008年6月21日	绝缘电阻（MΩ）		100000^+	100000^+	100000^+
	环境温度	30℃	U_{1mA}（kV）		158.4	156.9	159.2
	相对湿度	50%	I75%U_{1mA}（μA）		24	30	26
缺陷后	试验日期	2009年7月10日	绝缘电阻（MΩ）		32000^+	30000^+	33000^+
	环境温度	28℃	U_{1mA}（kV）		158	36	157.5
	相对湿度	75%	I75%U_{1mA}（μA）		57	52	50

停电试验数据验证：A、C两相避雷器正常，B相避雷器内部部分氧化物电阻片受潮

（2）避雷器停电试验项目包括：绝缘电阻测量、计数器动作情况、工频参考电流下的工频参考电压测量、直流1mA参考电压U_{1mA}和0.75 U_{1mA}下泄漏电流的测量，主要检查氧化锌电阻片是否受潮、老化，动作性、允许工作电流是否符合规定。

（3）110kV北母B相避雷器泄漏电流，监测计数器I_g指示值达1500μA，当时夜里大雨，为防止是泄漏电流表计异常引起，次日对B相避雷器监测器进行更换后，发现B相泄流电流仍然指示1200μA，其余A、C相正常，I_g均为630μA。

（4）红外测温图谱及高压试验数据显示，因110kV北母B相避雷器顶部、底部密封不严，进水受潮，（芯体由非线性金属氧化物电阻片叠加组成），使其在额定电压作用下，内部绝缘部分击穿，造成泄流电流增大，避雷器在运行中出现绝缘劣化，如不及时处理，很容易发生爆炸事故，红外测温和在线监测，是及时发现设备隐患的重要手段。

（5）对三相避雷器进行了整组更换处理，恢复送电，测温正常，如图3-73所示。

3. 整改措施

随着红外技术的发展和成熟，红外测温，在电力系统中应用越来越广泛，它能在设备带电状态下，发现运行设备过热性缺陷，具有直观便捷的特点，是一种有效的先进检测手段，为电力设备的安全运行提供了有效保证。

▲ 图3-73　三相母线避雷器整组更换

九、110kV母线电压互感器试验端子渗油

1. 检查情况

（1）2018年1月22日，雪后天气，对某220kV变电站进行巡视，到110kV南母电压互感器时，发现地面上有一滩明显的油迹，如图3-74所示。电压互感器型号：桂容TYD110/$\sqrt{3}$-0.02，2001年生产。

（2）仔细检查，发现B相电压互感器，瓷裙中压侧试验端子处渗油，在阳光下有明显的油滴顺瓷裙往下滴，约1min 2~4滴，现场无异常响声和放电痕迹，检查一、二次三相电压均正常，进行红外测温无异常，B相互感器渗油情况如图3-75所示。

▲ 图3-74　地面流下的油迹

2. 分析处理

（1）立即汇报调度和检修部门，经鉴定需更换处理。新设备到场后，立即申请对110kV南母停电，新更换的电压

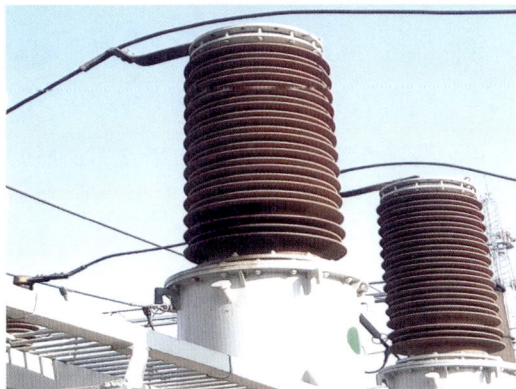

▲ 图3-75　B相瓷裙端子处渗油

互感器，经试验合格，恢复送电正常，如图 3-76 所示。新更换的互感器型号：江苏思源赫兹 TYD110/$\sqrt{3}$ -0.02。

（2）电容式电压互感器，上部瓷套管内为分压电容器，内部电容介质油很少，若里边介质油流完，将造成电容击穿，电压互感器有爆炸的危险，须立即停电处理。避免了一起重大设备损坏，保证了电网安全运行。

▲ 图 3-76　更换后的电压互感器

3. 整改措施

（1）雪后的天气较冷，在极端天气下，温度变化较大时，应加强巡视设备，尤其储油设备，发现问题，及时汇报处理，及时更新陈旧、落后设备。

（2）瓷裙有中压侧试验端子互感器，产品已经落后，是通信专业使用，不适合在母线上运行，需更换为无中压侧试验端子互感器，在同行业排查此类设备，及时更换处理。

十、110kV 母线 TV 操作过电压引起二次短路损坏

1. 检查情况

2023 年 4 月 18 日，某 220kV 变电站 110kV 东西母线联络运行，对一条在 110kV 东母线运行的线路进行正常停电操作，断开线路断路器，拉开甲隔离开关，正常，当拉开母线侧隔离开关时，有较大弧光，监控机报：110kV 东母电压交流越上限、交流突变量信号，然后 110kV 东母电压断线，立即断开 110kV 东母 TV 二次空气开关，断开 110kV 东母各分路断路器，断开 110 断路器，断开 112 断路器，拉开 110kV 东表隔离开关，将 110kV 东母各分路负荷切倒至西母，并加入运行。电压互感器型号：TYD110/$\sqrt{3}$ -0.02，1992 年生产。

2. 分析处理

（1）将 110kV 东母 TV 做安全措施后，打开 B 相末瓶二次盖，发现开口三角绕组端

子引线有短路烧伤痕迹，如图3-77所示，检查110kV东母TV端子箱，击穿熔断器引线烧坏、接地，烧坏情况如图3-78所示。高压进行介质损耗和电容试验，开口三角绕组损坏，电压互感器已不能运行。

▲ 图3-77　B相末瓶二次电压端子烧伤

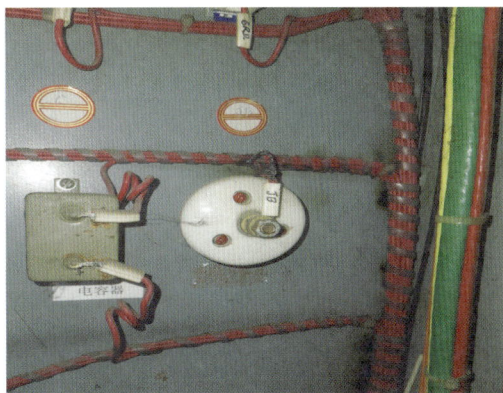

▲ 图3-78　端子箱击穿熔断器烧坏

（2）调取110kV东母电压故障录波，如图3-79所示，B相电压波动较大，然后为零，开口三角零序电压较高，波形畸变严重，二次流过较大的电流，把继电室110kV TV并列屏处N600唯一的接地点烧坏，N600接地端失去，造成110kV东母二次电压断线。

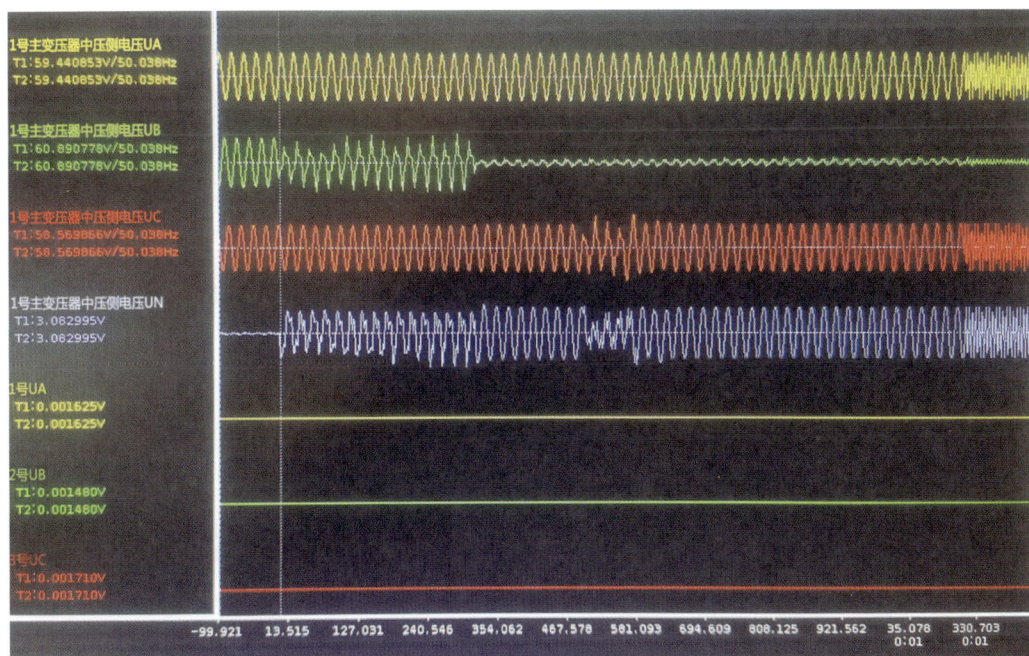

▲ 图3-79　110kV东母电压故障录波

（3）当拉开母线侧隔离开关时，在110kV东母电压互感器上，产生了高频暂态过电压，通过电磁耦合，传递到二次开口三角绕组上，高频分量的电压叠加到工频分量上，造成电压畸变，在二次绝缘薄弱环节处击穿短路，2a引线对N端子引线放电，如图3-80所示，形成持续的短路，造成开口三角绕组损坏，B相电压严重降低。端子箱二次导线烧坏情况如图3-81所示。

▲ 图3-80　2a引线对N端子放电

▲ 图3-81　110kV东母端子箱导线烧坏

（4）根据110kV电压互感器二次接线原理，如图3-82所示，故障分析处理正确。更换110kV东母TV二次电缆和击穿熔断器，更换继电室110kV TV并列屏N600接地电缆，更换三只相同型号电容式电压互感器，试验合格，恢复110kV东母送电正常，倒换运行方式。

3. 整改措施

（1）老式电容式电压互感器，已运行三十年，二次绝缘老化严重，性能落后，抗干扰能力差，应及时更换为新式，带消谐装置的电容式电压互感器。

（2）可在端子箱开口三角二次线加装一只可靠的单刀单掷小隔离开关，正常时投入，操作电压互感器时先退出，防止操作过电压直接进入二次回路。

十一、220kV母线电压互感器二次电压畸变

1. 检查情况

2022年4月26日，某220kV变电站220kV母线差动保护，每天频繁报"电压告警"信号，信号能够复归，监控机报：电压越上线，现场检查无异常，三相电压平衡。调

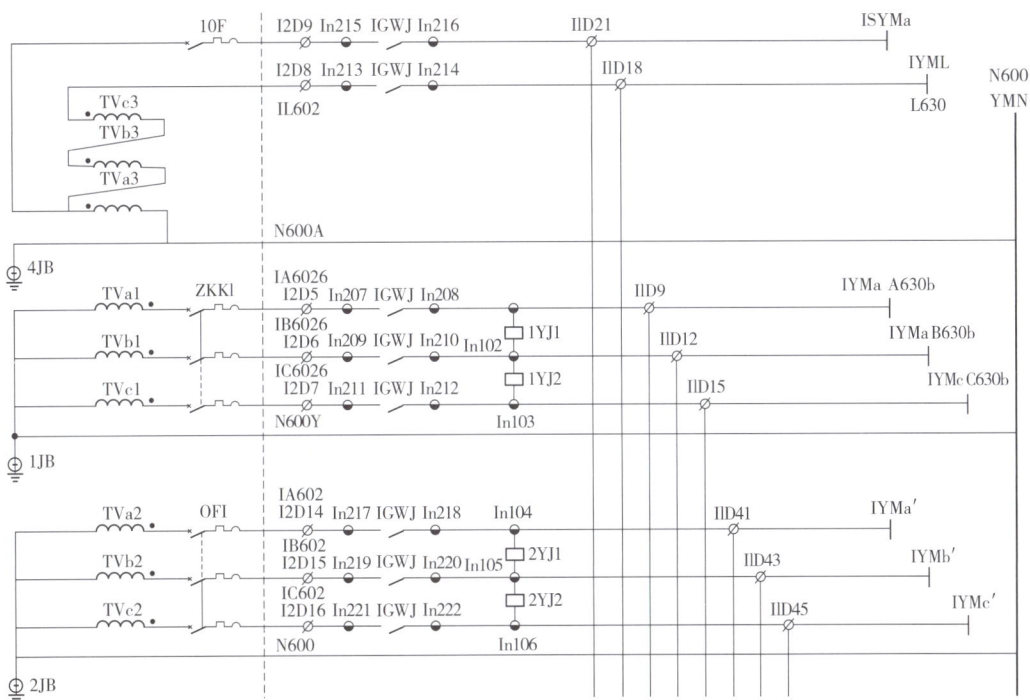

▲ 图3-82　110kV电压互感器二次接线原理

取母线电压故障录波，发现A相电压波动畸变，BC两相基本正常，并有零序电压出现，约100ms后自动消失，如图3-83所示。电压互感器型号：桂容TYD220/$\sqrt{3}$ -0.01，2000年生产。

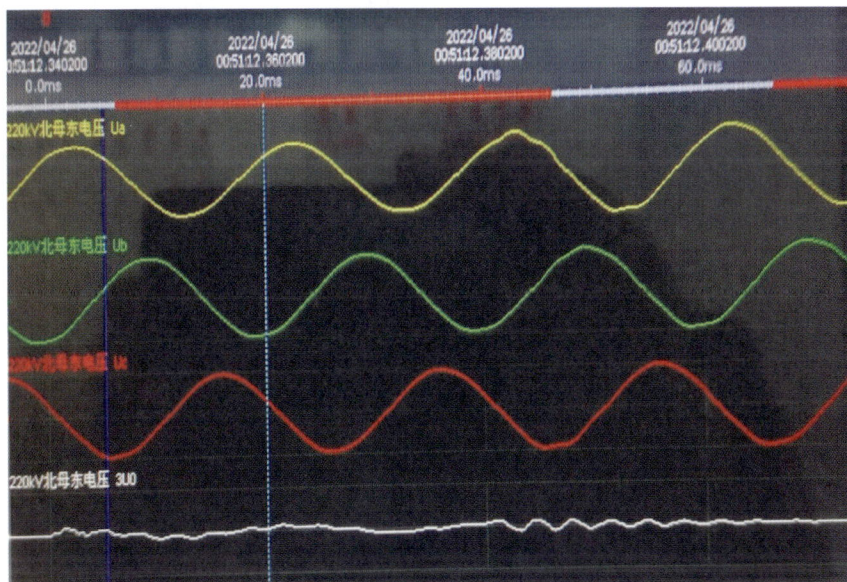

▲ 图3-83　母线电压波形畸变

2. 分析处理

（1）将此电压互感器停电转检修后，进行检查试验，设备已运行22年，产品为老式设计，避雷器直接并联在中间变压器高压侧，违反十八项反措要求，电容式电压互感器、中间变压器高压侧不应装设金属氧物避雷器。

（2）电容式电压互感器电气连接原理如图3-84所示。C_{11}为1号高压电容，C_{12}为2号高压电容，C_2为中压电容，A为中间变压器一次绕组高压端，N为C_2低压端，F为避雷器，L为补偿电抗器，P为放电间隙，X为补偿电抗器低压端，a_1、x_1和a_2、x_2为主二次绕组，a_f、x_f为辅助二次绕组，Z为阻尼器。

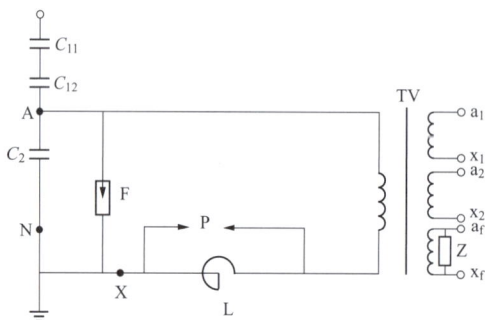

▲ 图3-84　电容式电压互感器电气连接

（3）产品为2000年设计，避雷器内部部分阀片出现老化，非线性特性下降，耐受电压绝缘水平降低，间隙放电后又恢复，出现间歇性电压波动畸变，对三相电压互感器全部更换后，电压未再出现异常信号，如图3-85所示。互感器型号：桂容TYD-220/$\sqrt{3}$-0.01。

▲ 图3-85　更换后的电压互感器

3. 整改措施

对同类型在运设备进行排查，并加强监测，密切关注运行情况，尽快列入项目进行更换，避免出现因内部避雷器损坏，造成电压互感器烧坏，二次失压的严重事故。

十二、220kV母线电压互感器法兰渗油

1. 检查情况

（1）2011年夏季，在某220kV变电站巡视设备时，当时天气晴朗，能见度好，突然发现220kV北母A相电容式电压互感器高、中压分压电容法兰连接处渗油，其他两相正常，外观整体结构如图3-86所示。电压互感器型号：桂容TYD220/$\sqrt{3}$ -0.01，2001年生产。

（2）现场检查，互感器未发生发热、放电现象，二次电压正常，空气开关未跳闸，外观绝缘良好，监控机信号正常，红外测温，未发现发热现象，220kV母线电压互感器法兰处渗油部位如图3-87所示。

▲ 图3-86　电压互感器整体结构

▲ 图3-87　电压互感器法兰处渗油

2. 分析处理

（1）立即汇报调度及有关领导，需进行停电处理。经检修、高压人员检查，高压电容值有少许增大，高、中压电容法兰密封处，有老化渗油现象，绝缘油已渗出，不能继续运行，需更换处理。若分压电容绝缘介质油干枯，将会造成电容击穿、TV爆炸的危险，该设备已运行10年，避免了一次母线事故的发生。

（2）若二次回路空气开关跳闸，在未明确一次设备情况之前，不得盲目恢复二次空气开关的运行。本体有明显异常，如冒油、渗漏油，或二次回路设备出现烧毁现象，应立即汇报调度，及时停电处理。

（3）当装置提示电压可能有异常时，不提倡人员近距离测量二次电压，即使要现

场核实，也应考虑在远离CVT的相关回路上进行，如电压小母线。

（4）测量二次电压时，需采取一定的安全措施，穿绝缘靴，戴绝缘手套，防止二次短路，以防止因高电压窜入二次回路，造成人身伤亡。

（5）经更换三相电容式电压互感器后，试验合格，恢复送电正常，新安装的电压互感器运行良好，如图3-88所示。互感器型号：西电TYD-220/$\sqrt{3}$-0.01。

▲ 图3-88　更换后的电压互感器

3. 整改措施

（1）在巡视有缺陷的电容式电压互感器时，近距离接近设备，需穿绝缘靴，戴绝缘手套，与设备保持一定安全距离，防止事故发生，尽量使用遥视设备检查。

（2）对于运行时间较长的陈旧设备，应加强监视，遇有停电机会，及时检修、试验，发现问题及时汇报处理；禁止设备超期服役，以保证电网安全运行。

十三、220kV母线电压互感器二次失压

1. 检查情况

2012年6月10日，某220kV变电站220kV系统为双母线接线，联络运行方式，因220kV Ⅰ母TV、PB隔离开关进行更换工作，需要将220kV Ⅰ母停电。当220kV Ⅰ母所有间隔全部并倒至220kV Ⅱ母运行后，断开220母联断路器时，监控机报：220kV保护装置交流失压，各保护装置报：电压TV断线信号，电压指示为零。电压互感器型号：桂容TYD220/$\sqrt{3}$-0.01；操作箱型号：南瑞CZX-12R1。

2. 分析处理

（1）检查220kV Ⅰ、Ⅱ母TV端子箱，发现220kV Ⅱ母端子箱二次保护空气开关已跳闸，立即断开220kV Ⅰ母TV端子箱保护二次空气开关，合上220kV Ⅱ母TV端子箱二次空气开关，各单元保护装置，信号恢复正常。

（2）保护人员检查，某220kV线路电压切换箱烧坏，已无法正确切换电压，电压切换箱电路原理如图3-89所示。

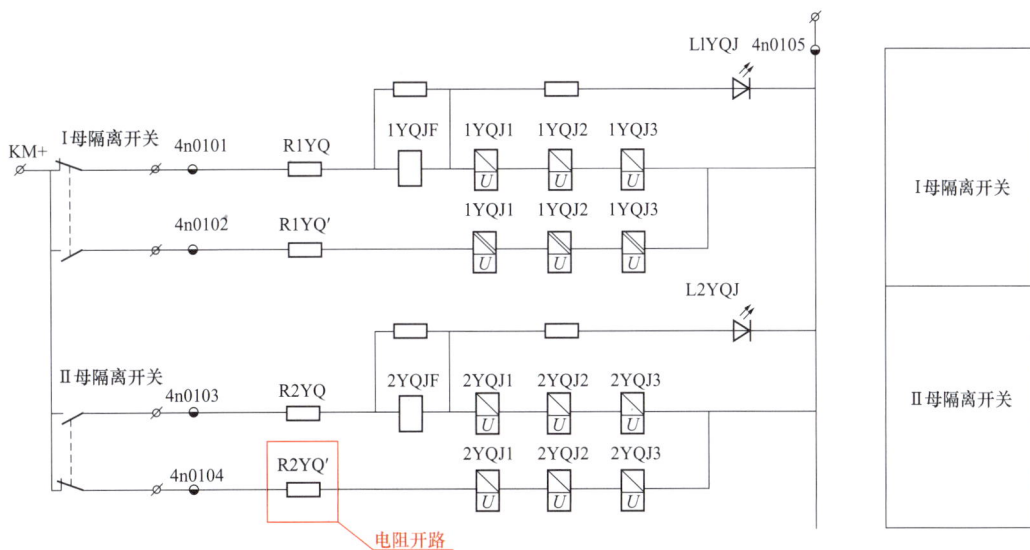

▲ 图3-89　电压切换箱电路原理

（3）某220kV线路切换箱回路二次并列后，装置未发出"切换继电器同时动作"信号，因动作信号采用的是单接点，不满足双位置电压切换箱信号，未能及时发现，造成TV二次并列，母线电压切换回路如图3-90所示。

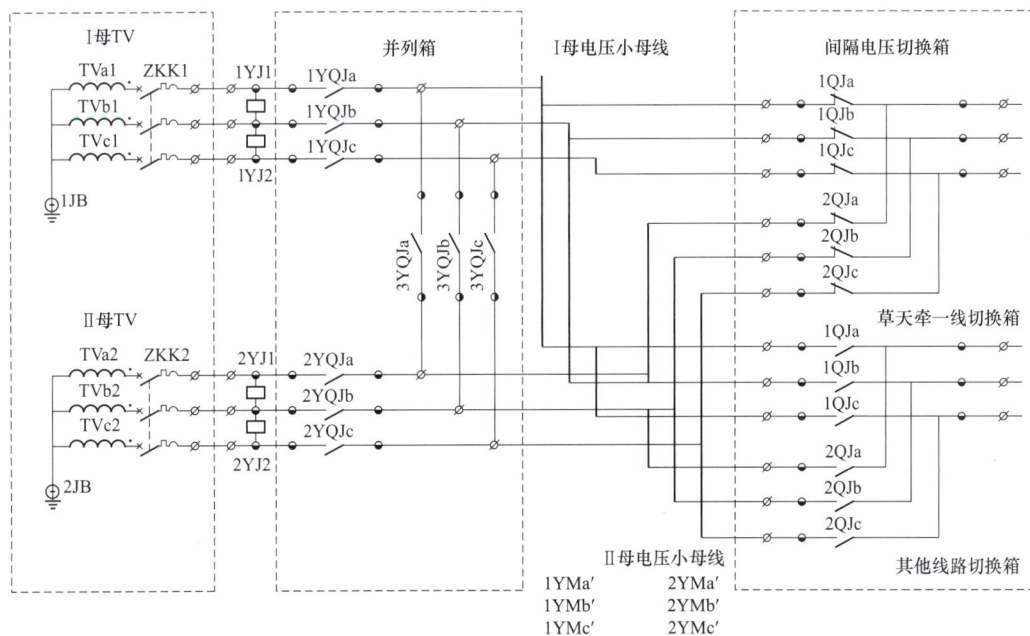

▲ 图3-90　母线电压切换回路

（4）由于电压二次回路，又通过某220kV线路电压切换箱二次联络，当220kV母联断路器断开后，220kV Ⅱ母TV二次，经Ⅰ母TV二次向一次反充电，电流远远大于正常情况下的互感器二次电流，最终导致Ⅱ母TV保护，二次空气开关跳闸，220kV所有保护装置二次失压。

（5）目前电压切换回路中，普遍采用母线侧隔离开关一对开触点和闭触点，自保持继电器动作，使对应的电压切换回路正确切换。这种电压切换回路设计虽然简单，但是也存在不足之处。在开触点和闭触点回路中，仅在开触点回路串联1XD和2XD指示灯，监视开触点回路是否正确，即通常监视运行母线的Ⅰ、Ⅱ母线，但是在闭触点回路中没有设计监视回路，无法监视闭触点回路是否完好。

（6）当线路双母线侧隔离开关同时合入时，监控机会报"切换继电器同时动作"信号，保护屏Ⅰ、Ⅱ母指示灯都亮，拉开后，相应的Ⅰ、Ⅱ母指示灯熄灭，也仅仅通过继电器1YQJF和2YQJF的辅助触点串联报出，无法监视闭触点的完好性，信号告警回路如图3-91所示。

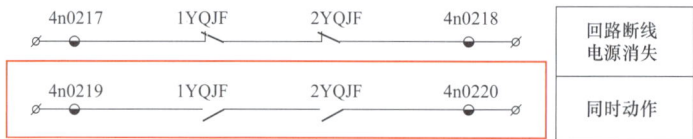

▲ 图3-91 信号告警回路

（7）对某220kV线路停电，更换新的操作箱切换箱插件后，恢复送电正常，如图3-92所示。

3. 整改措施

（1）加强设备维护工作，定期检查机构隔离开关辅助触点和保护屏操作箱是否良好。

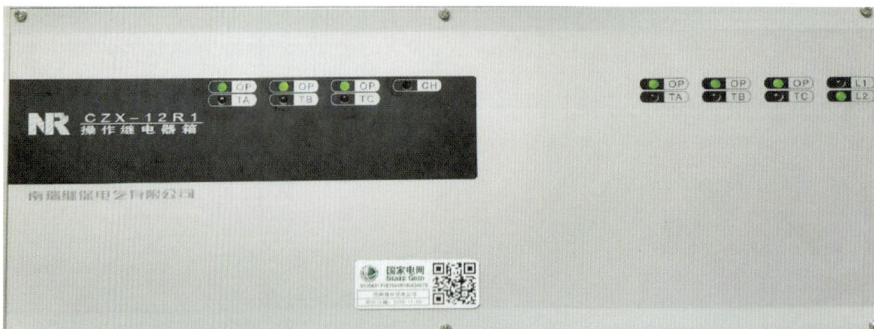

▲ 图3-92 CZX-12R1操作箱

（2）在隔离开关操作中，因母线侧隔离开关有多套辅助触点，切换不同电压回路，操作是否到位，依靠单一的指示灯亮与灭，不能完全反映隔离开关辅助触点操作是否到位、切换箱电压切换是否正常。

（3）切换箱继电器闭触点中，也加装一只指示灯，通过逻辑判断，能可靠监视电压切换回路的正确性。

（4）对操作箱"电压继电器同时动作"信号回路进行整改，采用双位置触点串联输出，厂家技术改进。

十四、220kV线路同期合闸操作失败Ⅰ

1. 检查情况

2016年8月30日，某220kV线路恢复送电，当对侧断路器合闸，线路带电后，本侧检同期断路器合不上，汇报调度后，令对侧断路器断开，本侧合闸成功，然后对侧检同期合闸正常，线路恢复正常；但发现本侧线路电压互感器电压较高，U_1为153.14kV，不正常，母线电压131.48kV，正常，以上均为相电压，监控机显示电压遥测量如图3-93所示。电压互感器型号：桂容TYD220/$\sqrt{3}$ -0.01。

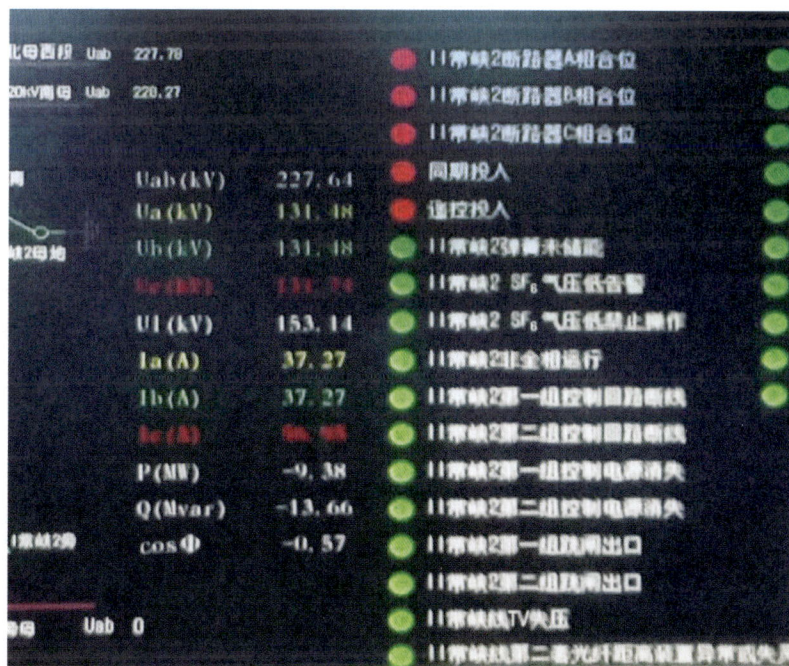

▲ 图3-93 线路电压U_1遥测量异常

2. 分析处理

（1）线路与母线两端同期电压压差较大，导致同期合闸失败，同期合闸三要素：电压、频率、相位相同，电压差不能超过10%，电压按±10%计算：母线电压131.48kV，线路电压153.14kV，电压差153.14-131.48=21.66kV，超过母线额定电压10%。

（2）经对线路抽压TV红外测温，未发现发热、异常响声，测量二次电压66V，高于57.7V，判断线路电压回路有异常。端子箱处检查情况如图3-94所示。

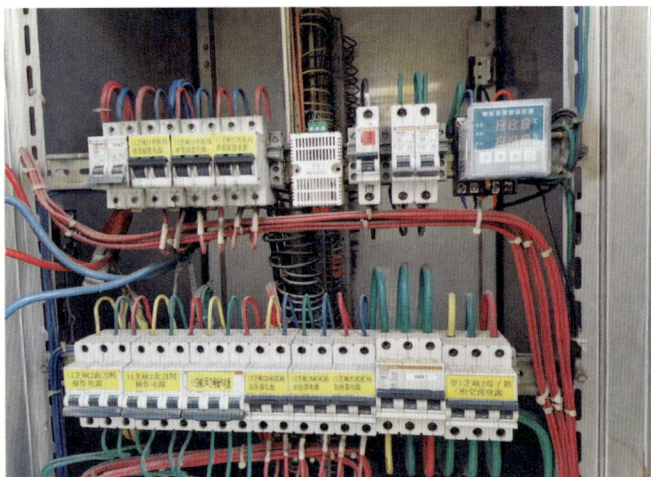

▲ 图3-94　线路侧电压检测

（3）按十八项反措要求，零序电压小母线（N600）连通的电压互感器二次回路，只应在继电室实现一点直接接地，其他地方不能再有第二点接地。若此时线路发生单相接地跳闸，重合闸将动作不成功，影响系统安全运行。

（4）申请线路停电后，经高压试验，线路侧电压互感器试验合格，保护人员检查N600回路，在继电室220kV TV并列屏处，为线路N600接地端子松动，存在悬浮电位，电缆容性电压分布较大，造成二次电压升高，经紧固接地点端子后，电压恢复正常，端子排N600接地端松动情况如图3-95所示。

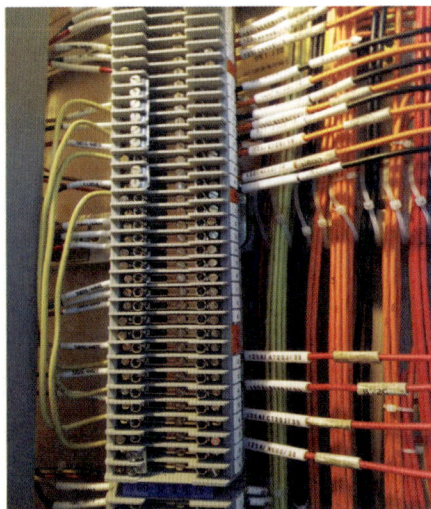

▲ 图3-95　线路N600接地端松动

3. 整改措施

关注线路侧 TV 二次电压是否正常，加装电压异常告警装置，发现异常，及时汇报处理。监控机显示线路 U_1 遥测量电压 136.38kV，恢复正常，如图 3-96 所示。

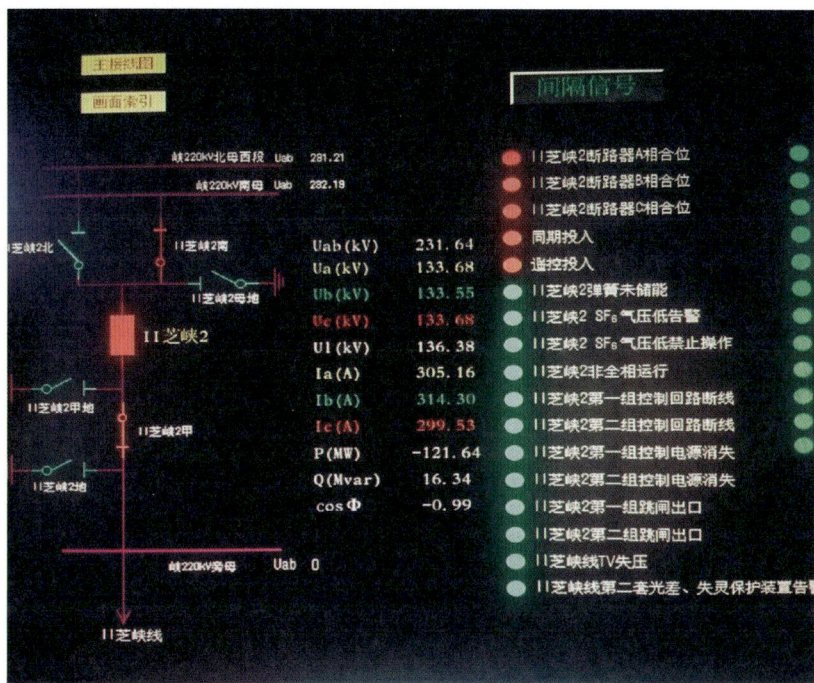

▲ 图 3-96　线路遥测量电压

十五、220kV 线路同期合闸操作失败 Ⅱ

1. 检查情况

2023 年 4 月 23 日，某 220kV 线路恢复送电，检同期合闸操作失败，检查操作界面，遥测量正常，无异常信号，保护投入正确，母线电压、线路电压均正常，线路操作界面如图 3-97 所示。母线、线路电压互感器同型号：桂容 TYD220/$\sqrt{3}$ -0.01。

2. 分析处理

（1）检查测控装置正常，遥测量采集正常，遥控、同期硬连接片投入正确，如图 3-98 所示。测控装置型号：南瑞 PRS-741。

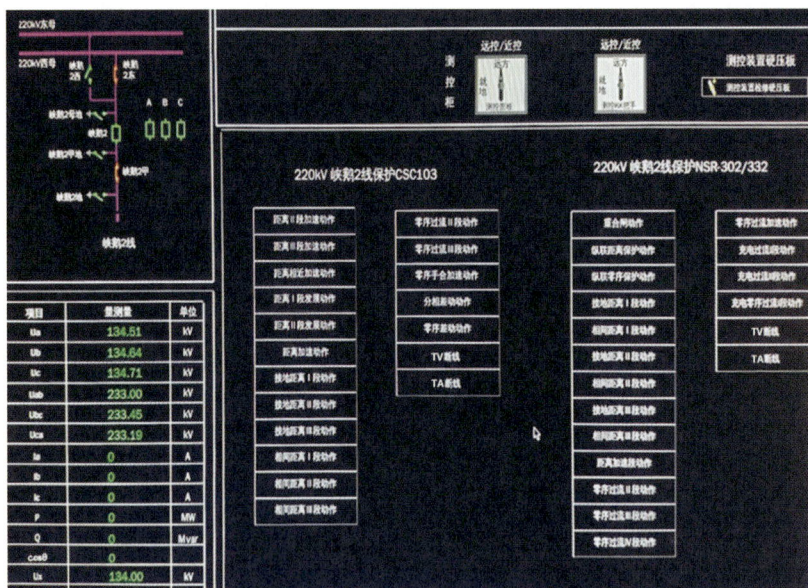

▲ 图3-97　线路操作界面

（2）检查测控装置定值参数，为同期投入软连接片未投入，经整定投入后，检同期合闸操作正常。同期装置整定后的情况如图3-99所示，合闸正常后的操作界面如图3-100所示。

▲ 图3-98　测控操作界面

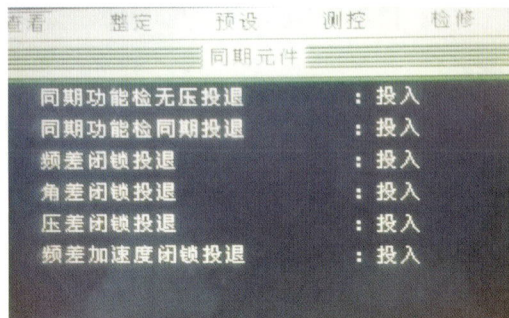

▲ 图3-99　测控装置定值

🔧 3. 整改措施

同期合闸操作失败，主要有线路电压大小、极性、频率、角差、二次回路、连接片、定值整定问题，在进行测控装置检查时，注意同期定值检查，确保同期合闸回路正确完好。

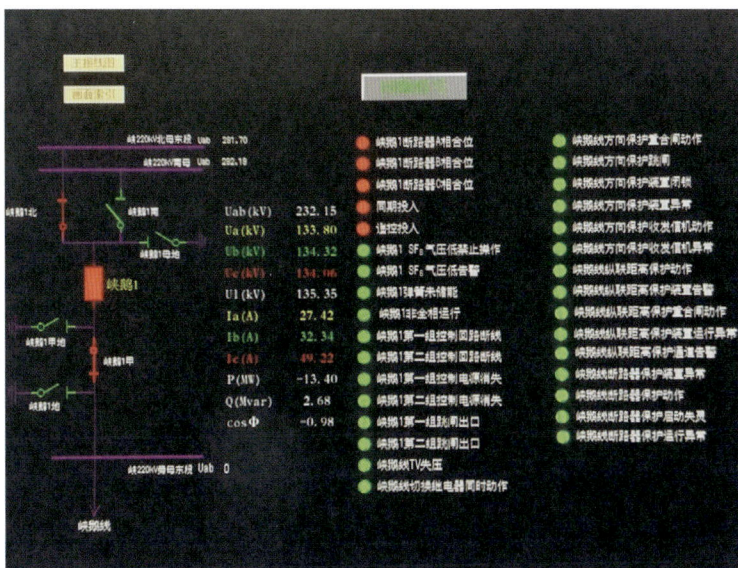

▲ 图3-100 线路同期合闸后操作界面

十六、220kV线路电压互感器阻尼箱发热

1. 检查情况

2020年2月25日，对某220kV变电站红外测温，发现某220kV线路A相电压互感器阻尼箱发热280℃，该阻尼器为老式外置结构，属谐振型阻尼器。检修人员打开二次接线盒，对引出至阻尼器的导线用钳形电流表测量，电流值已达3.8A，超额定电流值12倍。互感器外观正常，无异响，立即申请停电检修。电压互感器型号：TYD220/$\sqrt{3}$-0.01。

2. 原因分析

（1）通过红外检测报告对其分析，该缺陷为危急缺陷，需要立即停电检修，目前该型电压互感器阻尼器已停产，无备件可更换，现场制定方案，更换线路电压互感器，如图3-101所示，新电压互感器试验，如图3-102所示。

（2）该设备为电容式电压互感器，发热部位是阻尼器发热，阻尼器与二次辅助线圈并联。开盖后发现，内部元件表面灰尘较多，其中一个接线端子上有一根软导线已断裂，掀开绝缘电阻板背面，有过热痕迹。

（3）软导线端子接头处表面无绝缘护套，铜线表面附有铜锈，氧化严重早已断裂。

▲ 图3-101 电压互感器安装

▲ 图3-102 电压互感器试验

线断后，阻尼电容C被断开，相当于电阻R与电感L直接串联，阻尼回路失去原有的并联谐振，电阻R持续通过大电流，导致电阻发热严重，是导致发热的主要原因。发热的阻尼箱如图3-103所示，更换前的阻尼箱如图3-104所示。

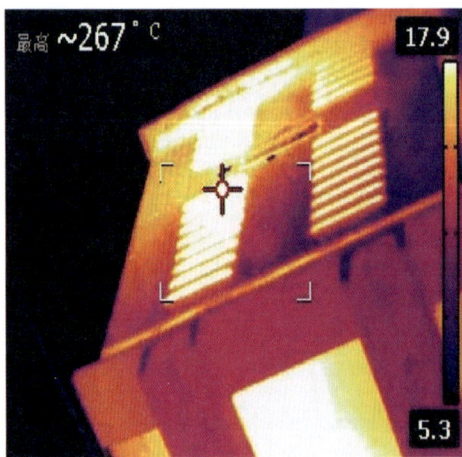

▲ 图3-103 发热的阻尼箱

▲ 图3-104 更换前的阻尼箱

🔧 3. 整改措施

（1）加强对老旧电压互感器的排查，开展差异化运维。设备内部存在老化、导线断裂等情况，会造成阻尼电阻过热损坏。

（2）对运行15年以上的老旧互感器，定期检查和试验，及时申报计划更换。更换后的线路电压互感器运行正常，如图3-105所示。

▲ 图3-105　更换后的电压互感器

十七、220kV 母线电压互感器气室漏气

1. 检查情况

2020年4月27日，巡视发现，某220kV南西母电压互感器气室 SF_6 降至额定压力，该气室导气管端部有裂纹，存在漏气现象。为避免裂纹继续发展，设备快速漏气造成事故，申请220kV南西母TV间隔停电处理缺陷。220kV组合电气型号：西电 ZF9-252。

2. 分析处理

（1）检修人员到达现场，发现该气室密度继电器导气管端部有裂纹，存在轻微漏气现象，漏气的导气管为不锈钢材质，其他间隔同批次导气管也曾出现因开裂发生的漏气现象，导气管端部裂纹如图3-106所示。新导气管采用紫铜材质，更换缺陷导气管后，漏气缺陷消除。

（2）经分析，该批次导气管漏气原因为：一是不锈钢连接管端部焊接时，因过火淬化原因，过火附近不锈钢材质发生变化，内部可能产生气隙，使用后会出现裂纹。二是水平配管支撑向下倾斜后，密度计和阀座部分重力直接施加在配管上，在重力作

▲ 图3-106 导气管端部裂纹

用下，可能导致配管出现从金属外壁向内延伸的裂纹。三是配管出现裂纹后，经过雨水和潮气的侵蚀，造成材质改变，机械性能急剧下降，继而裂纹区域持续扩大，并出现锈蚀现象，最终导致漏气。

3. 整改措施

（1）采用微正压方式，更换所有不锈钢连接管，为U型铜质连接管，更换所有不锈钢连接管的固定支撑，解决配管支撑向下倾斜问题。

（2）导气管设计形式、金属材质存在批次性隐患。新入网组合电器设备，采用铜质导气管，避免使用不锈钢材质导气管，水平导气管增加固定支撑，解决向下倾斜，存在异常受力的情况。

十八、220kV线路避雷器顶部导线板发热

1. 检查情况

2020年9月29日，巡视发现，某500kV变电站某220kV线路侧避雷器，B相顶部导线板发热142.9℃，如图3-107所示，避雷器不能坚持运行。避雷器型号：Y10W-216/562W1。

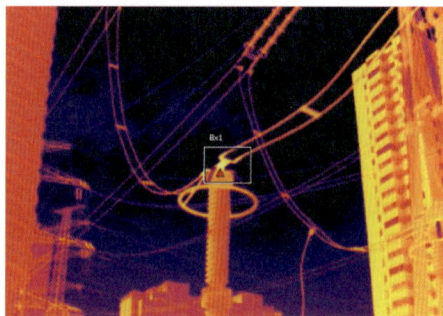

▲ 图3-107 避雷器B相线板发热

2. 分析处理

（1）申请临时停电，处理缺陷过程中，发现B相引线接线板表面有锈蚀痕迹，避雷器导线板与引线连接处固定螺栓锈蚀。当线路负荷较大时，大电流流过避雷器导线板，造成引流线线夹锈蚀处发热。

（2）设备运行时间较长，固定螺栓质量不佳，出现锈蚀，压紧力下降。当线路负荷较大时，大电流流过避雷器导线板，造成引流线线夹锈蚀处发热，进一步造成锈蚀部位氧化，产生电化学腐蚀，导致线夹表面出现凹坑，引流线夹表面腐蚀，如图3-108所示。

▲ 图3-108　引流线线夹表面腐蚀

（3）对发热严重的B相引线线夹，导线板表面锈蚀部位抛光打磨，涂抹导电脂，并更换固定螺栓。对A、C两相也进行打磨，涂抹导电脂，并更换固定螺栓，恢复送电正常，进行红外测温，三相温度分别为40、41、40.5℃，设备运行正常，如图3-109所示。

3. 整改措施

▲ 图3-109　避雷器引流线板处理后

（1）结合停电计划，对投运时间超10年的敞开式避雷器，进行小修检查，及时消除设备隐患。

（2）变电站老旧设备状况参差不齐，部分老旧设备螺栓质量不佳，未能及时发现隐患，对设备验收工作，杜绝此类问题再次出现。

十九、220kV GIS设备伸缩节放电故障

1. 检查情况

2021年7月21日，17：07，暴雨，某220kV变电站220kV母线差动保护动作，跳开220kV北母母线各分路，220kV北母失压，经检查分析，为220kV组合电器母线气

室内部放电引起。220kV配电装置为户外共箱式组合电器。GIS设备型号：西电ZF9-252。

⚙ 2. 分析处理

（1）220 kV第一套、第二套母差保护启动，3ms后，220kV第二套母差保护动作，动作相别：B相，突变量差动跳母联，跳Ⅰ母，I_{cdb}=57A（TA基准2400/5）；6ms后，220 kV第一套母差保护动作，动作相别：B相，Ⅰ母差动保护动作出口，跳Ⅰ母所连接元件，I_{cdb}=112.475A，折算至一次，故障电流为26994A（TA基准1200/5）；57ms后，母差保护动作后发远跳令，对侧断路器接远跳令后，保护动作跳闸出口。

（2）220kV南母母线所带元件，电流流入母线，220电流流出母线，判断南母母线区外故障；220kV北母母线所带元件，二次电流的方向均流入母线，判断北母母线故障，故障点在220kV组合电器北母，B相故障电流为26994A，保护动作正确。

（3）检查220kV北母第一气室伸缩节，预留伸缩间隙消失，已拉伸至419mm，超过极限位置厂家基准值（400mm），极限值为417mm，其他气室伸缩节均处于正常范围，气室伸缩节拉伸情况如图3-110所示。

▲ 图3-110 北母第一气室伸缩节拉伸

（4）设备基础及构架检查，220kV组合电器设备基础存在裂纹，基础周边地面有多处新生明显裂缝，与未硬化地面之间存在孔洞；南北母设备基础为整体基础，基础中间轴向布置电缆沟，盖板已发生明显挤压变形，北母第一气室伸缩节东侧支架与基础焊接点开裂，经现场确认，设备基础存在沉降，建议进行沉降精确检测，基础及构架裂纹变形情况如图3-111所示。

▲ 图3-111 基础及构架裂纹变形

（5）受持续暴雨乃至特大暴雨影响，西北部距变电站60余米处，河水持续泄洪，水势湍急，连日暴雨造成变电站220kV组合电器设备基础周边地面龟裂，伸缩节发生变形，220kV北母第一气室伸缩节拉伸至419mm。

（6）220kV组合电器在现场安装调试阶段未见异常，投运送电，操作过程中未见异常。严格按照《国家电网公司变电检测管理规定》开展带电检测工作。

（7）严格按照《国家电网公司变电运维管理规定》《国家电网公司变电检测管理规定》要求，开展巡视和红外测温工作。2021年以来，对220kV组合电器巡视测温，设备无异常、地面无明显裂纹，伸缩节长度无异常，组合电器安装调试、巡视检查、局部放电检测无异常，伸缩节无明显变形。

（8）对SF_6气体成分检测，发现220kV北母第一气室存在异常，检测异常数据，SO_2气体467μL/L，超出注意值（≤1μL/L）；H_2S气体8.1μL/L，超出注意值（≤1μL/L），其他220kV母线气室及各间隔气室，检测数据均合格，判断故障点位于220kV北母第一气室内。

（9）对220kV设备基础检测，选择42个点进行测试，基础存在不均匀沉降，相对标高最低点，位于西端设备间隔基础端部，最高点，位于间隔东侧，最高、最低点水平间距14.6m，沉降检测结果显示，基础西端不均匀沉降较严重，最大沉降37mm，位于基础西端。

（10）解体检查设备，220kV北母第一气室内B相导体在伸缩节东侧连接结构件脱落，端部屏蔽罩对筒体放电，梅花触指第一道弹簧断裂脱落，触指屏蔽罩底部大面积放电损伤，底部烧穿约1cm两个洞口，如图3-112、图3-113所示。A、C两相触头存在发热痕迹，母线筒壁表面附着大量白色氟化物粉尘，如图3-114、图3-115所示。

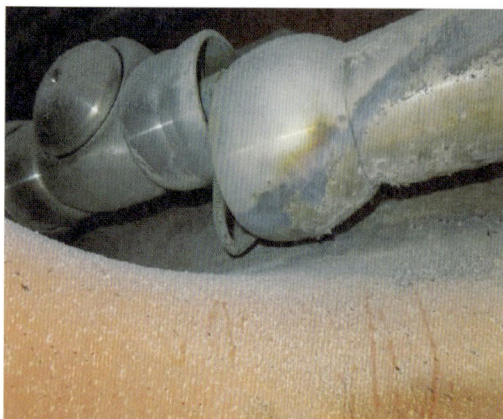

▲ 图3-112 母线桶内导体脱落

▲ 图3-113 屏蔽罩烧蚀情况

▲ 图3-114 插接部位烧蚀

▲ 图3-115 脱落导体情况

（11）由于周边地形环境，北高南低，坡度较大，河道自北向南泄洪，水势湍急，对站区西侧护坡形成巨大冲击力。组合电器基础周边地面，新生多处裂缝，站内积水通过裂缝进入下层土壤，致使基础周边回填土松软，冲刷出现孔洞，造成基础发生不均匀沉降，导致设备基础多处明显裂纹，基础电缆沟盖板也发生明显挤压、变形。

（12）由于设备基础的不均匀沉降，导致设备发生变位，从伸缩节下母线支架焊接点开裂，判断设备变位后，应力集中在伸缩节附近基础位置，母线支架焊点开裂，致使母线筒失去来自底架的约束力。对因基础沉降造成的母线轴向应力进行仿真计算，为母线筒、波纹管及螺杆，在基础沉降导致的母线两端高度差达到37mm，应力最大的位置在波纹管波谷螺杆螺母处，最大应力为961.04MPa，远超螺杆抗拉强度800MPa，导致螺杆拉伸变形，波纹管尺寸增大。

（13）母线支架焊接开裂点两侧，母线筒及导体向两端收缩（收缩量约15mm，导体最小插入梅花触头深度为9mm），小于厂家设计极限（导体最小插入梅花触头深度

11mm），支撑结构件与导体屏蔽罩几乎分离，仅靠梅花触指承托，而梅花触指前端为内倒角，无法有效承托，致使导电杆从梅花触头中脱落，对筒壁放电，导致母线故障。

🔧 3. 整改措施

（1）根据以上分析，基础沉降为发生本次故障的根本原因，首先开展基础沉降治理，确保基础不再发生沉降，设备区地面不再发生渗水浸泡。对南母进行开盖检查，确认南母气室中导体插入深度，满足厂家技术要求。

（2）按照基础沉降治理措施，完成基础沉降处理，防止继续沉降。处理方式为，在地基局部注浆加固，加固深度为3m，注浆材料采用双液快凝浆液。对基础槽钢焊接情况进行处理，消除虚焊、开焊现象，对设备区地面进行处理，消除裂纹，防止雨水渗入基础。

（3）因沉降引发导体轴向位移，在北母已发生沉降气室的导体连接件，增加垫板的方式，以限制轴向位移。对增加垫板后场强分布进行计算，场强变化最大值位于屏蔽导体表面，小于25kV/mm，与设计结构未加垫板的一致，满足设计需求，增加垫板，不会影响原设备母线内部电场分布。

二十、220kV设备GIS母线电压互感器故障

🔧 1. 检查情况

（1）2021年4月28日，某220kV变电站第一套、第二套母线保护动作，跳开220kV南母间隔，为220kV南母A相电压互感器故障；220kV第一套母差采用南自SGB750保护、第二套母差采用四方CSC-150保护，"A相Ⅱ母差动保护动作"、保护动作、母联跳闸，大差差流：I_{CD}=29.13A，小差差流：I_{CD}=29.13A，"Ⅱ母差动电压开放"。电压互感型号：泰开ZF16-252。

（2）检查220kV南母TV附近，嗅到异味，A相防爆膜破裂，盖口可见黑色高温喷溅物，南母TV气室压力指示为0.02MPa；调取保护动作报文及录波，故障前，南母保护测得零序电压二次值大于7V，A相电压73.3V，B相电压61.3V，C相电压61.1V，零序电压超过保护装置TV断线告警值，且稳定持续至母差启动，波形存在一定程度畸变，北母电压正常，为南母A相电压互感器故障。

（3）故障时，南、北母间隔各保护，测得零序电压二次值高达87.1V，A相电压

0.68V，B相电压66.55V，C相电压67.45V，零序电压67.29V，且波形存在一定程度畸变；经电流通道合成计算，一次差流为19.80kA，与母线保护差流折算相符，立即将220kV南母TV解除备用，做安全措施。

2. 分析处理

（1）将220kV南母电压互感器进行返厂处理，解体前进行了绝缘电阻、直流电阻试验，试验数据见表3-3。

表3-3 试验数据

试验项目		出厂值	返厂试验值	结论
绝缘电阻	一次对1a/1n、2a/2n、3a/3n、da/dn线圈及地	>2500MΩ	32.8GΩ	合格
	1a/1n对一次、2a/2n、3a/3n、da/dn线圈及地	>2500MΩ	32.1GΩ	合格
	2a/2n对一次、1a/1n、3a/3n、da/dn线圈及地	>2500MΩ	16.4GΩ	合格
	3a/3n对一次、1a/1n、2a/2n、da/dn线圈及地	>2500MΩ	42.7GΩ	合格
	da/dn对一次、1a/1n、2a/2n、3a/3n线圈及地	>2500MΩ	17.0GΩ	合格
一次直流电阻（kΩ）		46（20℃）	不通	不合格
1a/1n直流电阻（Ω）		0.0309（20℃）	0.0337（24℃）	合格
2a/2n直流电阻（Ω）		0.0307（20℃）	0.0332（24℃）	合格
3a/3n直流电阻（Ω）		0.0304（20℃）	0.0330（24℃）	合格
da/dn直流电阻（Ω）		0.0597（20℃）	0.0635（24℃）	合格

根据试验数据判断，故障可能发生在TV一次绕组，因TV防爆膜动作，内部已无SF_6气体，无法进行其余试验，直接进行解体检查。

（2）打开二次接线板，内部二次引出线外观正常，引出线端子固定牢固，如图3-116所示，互感器盆式绝缘子完整，内表面附着黑色分解物，分布比较均匀，表面未见闪络痕迹，如图3-117所示。

（3）高压引线屏蔽管内、外表面形状完好，均附着有黑色分解物，未见明显放电痕迹，高压引线屏蔽管下方有部分缺口，如图3-118所示；箱体底部法兰上，散落有固定高压屏蔽罩扎带及弯板，内表面附着有故障分解物，表面未见放电痕迹。高压屏蔽罩开口发生开放性形变，掉落至屏蔽底板处，高压屏蔽罩表面无放电，固定高压屏蔽罩扎带，部分烧熔并断开，如图3-119所示。

▲ 图3-116　二次接线板引出线正常

▲ 图3-117　盆式绝缘子正常

▲ 图3-118　屏蔽管下方有部分缺口

▲ 图3-119　高压屏蔽罩扎带部分烧熔

（4）一次引线杆掉落至底部，一次引线杆下方有缺口，缺口位置与高压引线屏蔽管下方缺口位置相对应，屏蔽侧板及屏蔽底板固定牢固，未发生位移；表面附着分解物，无放电痕迹。底部散落有熔融物。一次绕组中部位置有孔洞，并有熔融物溢出，从底部起第9层可见明显位移，如图3-120、图3-121所示。

（5）为确定故障点的具体位置，对一次绕组进行解体，发现从紧靠铁芯侧起，第7、8、9、10、11层线圈内部沿轴向层间，绝缘聚酯薄膜被完全烧熔，如图3-122所示，过电压绝缘击穿，绕组烧坏，如图3-123所示。

（6）在220kV倒母线过程后，电压互感器为电磁式，母线较长，系统参数发生了改变，由于倒闸操作，引起电压有较大扰动，诱发了铁磁谐振过电压，造成电磁式电压互感器烧坏，母线故障跳闸。

▲ 图3-120　表面附着分解物

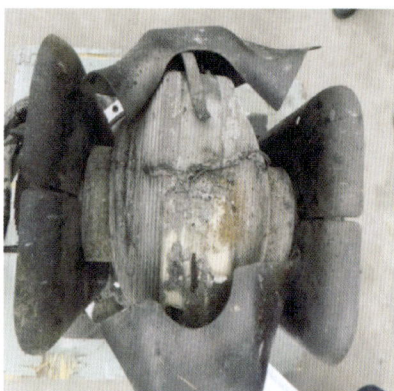

▲ 图3-121　熔融物溢出

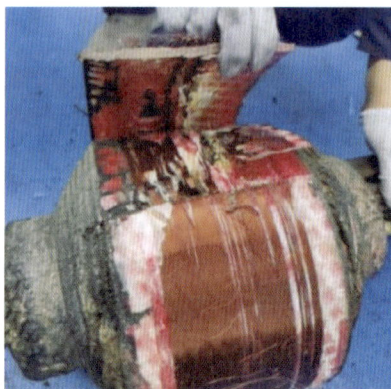

▲ 图3-122　聚酯薄膜完全烧熔

▲ 图3-123　绕组绝缘烧坏

3. 整改措施

（1）选用励磁特性较好的电压互感器，或选用电容式电压互感器，使互感器不容易出现饱和，有助于限制谐振过电压。

（2）电压互感器绕组，选取优质高强度漆包圆铜线，导线截面积尽可能大，以增强防铁磁谐振变形能力。

二十一、220kV母线电压互感器电压异常

1. 检查情况

2021年1月12日，巡视某220kV变电站，发现监控机显示，220kV南母电压三相指示异常，其中B相电压比A、C两相低10%，A、C两相为132kV，B相为120kV；测量保护装置二次电压，A、C两相对地为60V，B相为54V；测量汇控柜TV二次空气开

关电压，A、C两相对地为60V，B相为54V；检查互感器二次端子接线牢固，二次电缆无破损，进行本体红外测温，无异常，外观油色、油位正常。电压互感器型号：TYD-220/$\sqrt{3}$-0.01。

2. 分析处理

（1）立即汇报调度，申请将220kV南母TV停电处理，进行电气试验，结果显示，B相电压互感器变比不合格。

（2）检查互感器一、二次设备情况，针对性进行介质损耗、电容量、电压比测量，其中B相电压互感器电容量、电压比试验数据不合格，电压比较，A、C两相相差10%，与二次电压指示相符，对B相电压互感器绝缘油进行化验，各项数据合格。

（3）对存在缺陷的下节电容单元进行解体，外观检查及电容量测量，下节电容单元C2元件包首端导电片安装位置不正确，插入量不足，造成另一端伸出绝缘纸板，伸出部分受外部绝缘固定板挤压，弯折后与第一个电容单元引线片距离过近，形成不稳定接触，如图3-124所示。测量导电片长度，导电片较正常导电片短约10mm，正常值为155mm，此导电片为145mm。

▲ 图3-124　元件首端导电片装配不正确

（4）根据试验及解体结果，结合设备结构原理，造成220kV南母B相TV二次电压降低的原因为，C2元件包电容量变大，致使电容器分压比变大，电磁单元中间电压变小，从而导致二次电压变小。

（5）经更换三相新的电压互感器，试验合格，恢复送电正常，如图3-125所示。

3. 整改措施

（1）对同批次设备进行排查，厂家管控措施不足，采用尺寸不合格的导电片，导致安装位置不正确，不合格产品流入市场，督促厂家加强制造阶段工艺管控，严把验收关。

▲ 图3-125　更换后的电压互感器

（2）母线电压监测手段不完善，无告警信息，不能在第一时间提供电压异常信息，目前保护装置TV断线，告警值$3U_0$大于等于7V，当二次电压值偏差不到7V时，无告警信号。

（3）与保护装置厂家沟通，对装置TV断线二次电压告警值，根据设备情况进行整定。

二十二、220kV一段母线电压三相不平衡

1. 检查情况

2023年3月10日，某220kV变电站220kV南北母联络运行，巡视发现监控机显示，220kV北母三相电压指示不平衡，其中U_c为124kV，较低；U_a、U_b为134kV，正常；U_{bc}电压217kV，较低；U_{ab}电压232kV，U_{ca}电压229kV，正常。220kV南母三相电压指示正常。北母U_c电压低情况，如图3-126所示。电压互感器型号：锦州电力TYD-220/$\sqrt{3}$-0.01。

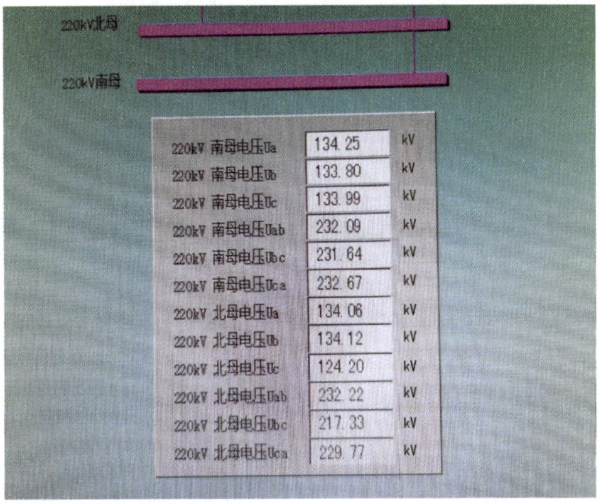

2. 分析处理

（1）检查电压互感器一、二次回路，外观无异常，红外测温正常，测量端子箱二次电压，计量、保护二次

▲ 图3-126　北母U_c电压低

电压均为空气开关，三相电压正常，测控二次电压，为螺旋熔断器，测量螺旋熔断器前，三相对地电压均为60V，螺旋熔断器后，A、B两相为60V，C相为56V，螺旋熔断器为测控回路电压如图3-127所示。

（2）检查C相螺旋熔断器，稍有松动，手动拧紧熔断器，测量二次对地电压为60V，监控机显示，U_c电压显示为134kV，北母三相电压平衡正常，如图3-128所示。

▲ 图3-127　端子箱测控电压回路螺旋熔断器

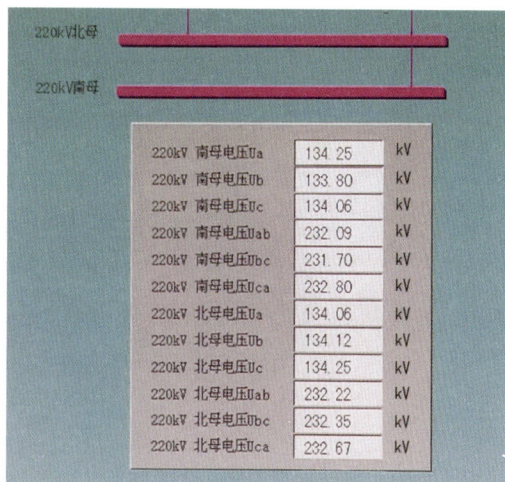

▲ 图3-128　北母电压平衡正常

3. 整改措施

对于电压互感器测控二次回路，也应重视起来，遇有停电机会，应将老式螺旋熔断器更换为新式空气开关，使其接触良好，以保证电压显示正常，防止对正常运行设备造成错误判断。

二十三、220kV母线电压互感器分压电容击穿

1. 检查情况

2022年9月12日，某220kV母线C相电压互感器，相电压升高至139.3kV，正常为133kV，红外测温，下节电容单元上下温差4℃，立即申请停电处理，电压互感器型号：TYD-220/$\sqrt{3}$-0.01。

2. 分析处理

（1）对已拆除的电压互感器，进行介质损耗及电容量试验，A、B相试验数据正常，C相下节电容单元电容量偏大，实测值21.89nF，出厂值20.23nF，偏差量8.21%。为第5-6片电容元件击穿。对三相电磁单元油样进行油化试验，A、B相试验数据正常，C相乙炔值1.04μL/L，微水36.8μL/L，微水稍微超出标准。

（2）解体前检查油箱油位，油位已满，在观察窗顶部有气泡。拆除C相下节电容单元后，油箱内油位，距离油箱口上边缘仅3.4cm，油位处最高标准线为5cm，如图3-129所示。

▲ 图3-129　油箱油位已满

（3）对下节电容单元进行压力试验，下部法兰与低压小套管对接面渗油严重，2s 1滴，对低压小套管固定螺栓进行力矩检查，均符合工艺标准。低压套管密封面渗油情况如图3-130所示。

▲ 图3-130　低压套管密封面渗油

（4）将下节电容分压器从油箱上拆除，底部套管与法兰接触面渗油，密封槽表面不平整，有加工碎屑，存在杂质，如图3-131所示。在微正压作用下，下节电容分压器向电磁油箱中渗油，造成油箱油位过高。

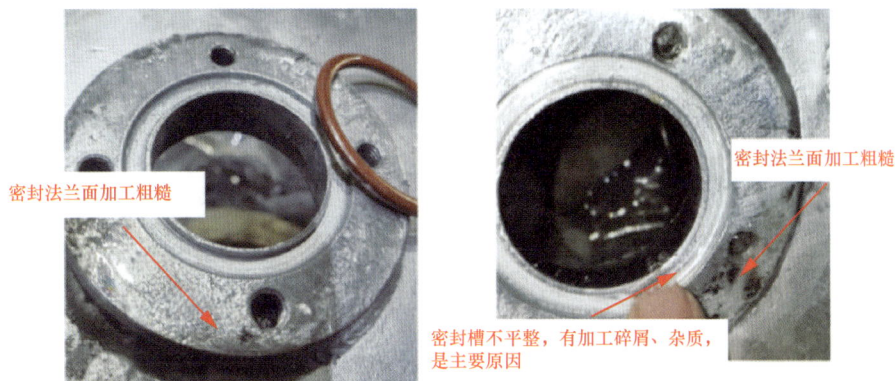

密封法兰面加工粗糙

密封法兰面加工粗糙

密封槽不平整，有加工碎屑、杂质，是主要原因

▲ 图3-131　小套管密封面不平整

（5）逐一拆解电容元件（共82片），并进行500V直流耐压测试，有6个电容单元击穿，第1、2、4、5、8、10片电容单元，如图3-132所示。下节电容单元下法兰与低压小套管密封面不平整，密封性能下降，是电容单元渗油的主要原因，电容单元油位下降，导致部分电容元件击穿，造成乙炔、微水超标，二次电压升高。

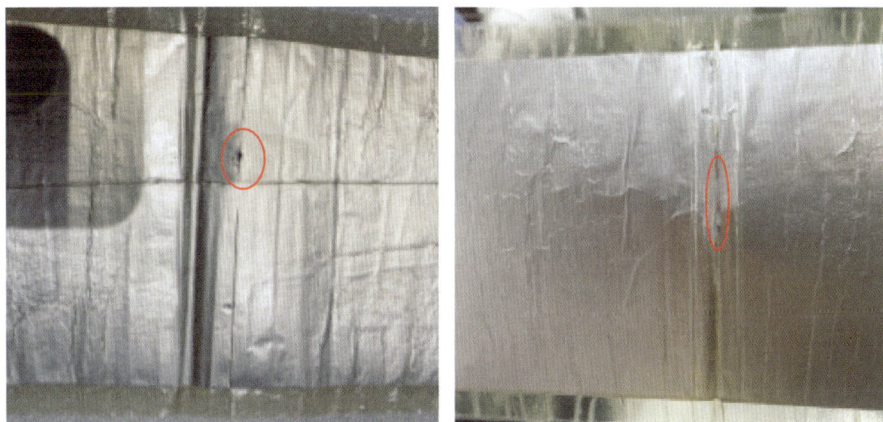

▲ 图3-132　电容元件击穿

（6）电压互感器已不能运行，经更换三相电压互感器，试验合格，恢复送电正常，如图3-133所示。互感器型号：TYD-220/$\sqrt{3}$ -0.01。

▋ 3. 整改措施

（1）日常巡视不细致，电压互感器油箱油位高于正常油位的上限，列为一般缺陷，在日常维护中，未重点关注互感器油位变化趋势，未能及时发现油位异常升高的情况。

▲ 图3-133　更换后的电压互感器

（2）按照差异化运维策略，加强电压互感器运维巡视，做好油位记录、红外精确测温和二次电压监测，发现问题，及时汇报处理。

（3）改进电压互感器密封结构，加强工艺管控，重点为密封面平整度检测、加压密封试验、组装过程异物控制等，保证出厂产品质量。

二十四、220kV 母线电压互感器一次绕组故障

▋ 1. 检查情况

2022年6月21日，某220kV变电站220kV南母保护装置报"电压回路断线"，监控机显示，B相相电压为5.5kV，A、C相电压为133kV，测量TV端子箱二次电压，B相电压降低很多。红外测温，B相油箱温度偏高，A、C两相27℃，B相39.2℃，判断为互感器电磁单元故障，立即申请停电处理。电压互感器型号：TYD-220/$\sqrt{3}$ -0.01。

▋ 2. 分析处理

（1）停电后，对其进行介质损耗和电容量试验，采用CVT自激发法，在ad、nd和1a、1n端加电压，电压基本不发生变化，电流增幅较大。变比测试：AX/a1n1为1821，误差-17.21%；AX/a2n2为1832.3，误差-16.71；AX/a3x3为1833.6，误差-16.65，为C_2电容损坏或电磁单元一、二次绕组存在短路。

（2）将B相TV解体后，采用正接线方式，对电容C_1、C_2进行介质损耗和电容量试验，试验结果见表3-4。对试验数据进行分析，对比电容量，电容单元无异常，进行二次绕组直流电阻试验，三相差异符合规律，见表3-5。

表3-4 介质损耗和电容量试验

分压电容	C_1	C_2	总C
U_0（kV）	10	10	10
介质损耗因数	0.13	0.16	0.17
电容量（nF）	30.46	65.84	20.823
误差（%）	0.38	0.28	−1.3

表3-5 直流电阻试验 Ω

相别	A相	B相	C相
a1、n1	0.02288	0.02265	0.02271
a2、n2	0.02543	0.02509	0.02532
a3、n3	0.02718	0.02709	0.02726
da、dn	0.08692	0.08681	0.08672

（3）进行励磁特性试验，在电压10.7V时，电流从0.02A增至0.60A，并存在不断上升趋势。对ad、nd（辅助绕组）端加压，当电压在9.2V时，电流从0.01A增至0.80A，并存在不断上升趋势，为防止故障扩大，及时停止测量。励磁特性异常，为电磁单元一次绕组短路，绕组匝间短路情况，如图3-134所示。

▲ 图3-134 一次绕组匝间短路

（4）经更换三相电压互感器后，试验合格，恢复送电正常，如图3-135所示，电压互感器型号：TYD-220/$\sqrt{3}$ -0.01。

▲ 图3-135　更换后的电压互感器

3. 整改措施

（1）梳理排查在运电压互感器，设置电压异常告警信号，及时发现内部绝缘缺陷。

（2）对早期投运的电压互感器，可能存在内部工艺不良情况，对运行超过20年的老旧互感器，及时更换处理。

二十五、500kV线路电压互感器二次短路

1. 检查情况

（1）2020年4月10日，某500kV线路TV报断线告警，测温发现，A相TV电磁单元，比B、C相温度高约20℃，判断为本体故障，须立即申请停电处理。

（2）保护人员检查，A相电压突然下降，A相二次电压仅为16V，立即对电压互感器进行红外测温，A相TV电磁单元33.3℃，B相电磁单元9.9℃，C相电磁单元10.1℃。检查外观无异常，停电后，试验A相TV变比异常，为A相电磁单元故障。电压互感器型号：$TYD_3500/\sqrt{3}-0.005H$。

2. 分析处理

（1）试验结果与现场诊断结果一致，该电压互感器电容单元无异常，不再对电容单元解体。打开电磁单元油箱，发现绝缘油已经浑浊，并有大量气泡，伴有刺鼻性气味，如图3-136所示。放油并拆除电磁单元后，油箱底部存在黄色沉积物，为浸渍的绝缘胶受热溢出物，未见明显黑色碳化痕迹，如图3-137所示。

▲ 图3-136　电磁单元绝缘油浑浊

▲ 图3-137　油箱底部绝缘胶沉积

（2）电磁单元调谐元件表面，未见明显放电性故障，如图3-138所示，互感器浸渍的绝缘胶，在线圈端部有明显溢出，如图3-139所示。

▲ 图3-138　电磁单元调谐元件

▲ 图3-139　电磁单元绝缘胶溢出

（3）对电磁单元进行拆解，互感器线圈与铁芯之间，绝缘纸发热碳化发黑，焦煳气味明显，从绝缘纸发黑的情况来看，互感器内部温度较高，未发现明显的贯通性放电痕迹，如图3-140所示。

（4）进一步检查，发现二次接线盒处一处炭黑，为短路放电点，如图3-141所示。根据电磁单元解体情况分析，内部过热性故障较为明显，未发现明显放电性故障点，二次接线盒处炭黑，为电压互感器二次第四绕组da端接线弯折处，该接地点为缺陷产生的直接原因。

▲ 图3-140 电磁单元绝缘发黑

▲ 图3-141 二次接线盒放电点

（5）由于二次接线盒中出现接地短路，造成电磁单元过热，导致绝缘油分解，产生大量烃类气体，形成油中气泡；电磁单元上包覆的绝缘纸，在高温下碳化分解，发出刺鼻的气味；电磁单元上浸渍的绝缘胶，在高温下，从电磁单元中溢出，混入绝缘油中，造成绝缘油浑浊，形成油箱底部沉淀。

（6）二次接线盒中，第四绕组da端二次接线，在长期运行后绝缘老化，当天突然出现较大雨雪天气，环境湿度较大，二次接线弯折部位，在潮湿情况下出现放电接地。

（7）第四绕组da端，在接线盒外壳处接地，dn通过保护N600在保护室接地，两者之间存在一个较大的阻抗，短路电流造成电磁单元严重过热，导致绕组出现短路，二次电压迅速下降。

（8）电压互感器A相共经历近三个小时的持续发热，如不能及时申请停电，将造成油箱内部发热，引起喷油爆炸。经更换A相电压互感器后，恢复送电正常，红外测温正常。

3. 整改措施

（1）加强互感器二次接线的维护，在停电工作期间，对接线盒内进行清扫、维护，对存在接线端子锈蚀的，及时进行处理，对二次电缆存在局部破损的，更换备用芯，或整根电缆更换。

（2）规范互感器二次绝缘测试流程，在例试定检等检修工作中，要求在全部检修工作结束后，从端子箱进行互感器二次绝缘测量，坚决杜绝二次绝缘测试以后，再打开二次接线盒的行为。

（3）加强TV电压监测，运行中发现二次电压异常波动，应立即汇报，第一时间开展二次回路检查，判断是否存在电压互感器二次短路。整体温度偏高，且中上部温度高，或三相之间温差超过2～3℃，应立即汇报处理。

（4）加强互感器的红外测温工作，对温度异常的设备及时上报，加强缺陷判断过程中人身伤害的防护，避免直接从二次接线盒正面开展工作。

4

第一节
SECTION 1

隔离开关的结构

1. 隔离开关作用

用量较大，结构简单，由电气部分和机械部分组成，结构形式如图4-1所示，隔离开关接线如图4-2所示。

	V形	中心开断式	水平旋转双断口	水平伸缩式	垂直伸缩双臂/单臂	独立接地开关
开断方向	水平开断	水平开断	水平开断	水平开断	垂直开断	垂直开断
ABB型号	—	SSBII	SSBIII	VKSBIII	GSSB/-	ASB
国内型号	GW5	GW4	GW7	GW7/GW17/GW36	GW20/GW6/GW16	JW
550kV				●	●	●
220kV		●	●	●	●	●
110kV	●	●		●	●	●

▲　图4-1　隔离开关结构形式

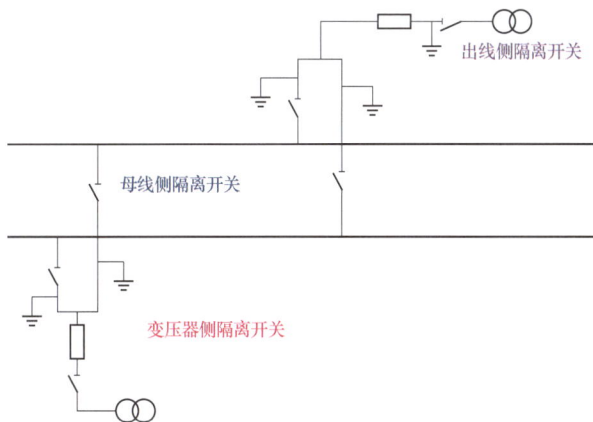

▲　图4-2　隔离开关接线

2. 隔离开关类型

GW4-126如图4-3所示，GW5-126如图4-4所示，触指弹簧均采用外压式。

▲ 图4-3　GW4-126隔离开关

▲ 图4-4　GW5-126隔离开关

GW16-126kV/252kV隔离开关为单臂折叠水平伸缩式隔离开关，如图4-5所示，垂直伸缩式如图4-6所示。

▲ 图4-5　GW16-252水平伸缩式

▲ 图4-6　GW17-252垂直伸缩式

第二节　SECTION 2

隔离开关的诊断与分析

一、10kV隔离开关触指烧坏

1. 检查情况

　　某110kV变电站，在进行巡视测温时，发现某1号主变压器10kV侧主进断路器，101甲隔离开关B相发热160℃，立即汇报调度，进行停电处理。隔离开关触指烧坏情况如图4-7所示，红外图谱如图4-8所示。隔离开关型号：GN22-10Q/3150；开关柜型号：GG-1A。

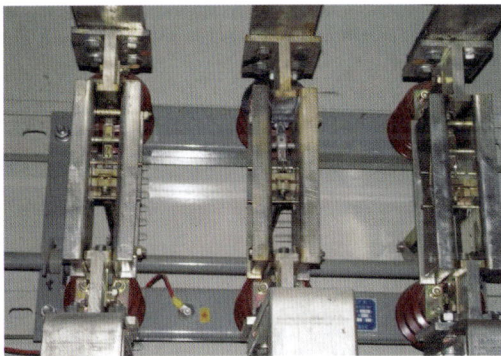

▲ 图4-7　隔离开关触指烧坏

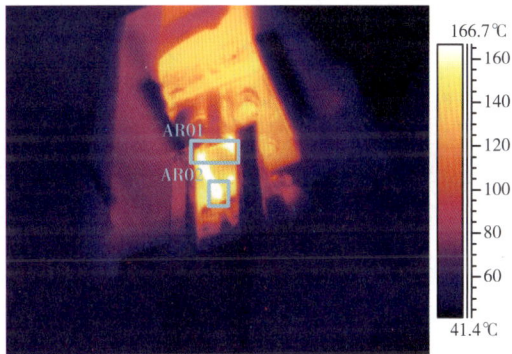

▲ 图4-8　隔离开关发热红外图谱

2. 分析处理

　　（1）在主变压器操作恢复送电时，合上101甲隔离开关，三相不同期，B相隔离开关未完全合到位，当运行负荷较大时，造成触指发热烧坏。

　　（2）验收设备时，应全面检查三相是否同期，多次拉、合闸隔离开关，检查是否操作到位，触指是否接触良好。

　　（3）更换B相隔离开关触指后，调整三相同期，操作到位，恢复送电正常，如图4-9所示。

▲ 图4-9　B相隔离开关触指更换后

3. 整改措施

（1）操作设备，要全面检查是否操作到位，发现异常，及时处理。

（2）加强设备巡视测温，及时消除隐患，保证设备安全运行。

二、35kV母线绝缘击穿失压手车触指烧伤

1. 检查情况

2022年7月25日，某110kV变电站，1号主变压器351断路器跳闸，35kV北母失压，两台主变压器及110、35、6kV系统均分列运行。跳闸前35kV运行方式如图4-10所示，跳闸后35kV运行方式如图4-11所示。1号主变压器型号：沈变SFSZ7-31500/110；主变压器保护：南瑞PCS-9681；35kV断路器：森源VS-40.5。

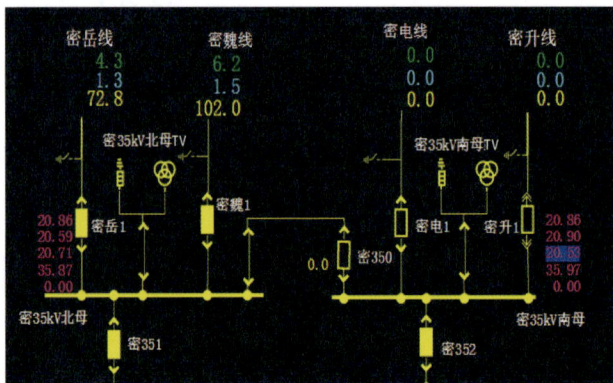

▲ 图4-10　跳闸前35kV运行方式

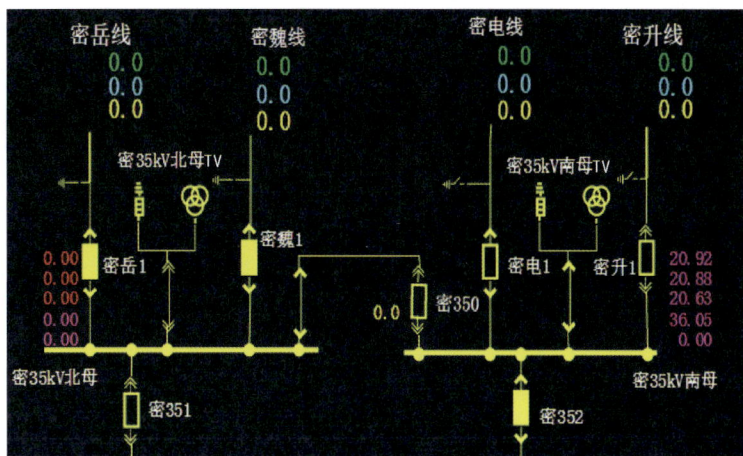

▲ 图4-11　跳闸后35kV运行方式

2. 分析处理

（1）断开35kV北母馈线开关，检查1号主变压器保护动作情况，故障相别A、B、C三相，如图4-12所示，中后备保护过电流Ⅰ段动作，电流24.344A，如图4-13所示。将35kV北母解除备用，做安全措施。

▲ 图4-12　故障相别

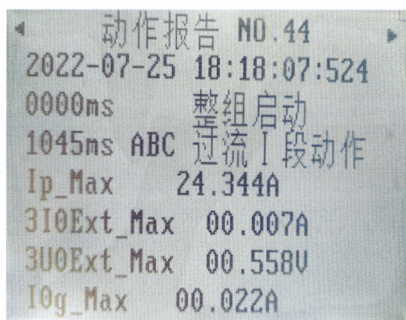

▲ 图4-13　主变压器动作报文

（2）当拉出351手车开关后，发现B相上导电臂触指有烧伤痕迹，如图4-14所示。打开351手车开关柜上盖板，发现35kV北母母线A、B、C三相均对手车开关柜柜体内有放电痕迹，如图4-15所示。

（3）故障为35kV北母母线B相绝缘子，脏污、受潮老化，发生沿面放电，弧光造成三相短路，351断路器跳闸切除故障，35kV北母失压，保护动作正确。

（4）351手车B相上导电臂触指烧伤，为主进断路器，负荷较大，接触有些不良，当通过此次较大故障电流时，造成触指烧伤。

▲ 图4-14　手车B相上导电臂触指烧伤

▲ 图4-15　35kV北母对手车开关柜体放电

（5）更换损坏的35kV北母绝缘子，清扫内部灰尘，紧固螺钉，全部对35kV北母绝缘化处理，更换351手车开关B相上导电臂触指。

（6）将1号主变压器停电，对主变压器进行试验，绕组无变形，绝缘良好，内部无瓦斯气体，油色谱分析正常，三侧直流电阻正常。对35kV北母绝缘试验合格，TV、PB正常，无设备隐患，恢复送电正常，测温无异常。

3. 整改措施

（1）遇有35kV北母停电机会，应打开柜体，检查内部绝缘情况，清扫设备，母线导体有无接触发热、松动，手车动、静触头接触有无发热现象。

（2）及时更新老旧设备，加强红外测温，发现异常，及时汇报处理。

（3）对于室内母线，要全部绝缘化处理，加强室内通风、降温措施，对柜体底部进行全面封堵，防止潮气入侵，破坏设备绝缘。

三、110kV隔离开关绝缘子脏污击穿

1. 检查情况

（1）2019年7月26日，14：21，突然暴雨大风天气，某220kV变电站某110kV线路距离Ⅱ段动作，零序Ⅱ段动作，B、C两相接地短路，重合闸动作不成功，故障电流115.73A，零序电流65.35A，故障点为线路侧末端，保护装置如图4-16所示，线路故障录波如图4-17所示。

（2）故障的110kV变电站，母线绝缘子污闪，故障情况如图4-18所示。变电站设备

均为室内安装，但房顶渗水、钢窗玻璃破损，绝缘子脏污严重，变电站建在一化工厂内，有粉尘和腐蚀性气体存在。隔离开关型号：平高GW5-110；保护型号：南瑞PRS-753D。

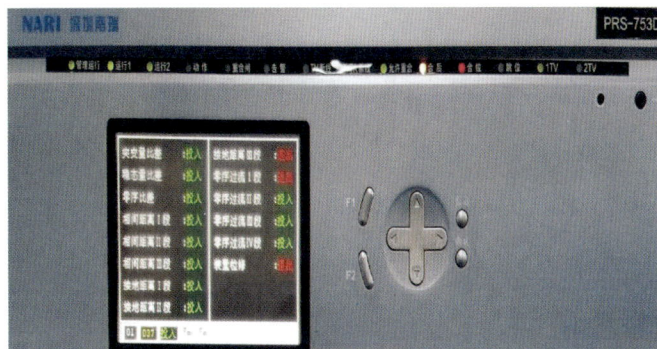

▲ 图4-16 保护装置

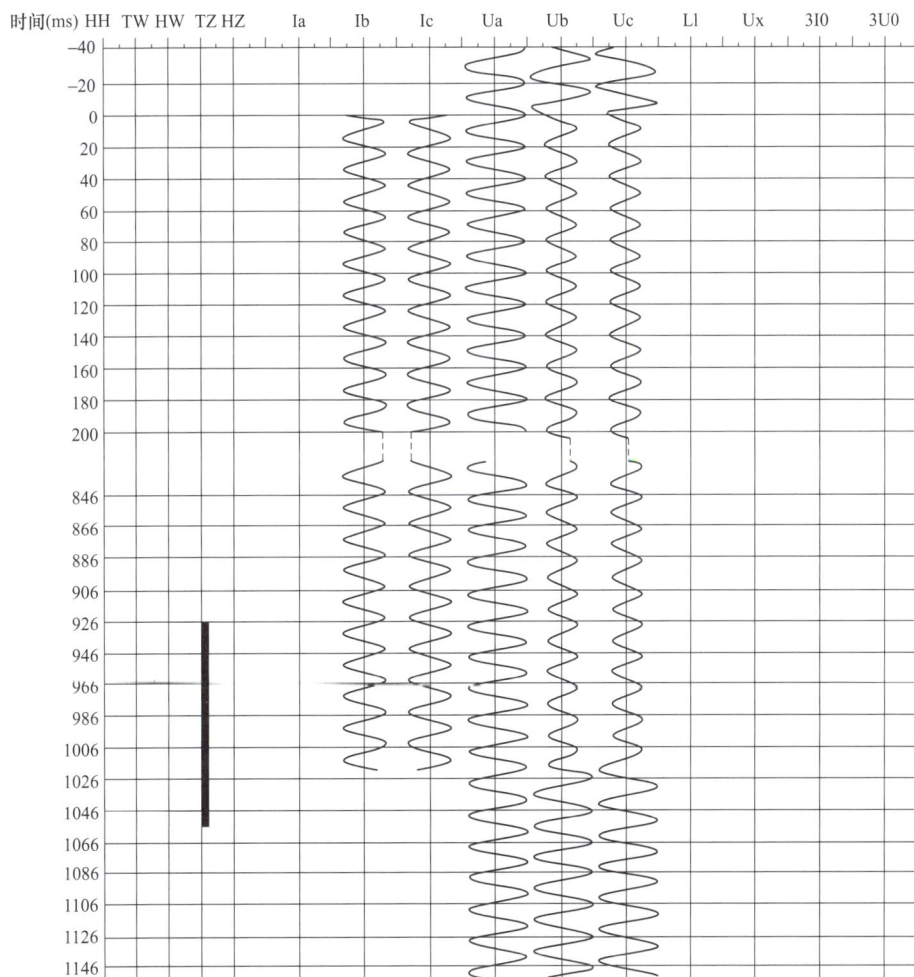

▲ 图4-17 110kV线路故障录波

2.分析处理

（1）从现场情况分析，绝缘子瓷裙上落入粉尘太厚，因为室内设备未进行绝缘子清扫和PRTV防污涂料喷涂处理，突遇大风暴雨天气，雨水从破损窗户吹入绝缘子上，B、C两相绝缘子污闪，发生贯穿性接地短路，弧光又造成BC相间短路，永久性故障，电源侧线路跳闸切除故障。

▲ 图4-18　B、C相瓷裙贯穿性击穿

（2）从动作报文、故障录波和现场检查，保护动作正确，故障点清楚，设备运行环境恶劣，设备陈旧落后。

3.整改措施

（1）将110kV线路、母线解除备用，做安全措施，立即更换整组隔离开关，如图4-19所示。清扫全部绝缘子，更换钢窗玻璃，门窗修补，房顶做防水处理，经高压试验合格，断路器、保护传动正确，恢复送电正常。

（2）新更换的隔离开关瓷裙为硅橡胶合成绝缘子，防污性能良好，适合

▲ 图4-19　更换后的隔离开关

环境恶劣条件运行。隔离开关应计划全部更换为硅橡胶合成绝缘子，以提高设备安全性能。

四、110kV隔离开关触指发热

1.检查情况

2023年4月20日，某110kV线路测温，C相触指发热110℃，如图4-20所示。隔离开关型号：GW4-110。

2. 分析处理

该设备已投运 20 多年，敞开设备运行环境恶劣，触指、静触头存在氧化锈蚀情况，导致导流面接触电阻增大，在负荷较大时引起严重发热，期间只进行过导电杆和触指更换，效果不佳，申报计划整组更换，更换后的情况如图 4-21 所示。

▲ 图 4-20 隔离开关触指发热

3. 整改措施

户外敞开式隔离开关，日常维护力度不足，导致设备运行工况不佳，加强对户外敞开式设备的维护力度，积极开展小修例试、技改大修，老旧设备及时更新换代。

▲ 图 4-21 更换后的隔离开关

五、110kV 隔离开关辅助触头老化变位

1. 检查情况

2023 年 5 月 10 日，巡视某 220kV 变电站，发现某 110kV 运行线路，隔离开关位置不对应，甲隔离开关在分位，甲地隔离开关在合位，遥测量正常，SOE 有隔离开关变位信号，监控机信号如图 4-22 所示。隔离开关型号：GW4-110。

2. 分析处理

（1）检查甲隔离开关辅助触头，防雨罩老化，导线锈蚀严重，辅助触头严重接触不良，需更换处理，甲地隔离开关辅助触头情况，与此类同，如图 4-23 所示。

（2）检查线路端子箱，电压、电流回路导线已更换，隔离开关位置信号老化严重，导线较细，未更新，易发生短路、接地情况，端子箱端子排情况如图 4-24 所示。

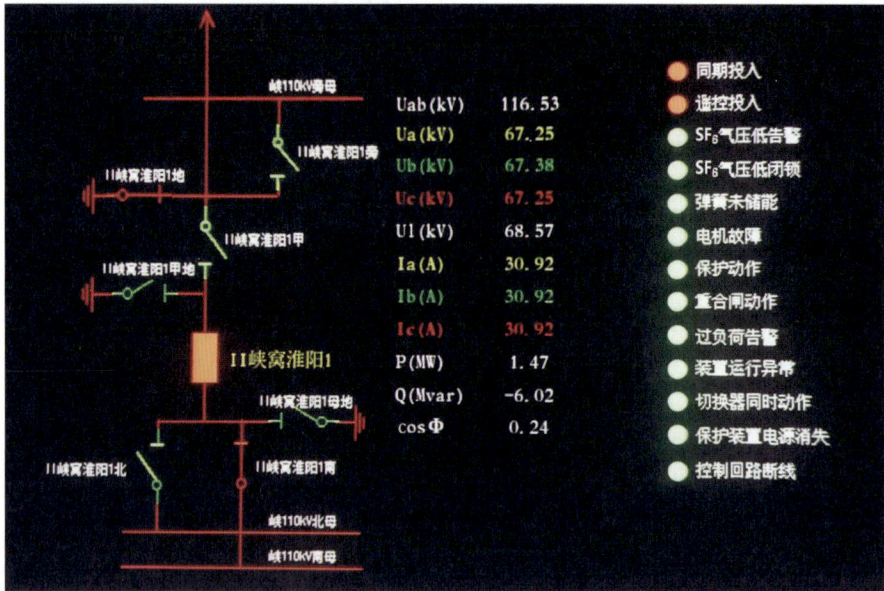

▲ 图4-22 隔离开关位置不对应

▲ 图4-23 隔离开关辅助触头严重锈蚀

▲ 图4-24 端子箱端子排接线

🔧 3. 整改措施

（1）经重新敷设导线，更换新的隔离开关辅助开关后，接线正确，信号恢复正常。

（2）加快陈旧设备的改造速度，防止异常信号发生。

六、220kV线路隔离开关气室绝缘击穿

🔧 1. 检查情况

（1）2020年8月13日，某220kV变电站某220kV线路两侧断路器跳闸，现场检查

设备正常，保护装置两套纵联差动保护动作、接地距离Ⅰ段动作，测距0km，故障电流42.29A，零序故障电流42.29A，故障相别A相。第一套光纤差动保护动作报文如图4-25所示，第二套光纤差动保护动作报文如图4-26所示。GIS设备型号：沈高ZF6-220/252。

▲ 图4-25　第一套光纤差动保护报文

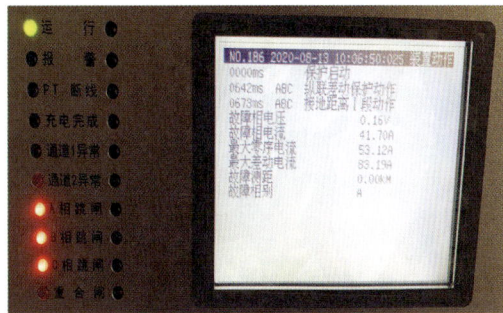

▲ 图4-26　第二套光纤差动保护报文

（2）通过保护动作信息可知，故障点距变电站0km，故障点应在站内。检查站内设备，发现线路2A相甲刀气室底部有放电烧灼痕迹，检查气室压力正常，主变压器中性点及其他设备无异常，A相隔离开关气室底部灼烧情况如图4-27所示。

▲ 图4-27　线路侧隔离开关气室底部烧蚀

2. 分析处理

（1）结构说明。ZF6-252型GIS横式隔离开关，采用分箱式结构，每台隔离开关由三个单极组成。横式隔离开关结构如图4-28所示。

（2）录波分析。

1）图4-29为线路电流故障录波1，图4-30为线路电压故障录波，图4-31为线路电流故障录波2。

2）图4-29录波，开始时间为10：06：50：024，以故障录波开始时间为基准点，000、110、180ms三个阶段A相电流降为0，B、C两相电流不变，零序电流I_0升高，二次电流值最高约为0.7A，A相气室内部触头开始放电。根据电压录波进行分析，见图4-30，在故障发生前也有间断放电现象。

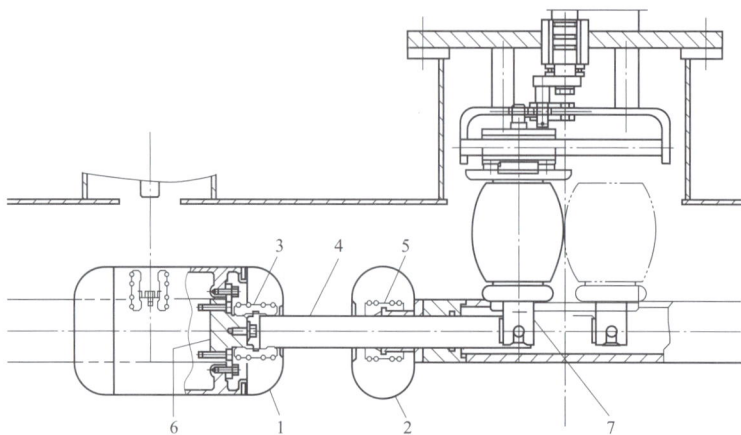

▲ 图4-28 横式隔离开关结构

1、2—屏蔽罩；3—静触头；4—动触头；5—中间触头；6—触头座；7—拨叉

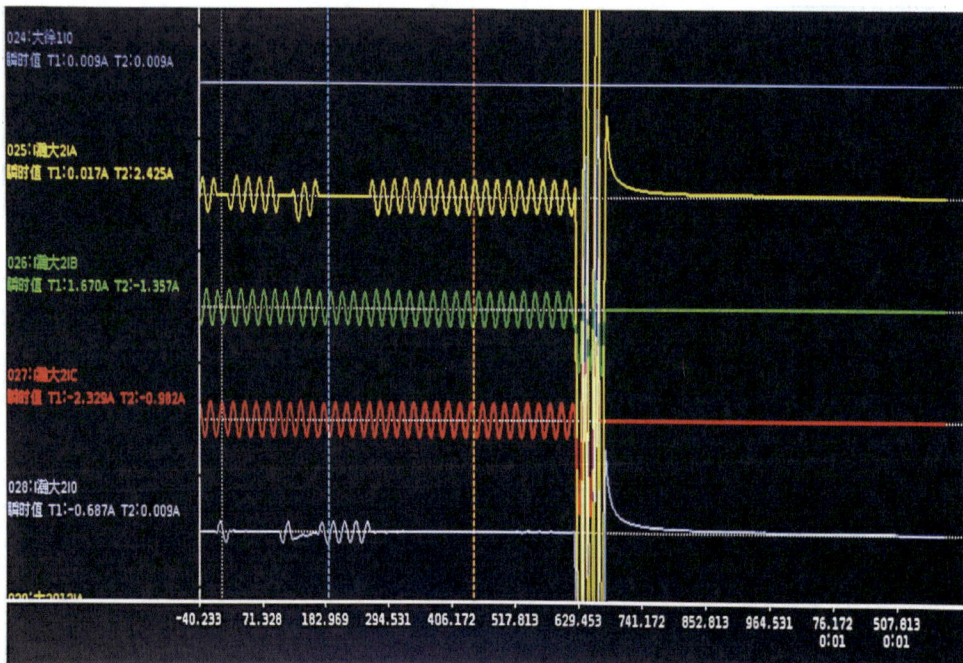

▲ 图4-29 线路电流故障录波1

3）图4-31录波，开始时间为10：06：50：024，以故障录波开始时间为基准点，在625～680ms之间，A相电流和I_0电流发生了突变，峰值达到84A，B、C两相的电流受故障的影响发生了小范围的波动。此阶段线路电压降低为0，零序电压升高，此时纵联差动保护和接地距离Ⅰ段保护均动作，680ms之后，断路器跳闸。A相主回路有3次断流现象，说明虚接部位完全脱离接触，脱离接触部位的电位差产生电弧，又使回路导通，断续3次后，触头部位对罐体放电。

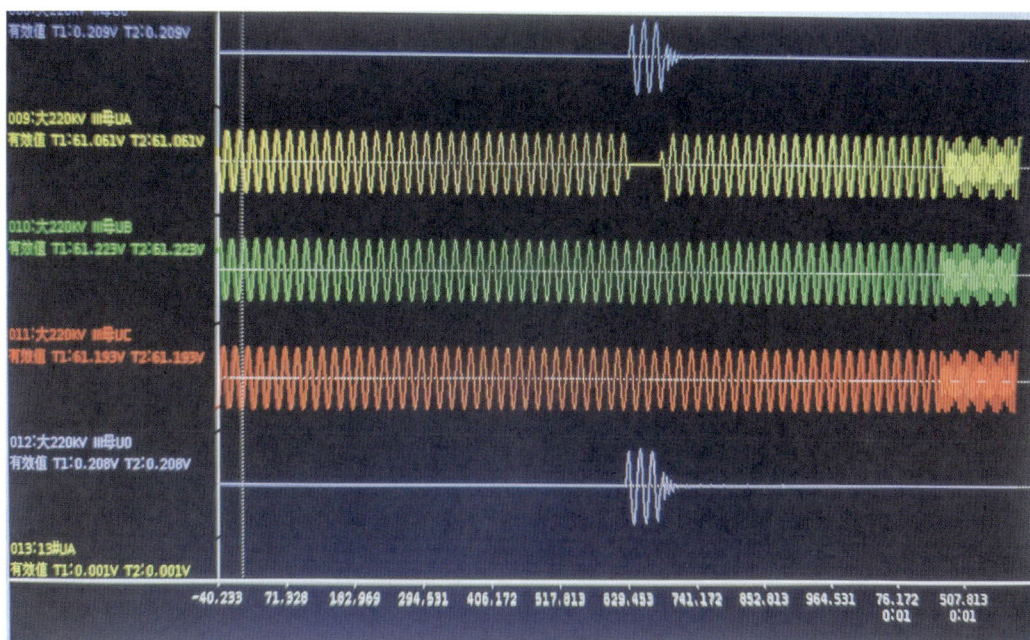

▲ 图4-30　线路电压故障录波

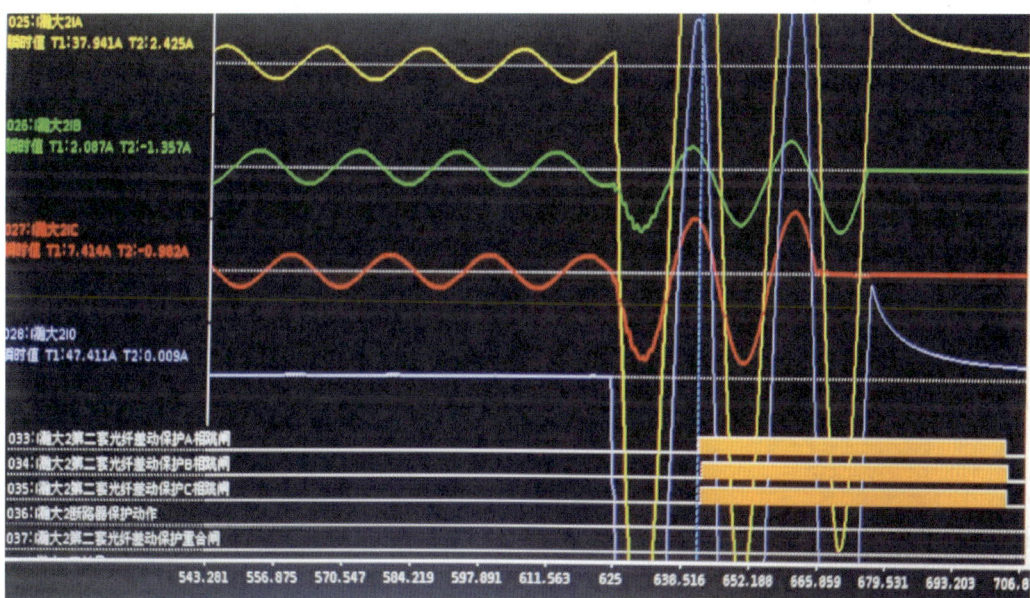

▲ 图4-31　线路电流故障录波2

（3）解体检查。

1）打开A相横式隔离开关气室，发现触头烧坏，罐体底部有烧蚀痕迹，电流互感器线圈及盆式绝缘子完好，表面粘有放电粉尘。现场对隔离开关操动机构进行检查，分合闸位置正确，不存在合闸不到位情况，隔离开关触头烧坏情况，如图4-32所示。

2）检查发现气室内部有严重发黑现象，该气室内部存在绝缘击穿现象，因绝缘击穿造成A相甲隔离开关发生单相接地。静触头屏蔽罩烧毁，触指座烧熔，触指烧熔粘连在罐体底部，静触头触指烧蚀情况如图4-33所示。

▲ 图4-32　A相隔离开关触头烧坏

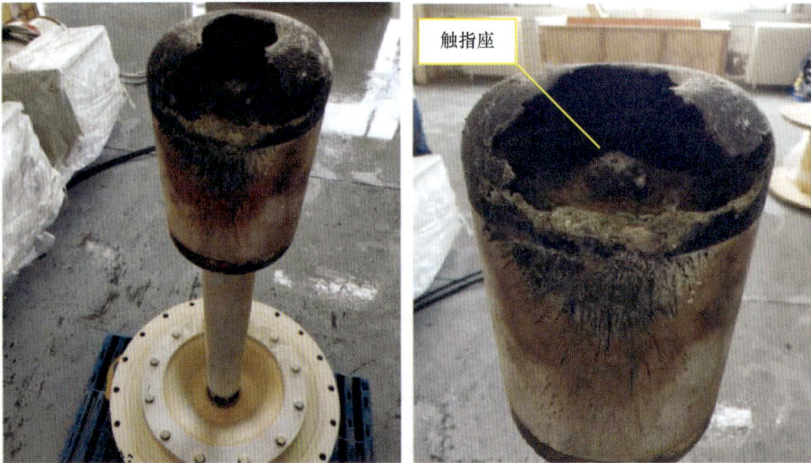

▲ 图4-33　静触头触指烧蚀

3）动触头及中间触头粘有放电分解物，接触部位良好，其他无异常，隔离开关动触头传动部件完好，放电分解物如图4-34所示。

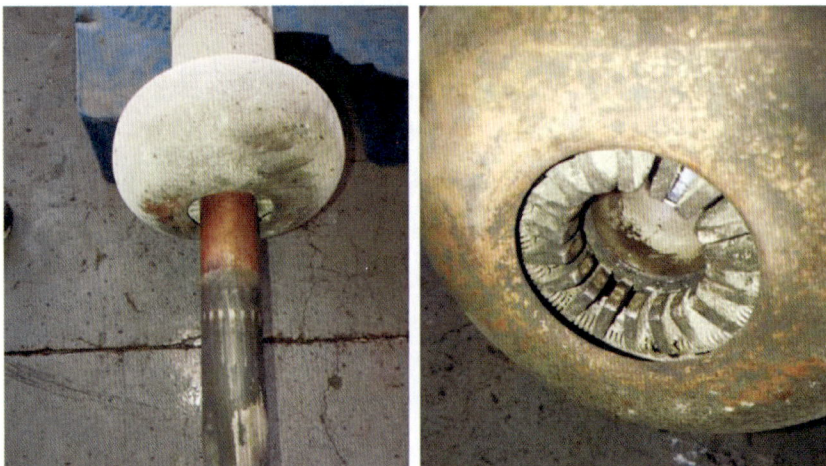

▲ 图4-34　动触头部分放电分解物

3. 整改措施

（1）此220kV变电站是枢纽变电站的直供电源，穿越功率负荷较大，加上GIS设备陈旧，隔离开关A相触指松动发热严重时，瞬间造成弧光放电，击穿SF_6绝缘气体，发生单相接地，双套纵联差动保护动作切除故障。

（2）需专业人员定期采用超声波设备测试，发现异常及时处理，加快更新陈旧设备。触头虚接部位接触电阻变大，并伴有发热现象，可通过测量回路电阻、红外成像的方法来检查。触头虚接，通常会伴随着局部放电等现象产生，该站252kV GIS设备运行已超过20年，建议大修。

（3）此故障是站内GIS电气设备发生内部放电的一个典型事例，故障轻者发生闪络，重者导致壳体炸裂，严重危害着人身安全及电网设备的稳定运行。因此，结合此次故障，分别从设备隐患排查、设备运行维护，以及加强带电检测等方面，提出了预防和反事故措施，确保设备在最佳状态下运行。

七、220kV母线隔离开关触头放电

1. 检查情况

2020年3月13日，运维人员在巡检设备过程中，发现某220kV线路，母线侧隔离开关B相触头存在放电现象，检修人员到达现场，检查设备触指片、静触头均有严重烧蚀痕迹，不能继续运行，如图4-35所示。隔离开关型号：平高GW16-252型瓷柱式。

▲ 图4-35　动、静触头间放电

2. 分析处理

（1）母线隔离开关仍在合闸位置，三相上下节导电臂位置正常，机构合闸到位，拐臂连杆已过死点，排除行程未到位，机构未锁紧造成的触指松动。将设备解除备用后，触头整体氧化严重，在动触头触指片及静触头接触部位，存在严重烧蚀痕迹，触指片接触面已出现融化迹象。

（2）该设备已投运13年，期间未进行过大修，敞开设备运行环境恶劣，触指、静

触头存在氧化锈蚀情况，氧化导致导流面接触电阻增大，在负荷较大时引起严重发热。长时间高温过热，进一步加剧触头表面氧化发热，进而导致发热问题加剧，如此恶性循环，直至触指、静触头导流接触面部分融化，引起电弧放电，最终造成接触面大面积烧蚀。

（3）经更换三相隔离开关后，恢复送电正常，如图4-36所示。

▲ 图4-36　更换后的隔离开关

⚙ 3. 整改措施

（1）重点加强对运行10年以上，GW16/17-252型老式隔离开关的检修维护，日常巡视、测温工作，及早发现设备隐患。

（2）在间期性停电小修例试工作中，进一步加强主导流回路的回路电阻测试试验项目执行情况，积极储备技改项目，加快对老旧隔离开关设备改造。

（3）户外敞开式设备日常维护保养力度不足，导致设备运行工况不佳，加强对户外敞开式设备的日常维护保养，申报停电计划，开展小修例试、技改大修工作。

八、220kV隔离开关触指发热Ⅰ

⚙ 1. 检查情况

2020年3月18日，红外测温发现，某220kV线路侧隔离开关B相触指发热152℃，立即通知检修人员处理。检修人员现场测温，B相隔离开关触指发热157.1℃，此时负荷108A。根据DL/T 1168—2012《高压直流输电系统保护运行评价规程》规定，该缺陷属于危急缺陷，应立即停电处理，立即汇报调度，申请停电处理，触指发热情况如图4-37所示。隔离开关型号：GW4-220。

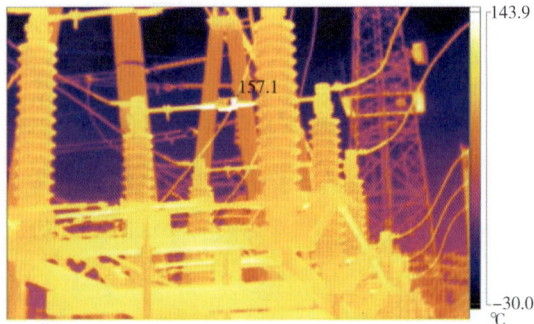

▲ 图4-37　隔离开关触指发热

2. 分析处理

（1）户外敞开式设备运行环境较为恶劣，触指存在氧化锈蚀情况，导致导流面接触电阻增大，在负荷较大时引起严重发热。

（2）该设备已运行三十多年，老化严重，停电后，检修人员对隔离开关触头、触指进行更换，处理完毕，恢复送电正常。更换后的情况如图4-38所示。

▲ 图4-38 触指更换后情况

3. 整改措施

（1）对同批次隔离开关全部更换，户外敞开式设备日常维护保养力度不足，导致设备运行工况不佳。

（2）加强户外敞开式设备的日常维护保养，在申报停电计划开展小修例试、技改大修工作外，积极应用带电研磨等维保手段，提升设备运行水平。

九、220kV隔离开关触指发热 II

1. 检查情况

2020年5月5日，运维人员巡视发现，某220kV甲隔离开关B相动、静触头结合处，红外测温异常，表面温度最高为136.7°C，此时负荷为236MW，依据DL/T 664—2016《带电设备红外诊断应用规范》，隔开开关构成危急缺陷，申请停电处理。隔离开关型号：西门子KR22-MH31。

2. 分析处理

（1）依据红外热像图谱，重点检查220kV甲隔离开关B相动、静触头结合处，发现甲隔离开关B相动触头触指、静触头存在明显灼伤痕迹，如图4-39、图4-40所示，触指压紧弹簧老化、压紧力不足。

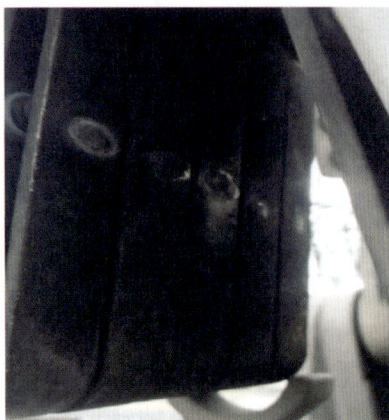

▲ 图4-39 B相动触头

▲ 图4-40 B相静触头

（2）动触头压紧弹簧老化，使得动、静触头接触不良而发热；隔离开关动、静触头长期裸露于大气中运行，极易受到水蒸气、腐蚀性尘埃和化学活性气体的侵蚀，在接触面上形成氧化膜，使导体表面的接触电阻增加，造成接触不良发热。

（3）隔离开关在分合过程中电弧作用，使触头表面的金属熔融，蒸汽飞溅而散失，为电弧侵蚀，电弧侵蚀增加接触面接触电阻。

（4）检修人员对动触头压紧弹簧、触指更换，对静触头进行更换，A、C两相开展检查维护，更换工作结束后，检测隔离开关回路电阻合格，恢复送电正常，如图4-41所示。

▲ 图4-41 触指更换后情况

🔧 3. 整改措施

（1）针对此投运批次的KR22-MH31型隔离开关，开展专业化巡视，发现问题及时申请停电处理。缩短变电设备检修维护周期，针对运行十年以上的变电设备，根据具体情况，缩短设备巡视、检修维护周期，发现问题及时处理。

（2）结合变电设备试验周期，严格执行"逢停必维护"的原则，提高变电设备运行质量。结合《国家电网有限公司十八项电网重大反事故措施》要求，隔离开关宜采用外压式或自力式触头，触头弹簧应进行防腐、防锈处理；防止触头弹簧长期运行发生锈蚀，导致夹紧弹簧弹力不足。

十、220kV线路侧隔离开关烧坏

1. 检查情况

2020年8月20日，某220kV线路在停电过程中，线路侧隔离开关A相拉不开，汇报调度转移负荷，待对侧断路器断开，解除备用，做安全措施后，本侧再做安全措施，通知检修立即处理。检查A相线路侧隔离开关，为上下导电臂连接处传动轴伞状齿轮咬合部位松脱，导致隔离开关无法操作。隔离开关型号：沈高GW21-252DW。

2. 分析处理

（1）线路侧隔离开关长时间未进行操作，导致传动部分发生锈蚀变形无法操作，如图4-42所示。

（2）另外，线路为电厂负荷，负荷变化较大，隔离开关导电部分转动轴发热烧坏，未能及时发现，如图4-43所示。现场立即对A相隔离开关整体更换，更换后的情况如图4-44所示。

▲ 图4-42　传动轴伞状齿轮松脱

▲ 图4-43　导电转动轴发热烧坏

▲ 图4-44　更换后的线路侧隔离开关

3. 整改措施

（1）设备为户外敞开式设备，运行环境恶劣，日常维护保养力度不足，需加强户外敞开式设备的日常维护，对户外敞开式设备开展排查，淘汰老式转动导电轴，如图4-45所示。

（2）更换为新式转动导电轴，如图4-46所示。结合停电计划和年技改大修项目，对户外隔离开关设备进行综合大修，消除设备隐患，提高运行可靠性。

（3）通过本次缺陷处理，暴露出户外敞开式设备运行工况不佳、可靠性较低，针对故障暴露出的问题，申报停电计划，开展小修例试、技改大修工作，提升设备运行水平。

▲ 图4-45 老式转动导电轴

▲ 图4-46 新式转动导电轴

十一、220kV隔离开关C相均压环放电

1. 检查情况

2020年12月28日，运维人员巡视发现，220kV母联220隔离开关C相均压环有放电现象，如图4-47所示。隔离开关型号：西门子DR20-M25。

2. 分析处理

（1）将220间隔停电后，检修人员到达现场，检查为220C相接线板螺钉及垫

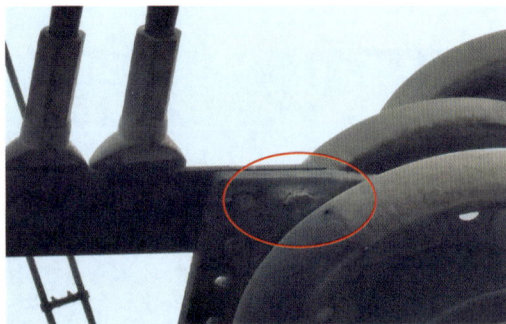

▲ 图4-47 隔离开关均压环放电

片锈蚀严重，如图4-48所示，均压环本身无放电痕迹，对C相接线板螺钉进行更换，打磨接线板截面，打磨均压环表面，试验合格，恢复送电正常。

（2）通过现场情况分析，接线板螺钉工艺不佳，运行年限过长后，螺钉表面产生氧化锈蚀，因天气过冷，螺钉冷缩，螺钉锈蚀部分间隙形成放电。

3. 整改措施

（1）针对本次缺陷，对所有此类隔

▲ 图4-48　锈蚀的螺钉垫片

离开关进行排查，未发现问题。设备附件工艺不佳，螺钉锈蚀氧化，需对设备附件严格把关。

（2）本次缺陷的隐蔽性，运维人员认真巡视设备，确保隐患及时发现及时消除。

十二、220kV线路隔离开关触指严重发热

1. 检查情况

2021年1月23日，测温发现，某220kV线路甲隔离开关C相动、静触头发热236.1℃，A相红外测温实测值17℃，B相红外测温实测值18℃，如图4-49所示，构成危急缺陷，为避免设备缺陷进一步发展，立即将线路停电转检修。隔离开关型号：泰开GW23A-252DDII/2500。

▲ 图4-49　隔离开关合闸位置

2. 分析处理

（1）现场检查线路甲隔离开关在合闸位置，三相同期一致，传动部位过死点。C相动、静触头结合部位电灼伤严重，已基本脱离接触，发热后期形成局部放电，动、静触头灼伤程度已不具备修复条件，如图4-50所示，A、B两相动、静触头夹紧度、接触部位正确，接

▲ 图4-50　C相甲隔离开关合闸位置

触良好，A相回路电阻实测值131μΩ，B相回路电阻实测值129μΩ。

（2）隔离开关动、静触头到达检修现场，检修人员进行C相动、静触头装配，更换完毕后，调试三相同期合格，传动部位过死点，动、静触头夹紧度、接触部位正确，主回路电阻实测值91μΩ，检修试验合格，如图4-51所示，工作结束，验收合格，恢复送电正常。

▲ 图4-51 更换后的隔离开关导电部分

（3）GW23A-252型隔离开关，配钳夹式触头，非全密封结构，致使隔离开关导臂内压紧弹簧弹力不足，最终导致动、静触头接触不良，引起设备发热。设备违反反措12.3.1.6，钳夹式触头的单臂伸缩式隔离开关，导电臂应采用全密封结构。

3. 整改措施

（1）将GW23A-252/GW22A-252型隔离开关列为大修项目，检修停电计划报公司，开展隔离开关大修工作。

（2）进一步加强220kV隔离开关大修前，特别是度冬期间巡视力度，及时发现设备缺陷，及时申请停电消缺，避免造成缺陷设备故障扩大，并配备此型号隔离开关导电部分配件。

十三、220kV线路隔离开关发热放电

1. 检查情况

2021年5月13日，巡检发现某220kV线路间隔有异常放电现象，位置为线路侧甲隔离开关B相动、静触头间，立即汇报调度需要停电，通知检修处理。检修人员到达现场，判断B相隔离开关动、静触头导电杆瞬间有燃弧现象，动、静触头均有严重烧蚀痕迹，不能继续运行。隔离开关型号：平高GW17-252DW。

2. 分析处理

（1）将220kV线路解除备用，做安全措施后，判断B相隔离开关动、静触头导电

杆瞬间发生燃弧后，又导致上导电杆引弧环与静触头导电板击穿燃弧，形成静触头支架铝板烧断，最后导致线路线夹及导线发生灼伤，动触头触指烧蚀情况如图4-52所示。

（2）为确认设备故障原因，厂家对烧损的上导电杆和静触头进行解体。该设备已投运年限已久，夹紧弹簧预压缩力弱，弹簧预压后已不是直线状态，复位弹簧外观良好，如图4-53所示，受到外力影响，滚轮会向分闸方向运动，动、静触头夹紧力就会减小，最终电接触面瞬间脱离，出现燃弧烧蚀。

▲ 图4-52　动触头触指烧蚀

（3）更换隔离开关受损动、静触头后，操作试验正常，恢复送电正常，红外测温正常。隔离开关更换触指后，加入运行情况如图4-54所示。

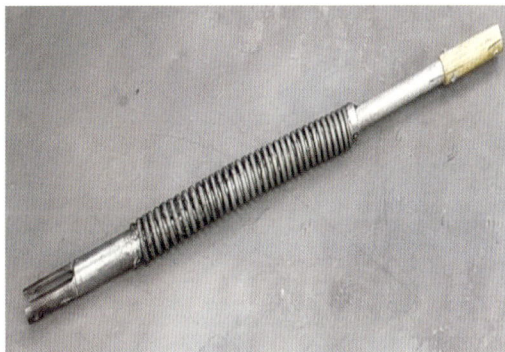

▲ 图4-53　复位弹簧良好

▲ 图4-54　更换触指后运行情况

3. 整改措施

（1）对运行10年以上的老式隔离开关，检查维护、专业巡视、日常巡视测温工作，及早发现设备隐患，及时申请停电处理，避免造成设备故障。

（2）结合停电计划，对同批次隔离开关上导电杆装配中的夹紧弹簧，进行解体检查、维护。

（3）户外敞开式设备维护力度不足，导致设备运行工况不佳。加强户外敞开式设备的日常维护，积极申报大修技改项目，提升设备的运维水平。

十四、电源故障导致220kV线路隔离开关频繁分合

1. 检查情况

2017年1月15日，某220kV线路因隔离开关控制电缆受损，潮气侵入，导致多根电缆芯短路，造成线路侧隔离开关频繁分合闸。一次设备为敞开式设计，隔离开关型号：阿海珐SPVT-252；测控装置：北京四方CSC200E。

2. 分析处理

（1）220kV采用双母线接线方式，Ⅰ、Ⅱ线路为双回线，同杆架设，分别运行于东、西母线，东、西母线联络运行。

（2）220kVⅠ线路隔离开关发生频繁分合，运维人员到达现场，断开隔离开关操作电源，Ⅰ线路隔离开关共发生多次分合闸，Ⅰ线路当时负荷电流93A，Ⅱ线路当时负荷电流109A，发生过程中无保护动作信息，Ⅰ线路断路器一直处于合闸位置。

（3）申请将Ⅰ线路停止运行，经对现场一次设备检查，Ⅰ线路隔离开关动、静触头未发现明显放电烧蚀痕迹，仅静触头引弧板处存在大量放电痕迹。对隔离开关进行了回路电阻测试，三相两侧接线板间回路电阻分别为：85.2、86.7、85.1μΩ，远低厂家规定值，与投运前测量数值相同，如图4-55所示。

▲ 图4-55 动、静触头轻微烧蚀

（4）经对现场二次设备检查，监控机SOE隔离开关动作报文如图4-56所示。Ⅰ线路隔离开关频繁变位信号能正确显示，保护装置正常，测控装置运行正常，如图4-57所示。

▲ 图4-56　监控机报文

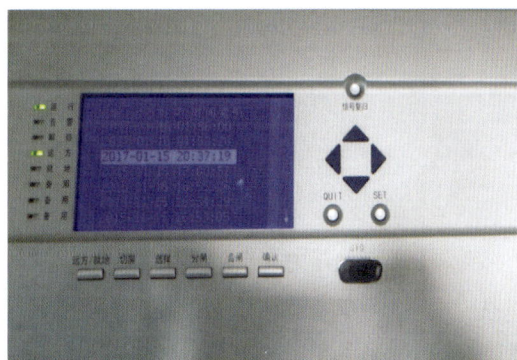

▲ 图4-57　测控装置报文

（5）经对Ⅰ线路隔离开关控制电缆进行绝缘测试，发现多根电缆芯绝缘电阻为零，对电缆进行巡查后，在端子箱隔离开关控制电缆屏蔽线触头处，发现电缆严重破损，电缆包头内有凝露未干迹象，如图4-58所示，控制电缆绝缘测试结果见表4-1。

▲ 图4-58　控制电缆受损

表4-1　　　　　　　　　　　隔离开关控制电缆绝缘测试

电缆说明	电缆芯	含义	绝缘阻值测试（MΩ）
I线路西刀、东刀、甲刀控制共用一根电缆，操作回路为交流220V供电	1G-N	西刀闭锁（预留）	合格
	1G3	西刀闭锁（预留）	0
	810	西刀操作公共极（交流L220V）	0
	813	西刀操作合	合格
	815	西刀操作分	合格
	2G-N	东刀闭锁（预留）	合格
	2G3	东刀闭锁（预留）	合格
	820	东刀操作公共极（交流L220V）	合格
	823	东刀操作合	合格
	825	东刀操作分	0
	3G-N	甲刀闭锁（预留）	合格
	3G3	甲刀闭锁（预留）	0
	830	甲刀操作公共极（交流L220V）	合格
	833	甲刀操作合	0
	835	甲刀操作分	0

（6）从隔离开关控制电缆受损和绝缘测试结果看，I线路隔离开关控制电缆，在端子箱屏蔽线触头处出现严重破损，铜芯裸露，由于触头处位于端子箱防火泥内，户

外电缆沟内湿气由端子箱下方侵入电缆头内，造成多根电缆芯接地短路，Ⅰ线路隔离开关分、合闸回路，通过公共极持续提供操作电源，致使Ⅰ线路隔离开关频繁分合。

3. 整改措施

（1）完善施工、验收规范，避免将二次电缆屏蔽线触头处理藏在防火泥或电缆沟中，保证触头处干燥，降低事故发生率。

（2）建议正常运行时，断开隔离开关操作电源，或将隔离开关机构操作把手置于就地位置，对正常运行没影响，能防止二次电缆持续带电情况下发生短路，造成设备误动。

十五、220kV线路侧隔离开关异常烧伤

1. 检查情况

2022年7月12日，某220kV变电站报"直流接地"信号，运维人员现场检查，某220kV线路侧隔离开关有扯弧现象，申请紧急停电处理。隔离开关型号：KR22-MH31。

2. 分析处理

（1）停电后，发现动、静触头处有灼伤痕迹，机构箱进水，电动机、分合闸继电器、辅助开关、远方就地把手等元器件均不同程度受潮。隔离开关动、静触头灼伤情况如图4-59所示。

（2）电动机、分合闸继电器、辅助开关、远方就地把手均有不同程度受潮，电动机烧坏，如图4-60所示。

▲ 图4-59 动触头灼伤情况　▲ 图4-60 机构箱内部进水受潮

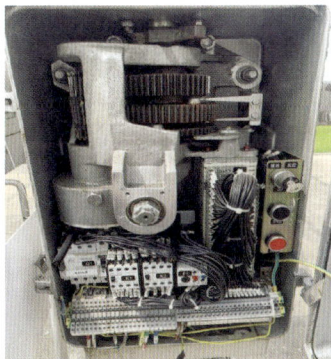

（3）传动轴密封不严，轴内密封圈老化，雨水通过机构输出轴渗入机构箱内部，造成电动机、分合闸继电器、辅助开关、远方就地把手有不同程度受潮。

（4）隔离开关远方、就地把手受潮，就地正电源与分闸回路中远方接点导通，造成遥控分闸回路接通，导致隔离开关动作，电动机受潮后启动烧坏，造成动、静触头出现扯弧现象。

（5）对动、静触头灼伤处进行打磨清擦，对机构箱内受潮元器件进行擦拭、烘干处理，直流接地消失，对隔离开关试验合格，传动正确，线路恢复送电正常。

3. 整改措施

（1）在机构箱传动轴上部，加装防雨罩或增大排水孔尺寸，触头封盖重新填充密封胶，更换机构箱密封圈，断开电动机电源等措施，防止类似情况再次发生。

（2）恶劣天气过后，对端子箱、机构箱、汇控柜开展特巡，确保箱内无异物、无凝露、无积水现象。

（3）对运行周期较长的KR系列隔离开关，结合停电检修计划，对输出轴密封进行更换，对于短期不能停电的，采取加装防雨罩的方式，遏制雨水渗入机构箱内部。

十六、220kV母联隔离开关分闸卡涩

1. 检查情况

2022年4月5日，运维人员在进行220kV倒母线过程中，220北隔离开关A相分闸不到位，动触头卡滞在静触头一侧，如图4-61所示，立即汇报调度，需将220kV北母停电处理。隔离开关型号：平高GW16-220DW。

2. 分析处理

（1）将220kV北母停电后，检修人员用绝缘棒，将220北隔离开关A相分闸。检查传动连杆、齿轮箱无损伤，上导电臂中复位

▲ 图4-61 隔离开关分闸不到位

弹簧未及时复位，分闸过程中出现卡滞，相间连杆被强行拉动，出现轻微变形，如图4-62所示。

（2）对相间连杆校正调整后，恢复正常，如图4-63所示。因母联隔离开关长时间不操作，分闸过程中，动、静触头之间摩擦力增大，动触头未及时打开，出现分闸卡滞。

▲ 图4-62　相间连杆轻微变形

▲ 图4-63　调试正常后的隔离开关

3. 整改措施

（1）母线隔离开关长时间不操作，出现发热、拒动、分合不到位等缺陷增多，设备不稳定性增大，需优化检修模式，强化集中检修，以母线停电＋间隔轮停检修模式。

（2）深入推广"整站、整线、整电压等级"集中检修，优化停电方式，扭转以"单间隔设备检修周期"为基准的检修思路，解决母线隔离开关长久失修问题。

十七、20kV线路甲隔离开关辅助触头不良变位

1. 检查情况

2023年5月10日，某220kV运行线路位置告警，甲隔离开关变为分位，如图4-64所示，遥测量正常，未发生直流接地等异常信号。机构型号：阿尔斯通GRID。

2. 分析处理

打开线路甲隔离开关机构箱，如图4-65所示，检查机构箱干燥、无进水，导线无

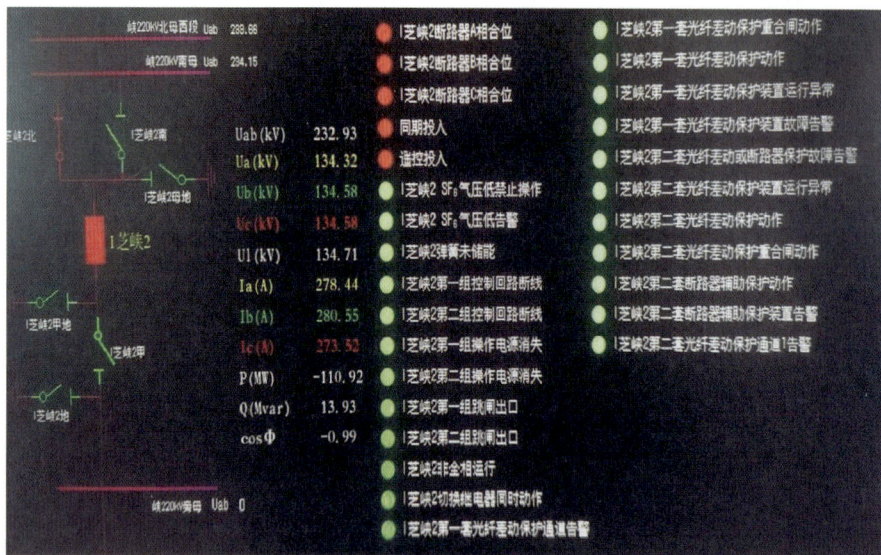

▲ 图4-64　线路甲隔离开关分位

破损、短路、断路现象，机械连杆无变形脱落，SL3行程开关为合闸，SL4行程开关为分闸，电路原理如图4-66所示，检查为SL3行程开关，1–3位置触头接触不良，经调整后，位置信号恢复正常。

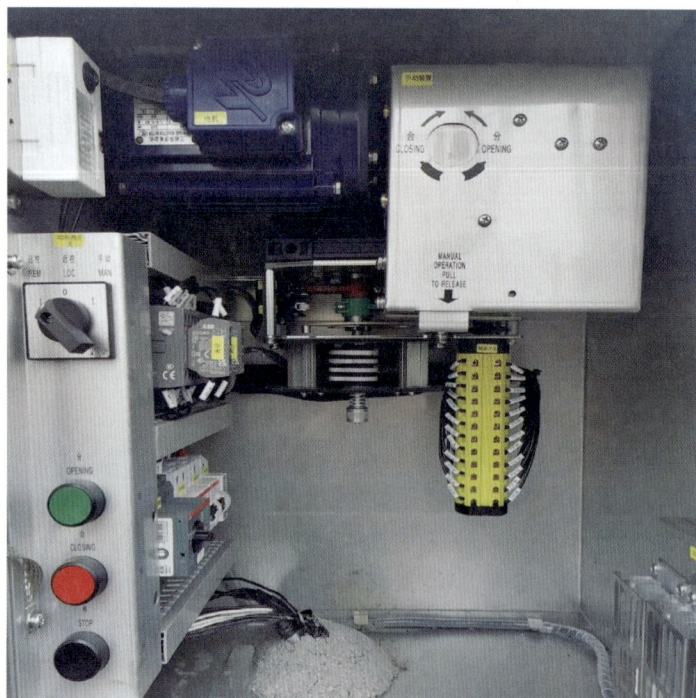

▲ 图4-65　甲隔离开关机构箱

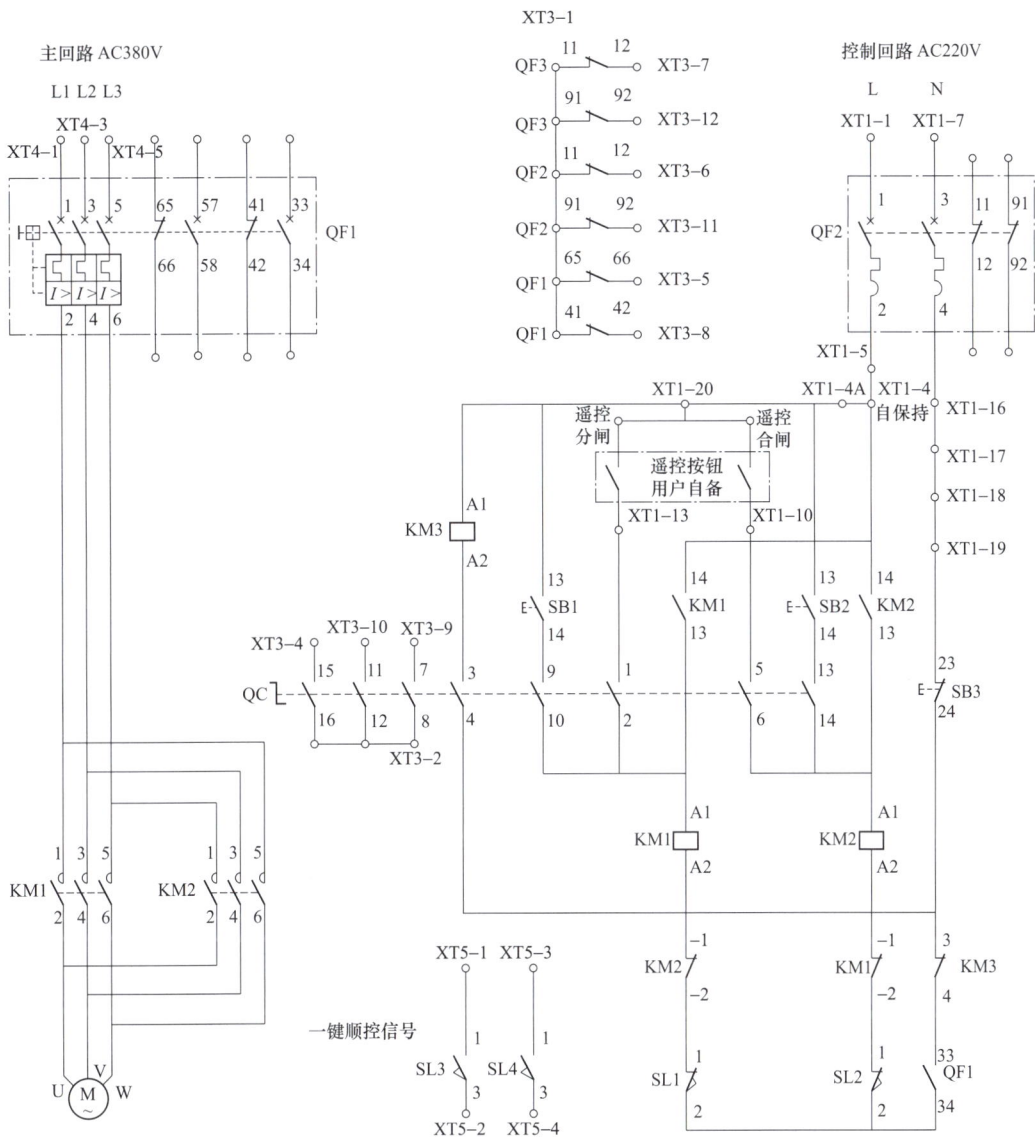

▲ 图4-66 隔离开关机构电路

3. 整改措施

加强设备维护，检查微动触头有无松动、变形，发现异常，及时汇报处理。

十八、220kV母线隔离开关导体发热气室故障

1. 检查情况

2022年1月13日，某220kV变电站，220kV第一套、第二套母线保护动作，Ⅰ母差

动保护出口、母联跳闸，220kV西母失压，110kV系统运行正常。GIS型号：SDA524-252，母线三相共箱，隔离开关和母线共气室，2008年12月投运。

2. 分析处理

（1）现场检查。

1）检查220kV西母各气室压力指示正常，阀门、法兰等密封部位无漏气现象。对西母各气体分解物试验，发现220西隔离开关气室，SO_2含量为136μL/L，H_2S含量为32.9μL/L，判断为气室内部存在相间短路故障，其余气室试验结果无异常。

2）结合保护动作情况，对母线、母联、变压器及线路保护装置全面检查，根据故障录波分析，故障时东、西母母线电压A、C两相明显降低，A相电压33.33V，B相电压54.0V，C相电压21.06V，然后三相电压消失，各间隔A、C两相电流增大，大小相同，方向相反。

3）母线保护差流66.45A，TA变比为2400/5，折合一次电流31.89kA，经电流合成计算，一次差流为31.80kA，与母线保护差流折算大致相符。为一次设备先发生AC相间短路，发展为三相短路，220kV母差保护动作正确，保护定值整定正确。

（2）气室检查。打开220西隔离开关母线侧气室，罐体内母线表面存在大面积黄褐色附着物，母线触头处有污损，如图4-67所示。绝缘子与母线连接处有电弧灼烧痕迹，如图4-68所示，罐内充满白色粉末，底部存在片状灰色物质，如图4-69所示。

▲ 图4-67 母线表面褐色附着物

▲ 图4-68 气室A相连接处有灼伤痕迹

（3）返厂检查。

1）拆除220西隔离开关气室，北侧盆式绝缘子表面熏黑，如图4-70所示，擦拭清洁后未见放电通道。南侧盆式绝缘子无明显异常，如图4-71所示。

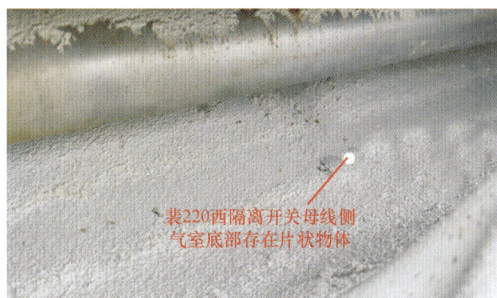

▲ 图4-69 气室底部存在片状物体

▲ 图4-70 北侧盆式绝缘子

▲ 图4-71 南侧盆式绝缘子

2）将北侧盆式绝缘子拆除后，气室内母线导体触头表面熏黑，如图4-72所示，触指排列整齐，触指内部无明显伤痕，如图4-73所示。

▲ 图4-72 导体触头表面熏黑

▲ 图4-73 触指排列整齐

3）解体发现A相导体母线与盆式绝缘子触头处，4颗连接螺栓烧熔，如图4-74所示；连接处铝导体有明显缺损，如图4-75所示，铜铝接触面为熔接状态，将接触面切割解剖后，铜铝接触面有明显烧蚀痕迹，如图4-76所示，B、C两相铜铝接触面未见明显异常，如图4-77所示。

▲ 图4-74　A相导体连接螺栓烧熔

▲ 图4-75　A相导体连接处有缺损

▲ 图4-76　A相导体铜铝接触面剖面

▲ 图4-77　B、C相导体连接面

4）北侧盆式绝缘子A、B两相屏蔽均有烧蚀痕迹，如图4-78所示，C相屏蔽有放电烧蚀痕迹，如图4-79所示。更换一套220母联间隔设备，试验合格，恢复送电正常。

▲ 图4-78　A、B相屏蔽烧蚀痕迹

▲ 图4-79　C相屏蔽烧蚀痕迹

3. 整改措施

（1）结合解体检查及保护动作分析，为220西隔离开关气室在厂内装配时，A相导体铜铝对接面连接螺栓紧固不到位，长期运行产生松动，造成该部位接触不良，在运行电流作用下发热，接触面及螺栓烧蚀，过热导致放电，AC相间短路，弧光又造成三相短路，220kV母线差动动作，切除故障。

（2）对同结构GIS母线气室进行SF_6气体成分、红外测温和微水检测，重点排查主变压器及母联间隔，发现问题，及时处理。

十九、500kV隔离开关合不到位

1. 检查情况

2020年4月18日，在1号主变压器送电过程中，发现母隔离开关B相未合到位，检查导电臂丝杆装配断裂，导致隔离开关无法操作，需对断裂的丝杆装配进行更换，汇报调度，通知检修处理，如图4-80所示。隔离开关型号：GW17B-550DW。

▲ 图4-80 导电臂丝杆断裂

2. 分析处理

（1）在500kV 1号主变压器送电操作过程中，母隔离开关B相合闸不到位，检查为母隔离开关B相上导电部分丝杆断裂，经检修更换该相隔离开关丝杆，并调试正常后，1号主变压器间隔投入运行。

（2）外观检查，母隔离开关B相断裂连杆装配件轴孔纵向受拉部位，存在一处长、宽各4mm铸造缩孔，如图4-81所示。对开裂的连杆和新的连杆配件轴孔，纵向受拉部位横截面进行了微观金相检测，抛光后金相试样，可见开裂配件缩孔缺陷明显，新提供配件未见明显缺陷。

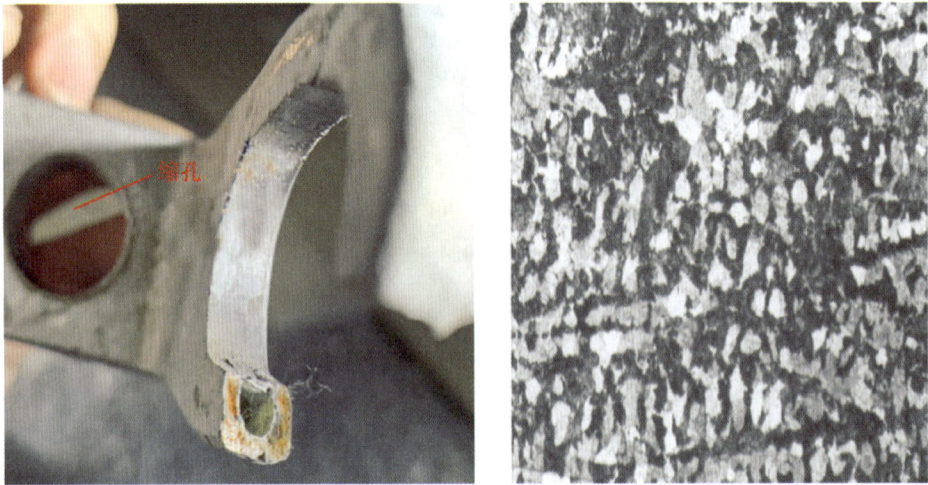

▲ 图4-81　导电臂铸造缺陷

（3）分析认为，开裂连杆装配件轴孔受力部位存在一明显的铸造缩孔，大大降低了连杆有效承载截面积，直接导致了连杆装配件开裂。

3. 整改措施

结合停电机会，对在运同批次隔离开关连杆装配件进行检查，发现问题及时处理。积极开展对新建变电站及扩建间隔设备的验收工作。

二十、500kV隔离开关气室漏气

1. 检查情况

2020年12月16日，500kV监控机报："甲隔离开关气室压力低告警"信号，现场检查，发现甲隔离开关气室压力为0.35MPa（额定值0.40MPa，告警值0.35MPa）。进一步检查发现，A相出线套管带电显示装置传感器处，绝缘盆有裂纹，漏气严重，为防止绝缘盆裂纹继续发展，引起压力陡降导致故障跳闸，向调度申请停电转检修，进行消缺，如图4-82所示。GIS设备型号：ZF9-252。

2. 分析处理

（1）现场开展检漏工作，发现甲隔离开关 A 相出线套管带电显示装置传感器处绝缘盆为漏点，近距离检查绝缘盆存在裂纹。带电补气至 0.42MPa 后跟踪观察，12h 后压力再次降至告警值。

▲ 图4-82　线路隔离开关气室漏气

（2）设备停电后，对甲隔离开关出线套管带电显示装置传感器处，三相绝缘盆更换，更换后，对气体成分试验数据检测合格，再次检漏后确认缺陷消除，恢复送电正常，如图4-83所示。

3. 整改措施

（1）该绝缘盆严重老化，加上近期天气昼夜温差较大，导致裂纹。

（2）对 220kV 组合电器同批次在运设备，在度冬保电期间，加强巡视检查，发现问题，及时汇报处理。

▲ 图4-83　带电显示处绝缘盆检漏

二十一、500kV隔离开关触指发热

1. 检查情况

2022年8月5日，某500kV线路50222隔离开关，A 相触指发热117℃，负荷电流415A，构成严重缺陷，并且随负荷增长呈加剧趋势，红外测温情况如图4-84所示。隔离开关型号：ABB，2VKSBⅢ-3AM-550。

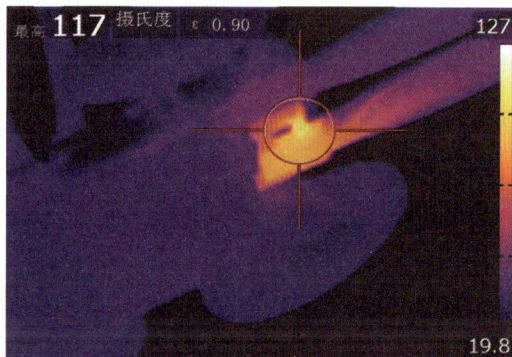

▲ 图4-84　隔离开关触指发热

2. 分析处理

（1）A相触指发热，为静触头一侧触指压紧弹簧疲劳老化，上下两面各5根触指，5根弹簧，如图4-85所示，造成局部夹紧力不足，动、静触头接触不良，导致局部发热。

（2）为防止触头烧蚀，立即申请停电，更换三相动、静触头，经电阻测量合格，恢复送电正常，检修现场情况，如图4-86所示。

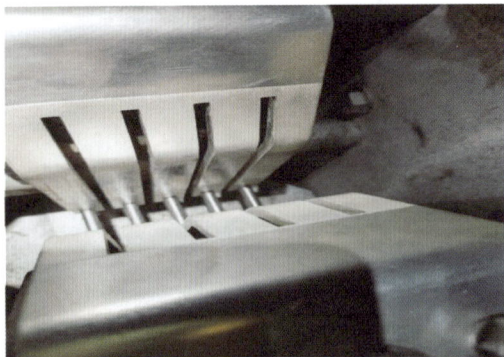

▲ 图4-85　触指弹簧老化

▲ 图4-86　检修现场情况

3. 整改措施

（1）户外敞开式设备，日常维护保养力度不足，导致设备运行工况不佳。严格管控设备检修质量，制定有效检修方案，加快推进老旧设备大修。

（2）对同批次隔离开关开展完善化大修，更换动、静触头及导电部位，彻底消除设备部件老化造成的安全隐患，提升设备运行可靠性。

二十二、500kV隔离开关导电臂滑脱倾斜

1. 检查情况

2021年12月29日，检修人员在专业化巡视过程中，发现某500kV线路50411隔离开关B相导电臂倾斜，动、静触头向一侧偏离。红外测温，A相4.5℃、B相4.7℃、C相4.4℃，三相负荷电流分别为，A相837A、B相809A、C相828A，隔离开关倾斜情况如图4-87所示。隔离开关型号：沈高GW6-550Ⅱ。

2. 分析处理

（1）使用无人机对50411隔离开关B相底座、传动机构、导电臂、动触头、静触头等部位进行深入检查，共有4根导电臂，有2根导电臂连接部位滑脱约50%，分别位于下导电臂活动关节转轴连接处，及上导电臂与动触头连接处，如图4-88所示。

（2）通过测温及外观检查，结合厂家意见，设备已运行15年，部件老化，导电臂活动关节内部关节膨胀器松动、滑脱，受大风等外力影响，隔离开关剧烈晃动，加剧滑脱。

（3）此情况无法进行分合闸操作，申请500kV母线停电，检修人员使用高空作业车，将50411隔离开关拉至分闸位置，并做好固定措施，更换B相导电臂关节，对A、C两相检查正常，传动正确，恢复送电正常。

3. 整改措施

（1）对同批次隔离开关检查及完善化大修，彻底消除部件老化造成的安全隐患，提升设备运行可靠性。

（2）加强户外敞开式设备的日常维护保养，对运行时间较长的隔离开关，及时申报停电计划，开展小修例试、技改大修工作，保持设备良好运行状态，提升安全运行水平。

▲ 图4-87 母线隔离开关倾斜

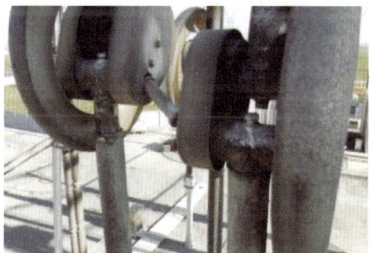

▲ 图4-88 B相导电臂关节滑脱

第五章

电力电容器

5

CHAPTER

电力电容器结构原理

第一节

SECTION 1

　　并联电容器装置主要由并联电容器、串联电抗器、放电线圈、氧化锌避雷器、接地开关、连接母线、支柱绝缘子、围栏组成。电容器主要由壳体、电容器心子、绝缘介质以及出线结构等几个部分组成；壳体材质为薄钢板或不锈钢板，出线套管焊接在壳盖处，电容器心子由聚丙烯薄膜与铝箔（极板）卷制而成，壳体内部充满液体介质用以绝缘和散热。

　　类型：集合式、框架式、塔式、调压调容式、交流滤波式等。接线有单星形、双星形、三角形接线，保护：A—开口三角电压保护，C—相电压差动保护，L—中性点不平衡电流保护，Q—桥式差电流保护。集合式电容器如图5-1所示，框架式电容器如图5-2所示。

▲ 图5-1　集合式电容器

▲ 图5-2　框架式电容器

一、集合式电容器

1. 产品用途

主要用于工频电力系统作为无功补偿，以提高功率因数，降低线路损耗，改善电网质量，提高输变电能力。

2. 产品标准

JB/T 7112—2000《集合式高电压并联电容器》；

DL/T 628—1997《集合式高电压并联电容器订货技术条件》。

3. 使用条件

温度范围：−40 ~ +50℃；

海拔高度：≤ 1000m；

安装场所：户外或户内；

运行环境：无有害气体及蒸汽，无导电性或爆炸性尘埃，无剧烈的机械震动。

4. 主要性能指标

电容偏差：0 ~ +5%，三相电容中任意两相最大值与最小值之比 ≤ 1.02；

损耗角正切值（$\tan\delta$）：≤ 0.05%；

局部放电熄灭电压（极间）：常温下高于 $1.25U_N$，温度下限时不低于 $1.15U_N$。

5. 结构概述

集合式高电压并联电容器按结构分三相和单相两种方式，按系统电压主要分10kV、35kV、66kV绝缘等级，按容量分固定式和可调试；其内部根据不同电压、容量的分配，由若干电容器单元，以一定的串、并联方式，安装连接在金属框架上组成器身，且封装在充满绝缘油的钢壁箱壳内。电容器单元内的每片元件都串有内熔丝，当单片元件击穿时，其余完好元件对其放电，熔丝熔断将损坏的元件断开，保证了电容器继续安全运行；置于箱盖顶端的出线套管分别与放电线圈的对应端连接，当电容器退出运行后，放电线圈应能使电容器上的剩余电压在5s内由$\sqrt{2}\,U_N$降至50V以下。同时，放电线圈的二次兼作电容器装置的继电保护之用；电容器的箱盖上设置压力释放阀，当电容器发生严重故障时，集合式内部压力超过释放阀设定压力，该阀可在2ms内迅速开启，防止了事故的进一步扩大；箱壁侧面设置压力式温度指示器，既用于箱体内的油温显示，又能在油温超温时发出报警信号，履行温度保护作用；箱体底侧装有放油阀门及M16接地螺栓。

6.型号意义

B□MH□-□-□W

W户外型，无W为户内型；
相数，1表示单相，3表示三相，1×3表示3个独立单相；
额定容量，单位kvar；
额定电压，单位kV；
集合式；
全膜介质；
浸渍剂代号，A表示单/双苄基甲苯（M/DBT），F表示二芳基乙烷（PXE）；
并联电容器。

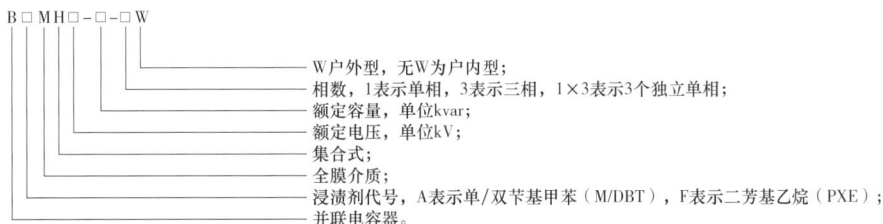

示例：$BAMH11/\sqrt{3}-5000-1\times3W$。

表示集合式高电压并联电容器，单/双苄基甲苯（M/DBT）浸渍全膜介质，额定电压为$11/\sqrt{3}kV$，额定容量为5000kvar，内部连接为3个独立的单相，使用时成Y形连接。

二、框架式电容器

1.特点

电容器组采用柜式或框架式结构，钢架表面经热镀锌处理，围栏可采用热浸锌或不锈钢材料。

2.装置型号表示方法

举例说明：T BB 2 10-10020 / 334 -B L W。
①②③④　⑤　　⑥　⑦⑧⑨

①装置代号，T为成套装置；
②系列代号，BB为并联电容器装置；
③设计序号；
④额定电压，单位为kV；
⑤额定容量，单位为kvar；

⑥电容器单元容量，单位为kvar；

⑦尾注号1，A为单星接线，B为双星接线；

⑧尾注号2，C为电压差动保护，K为开口三角电压保护，L为中性点不平衡电流保护，Q为桥差电流差动保护；

⑨尾注号3，G为高原，TH为湿热带，W为户外用，空白为户内用。

🎗 3. 并联电容器装置型号及数据

10～35kV并联电容器装置技术数据（配空心电抗器或配铁芯电抗器）见表5-1。

序号	型号	额定容量（kvar）	单元容量（kvar）	一次原理图号	组架层数	配空心电抗器 $L \times W \times H$（mm）	配铁芯电抗器 $L \times W \times H$（mm）
1	TBB 10-2400/100-BL（W）	2400	100	12-3	2	5800×2600×2800	5200×2000×2800
2	TBB 10-2400/100-AK（W）	2400	100	11-3	2	5800×2600×2800	5200×2000×2800
3	TBB 10-2400/200-BL（W）	2400	200	12-3	1	5800×2600×2300	5200×2000×2300
4	TBB 10-2400/200-AK（W）	2400	200	11-3	1	5800×2600×2300	5200×2000×2300
5	TBB 10-3000/100-BL（W）	3000	100	12-3	2	6500×2800×2800	5760×2000×2800
6	TBB 10-3000/100-AK（W）	3000	100	11-3	2	6500×2800×2800	5760×2000×2800
7	TBB 10-3000/200-AK（W）	3000	200	11-3	2	5500×2800×3200	4500×2000×3200
8	TBB 10-3600/100-BL（W）	3600	100	12-3	2	7000×2800×2800	6100×2000×2800
9	TBB 10-3600/100-AK（W）	3600	100	11-3	2	7000×2800×2800	6100×2000×2800
10	TBB 10-3600/200-BL（W）	3600	200	12-3	2	6200×2800×3200	5700×2000×3200
11	TBB 10-3600/200-AK（W）	3600	200	11-3	2	6200×2800×3200	5700×2000×3200
12	TBB 10-4008/334-AK（W）	4008	334	11-1、11-2	1	6200×2800×2300	5400×2000×2300
13	TBB 10-4800/100-BL（W）	4800	100	12-2	3	6400×2800×4070	4500×2000×4070
14	TBB 10-4800/200-BL（W）	4800	200	12-3	2	6000×2800×3200	5200×2000×3200
15	TBB 10-4800/200-AK（W）	4800	200	11-3	2	6000×2800×3200	5200×2000×3200
16	TBB 10-5010/334-AK（W）	5010	334	11-1、11-2	2	5600×2700×3200	4290×2000×3450
17	TBB 10-6000/100-BL（W）	6000	100	12-3	3	7000×3000×4070	6100×2000×4070
18	TBB 10-6000/200-BL（W）	6000	200	12-3	2	6900×3000×3200	5900×2000×3200
19	TBB 10-6000/200-AK（W）	6000	200	11-3	2	6900×3000×3200	5900×2000×3200
20	TBB 10-6012/334-BL（W）	6012	334	12-1、12-2	2	5700×3000×3450	4650×2000×3450

三、内熔丝、外熔丝电容器接线保护整定

不平衡保护计算公式见表5-2、表5-3。

表5-2　　　　　　　　　　　内熔丝电容器组不平衡保护计算公式

序号	电容器接线及保护方式	计算公式	符号含义
1	单星形接线开口三角电压保护	$$\Delta U_{\text{C}} = \frac{3kU_{\text{EX}}}{3MNmn - k(3MNn - 3MN + 3N - 2)}$$	ΔU_{C}—不平衡电压；I_{o}—不平衡电流；m—单元中并联元件数；n—单元中串联元件数元件先并后串；M——相中并联单元数；N——相中串联单元数单元先并后串；k——段中切除元件数；K_{v}—完好元件允许过电压倍数（K_{v}取1.3）；U_{EX}—电容器组额定相电压；I_{EX}—电容器组额定相电流
2	单星形接线相电压差动保护	$$k = \frac{3MNmn(K_{\text{v}} - 1)}{K_{\text{v}}(3MNn - 3MN + 3N - 2)}$$	
3	双星形接线中性点不平衡电流保护	$$I_{\text{o}} = \frac{1.5kI_{\text{EX}}}{3MNmn - k(3MNn - 3MN + 6N - 5)}$$ $$k = \frac{3MNmn(K_{\text{v}} - 1)}{K_{\text{v}}(3MNn - 3MN + 6N - 5)}$$	
4	单星形接线桥式差电流保护	$$I_{\text{o}} = \frac{3kI_{\text{EX}}}{3MNmn - k(3MNn - 3MN + 6N - 8)}$$ $$k = \frac{3MNmn(K_{\text{v}} - 1)}{K_{\text{v}}(3MNn - 3MN + 6N - 8)}$$	

注　1.序号2中两段额定电容值相等。

　　2.序号3和序号4中各臂额定电容值相等。

表5-3　　　　　　　　　　　采用熔断器的电容器组不平衡保护计算公式

序号	电容器接线及保护方式	计算公式	符号含义
1	单星形接线开口三角电压保护	$$\Delta U_{\text{C}} = \frac{3KU_{\text{EX}}}{3MN - K(3N - 2)}$$	ΔU_{C}—不平衡电压；I_{o}—不平衡电流；M——相中并联单元数；N——相中串联单元数单元先并后串；K——段中切除单元数；K_{v}—完好单元允许过电压倍数（K_{v}取1.1）；U_{EX}—电容器组额定相电压；I_{EX}—电容器组额定相电流
2	单星形接线相电压差动保护	$$K = \frac{3MN(K_{\text{v}} - 1)}{K_{\text{v}}(3N - 2)}$$	
3	双星形接线中性点不平衡电流保护	$$I_{\text{o}} = \frac{1.5KI_{\text{EX}}}{3MN - K(6N - 5)}$$ $$K = \frac{3MN(K_{\text{v}} - 1)}{K_{\text{v}}(6N - 5)}$$	
4	单星形接线桥式差电流保护	$$I_{\text{o}} = \frac{3KI_{\text{EX}}}{3MN - K(6N - 8)}$$ $$K = \frac{3MN(K_{\text{v}} - 1)}{K_{\text{v}}(6N - 8)}$$	

四、无熔丝电容器接线保护整定

不平衡保护计算公式见表5-4。

表5-4 无熔丝电容器组不平衡保护计算公式

序号	电容器接线及保护方式	计算公式	符号含义
1	单星形接线开口三角电压保护	$\Delta U_\text{C} = \dfrac{3\beta U_\text{EX}}{3MN - \beta(3MN - 3N + 2)}$	ΔU_C—不平衡电压; I_o—不平衡电流; M——相中并联单元数; N——相中串联单元数单元先并后串; U_EX—电容器组额定相电压; I_EX—电容器组额定相电流; β—单台电容器内部元件击穿段数的百分数（β取50%～70%）
2	单星形接线相电压差动保护		
3	双星形接线中性点不平衡电流保护	$I_\text{o} = \dfrac{1.5\beta I_\text{EX}}{3MN - \beta(3MN - 6N + 5)}$	
4	单星形接线桥式差电流保护	$I_\text{o} = \dfrac{3\beta I_\text{EX}}{3MN - \beta(3MN - 6N + 8)}$	

电力电容器的诊断与分析

一、10kV电容器软连接发热

1. 检查情况

2015年5月5日，对某220kV变电站进行设备特巡时，测温发现10kV 4号电容器组C相铝排汇流母线与软连接线鼻处发热严重，红外测温200℃，属于危机缺陷，立即汇报调度停电处理，发热情况如图5-3所示。电容器型号：桂容BAM12$\sqrt{3}$ -450- 1W；电容器组：TBB10-8100/334-AK；保护型号：许继WDR-821/R2。

▲ 图5-3　汇流母线与软连接线鼻发热

2. 分析处理

（1）将4号电容器立即停运转检修后，检查为软连接导线氧化严重，铜线鼻与压接的软导线弯曲半径过大，制作工艺较差，未使用铜铝过渡线鼻，镀锌螺栓氧化、松动后发热。

（2）软导线外观已氧化发绿严重，无防水护套，有断股现象，未及时更新，室外设备受环境影响较大。

（3）更换老化的软导线、线鼻、线夹，将镀锌螺栓更换为高强度不锈钢螺栓，软导线更换为防水护套型，更换后的情况如图5-4所示，恢复送电正常。

3. 整改措施

（1）若继续发展下去，软导线烧断，可能造成电容器组损坏。

（2）加强红外测温和设备维护力度，发现问题及时汇报处理。

▲ 图5-4　更换线鼻和软连接的外护套

二、10kV电容器外熔丝群爆故障

1. 检查情况

2016年2月27日，某220kV变电站10kV 3号电容器组不平衡电压动作跳闸，动作值：122.05V，电容器组A3、B5、C3套管爆炸，本体渗油、鼓肚，A4、A5、B1、B2、B5、C1、C2、C4、C5电容器外熔丝脱落，将设备解除备用，做安全措施后，通知检修人员处理，保护动作报文如图5-5所示，电容器外熔丝熔断群爆，如图5-6所示。电容器型号：BAM12$\sqrt{3}$-500-1W；电容器组：上海库伯ZX-7L；保护型号：南瑞RCS-9631C。

2. 分析处理

（1）电容器熔丝熔断脱落情况如图5-7所示，外熔丝托架老化严重，M8紧固螺钉与母排连接处发热，熔丝熔断后脱落，托架未托住熔丝搭到下端，造成相间短路。

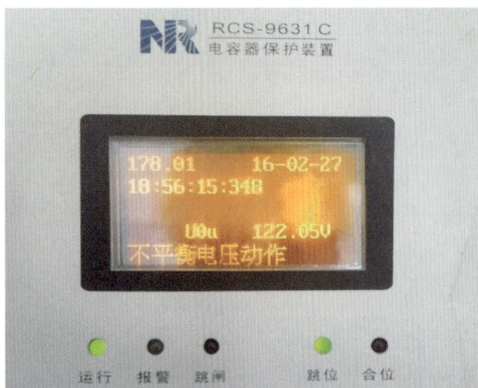

▲ 图5-5　电容器动作报文

▲ 图5-6　电容器外熔丝熔断群爆

▲ 图5-7　电容器外熔丝熔断脱落

（2）电容器外熔丝结构如图5-8所示，经更换损坏的电容器，更换全部熔丝托架、软导线、螺钉、熔丝，试验合格后，恢复送电正常。

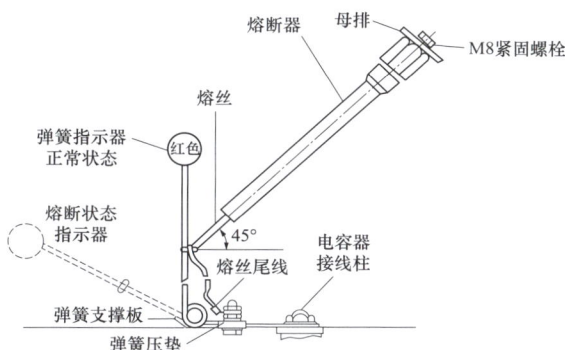

▲ 图5-8　电容器外熔丝结构

（3）变电站附近2km处有一热电厂，环境污染严重，电容器在室外环境下运行，易受粉尘、日晒等自然环境影响，触头位置极易氧化腐蚀，造成触头氧化发热。

🔧 3. 整改措施

（1）加强电容器红外测温工作，对于存在的缺陷及时上报处理；加强设备防污措施，遇有停电机会及时清扫。

（2）发现外熔丝和支架老化现象，应及时报计划更换，外熔丝电容器不适合在室外环境运行，或者加装防雨棚。

（3）将设备更换为内熔丝电容器，取代外熔丝电容器，如图5-9所示，以降低故障率，减小维护量，运行效果良好。型号：桂容BAM12/$\sqrt{3}$ -500-1W。

▲ 图5-9　内熔丝电容器

三、10kV电容器引线鼻烧断故障

1. 检查情况

2015年12月28日，某220kV变电站10kV 3号电容器组相电压差动保护动作跳闸，A相差电压动作值9.856V，现场检查，A相第一只电容器上端头引线鼻烧断，其他无异常，相电压差动保护动作报文如图5-10所示。保护型号：许继WDR-821C；电容器组型号：顺容TBB10-8000/334-ACW。

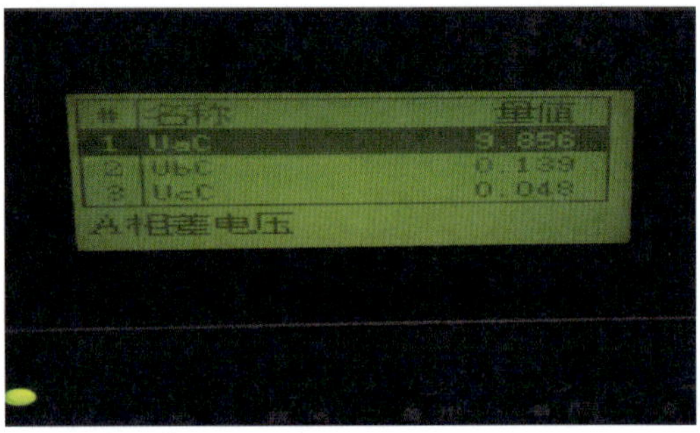

▲ 图5-10　相电压差动保护动作报文

2. 分析处理

（1）A1电容器上端引线鼻烧断，如图5-11所示，汇报调度情况，将该电容器组解除备用，做安全措施后，通知检修人员处理。经测量A1电容器电容为20μF，实标为107.43μF，表明此只电容器已损坏，继续测量其余电容器正常，绝缘电阻合格。

（2）电容器组为单星形差接线，每

▲ 图5-11　电容器上端引线鼻烧断

相由 4 只小电容器并联成段，再由 2 段串联而成，每相平分为左右两段，放电线圈二次串联后接入差动继电器，构成相电压差动保护，接线原理如图 5-12 所示。正常运行时，左右两段电容值相等，放电线圈两段承受相同电压，差动继电器两端基本无电压，一旦左右段一端电容值发生变化，放电线圈就会产生差电压，当差电压达到整定值时，断路器跳闸切除故障。

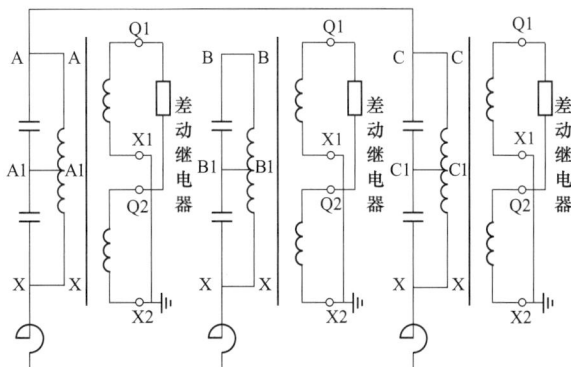

▲ 图 5-12 相电压差动保护接线

（3）A1电容器，因软连接线鼻制作工艺较差，在室外环境下易氧化、松动、发热，对电容器上端铝排连接处连续放电，烧断引线鼻，使 A1 电容器遭受多次重击穿损坏，此时 A1 电容值发生变化，A 相放电线圈产生差电压，超过保护整定值（7V），保护动作跳闸，切除故障。

（4）对电容器组放电线圈、避雷器、电抗器检查均正常，校验保护及二次回路正常，更换合格的 A1 电容器、软连接后，恢复送电正常。

3. 整改措施

（1）对安装的电容器组线鼻工艺差，没有引起足够重视，改进线鼻制作工艺，增大软连接导线截面积。

（2）加强红外测温工作，发现异常及时汇报处理。

四、10kV电容器不平衡电压保护动作 I

1. 检查情况

2020 年 7 月 10 日，8：57，某 10kV 2 号电容器组，不平衡电压保护动作跳闸，

不平衡电压动作值 U_{bp} 为 45.34V，保护动作报文如图 5-13 所示。现场检查，星形点与 C 相放电线圈间软连接锈断，保护动作正确，C 相放电线圈引线锈断情况如图 5-14 所示。电容器型号：桂容 BAM12/$\sqrt{3}$-500-1W；保护型号：南瑞 RCS-9631C。

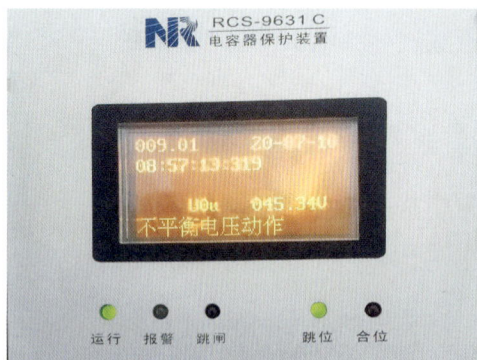

▲ 图5-13 保护动作报文

▲ 图5-14 C相放电线圈引线锈断

2. 分析处理

（1）原设计软连接线为编织线，线径较细，加上室外环境恶劣，导线氧化腐蚀严重，裸线外部无任何防水措施，长期运行容易氧化锈断，产生不平衡电压，电容器不平衡保护原理接线如图 5-15 所示。

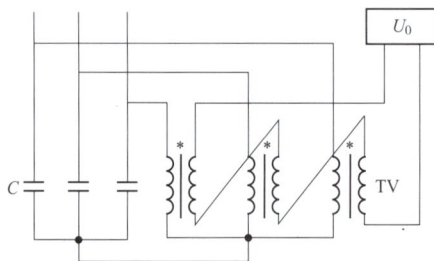

▲ 图5-15 不平衡电压保护原理接线

（2）经试验放电线圈、电容器各项指标合格，更换新的放电线圈引线后，如图 5-16 所示，恢复送电正常。

3. 整改措施

加强设备巡视，将裸软线改为防水护套软线，发现异常及时汇报处理。

▲ 图5-16 放电线圈引线更换后

五、10kV电容器不平衡电压保护动作 II

1. 检查情况

2017年4月29日，7：18，某10kV 4号电容器组跳闸，检查为不平衡电压保护动作，不平衡电压动作值U_{bp}为108.57V，保护动作报文如图5-17所示，检查室外为A相第一只电容器，汇流软母线与线鼻尾部处烧断，如图5-18所示，保护动作正确。电容器型号：桂容BAM12/$\sqrt{3}$-450-1W；保护型号：许继WDR-821。

▲ 图5-17 保护动作报文

▲ 图5-18 汇流软母线与线鼻尾部烧断

2. 分析处理

（1）电化学腐蚀：原电容器组65mm²多股软铜线，表面粗糙裸露，未加装防水护套，水分、灰尘易渗入其中腐蚀导线，产生电化学腐蚀，使接触电阻增大发热。

（2）机械疲劳：软导线压接的铜线鼻，第一只电容器的哈弗线夹固定点，与铝排连接处固定点两处较近，造成线鼻尾部软线弯曲半径较大，易发生尖端放电和受力较大，容易折断。

（3）热疲劳：铜线鼻、铝排、镀锌螺栓三种材质，接触电阻较大，电容器组频繁投切，在交变应力作用下，连接处易产生热疲劳，形成恶性循环，最终线鼻烧断，造成电容器不平衡电压动作跳闸。

（4）改进线鼻制作工艺，将软导线更换为防水护套型，经试验放电线圈、电容器各项指标合格，恢复送电正常。

3. 整改措施

加强红外测温工作，发现异常，及时汇报处理。

六、10kV电容器不平衡电压保护动作Ⅲ

1. 检查情况

2022年3月23日，16：55，某220kV变电站10kV 2号电容器组不平衡电压动作跳闸，保护动作报文如图5-19所示，不平衡电压动作值U_{bp}为8.36V，如图5-20所示，检查现场无异常，将2号电容器解除备用，做安全措施，通知检修处理。电容器型号：桂容BAM12/$\sqrt{3}$-450-1W；保护型号：许继WDR-821。

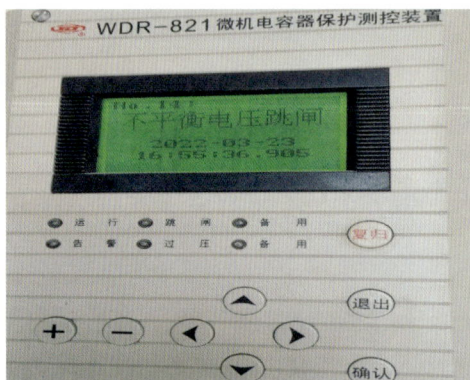

▲ 图5-19 不平衡电压报文   ▲ 图5-20 不平衡电压动作值

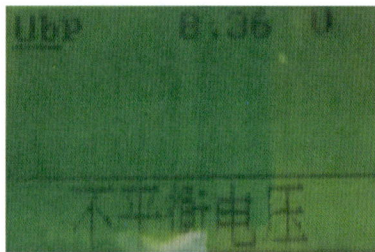

2. 分析处理

（1）经检修、保护、试验人员检查，电容器无异常，为B相放电线圈二次对地绝缘0.1MΩ，线圈损坏，不能运行，保护动作正确，需更换处理，损坏的放电线圈如图5-21所示。

（2）损坏的放电线圈已拆除，干式放电线圈为环氧树脂绝缘老化，密封受潮，造成绕组绝缘降低，更换新的放电线圈后如图5-22所示，试验合格，恢复送电正常。

▲ 图5-21 损坏的放电线圈

▲ 图5-22 更换后的放电线圈

3. 整改措施

上报缺陷，及时更换陈旧的放电线圈，防止故障再次发生。

七、10kV电容器不平衡电压保护动作Ⅳ

1. 检查情况

（1）2022年6月20日，16：08，某220kV变电站10kV 1号电容器组不平衡电压动作跳闸，保护动作报文如图5-23所示，不平衡电压动作值U_{bp}为5.86V，如图5-24所示，电容器型号：桂容BAM12/$\sqrt{3}$-450-1W；保护型号：许继WDR-821。

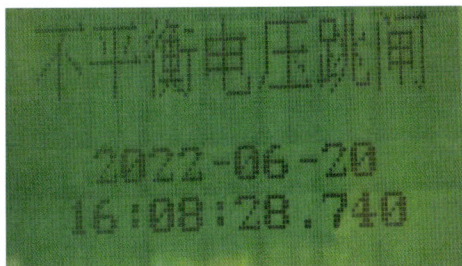

▲ 图5-23 不平衡动作报文

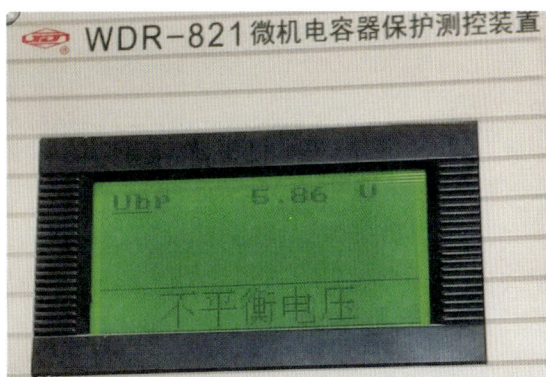

▲ 图5-24 不平衡电压动作值

（2）检查现场无异常，将1号电容器解除备用，做安全措施，通知检修检查处理，拆除一次侧引线的放电线圈，如图5-25所示。电容器组型号：桂容BAM12/$\sqrt{3}$-450-1W。

▲ 图5-25　拆除引线的放电线圈

2. 分析处理

（1）经检修、保护、试验人员检查，电容器、电抗器无异常，A相放电线圈二次对地绝缘0.1MΩ，B相放电线圈二次对地绝缘0.2MΩ，为放电线圈损坏，不能运行，保护动作正确，更换A、B两相放电线圈后，恢复送电正常。

（2）2022年7月6日，1号电容器不平衡电压再次动作跳闸，动作报文如图5-26所示，不平衡电压动作值U_{bp}为5.02V，如图5-27所示，检查现场无异常，将1号电容器解除备用，做安全措施，通知检修再次检查。

▲ 图5-26　不平衡电压动作报文　　　▲ 图5-27　不平衡电压动作值

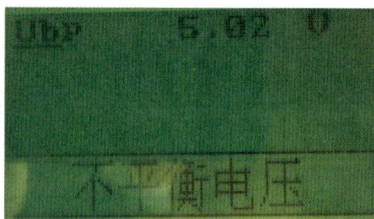

（3）检查一、二次设备无异常，分析动作值U_{bp}为5.02V，刚刚超过5V整定值，动作值较小，为三相放电线圈参数性能不一致，中性点电位发生了偏移，经更换C相放电线圈后，恢复送电正常，未再发生不平衡电压动作跳闸情况。

3. 整改措施

此类情况，应该对三相放电线圈整体更换，不应只单独更换损坏的放电线圈，三相放电线圈更换后的情况如图5-28所示，监控机遥测量三相电容电流平衡，运行正常，如图5-29所示。

▲ 图5-28　三相放电线圈更换后

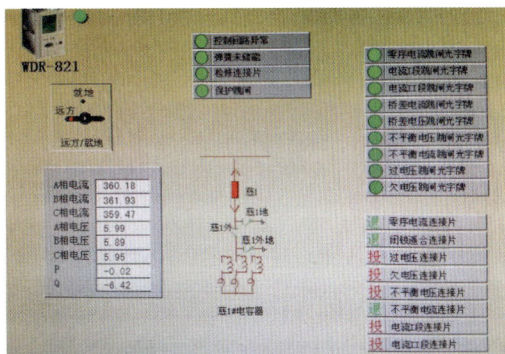

▲ 图5-29　电容器运行遥测量

八、10kV电容器无功投切装置损坏

1. 检查情况

（1）2018年3月19日，现场巡视发现，某110kV变电站10kV 2号电容器室有刺鼻浓烟，立即开启通风装置，随后烟雾报警装置发出报警声响，火灾报警装置动作，经检查没有明火，站内其他设备无异常，立即汇报调度，将该2号电容器停止运行。

（2）检查后台机历史报文，3月19日，10：05：49，报2号电容器断路器合位；10：05：58，报2号电容器断路器分位；10：14：26，报2号电容器断路器合位；11：10：54，报2号电容器断路器分位。2号电容器无损投切装置报：11：10：54，541整组启动，事故总信号。立即断开无损投切装置交直流电源，事故原因可能是晶闸管SCR问题。

（3）该电容器无损投切装置型号：JHA-10/30-400。该晶闸管投入电容器，控制系统在晶闸管两端电压为零时，控制晶闸管串导通，电容器端电压不发生突变。确保此时投切电容器无冲击、无燃弧、无过电压。晶闸管关断电容器，关断时撤掉晶闸管触发脉冲，电流过零时关断（晶闸管的特性）。确保此时关断电容器无重燃，实现对电容器组的无损投切，一次结构如图5-30所示。

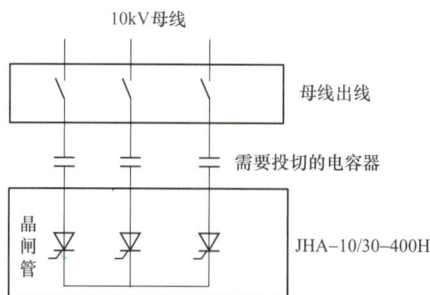

▲ 图5-30　电容器无损投切装置一次结构

（4）合闸过程：接收合闸命令→导通晶闸管（自动）→完成合闸；分闸过程：接收分闸命令后→关断晶闸管（自动）→完成分闸。在电容器切除时，虽然晶闸管控制的电容器组电流过零自然关断，电容器有关断残压，由于有放电线圈，电容器的直流残压从关断时刻立即开始衰减，残压的变化可由该投切装置实现自动检测，从而使电容器组能进行无损的频繁投切操作，不产生涌流和操作过电压。

2. 分析处理

（1）将该2号电容器解除备用，作安全措施后，经检修、保护人员检查，2号电容器断路器跳合闸回路无异常。

（2）检查无损投切装置，晶闸管阻容元件已多处烧损，如图5-31所示；无损投切装置报警窗口显示SCR短路，如图5-32所示。

▲ 图5-31　晶闸管阻容元件烧损

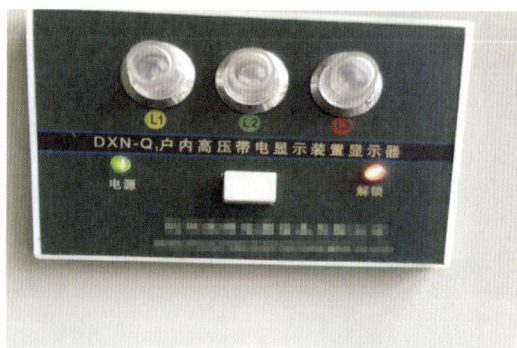

▲ 图5-32　无损投切装置故障报警

（3）通过监控机报文、装置告警信息及设备动作情况，分析为断路器合闸回路发生了共模干扰，误触发晶闸管合闸，过电压造成阻容元件损坏，厂家对晶闸管装置进行了改进，更换为新式抗干扰型，无损投切装置投入，运行正常。

3. 整改措施

（1）为确保无功投切装置的耐受电压程度，对断路器合闸回路产生的共模干扰，针对老旧装置，应及时进行改造升级。

（2）加强对电容器无功投切装置的巡视，对其运行状态及时监视，针对装置投切频繁的场所，应缩短巡视周期，做好预防工作。

九、6kV 电容器套管发热渗油

1. 检查情况

2020年3月30日，巡视某35kV变电站，发现6kV电容器组一只电容器发热渗油，立即汇报调度，将其停运转检修，通知检修处理，发热渗油情况如图5-33所示。电容器型号：锦州BAM2A6.6/$\sqrt{3}$-400-1W。

▲ 图5-33　电容器套管发热渗油

2. 分析处理

（1）电力电容器在满载运行时，电容电流较大，当外部触头接触不良，严重发热时，未及时发现，热量传递到套管下部，造成套管密封件老化膨胀，介质油从壳体渗出。

（2）经检修检查为线鼻氧化松动，电容器介质损耗试验不合格，容量超标，套管渗油，需更换处理；联系厂家，更换一只新的合格电容器，投入运行正常。

3. 整改措施

加强巡视室外设备，防止阳光直射，造成局部温度过高，对电容器及其成套设备进行红外测温，发现异常，及时采取相应措施。

十、电容器不平衡电压告警

1. 检查情况

2022年5月17日，某110kV变电站10kV 5号电容器组不平衡差电压动作，告警报文如图5-34所示。电容器组型号：无锡赛晶，TBB10-6000/334-AC；保护型号：四方CSC-211；开关柜型号：江苏南瑞帕威尔AMS-12；断路器型号：NPV-12/4000-40。

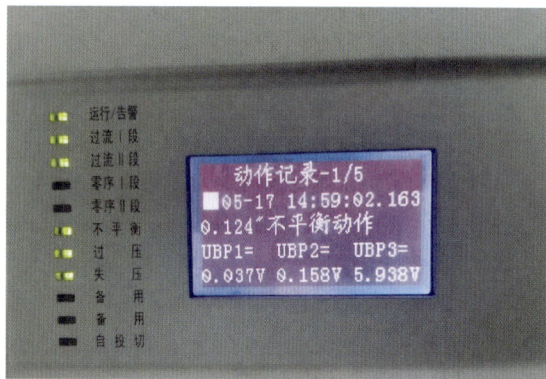

▲ 图5-34 电容器不平衡电压告警报文

2. 分析处理

（1）将设备停电后，对保护传动，保护动作正确，不平衡差电压定值整定为7V，5.938V电压不会动作，但C相差电压较大，三相不平衡，需继续检查。

（2）对放电线圈试验、测量正常，电抗器正常，对电容器逐只试验，发现C相一只容量偏小，经厂家更换后，恢复送电正常，电容器遥测量正常，如图5-35所示。

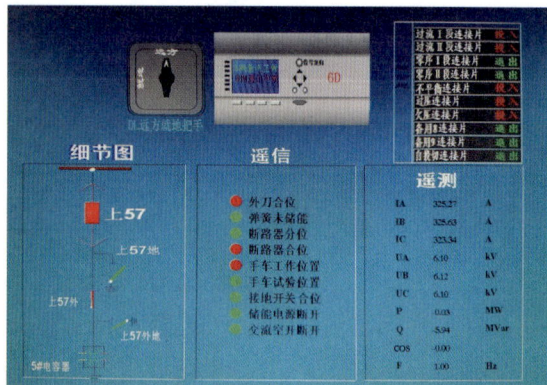

▲ 图5-35 电容器遥测量

3. 整改措施

发现问题，及时处理，高压室采取通风、降温措施，做好设备维护工作。

十一、10kV电容器中性线接地运行故障

1. 检查情况

2019年8月19日，某110kV变电站10kV 1号电容器投运后，多次出现开口三角电压保护动作，断路器跳闸，测试电容器组设备，未见异常，没有查到开口三角电压保护动作原因。电容器组型号：TBB10-3600/200-AKW；保护方式：单星形开口三角不平衡电压保护；装置串并联数：6并1串；电容器型号：BAM11/$\sqrt{3}$-200-1W。

2. 分析处理

（1）2019年9月4日，1号电容器开口三角电压保护再次动作，现场测试电容器单元四只损坏，如图5-36所示。全面检查1号电容器，发现中性线接地运行，为一次接线错误。

（2）根据GB 50227—2017《并联电容器装置设计规范》，在装置设计规范中明确规定：放电线圈已采用与电容器组

▲ 图5-36　电容器组中性线接地运行

直接并联的接线，一次绕组中性点不应接地，是不符合设计规范要求的。

（3）当10kV线路发生单相接地时，相电压接地相电压为零，其他两相升高为线电压，电容器承受的不是相电压了，过电压造成电容器损坏，是电容器组损坏跳闸的主要原因，保护动作正确。电容器组中性线接地，将设备解除备用后的情况如图5-37所示。

（4）放电线圈一次绕组接地，形成其一次绕组和电抗器绕组与接地电容 C_N 组成一个LC回路，当整个回路发生谐振时，将出现额定电压几倍至几十倍的过电压和过电流，从而将电容器内绝缘薄弱部分击穿，是造成电容器损坏的另一原因，多次损伤具有累积效应，故障录波如图5-38所示。

▲ 图5-37　中性线接地解除备用

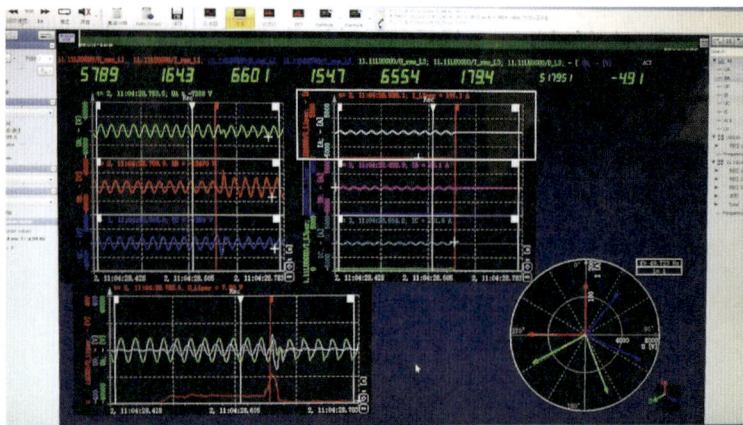

▲ 图5-38　电容器组故障录波

🔧 3. 整改措施

（1）拆除框架式电容器组中性线接地端，更换1号电容器组B相4只电容器单元，检测其他两相电容器、放电线圈、电抗器、避雷器正常，恢复送电正常。

（2）加强业务培训，提高业务技能，将设备隐患消灭在萌芽状态，保证电网安全运行。

十二、10kV电容器组放电线圈二次短路爆炸

🔧 1. 检查情况

（1）2019年6月13日，某35kV变电站10kV电容器组远程投运，并发生放电线圈爆炸起火，3台均损坏，保护装置未动作，现场人员发现后，反馈调度中心，远程退出运行。电容器组型号：TBB10-2000/334-AKW（5%）；保护方式：单星形开口三角电压不平衡保护；装置串并联数：2并1串；电容器型号：BAM11/$\sqrt{3}$-334-1W。

（2）现场查看，未发现明显异物存在，A相避雷器在线监测仪动作99次，B、C相动作2次，如图5-39所示。框架内放电线圈、软连线外套、防鸟帽、热缩管、绝缘盒全部烧毁，如图5-40所示。

▲ 图5-39　在线监测避雷器动作

2. 分析处理

（1）检查放电线圈爆炸原因，为二次线圈接线短路。更换放电线圈3台，框架内软连线、防鸟帽、热缩管、绝缘盒需全部更换，避雷器更换。

（2）二次接线制作完成后，校核接线无误，信号、保护传动试验正确，恢复送电正常。

▲ 图5-40 放电线圈烧毁

3. 整改措施

提高设备安装技术，加强设备验收工作，避免设备人为原因造成损坏。

十三、10kV电容器组发热漏油故障

1. 检查情况

2019年7月22日，一组10kV电容器运行过程中，差动电压保护动作，断路器跳闸。电容器组型号：TBB10-8016/334-ACN；保护方式：单星形差动电压不平衡保护；装置串并联数：2串4并。

现场检查电容器组，发现B相靠近放电线圈一台电容器，单元出线导杆与汇流排连接处发热，如图5-41所示，导致出线导杆与瓷套连接处密封垫老化变形，并发生渗漏油，引起电容器油着火，波及A、B相上下电容器单元防鸟帽、汇流排热缩管燃烧，如图5-42所示。

▲ 图5-41 电容器导杆与软连接处发热

▲ 图5-42 电容器渗漏油损坏

2. 分析处理

（1）电容器单元发热连接处，螺母氧化松动严重，未安装哈弗线夹，巡视测温不到位。

（2）更换损坏的电容器、防鸟帽、哈弗线夹、汇流排热缩管，试验合格，恢复送电正常。

3. 整改措施

（1）检查电容器组各连接处安装是否正确，紧固是否到位，有无遗留物。

（2）电容器组投运后，及时测温，发现缺陷，及时汇报处理。

十四、10kV 电容器组过电压故障

1. 检查情况

（1）2020年4月26日，某110kV变电站10kV 3号电容器组在投运时发生爆炸，过流一段保护动作，断路器跳闸。电容器组型号：TBB10-2000/334-AKW（5%）；保护方式：单星形开口三角电压不平衡保护；装置串并联数：1串2并。

（2）检查3号电容器组，B相有1台单元外壳鼓肚、底部开裂漏油，1台单元外观正常，但无容量，内部开路，如图5-43所示。

（3）C相放电线圈壳体破裂、接线端子掉落，碎片散落在围栏内部地面上，B相放电线圈烧坏，端子螺栓烧融，如图5-44所示。

▲ 图5-43　B相电容器外壳鼓肚漏油

▲ 图5-44　B相放电线圈烧坏

2. 分析处理

（1）通过设备监控和故障录波分析，3号电容器组投入运行时，10kV商业线路发生接地故障，电容器低电压动作，断路器发生弹跳，造成电容器过电压损坏，电流Ⅰ段动作跳闸，产生的叠加电压对电容器产生了过电压，使绝缘相对薄弱的C相放电线圈发生击穿，弧光又导致BC相间短路。

（2）电弧高温烧蚀放电线圈，螺栓烧熔，并导致C相放电线圈炸裂，BC相间短路引起的过电压冲击，使B相电容器损坏开路，其中1台因瞬间过电压冲击和能量冲击，引发外壳鼓肚，底部开裂漏油。

3. 整改措施

加强对10kV线路的故障治理，对电容器用断路器进行老练化处理，防止触头弹跳，使其快速切断容性负荷，防止电容器组损坏。

十五、35kV电容器爆炸故障

1. 检查情况

（1）2017年7月31日，某110kV变电站35kV 9号电容器A相电容器突然爆炸起火，随后8号电容器A、B两相电容器也同时爆炸起火。限时电流速断保护动作，断路器跳闸，保护动作报文如图5-45所示。电容器组型号：TBB35-10000/417-ACW（5%）；保护方式：单星形相电压差动不平衡保护；装置串并联数：2串4并。

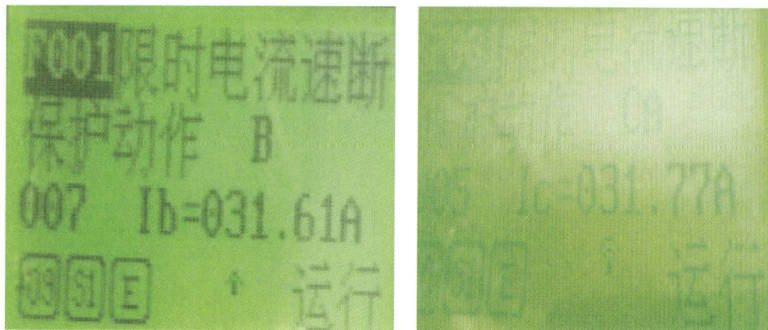

▲ 图5-45　保护动作报文

（2）8、9号电容器套管断裂，底部支柱绝缘子爆裂，8号电容器损坏，如图5-46所示，9号电容器损坏，如图5-47所示。

▲ 图5-46 8号电容器损坏

▲ 图5-47 9号电容器损坏

2. 分析处理

（1）该35kV框架式电容器组采用2并4串结构，在2、3串段连接处与支架固定电位，故障原因是，由于9号电容器组C相框架与攀爬植物接触，形成C相对地弧光短路，A、B两相产生过电压（最高可达3.5 U_N），造成A相电容器极对壳击穿。

（2）在此瞬间与故障电容器并联的完好电容器的储能在极短时间内，通过一个低阻抗通道向已发生贯穿性击穿的故障电容器，以短路放电的形式注入能量，在故障电容器内部形成强烈电弧。在内部电弧的作用下，故障电容器内部的绝缘介质和浸渍剂迅速分解，产生大量的气体和高温，促使电容器箱壳内的压力突然上升，对电容器的箱壳和瓷套产生强力冲击，这股冲击力大于箱壳和瓷套能承受的最大能量18 kJ，致使电容器爆裂起火。

（3）因35kV系统母线强烈波动过电压，造成8号电容器A、B两相爆炸起火的连锁反应。

3. 整改措施

（1）更换8号电容器组A、B两相16台电容器单元，A相放电线圈，对A、B两相框架进行表面处理；更换9号电容器组A相8台电容器单元，对框架进行表面处理，对电容器组围栏内进行杂草清除，喷洒除草剂，消除隐患。

（2）对新更换的电容器组进行试验，验收合格，保护传动正确，恢复送电正常。

（3）加强巡视设备，发现影响设备安全隐患，及时汇报处理。

十六、66kV电容器投运故障

1. 检查情况

（1）2021年3月30日，某66kV电容器在投运送电后，差压放电线圈二次不平衡动作，电容器A相差压保护动作，断路器跳闸。装置型号：TBB66-20000/417-ACW；装置串并联数：4串4并（2并+2并）；电容器单元：BAM21/2-417-1W。

（2）A相为4串4并（2并+2并）结构，对每个串段电容进行测量，电容量偏差在正常范围内。检查电容器接线，发现A相一台电容器出线导杆没有紧固螺母，如图5-48所示。

▲ 图5-48　C相导杆没有紧固螺母

2. 分析处理

现场高压试验人员在做完电容器试验后，忘记紧固螺母，导致电容器组投运时，软连线与导杆接触不良，A相差压串段电容值偏差大，A相差压保护动作，断路器跳闸。

3. 整改措施

高压试验人员做完试验后，应正确恢复连接线，并检查设备连接线紧固螺钉是否紧固到位。需明确责任，由试验人员完成试验后，检修人员恢复，避免造成设备损坏。

十七、电容器组避雷器下端引线锈断

1. 检查情况

2022年1月10日，发现某220kV变电站10kV 3号电容器组避雷器下端与计数器引线间，A相已锈断，其他两相已快锈断，如图5-49所示，上报缺陷更换处理。电容器型号：桂容BAM12/$\sqrt{3}$-500-1W。

2. 分析处理

（1）电容器组在室外运行，受阳光和风雨侵蚀，软导线老化严重，容易锈断，若发生内部或外部过电压，避雷器将失去作用，造成电容器损坏。

（2）将避雷器下端引线，更换为有绝缘外皮软导线，增强抗腐蚀能力，加大导线截面积，计数器、泄漏电流表也应一同检查是否良好，防止避雷器损坏接地发生，更换后的情况如图5-50所示。

▲ 图5-49 避雷器接地引线锈断

▲ 图5-50 避雷器接地引线更换后

3. 整改措施

加强巡视设备，重视电容器组附件设备运行状态，防止电容器组损坏或减少寿命，影响系统无功补偿。

十八、10kV电容器组汇流母线发热

1. 检查情况

2023年6月22日，对某110kV变电站进行设备巡视测温，发现4号电容器组三相星形汇流母线发热140℃，属于危机缺陷，需立即停电处理。立即汇报调度，通知检修处理。电容器组运行于楼顶层，室温较高，安装有自动排风扇通风降温装置。电容器组型号：TBB10-4800/200-AKN。电抗器正常。

🔧 2. 分析处理

（1）将4号电容器组停止运行，解除备用，做安全措施，打开柜门，汇流母线发热情况，如图5-51所示。全面检查设备，又发现底部A相1、2号电容器套管端部，线夹松动发热，导线氧化断股严重，如图5-52所示，A相电容器在构架底部，有钢板遮挡，无法直接观察测温，整组柜体情况如图5-53所示。

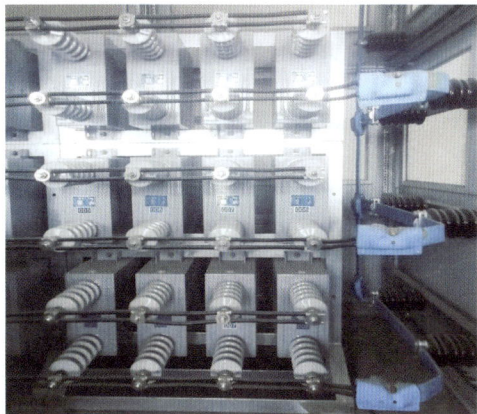

▲　图5-51　三相星形汇流母线发热

▲　图5-52　A相电容器线夹发热

（2）三相星形汇流母线发热，检查螺钉不松动，为螺栓材质不良，已退火发蓝，经更换高强度螺栓、弹垫、螺母，打磨铝排接触面，恢复正常，如图5-54所示。

▲　图5-53　4号电容器整组柜体

▲　图5-54　三相星形汇流母线处理后

（3）A相2、3号电容器发热，为哈弗线夹松动，导致套管螺钉烧蚀，螺母无法拧下，测试电容不合格，还有些渗油，需更换处理，测试其余电容器正常，联系厂家生产，等到货到后更换处理。

（4）及时发现4号电容器发热，若A相2、3号电容器继续发热，三相汇流母线发热发展下去，将造成电容器组群爆，火灾事故发生，整组报废。

3. 整改措施

（1）10kV电容器室过热，应加装工业级空调，单纯的排风扇不行，或改为室外运行。钢板柜门应改为上下钢网柜体，有利于全面检查设备、测温工作，将铝排汇流母线改为铜排材质，铜导线与铝排接触不良，容易发热。

（2）严格设备验收投运工作，把隐患消灭在萌芽状态。加强设备局放和红外测温工作，发现异常，及时汇报处理，防止事故发生。

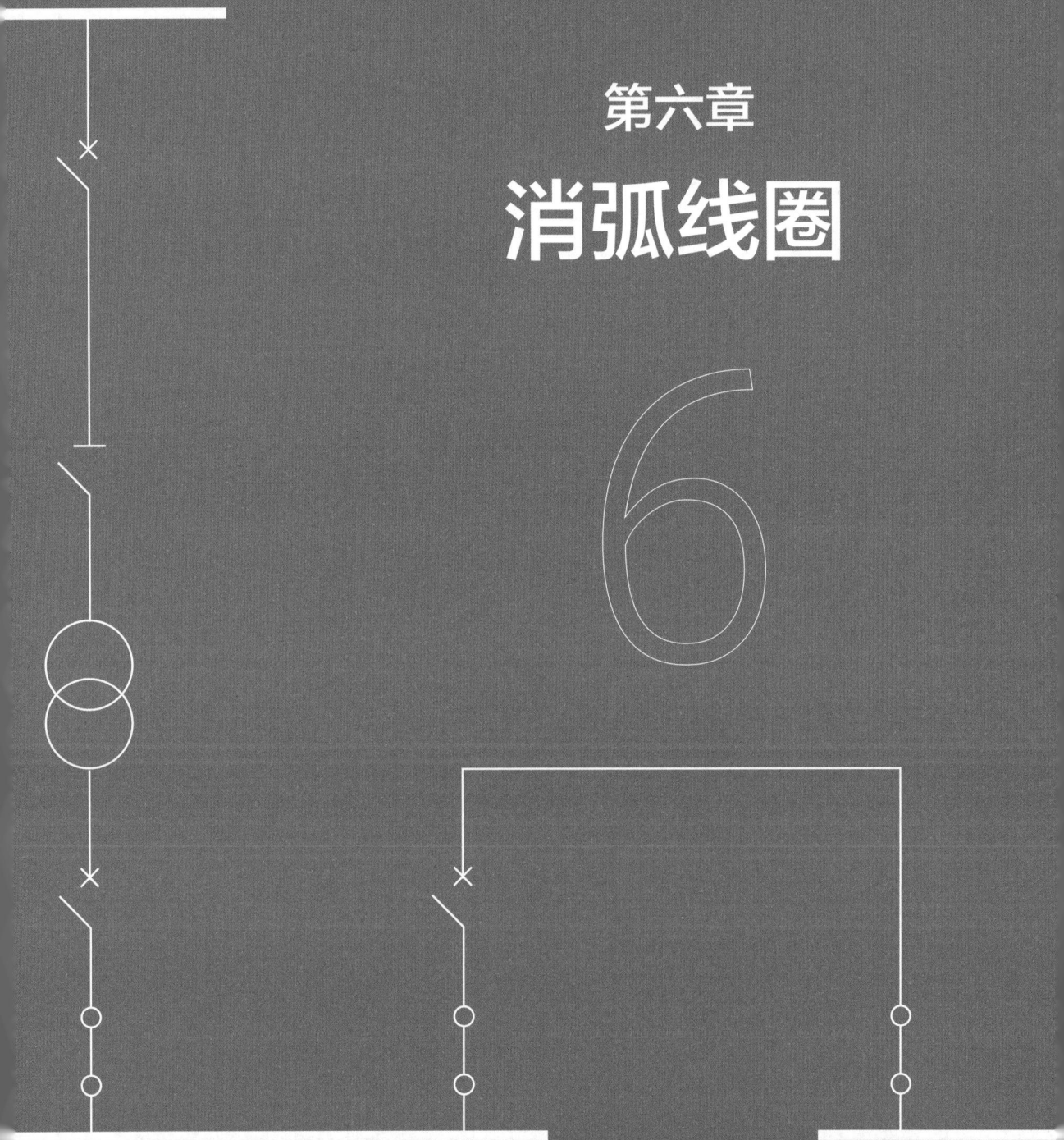

第六章

消弧线圈

6

CHAPTER

第
一
节

SECTION 1

消弧线圈
简介

随着国民经济的不断发展和电力系统的不断完善，电力系统的安全运行及供电的可靠性，已显得越来越重要，而中性点接地方式的选择，是直接影响以上两个指标的重要因素；随着城乡电网的扩大及电缆出线的增多，系统对地电容电流急剧增加，单相接地后流经故障点的电流较大，电弧不易熄灭，容易产生间歇性弧光接地过电压，导致事故跳闸率明显上升。

为了解决上述问题，电网普遍采用了谐振接地方式，即在中性点装设消弧线圈，当发生单相接地时，由于消弧线圈产生的感性电流，补偿了故障点的电容电流，因而使故障点的残流变小，从而达到自然熄弧，防止事故扩大甚至消除事故的目的。运行经验表明，消弧线圈对抑制间歇性弧光过电压和铁磁谐振过电压，降低线路的事故跳闸率，减少人身伤亡及设备的损坏都有明显的作用。因此，GB/T 50064—2014《交流电气装置的过电压保护和绝缘配合设计规范》中明确规定：35、66kV系统和不直接连接发电机、由钢筋混凝土杆或金属杆塔的架空线路构成的6~20kV系统，当单相接地故障电容电流不大于10A时，可采用中性点不接地方式；当大于10A又需在接地故障条件下运行时，应采用中性点谐振接地方式。不直接连接发电机、由电缆线路构成的6~20kV系统，当单相接地故障电容电流不大于10A时，可采用中性点不接地方式；当大于10A又需在接地故障条件下运行时，宜采用中性点谐振接地方式。消弧线圈自动调谐装置，如图6-1所示。

一、消弧线圈作用

消弧线圈是一个具有铁芯的可调电感线圈，接地电流通过消弧线圈呈电感电流，当单相出现短路故障时，流经消弧线圈的电感电流与流过的电容电流相加，为流过短路接地点的电流，电感电容上电流相位相差180°，将接地电流补偿成较小的数值或接近于零。当两电流的量值小于发生电弧的最小电流时，电弧就不会发生，以防止电弧

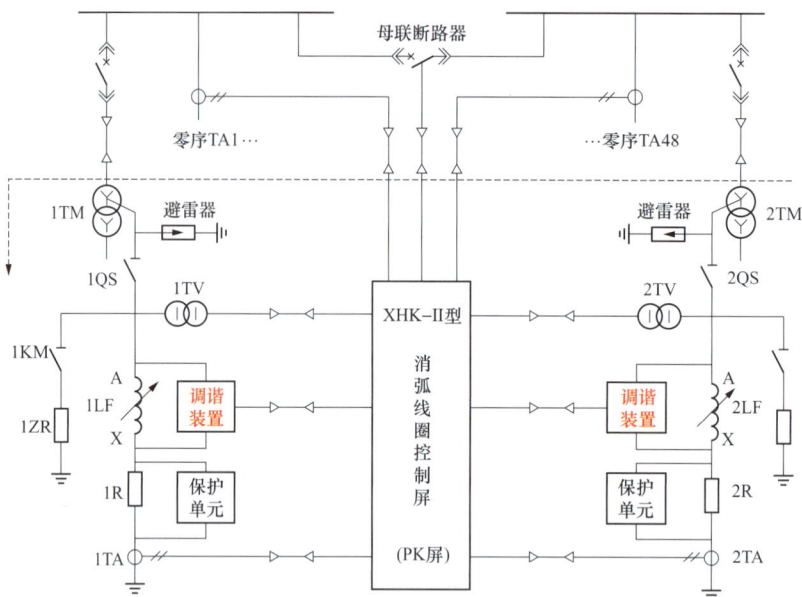

▲ 图6-1　消弧线圈装置

重燃，从而有效地降低过电压值，消除了接地处的电弧以及由此引起的各种危害，也不会出现谐振过电压现象。电力系统配电线路经消弧线圈接地，为小电流接地系统的一种，10～66kV电压等级下的电力线路，多属于这种情况。

消弧线圈早期，采用人工调匝式固定补偿的消弧线圈，称为固定补偿系统。固定补偿系统的工作方式是：将消弧线圈整定在过补偿状态，其过补程度的大小，取决于电网正常稳态运行时不使中性点位移电压超过相电压的15%，之所以采用过补偿，是为了避免电网切除部分线路时，发生危险的串联谐振过电压。如整定在欠补偿状态，切除线路，将造成消弧线圈电容电流减少，可能出现全补偿或接近全补偿的情况。但是这种装置运行在过补偿状态，当电网中发生了事故跳闸或重合等参数变化时，脱谐度无法控制，以致运行在不允许的脱谐度下，造成中性点过电压，三相电压对称遭到破坏。可见固定补偿方式，很难适应变动比较频繁的电网，这种系统已逐渐不再使用。取代它的是，跟踪电网电容电流自动调谐装置，这类装置又分为两种，一种称为预调式补偿系统。预调式补偿系统的工作方式是：自动跟踪电网电容电流的变化，随时调整消弧线圈，使其保持在谐振点上，在消弧线圈中串一电阻，增加电网阻尼率，将谐振过电压限制在允许的范围内。当电网发生单相接地故障后，控制系统将电阻短接掉，达到最佳补偿效果，该系统的消弧线圈不能带高压调整。另一种称为随调式补偿系统。随调式补偿系统的工作方式是：在电网正常运行时，调整消弧线圈远离谐振点，彻底避免串联谐振过电压和各种谐振过电压产生的可能性，当电网发生单相接地后，瞬间调整消弧线圈到最佳状态，使接地电弧自动熄灭。这种系统要求消弧线圈能带高电压快速调整，从根本上避免了串联谐振产生的可能性。

二、使用原因

随着城网改造中杆线下地，城区10kV出线绝大多数为架空电缆出线，10kV配电网络中单相接地电容电流将急剧增加，实践表明中性点不接地系统（小电流接地系统），也存在许多问题，随着电缆出线增多，10kV配电网络中单相接地电容电流将急剧增加，当系统电容电流大于10A后，将带来一系列危害，具体表现如下：

（1）当发生间歇弧光接地时，可能引起高达3.5倍相电压的弧光过电压，引起多处绝缘薄弱的地方放电击穿和设备瞬间损坏，使小电流供电系统的可靠性这一优点大受影响。

（2）配电网的铁磁谐振过电压现象比较普遍，时常发生电压互感器烧毁事故和熔断器的频繁熔断，严重威胁着配电网的安全可靠性。

（3）当有人误触带电部位时，由于受到大电流的烧灼，加重了对触电人员的伤害，甚至伤亡。

（4）当配电网发生单相接地时，电弧不能自灭，很可能破坏周围的绝缘，发展成相间短路，造成停电或损坏设备的事故；因小动物造成单相接地而引起的相间故障，致使停电的事故也时有发生。

（5）配电网对地电容电流增大后，对架空线路来说，树线矛盾比较突出，尤其是雷雨季节，因单相接地引起的短路跳闸事故，占很大比例。

三、工作原理

消弧线圈的作用，是当电网发生单相接地故障后，故障点流过电容电流，消弧线圈提供电感电流进行补偿，使故障点电流降至10A以下，有利于防止弧光过零后重燃，达到灭弧的目的，降低高幅值过电压出现的概率，防止事故进一步扩大。

当消弧线圈正确调谐时，不仅可以有效减少产生弧光接地过电压的概率，还可以有效的抑制过电压的幅值，同时，也最大限度地减小了故障点热破坏作用及接地网的电压等。所谓正确调谐，即电感电流接地或等于电容电流，工程上用脱谐度V来描述调谐程度，$V = (I_C - I_L)/I_C$，当$V = 0$时，称为全补偿，当$V > 0$时为欠补偿，$V < 0$

时为过补偿。从发挥消弧线圈的作用上来看，脱谐度的绝对值越小越好，最好是处于全补偿状态，即调至谐振点上。但是在电网正常运行时，小脱谐度的消弧线圈将产生各种谐振过电压。如煤矿6kV电网，当消弧线圈处于全补偿状态时，电网正常稳态运行情况下，其中性点位移电压是未补偿电网的10~25倍，这就是通常所说的串联谐振过电压。除此之外，电网的各种操作（如大电动机的投入、断路器的非同期合闸等）都可能产生危险的过电压，所以电网正常运行时，发生单相接地故障以外的其他故障时，小脱谐度的消弧线圈给电网带来的不是安全因素，而是危害。综上所述，当电网未发生单相接地故障时，希望消弧线圈运行在远离谐振点。运行在完全状态下的消弧线圈，一般都会投入阻尼电阻来抑制谐振过电压，实际运行经验表明，有良好的收效。

消弧线圈的另一项重要作用，是抑制铁磁谐振。在零序回路中，消弧线圈的阻抗，远低于电磁式电压互感器的阻抗，对于激发铁磁谐振的冲击、扰动，均被消弧线圈旁路。中性点经消弧线圈接地，是最有效的消谐措施。有一点要注意，只有预调式消弧线圈，才可以起到良好的消谐作用。

四、电容电流整定

（1）故障点流过的残余电流应该尽量地小。因为残流越小，接地电弧的危害也越小，电弧的最后熄灭也越容易。有的要求66kV及以下的电力网，故障点的残余电流不超过10A。要使残流小，则应将消弧线圈调整到谐振补偿附近。此时如果系统三相电容不对称，在正常运行情况下，就可能发生串联谐振，使中性点具有较高的电压，这是不允许的。

（2）在正常和事故情况下，中性点对地电压应不致危害网络的正常绝缘。有的要求系统在正常运行时，中性点的位移电压应不超过相电压15%，发生事故时应不超过相电压的100%。因此，为避免产生较大的谐振过电压，消弧线圈不宜整定在谐振补偿，而须整定在过补偿或欠补偿的位置。实践证明，在同时满足故障点残流和中性点位移电压规定的条件下，过补偿和欠补偿对灭弧的影响是差不多的。但在欠补偿运行时，当网络因故障或其他原因，使某些线路断开后，可能构成串联谐振，产生危险的过电压。所以正常情况下，不宜采用欠补偿的运行方式，而应采用过补偿的运行方式。如果消弧线圈容量不足，可以允许在一定的时间内，采用欠补偿的允许方式，但要对可能产生的过电压进行校验。

五、安装

消弧线圈的安装地点，应根据实际电网的具体情况来决定，但要保证电网在任何运行方式下，断开一、两条线路时，大部分电网不致失去补偿，所以不应将多台消弧线圈集中安装在电网的一处，且尽量避免电网只安装一台消弧线圈。消弧线圈通常装在电网的各枢纽变电站内，有时也装在某些发电厂内。必须指出，并不是任何一台变压器的中性点都能接消弧线圈，在选择装设消弧线圈的变压器时，一方面要考虑和消弧线圈串联的变压器的阻抗，另一方面还要考虑因接入消弧线圈，而使变压器过负荷的条件。

（1）Yd 接线的变压器消弧线圈的电流，是流过变压器绕组的，当变压器有一个接成三角形的绕组，无论磁路部分的结构如何，在这个绕组中一定会出现抵消零序电流安匝数的环流，所以变压器不会受到不利影响。对于 Yd 接线的芯式变压器，接于其中性点的消弧线圈的最大容量主要受到温度升高的限制。如果消弧线圈的容量不超过变压器额定容量的50%，那么便可以满足变压器2h过负荷30%的规定。对于Yyd接线的三绕组变压器，额定容量分配有时为100%：33.3%：100%，为满足变压器2h过负荷30%的规定，则消弧线圈的容量不能大于变压器额定容量的33.3%。消弧线圈的容量不应超过变压器容量的50%，并不得大于三绕组变压器的任一绕组的容量。

（2）Yy 接线的三相芯式变压器，在这种情况下，接于中性点的消弧线圈最大容量，主要受到零序电压降和杂散损失的限制。根据试验和计算得知，当零序电流分量等于变压器的额定电流时，其电压降变化范围为35%～120%。同时，零序电产生的零序磁通，将在铁芯和箱壁中引起相当大的附加损耗。故消弧线圈的容量不宜超过变压器额定容量的20%。如果这种变压器的冷却方式，不决定于变压器外壳的热量交换，则消弧线圈的容量可适当地超过20%的规定。

（3）Yy接线的单相变压器组或三相壳式变压器，因其零序阻抗很大，所以不应将消弧线圈接在这种变压器的中性点上。在系统为△形接线或Y形接线中性点无法引出时，引出中性点用于加接消弧线圈或电阻，此类变压器采用Z形接线（或称曲折形接线），与普通变压器的区别是，每相线圈分别绕在两个磁柱上，这样连接的好处是，零序磁通可沿磁柱流通，而普通变压器的零序磁通，是沿着漏磁磁路流通，所以Z形接地变压器的零序阻抗很小（10Ω左右），而普通变压器要大得多。按规程规定，用普通变压器带消弧线圈时，其容量不得超过变压器容量的20%。而Z形变压器则可带90%～100%容量的消弧线圈，接地变压器除可带消弧圈外，也可带二次负载，可代替所用变压器，从而节省投资费用。Z形接地变压器接线如图6-2所示，接地变压器相量图如图6-3所示。

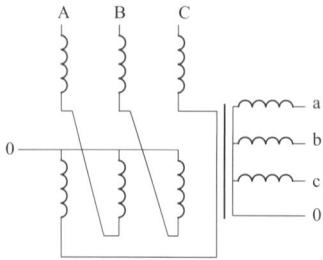

▲ 图6-2　Z形接地变压器接线　　　　　▲ 图6-3　接地变压器相量图

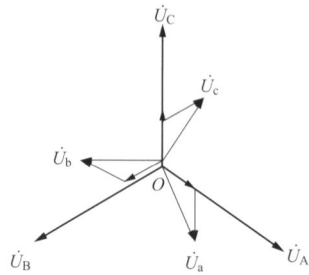

六、控制方式

1.预调式

国内自动补偿消弧线圈装置大多是预调式，在电网尚未发生接地故障前即将消弧线圈调节到接近全补偿状态的过补偿挡位等待接地故障的发生。因零序电路运行在串联谐振点附近，为避免出现过高的串联谐振过电压，需要在消弧线圈上串联或并联一阻尼电阻，将位移电压限制到允许的范围内。阻尼电阻产生的有功分量不能被消弧线圈补偿，发生单相接地故障时会增大故障点残流，而且受限于阻尼电阻的通流能力，在出现单相接地故障后必须迅速地切除，故障消失时再重新投入。

2.随调式

随调式系统在电网正常运行时测量系统电容电流，但并不调节至补偿挡位，而是使其电感量远离与系统对地电容的匹配值，也就是远离零序电路的串联谐振点。在单相接地故障发生后自动进入设定补偿状态，对系统电容电流进行补偿；当检测到接地故障消除后其电感量自动远离谐振点。采用随调式补偿方式，能够避免电网不平衡电压的谐振放大问题，但随调式消弧线圈在接地后存在补偿输出延迟问题。

七、特征

（1）同中性点不接地电网一样，故障相对地电压为零，非故障相对地电压升高至线电压，出现零序电压，其大于等于电网正常运行时的相电压，同时也有零序电流。

（2）消弧线圈两端的电压为零序电压，消弧线圈的电流 I_L 通过接地故障点和故障线路的故障相，但不通过非故障线路。

（3）若系统采用完全补偿方式，则系统故障线路和非故障线路的零序电流都是本身的对地电容电流，电容电流的方向均为母线指向线路，因此无法利用稳态电流的大小和方向来判别故障。

（4）当系统采用过补偿方式时，流过故障线路的零序电流等于本线路对地电容电流和接地点残余电流之和，其方向和非故障线路的零序电流一样，仍然是由母线指向线路，且相位一致，因此也无法利用方向的不同来判别故障线路和非故障线路。其次由于过补偿度不大，因此也很难像中性点不接地系统那样，利用零序电流大小的不同来找出故障线路。

八、分类

依据消弧线圈电抗的调节方法，可分为调气隙式、调匝式、调容式、调晶闸管式、偏磁式等。

1.调气隙式消弧线圈

调气隙式消弧线圈是将铁芯分成上下两部分，下部分铁芯同线圈固定在框架上，上部分铁芯用电动机带动传动机构可调，通过调节气隙的大小，达到改变电抗值的目的。

调气隙式属于预调式补偿系统，其消弧线圈属于动芯式结构，通过移动铁芯改变磁路磁阻，达到连续调节电感的目的。然而其调整只能在低电压或无电压情况下进行，其电感调整范围上下限之比为2.5倍。控制系统的电网正常运行情况下，将消弧线圈调整至全补偿附近，将约100Ω电阻串联在消弧线圈上。用来限制串联谐振过电压，使稳态过电压数值在允许范围内（中性点电位升高小于15%的相电压）。当发生单相接地后，必须在0.2s内，将电阻短接实现最佳补偿，否则电阻有爆炸的危险，该产品的主要缺点主要有4条：

（1）工作噪声大，可靠性差。动芯式消弧线圈由于其结构有上下运动部件，当高电压实施其上后，振动噪声很大，而且随着使用时间的增长，内部越来越松动，噪声越来越大。串联电阻约3kW，100MΩ。当补偿电流为50A时，需要250kW容量的电阻才能长期工作，所以在接地后，必须迅速切除电阻，否则有爆炸的危险。这就影响到整个装置的可靠性。

（2）调节精度差。由于气隙微小的变化，都能造成电感较大的变化，电动机通过机械部件调气隙的精度远远不够，用液压调节成本太高。

（3）过电压水平高。在电网正常运行时，消弧线圈处于全补偿状态或接近全补偿状态，虽有串联谐振电阻，将稳态谐振过电压限制在允许范围内，但是电网中的各种扰动（大电动机投切、非同期合闸、非全相合闸等），使得其瞬态过电压危害较为严重。

2. 调匝式消弧线圈

调匝式消弧线圈采用有载调压开关调节电抗器的抽头，以改变电感值。它可以在电网正常运行时，通过实时测量流过消弧线圈电流的幅值和相位变化，计算出电网当前方式下的对地电容电流，根据预先设定的最小残流值或失谐度，由控制器调节有载调压分接头，使之调节到所需要的补偿挡位，在发生接地故障后，故障点的残流可以被限制在设定的范围之内。

该装置属于预调式补偿系统，它同调气隙式的唯一区别是，动芯式消弧线圈用有载调匝式消弧线圈取代，这种消弧线圈是用原先的人工调匝消弧线圈改造而成，即采用有载调节开关改变工作绕组的匝数，达到调节电感的目的。其工作方式同调气隙式完全相同，也是采用串联电阻限制谐振过电压。该装置同调气隙式相比，消除了消弧线圈的高噪声，但是却牺牲了补偿效果，消弧线圈不能连续调节，只能离散地分挡调节，补偿效果差，并且同样具有过电压水平高，电网中原有方向型接地选线装置不能使用，串联的电阻存在爆炸的危险等缺点，另外该装置比较凌乱，它由四部分设备组成（接地变压器、消弧线圈、电阻箱、控制柜），安装施工比较复杂。

3. 调容式消弧线圈

调容式消弧线圈在绕组的二次侧，并联若干组用真空开关或晶闸管通断的电容器，用来调节二次侧电容的容抗值，以达到减小一次侧电感电流的要求。电容值的大小及组数有多种不同排列组合，以满足调节范围和精度的要求，如图6-4所示。

消弧线圈的二次侧，并联若干组用晶闸管（或真空开关）通断的电容器，用来调节二次侧电容的容抗值，根据阻抗折算原理，调节二次侧容抗值，即可以达到改变一次侧电感电流的要求。

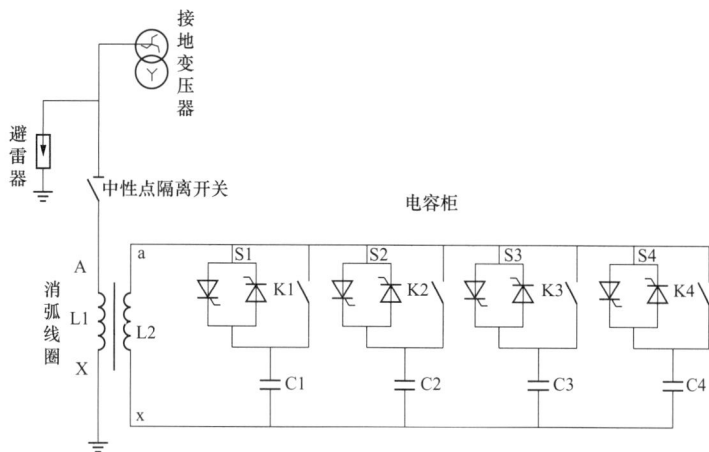

▲ 图6-4　调容式消弧线圈 I

ZGML–K型调容式自动跟踪消弧线圈及选线成套装置，是集自动实时跟踪补偿电网电容电流和单相接地选线于一体的新型智能化综合装置，由接地变压器、消弧线圈、并联中电阻选线装置、控制器控制屏和阻尼电阻等五部分组成。装置具有电容电流计算精确、补偿电流到位快、补偿效果好、故障选线准确率高、运行稳定、功能齐全等特点。调容消弧装置采用晶闸管自触发阻尼电阻技术，使阻尼电阻不需二次电路的控制，动作快速可靠，保证安全，是一种优良的电网中性点自动补偿装置，技术处于国内领先水平。

调容式消弧线圈就是通过接入一定数量的电容器，以实现抵消消弧线圈电感电流的装置，通过磁保持接触器的投切，来接入不同数量的电容器，如图6-5所示。

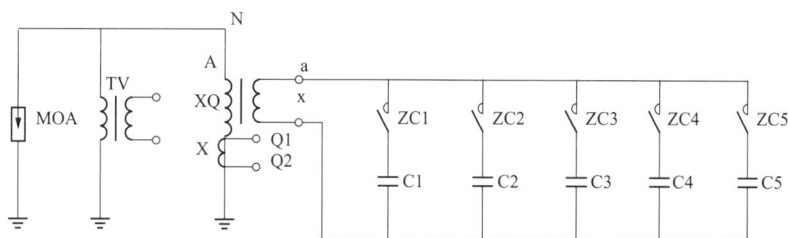

▲ 图6-5　调容式消弧线圈 II

调容式消弧线圈设有两个绕组，其中A、X为消弧线圈主绕组，a、x为二次绕组。二次绕组连接电容器组。C1 ~ C5为二次调节电容器。由于感性电流和容性电流的相位相差180°，两者可以进行算术运算，因此，可通过电容器的投切，将消弧线圈二次侧的电容电流折算到一次侧，去抵消电感电流，从而改变消弧线圈的电感电流，控制消弧线圈电感电流的大小，对系统电容电流进行补偿。

💡 4. 调晶闸管式消弧线圈

变压器的一次绕组作为工作绕组接入配电网中性点，二次绕组作为控制绕组，由2个反向连接的晶闸管短路，通过调节晶闸管的导通角，来调节二次绕组中的短路电流，从而实现电抗值的可控调节。由于采用了晶闸管调节，因此响应速度快，可以实现零至额定电流的无级连续调节。此外，由于是利用变压器的短路阻抗，作为补偿用的电感，因而具有良好的伏安特性，如图6-6所示。

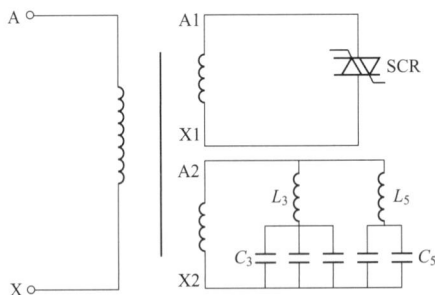

▲ 图6-6 调晶闸管式

调节晶闸管的导通角由0°～180°变化，使晶闸管的等效阻抗在无穷大至零之间变化，输出的补偿电流就可在零至额定值之间得到连续无级调节。晶闸管工作在与电感串联的无电容电路中，既无反峰电压的威胁，又无电流突变的冲击，因此可靠性得到保障。其特点如下：

（1）利用晶闸管技术，补偿电流在0～100%额定电流范围内连续无级调节，实现大范围精确补偿，还适应了配电网不同发展时期对其容量的不同需要。

（2）利用短路阻抗作为工作阻抗，伏安特性在0～110%U_N范围内，保持极佳的线性度，因而可以实现精确补偿。

（3）该消弧线圈属于随调式，不需要装设阻尼电阻，也不会出现串联谐振，既提高了运行的可靠性，又简化了设备。

（4）发生单相接地故障后，该消弧线圈最快5ms内输出补偿电流，从而抑制弧光，防止因弧光引起空气电离而造成相间短路；同时它能有效消除相隔时间很短的连续多次的单相接地故障。

（5）成套装置无传动机构，可靠性高，噪声低，运行维护简单。

💡 5. 偏磁式消弧线圈

偏磁式消弧线圈不是采用限制串联谐振过电压的方法。采用交流线圈内布置一个磁化铁芯段，通过改变施加直流励磁电流的大小，改变铁芯的磁导，从而达到改变消弧线圈电抗值的目的。即在电网正常运行时，不施加励磁电流，将消弧线圈调谐到远离谐振点的状态，实时检测电网电容电流的大小，当电网发生单相接地后，瞬时（约20ms）调节消弧线圈实施最佳补偿。

偏磁式特点：电控无级连续可调消弧线圈，全静态结构，内部无任何运动部件，无触点，调节范围大，可靠性高，调节速度快。这种线圈的基本工作原理是，利用施加直流励磁电流，改变铁芯的磁阻，从而改变消弧线圈电抗值的目的，它可以带高压以毫秒级的速度调节电感值。

6. 磁阀式消弧线圈

利用自耦励磁技术控制铁芯的饱和程度，实现对补偿电流的连续调节。所需设备：接地变压器、磁阀式消弧线圈、控制柜壳体。调节方式：无级调节、随调式。优点：连续无级可调。缺点：随调式、响应时间一般大于20ms、调节原理复杂、易发生故障，如图6-7所示。

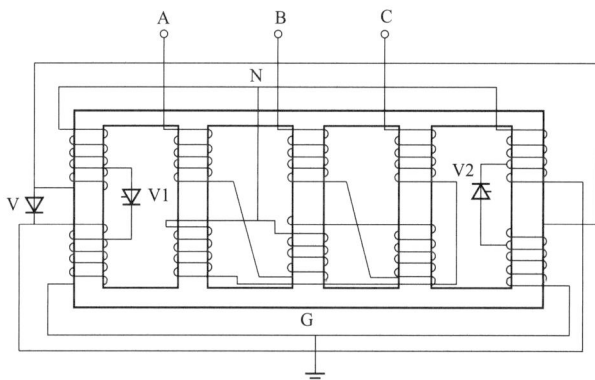

▲ 图6-7　磁阀式消弧线圈

7. 调感式消弧线圈

采用改变消弧线圈二次侧低压电感电流的方法，来调节消弧线圈的电感电流，以实现电感的连续可调。所需设备：三相五柱消弧线圈、电抗器、阻尼电阻箱、壳体。调节方式：无级调节、预调节。优点：连续无级可调、调节精度高。缺点：容量不能超过80A，如图6-8所示。

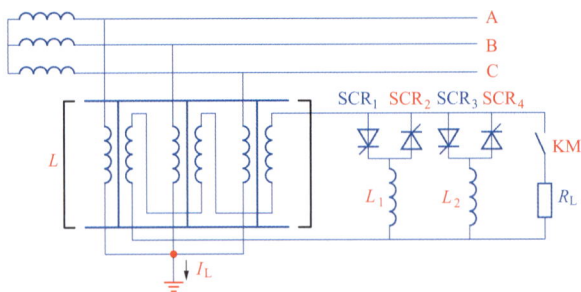

▲ 图6-8　调感式消弧线圈

L—三相五柱式消弧线圈；L_1、L_2—电抗器；R_L—电阻器；SCR1、SCR2、SCR3、SCR4—晶闸管；
KM—直流接触器触点

注　1.该消弧线圈有五个铁芯柱，中间三个铁芯柱绕有高、低压线圈，边柱上没有线圈。

　　2.高压绕组一端直接与电网A、B、C三相相接，另一端接在一起与大地相连，低压绕组接成开口三角形，通过晶闸管接通小型电抗器L_1、L_2。

九、使用问题

当3～66kV系统的单相接地故障，电容电流超过10A时，应采用消弧线圈接地方式，通过计算电网当前脱谐度 $\left[\varepsilon=(I_L-I_C)/I_C\times100\%\right]$ 与设定值的比较，决定是否调节消弧圈的分接头，过去选用的传统消弧线圈必须停电调节挡位，在运行中暴露出许多问题和隐患，具体表现如下：

（1）由于传统消弧线圈没有自动测量系统，不能实时测量电网对地电容电流和位移电压，当电网运行方式或电网参数变化后，靠人工估算电容电流，误差很大，不能及时有效地控制残流和抑制弧光过电压，不易达到最佳补偿。

（2）传统消弧线圈按电压等级的不同、电网对地电容电流大小的不同，采用的调节级数也不同，一般分五级或九级，级数少、级差电流大，补偿精度很低。

（3）调谐需要停电、退出消弧线圈，失去了消弧补偿的连续性，响应速度太慢，隐患较大，只能适应正常线路的投切。如果遇到系统异常或事故情况下，低周、低压减载切除线路，来不及进行调整，易造成失控。若此时正碰上电网单相接地，残流大，正需要补偿而跟不上，容易产生过电压而损坏电力系统绝缘薄弱的电气设备，引起事故扩大、雪上加霜。

（4）由于消弧线圈抑制过电压的效果，与脱谐度大小相关，实践表明：只有脱谐度不超过±5%时，才能把过电压的水平限制在2.6倍的相电压以下，传统消弧线圈则很难做到这一点。

（5）运行中的消弧线圈不少容量不足，只能长期在欠补偿下运行。传统消弧线圈大多数没有阻尼电阻，其与电网对地电容构成串联谐振回路，欠补偿时遇电网断线故障，易进入全补偿状态（即电压谐振状态），这种过电压对电力系统绝缘所表现的危害性，比由电弧接地过电压所产生的危害更大。既要控制残流量小，易于熄弧；又要控制脱谐度，保证位移电压（$U_0=0.8U/\sqrt{d_2^2+\varepsilon_2^2}$）不超标，这对矛盾很难解决。鉴于上述因素，只好采用过补偿方式运行，补偿方式不灵活，脱谐度一般达到15%～25%，甚至更大，这样消弧线圈抑制弧光过电压效果很差，几乎与不装消弧线圈一样。

（6）单相接地时，由于补偿方式、残流大小不明确，用于选择接地回路的微机选线装置更加难以工作。此时不能根据残流大小和方向，采用及时改变补偿方式或调挡变更残流的方法来准确选线。该装置只能依靠含量极低的高次谐波（小于5%）的大小和方向来判别，准确率很低，这也是过去小电流选线装置存在的问题之一。

综上所述，自动跟踪消弧线圈补偿技术和配套的单相接地微机选线技术，适应新的电网技术的发展。自动调谐和选线装置主要包括：中性点隔离开关G、Z型接地变压器B（系统有中性点可不用）、有载调节消弧线圈L、中性点氧化锌避雷器MOA、中性点电压互感器TV、中性点电流互感器TA、阻尼限压电阻箱R及自动调谐和选线装置。

第二节 消弧线圈工作原理及结构

SECTION 2

一、典型电气结构

XHK-Ⅱ消弧线圈自动调谐装置如图6-9所示。

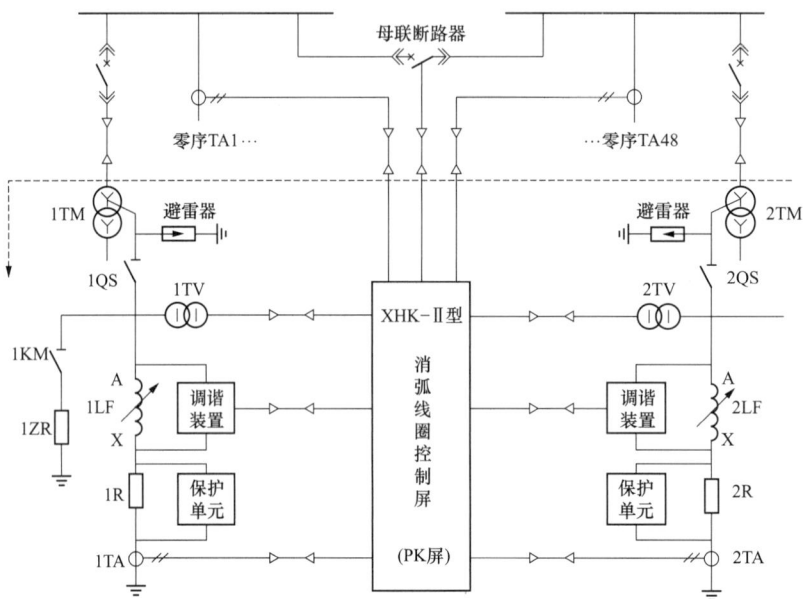

▲ 图6-9　XHK-Ⅱ消弧线圈自动调谐装置

图6-9中，1TM、2TM为接地变压器，1LF、2LF为有载消弧线圈，1R、2R为等效阻尼电阻，1QS、2QS为单极隔离开关，1TV、2TV为中性点电压互感器，1TA、2TA为中性点电流互感器，控制器装在PK屏内。

二、自动消谐及选线控制

WXHK系列带选线的消弧线圈控制器，是许继接地补偿装置的核心部件，其以

PC104 微型工控机为内核，实现在线实时测量与控制。其整套电路采用最优化设计理念进行设计，抗干扰能力强，保证了测量、选线的准确性。产品具有除测量和选线最准、控制最佳、运行稳定可靠外，人机界面极为友好，操作使用方便快捷。

1.外加非工频信号测量法

非工频信号，从消弧线圈的内附 TV 二次侧注入系统，利用注入信号频率及检测到的电压和电流，计算出系统的电容电流和残流，控制器根据预先设定的残流值，调整到所需挡位。消弧线圈调至所需的挡位后，控制器的测量回路不断检测位移电压相位的变化情况，当位移电压相位的变化量使得残流超过设定值时，重新注入信号，重新测量、调挡。当位移电压太低时采用定时测量。

2.幅值计算法

控制器通过调整消弧线圈挡位，找出回路谐振点，根据谐振点前后两挡的参数，计算出系统的电容电流。再根据预先设定残流值调整到合适的挡位。然后控制器的测量回路不断检测位移电流及其相位的变化情况，当检测到系统发生变化后，重新调挡计算电容电流。

3.幅值相位法

控制器通过调整消弧线圈挡位，找出回路谐振点，利用谐振点容抗和感抗相等的原理及位移电流的相位，计算出系统电容电流，根据预先设定的残流值，调整到合适的挡位。然后，控制器的测量回路不断检测位移电流及其相位的变化情况，当检测到系统发生变化后，利用位移电流幅值与相位的变化量触发，重新调挡，使变化后的残流到设定范围内。

选线部分采用有功分量、五次谐波的大小和相位、有功增量等多种方法综合选线，并采用优化设计选线电路。电气原理如图6-10所示。

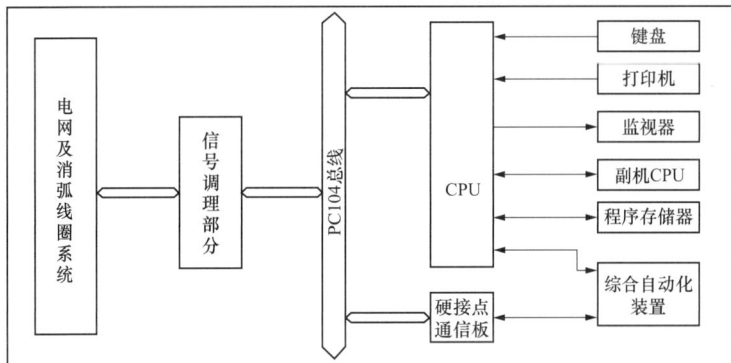

▲ 图6-10 自动选线原理

三、控制器操作

控制器前面板如图6-11所示，控制器后面板如图6-12（见311页）所示，打开控制器前面板上电源开关，待装置自检和初始化完成后，屏幕进入运行画面，如图6-13所示。

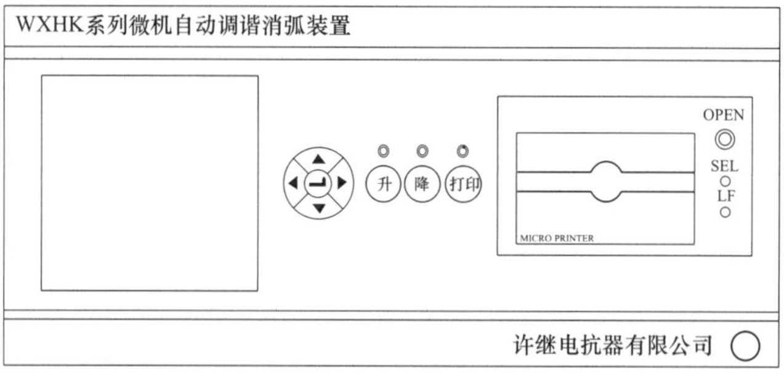

▲ 图6-11 控制器前面板

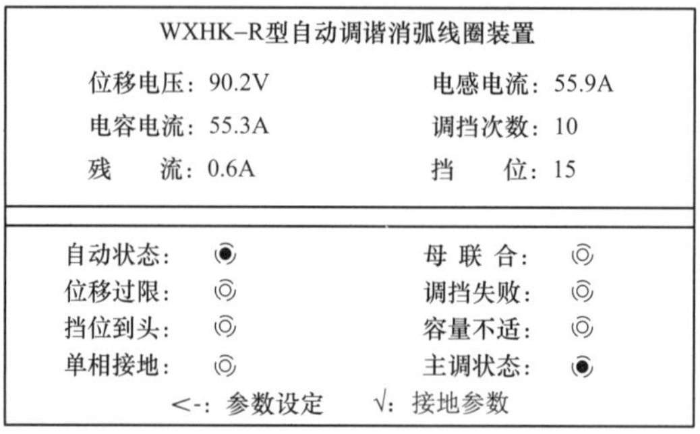

▲ 图6-13 面板运行画面

四、阻尼电阻箱

阻尼电阻是用来抑制谐振过电压保护，整套装置安全有效运行的重要组成部分，为了限制串联谐振过电压，保护整套装置安全有效的运行，在消弧线圈回路串接或并接了阻尼电阻箱，如图6-14所示。

当系统发生谐振时（即$X_L = X_C$），阻尼电阻取适当值时，可以将中性点位移电压控制在允许值（相电压的15%）范围内。当发生单相接地时，中性点流过很大的电流，这时保护单元就会将阻尼电阻切除，当单相接地消失后，保护单元重新使阻尼电阻串接或并接系统中。

阻尼电阻采用高耐压大功率不锈钢电阻，安全可靠，箱体美观大方。其中串阻方式采用交流直流双重回路，通过采集零序电压和电流，启动真空接触器投切，确保系

H1

第一档　第三档　第五档　第七档　第九档　第十一档　第十三档　第十五档　第十七档　第十九档　第二十一档　第二十三档　第二十五档　档位公共端　闭锁　母联

第二档　第四档　第六档　第八档　第十档　第十二档　第十四档　第十六档　第十八档　第二十档　第二十二档　第二十四档　档位公共端　闭锁　母联

H2

空气开关闭锁线　升　降　ACN　ACL

升　降　ACN　ACL

H

注：1. 当所有开关为空气真空开关时，标有ACL和ACN的端子短接，且接升、档继的公共端。2. 当为油式开关时，升、档继公共端提醒上端子的ACN上切记不能接成ACL。

POWER AC 220V

C

档位编码高位（A）　档位编码（C）　档位编码高位（E）　单相接地　调档失败　直流失电　交流失电　交流公共　遥控手动　遥降　变压器温度　消弧线圈温度　变压器无断　变压器公共　电感电流　线电流　遥测公共

档位编码（B）　档位编码（D）　档位编码公共端　位移过限　自动状态　直流失电　交流失电　综合报警　遥控自动　遥升　遥测公共　变压器压力　消弧线圈瓦斯　消弧线圈压力公共　位移公共端　电容电流　遥测电流

F1

第一路　第三路　第五路　第七路　第九路　第十一路　第十三路　第十五路　第十七路　第十九路　第二十一路　第二十三路　第二十五路　第二十七路　第二十九路　线圈公共端　位移电压

第二路　第四路　第六路　第八路　第十路　第十二路　第十四路　第十六路　第十八路　第二十路　第二十二路　第二十四路　第二十六路　第二十八路　第三十路　线圈公共端　位移电压

F2

EC　JEN　J2　J0

ECG　J3　J1　J6

F

E

电压　电压　电压　电流　电压　电流　电压　电流

D

位移电压　中性点电流　母线TV-A相电压　母线TV-B相电压　母线TV-C相电压　母线TV电压公共端　晶闸管回路电流　消弧报警　综合报警　功放控制1　功放控制2

C

B

A

直流电源　交流电源（备用）　直流断路器　交流断路器　上位机通信口　双机通信口

注：1. 交流电源和直流电源不能同时接入。2. 交流电源是为没有直流电源时用

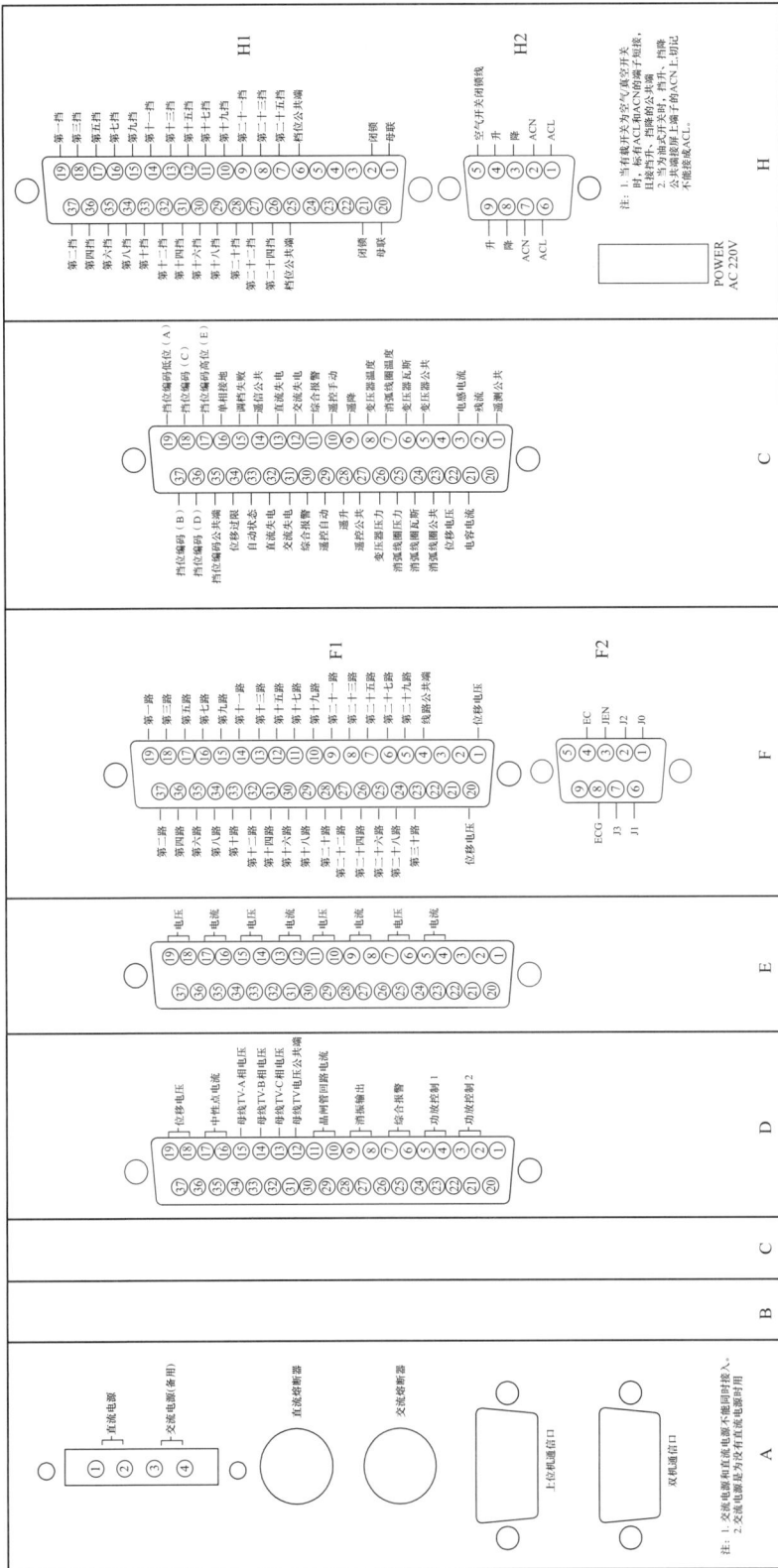

▲ 图6-12　控制器后面板

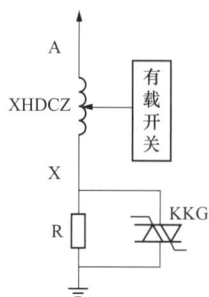

▲ 图6-14 阻尼电阻箱

统接地时电阻可靠短接。并阻方式采用可靠性极高的晶闸管，当阻尼电阻两端的电压大于设定值时，晶闸管自触发导通，可迅速将阻尼电阻短接，当单相接地消失后，晶闸管在电流电压过零时自然关断，阻尼电阻重新接入，装置恢复正常运行状态。

五、并联中电阻箱

并联中电阻采用在接地后，短时投入与消弧线圈并联的中电阻，以增加接地点电流来检测接地故障的方法，运用零序电流变化量选线算法，结合有功功率选线算法，实现准确的单相接地选线。成套装置如图6-15所示，ZR为中电阻，KM为高压真空接触器，ZR、KM装于同一中电阻箱内。

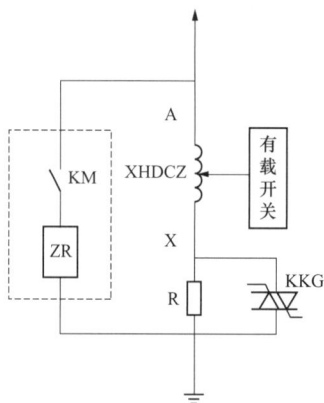

▲ 图6-15 并联中电阻箱

六、零序电流互感器

装置带有选线功能时，对于电缆出线，应在电缆端部加装零序电流互感器。旭辉电气配有开合式或浇注式零序电流互感器，也可使用其他型号的零序电流互感器，但要求在同一母线上，必须使用同型号规格、同一生产厂家的零序电流互感器，并实际测量变比。

只要将零序TA套在电缆上即可，但要注意电缆外皮接地点的处理。当电缆外皮接地点在TA上部时，应将接地线穿过TA接地，并且TA上部不允许再有其他接地点，如图6-16所示。

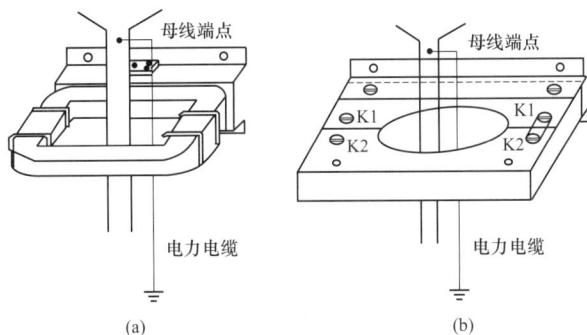

▲ 图6-16 接地点在TA上部

（a）开合式TA；（b）浇注式TA

当电缆外皮接地点在TA下部时，接地线不得穿过TA接地，并且TA上部不允许再有其他接地点，如图6-17所示。

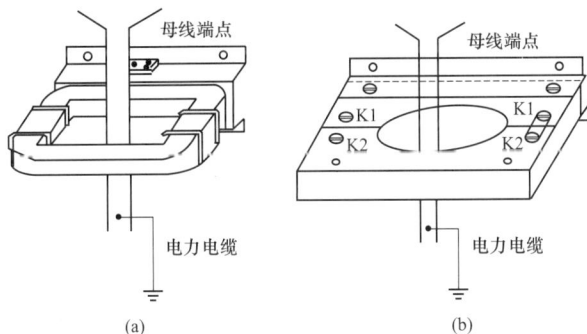

▲ 图6-17 接地点在TA下部

（a）开合式TA；（b）浇注式TA

某些线路出线为双电缆时，为保证线路零序电流的准确测量，每条出线电缆应尽可能采用一根电缆，对负荷较大的线路可采用大截面铜心电缆，不得不采用双电缆并列时，应尽可能选用内径较大的零序电流互感器，将两根电缆同时穿入零序互感器。

七、运行维护

（1）10kV小电流接地系统中，当线路总电容电流大于10A时，应将消弧装置投入运行进行补偿。补偿方式原则上应采用过补偿方式，应避免出现全补偿方式。脱谐度范围的选取一般采用5%～20%，但应控制残流在5A左右，最大不得超过8A。

（2）电网正常运行时，中性点位移电压不得超过相电压的15%，即6000V×15%=900V。

（3）消弧装置的一、二次设备视为一个单元，投入和退出运行包括该单元全部设备。正常情况下，消弧线圈自动调谐装置应投入在自动运行状态。

（4）调谐器自动功能异常时，根据调度命令，可以改为手动。当消弧线圈本身发生故障，紧急情况非停不可时，应断开消弧线圈开关。系统无发生接地故障或雷击时，方可调节消弧线圈。

（5）一段母线上消弧装置停运，当消弧装置容量满足要求时，可将该段母线与另一段母线并列运行，由单台消弧装置对两段母线电容电流进行补偿。

（6）若消弧线圈在最大补偿电流挡位运行，而脱谐度仍小于10%，说明消弧线圈容量不能满足要求，应汇报有关部门及时处理。

1.消弧线圈装置投入运行

（1）合上PK屏的控制交、直流电源开关；

（2）合上消弧线圈与接地变压器中性点连接隔离开关；

（3）合上微机调谐器电源开关，将控制器调到自动位置；

（4）合上消弧线圈装置10kV侧断路器控制电源；

（5）将消弧线圈装置10kV侧手车开关推入至"工作"位置；

（6）合上消弧线圈装置10kV侧断路器。

2.消弧线圈装置退出运行

（1）断开消弧线圈装置10kV侧断路器；

（2）将消弧线圈装置10kV侧手车开关拉出至"检修"位置；

（3）断开消弧线圈与接地变压器中性点连接隔离开关；

（4）断开10kV消弧线圈装置控制电源；

（5）断开微机调谐器电源开关；

（6）断开PK屏的控制交、直流电源开关。

第三节

SECTION 3

消弧线圈的诊断与分析

一、干式接地变压器温控器损坏超温跳闸

1. 检查情况

2016年4月4日，某110kV变电站监控机报"事故总信号"，1号接地变压器跳闸，现场检查过电流一、二段未动作，报文显示温度超高、事故总信号，温控器面板显示A相173.4℃，立即将接地变压器解除备用、做安全措施后，用测温仪测量，接地变压器温度为25℃，消弧线圈20℃，阻尼器、自动跟踪装置正常，箱内无异味、无接线发热等情况，判断为温控器损坏，温控器显示温度过高，如图6-18所示，监控机告警信号如图6-19所示。

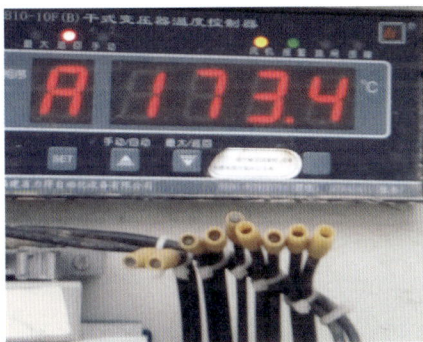

▲ 图6-18　温度显示过高

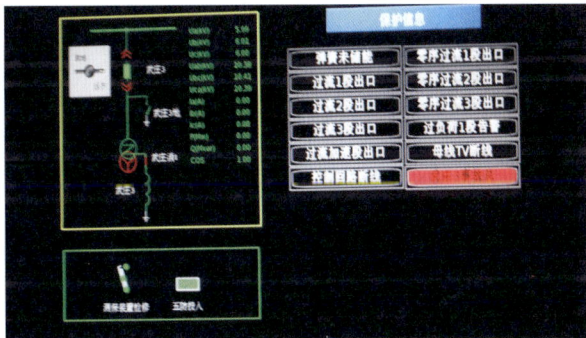

▲ 图6-19　监控机告警信息

2. 分析处理

（1）进一步检查设备，经高压试验，接地变压器、消弧线圈合格，保护检查，接地变压器接有超温跳闸回路。查找温控器说明书，为80℃自动关风机、100℃自动开风机、130℃高温报警、150℃超温跳闸。

（2）判定为温控器损坏，温度指示过高启动跳闸回路，经厂家更换整套温控装置，温度显示为75℃，为正常温度。保护人员拆除接地变压器温控器处，超温LD-8、LD-9

启动跳闸回路端子，恢复送电正常，测温正常，此后未再发生超温跳闸现象。告警信号复归，如图6-20所示，温度恢复正常，如图6-21所示。

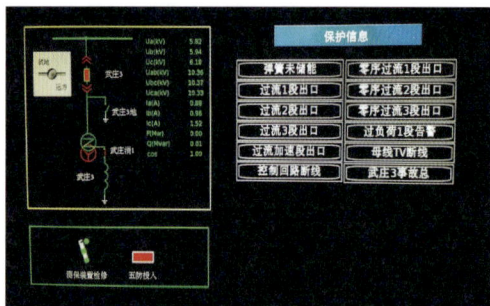

▲ 图6-20 告警信号复归

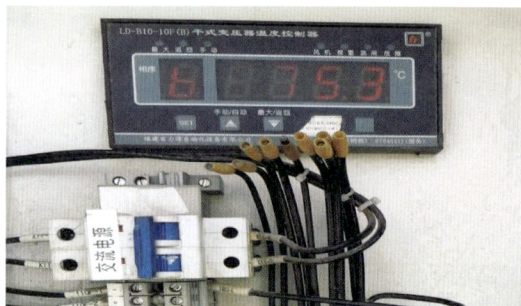

▲ 图6-21 温度恢复正常

3. 整改措施

（1）接地变压器能报超温告警信号就行，查明原因，超温不应接入跳闸回路，防止温控器损坏误动跳闸，站用变压器失去电源。

（2）消弧线圈成套装置，应加强巡视测温，发现异常，及时汇报处理，检查跟踪装置是否正常，阻尼器、消弧线圈、接地变压器是否发热，以保证设备安全运行。

二、消弧线圈阻尼电阻烧坏

1. 检查情况

2015年，某变电站10kV系统发生单相接地，监控机报："1号消弧线圈故障"信号，立即汇报调度，确定某10kV线路单相接地故障，并成功隔离，检查消弧线圈运行情况，发现消弧线圈阻尼电阻箱有冒烟、烧伤痕迹，室内有煳味，立即将1号消弧线圈停运转检修，阻尼电阻烧坏情况如图6-22所示。

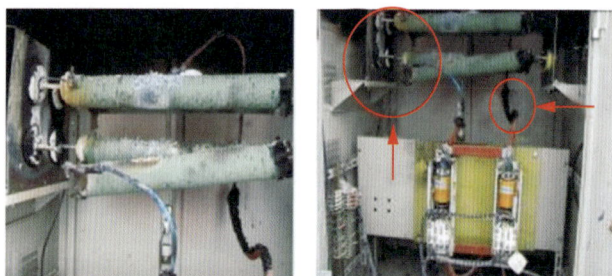

▲ 图6-22 阻尼电阻烧坏

2. 分析处理

（1）为消弧线圈控制装置，电压、电流继电器的控制电源正极接线松动，造成继电器无法正确动作，当系统发生接地时，无法将阻尼电阻短接隔离，使阻尼电阻流过较大的补偿电流，导致过热损坏。

（2）停电后，更换新的阻尼箱，紧固控制回路接线，现场试验合格，传动正确，恢复送电正常，如图6-23所示。

3. 整改措施

中性点非直接接地系统中，消弧线圈自动跟踪补偿控制装置的运行状况对系统的安全运行影响很大，控制装置损坏，使消弧线圈不能实现自动跟踪补偿，甚至不起作用，不能防止接地过电压，必须引起高度重视。

▲ 图6-23　新更换的阻尼箱

三、消弧线圈装置花屏

1. 检查情况

2017年11月10日，巡视某110kV变电站，发现10kV系统1号消弧线圈装置花屏闪烁，运行灯亮，无其他告警信号，装置液晶屏花屏闪烁如图6-24所示。设备型号：顺特XHKQ-IV自动调谐消弧线圈装置。

▲ 图6-24　消弧线圈装置花屏闪烁

2. 分析处理

装置液晶屏损坏，运行灯亮，无告警信息，不影响消弧线圈运行，但影响数据查看。

3. 整改措施

上报设备缺陷，通知厂家更换处理。

四、消弧线圈装置黑屏，运行灯熄灭

1. 检查情况

2023年2月25日，巡视某110kV变电站，发现10kV系统1号消弧线圈装置黑屏，运行灯熄灭，液晶装置黑屏，如图6-25所示。设备型号：恩湃电力WZXC。

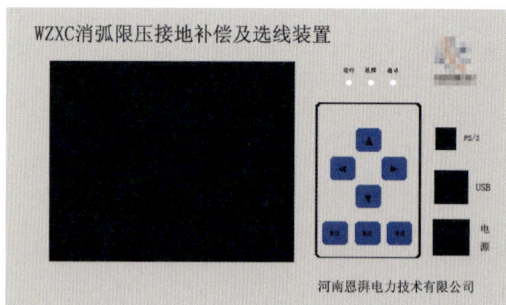

▲ 图6-25 液晶装置黑屏

2. 分析处理

（1）判断为消弧线圈装置损坏，立即汇报调度，通知检修处理，将控制器电源断开，将装置交、直流电源断开，拉开消弧线圈接地开关。

（2）经厂家人员检查，为装置电源板损断，经更换电源板后，装置启动正常，对装置升级后，恢复送电正常，电源背板插件损坏情况如图6-26所示，液晶面板显示正常，如图6-27所示。

▲ 图6-26 电源背板插件损坏

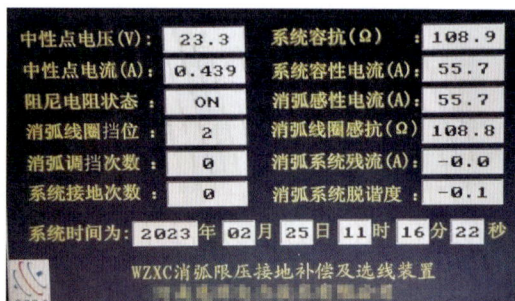

▲ 图6-27 液晶面板恢复正常

3. 整改措施

提高电源板产品性能，装置及时升级改造，防止装置损坏、死机等，影响消弧线圈装置安全运行。

五、10kV干式接地变压器相继故障

1. 检查情况

2020年4月24日，某110kV变电站报："交流异常、火灾报警"信号，现场检查，10kV系统1、2号接地变压器，限时电流速断动作相继跳闸，1号故障电流158.5A，2号故障电流109.24A，全站低压交流电源失去，接地变压器室处有浓烟，立即启动外来电源，恢复全站低压交流供电，开启风机排烟，将1、2号接地变压器解除备用，做安全措施。1号接地变压器跳闸报文如图6-28所示，2号接地变压器跳闸报文如图6-29所示。开关柜型号：森源电器ZN63A-12/1250-31.5；保护型号：南瑞NSR631RF；接地变压器型号：JDBC-700/10.5-100/0.4；接线组别：Znyn11。

▲ 图6-28　1号接地变压器跳闸报文　　▲ 图6-29　2号接地变压器跳闸报文

2. 分析处理

（1）1号接地变压器高压侧A相绕组首先发热，发生匝间短路跳闸，弧光造成A相与中性线烧断，更大的弧光飞溅至相邻的2号接地变压器，（中间用钢网隔开）将高压侧中性线烧断也跳闸了，1号接地变压器A相绕组烧坏，如图6-30所示，2号接地变压器中性线烧断，如图6-31所示。

▲ 图6-30　1号接地变压器A相绕组烧坏　　▲ 图6-31　2号接地变压器中性线烧断

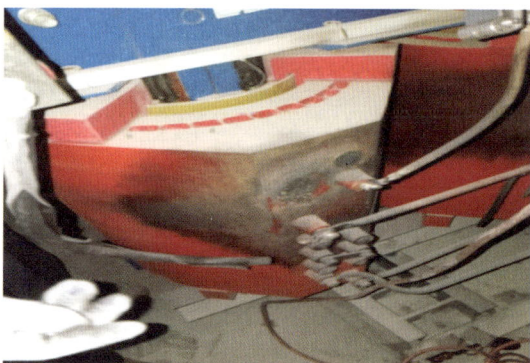

（2）1号接地变压器高压侧A相绕组发生匝间短路，产生的巨大弧光波及BC两相引线接头都有灼伤，所以三相故障电流较大，瞬间释放的热量使周围物质气化，高温、高压在绝缘薄弱处首先击穿，低压侧三相绕组、引线正常，1号接地变压器烧坏情况如图6-32所示。

▲ 图6-32 1号接地变压器绕组烧坏

（3）调取故障录波，从波形看出，当时A相电压发生了畸变，如图6-33所示，10kV Ⅰ母系统，用户有冶炼设备，配备有大功率变频器，这些设备产生大量的谐波电流，反馈至变电站，加速接地变压器发热和绝缘老化。

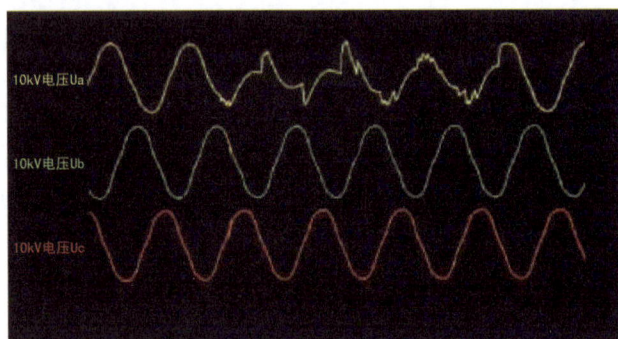

▲ 图6-33 A相电压发生了畸变

（4）由于接地变压器结构特殊性，高压绕组分为两个铁芯绕组分布，引出端子与外层绕组间电场强度高，绝缘较为薄弱，需要加强绝缘厚度。正常运行时高压内引出线与外绕组端部间的电压差为相电压，绕组绝缘厚度不满足要求时，树脂绝缘容易击穿，高压侧绕组结构如图6-34所示。

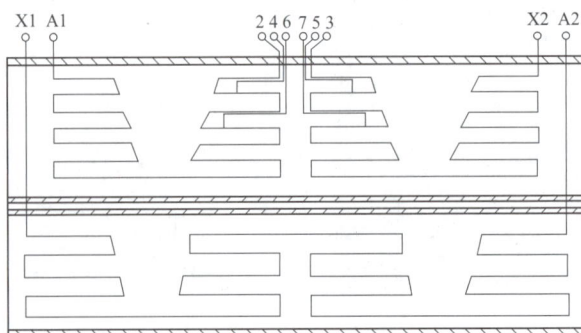

▲ 图6-34 高压侧绕组结构

3. 整改措施

（1）干式绕组的匝间绝缘散热不良，室内空气流动性差，散热风扇装置损坏，需增加配电室的通风效果，便于接地变压器的散热。遇有设备例试时，及时用吸尘器彻底清扫绕组、铁芯上的灰尘，有利于接地变散热。

（2）更换损坏的冷却风扇装置，通过温控器自动控制轴流风机，给绕组、铁芯散热，对冷却风扇装置损坏缺陷，管理部门应该重视。

（3）在1号与2号接地变压器间加装绝缘隔板，如图6-35所示，不能用钢网简单地隔开，防止一台接地变压器故障时，波及相邻的接地变压器运行，加强系统谐波治理，防止系统设备损坏。

▲ 图6-35 1号与2号接地变压器间加装绝缘隔板

（4）1号接地变压器高压侧绕组绝缘不满足要求，A相绕组首先发生匝间短路，弧光飞溅至相邻的2号接地变压器，将高压侧中性线烧断，应加强高压侧绕组的绝缘强度，提高产品的生产工艺。

六、消弧线圈容量不足

1. 检查情况

2018年2月24日，巡视发现某110kV变电站1号消弧线圈装置报："容量不适，挡位到顶"信号，如图6-36所示。断路器型号：江苏南瑞帕威尔NPV-12/4000-40；开关柜型号：AMS-12；保护型号：四方CSC-211；消弧线圈型号：旭辉ZGML-K。

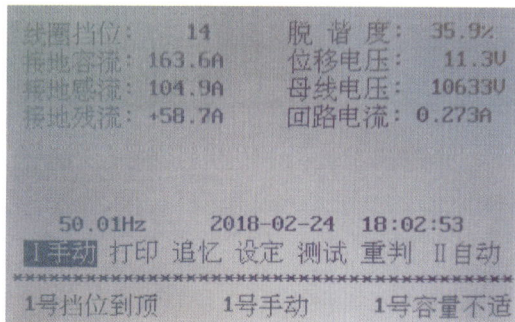

▲ 图6-36 消弧线圈容量不足

2. 分析处理

因10kV出线增加过快，线路长，负荷较大，有10条电缆出线，造成电容电流较大，原有的消弧线圈为630kVA，接地变压器700kVA，已不能满足系统要求，容性电流163.6A，感性电流104.9A，残流58.7A，残流过大，处于严重欠补偿状态，急需增容改造，已将自动调挡改为手动，挡位调至最大挡位，10kV系统运行方式如图6-37所示，开关柜面板如图6-38所示。

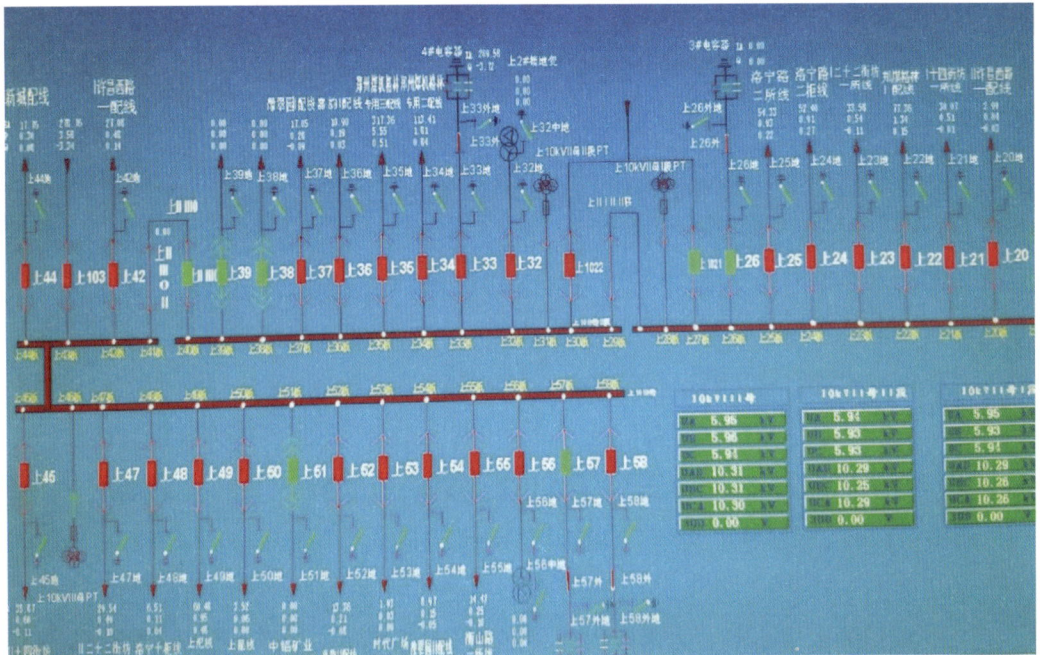

▲ 图6-37 10kV系统运行方式

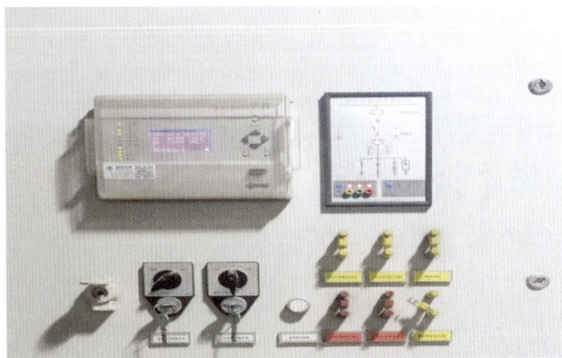

▲ 图6-38 10kV开关柜面板

3. 整改措施

根据规程规定，必须将残流限制在10A以下，现为58A，如果发生单相接地，会造成弧光过电压的危险，对设备造成严重威胁，需将消弧线圈增容为1100kVA。

七、10kV 线路故障造成接地变压器跳闸

1. 检查情况

2023 年 4 月 8 日，某 110kV 变电站某 10kV 线路 50 板永久性故障跳闸，重合闸动作不成功，相邻的 56 板接地变压器（消弧线圈）跳闸，10kV 主接线图如图 6-39 所示。保护型号：四方 CSC-211；消弧线圈：旭辉 ZGML-K。

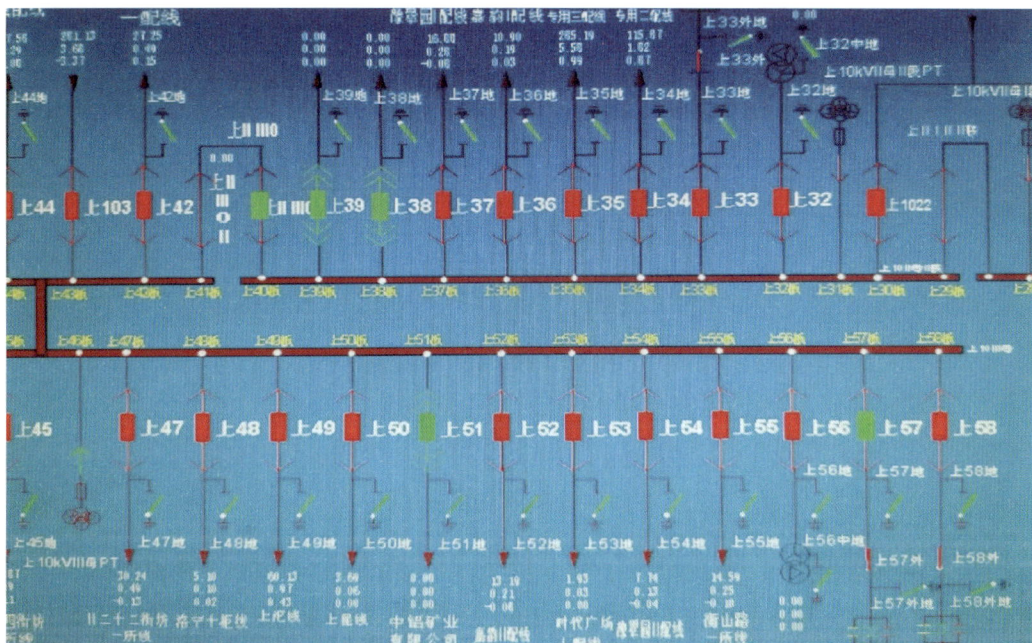

▲ 图 6-39　10kV 设备主接线

2. 分析处理

（1）50 板为电缆线路，发生三相短路，过电流 II 段动作，A 相 86.5A，B 相 87.5A，C 相 88.5A，永久性故障，动作报文如图 6-40 所示，保护加速跳闸报文，A 相 83.5A，B 相 88A，C 相 87.5A，如图 6-41 所示，56 板（接地变压器）过电流保护动作，A 相 1.524A，B 相 1.524A，C 相 1.532A，动作报文如图 6-42 所示。

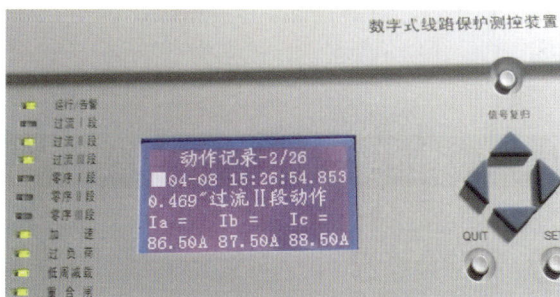

▲ 图 6-40　10kV 线路动作报文

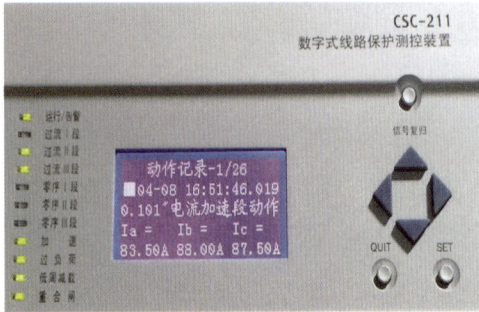
▲ 图6-41 线路加速跳闸报文

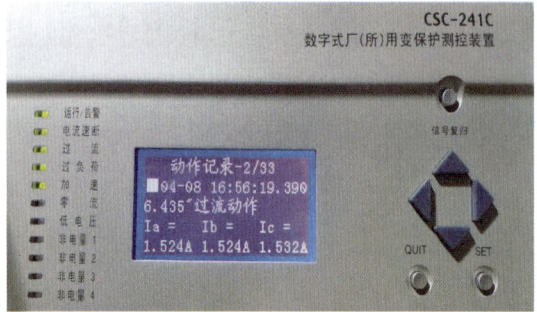
▲ 图6-42 接地变压器动作跳闸报文

（2）50板为线路故障，站内设备无异常，隔离故障点。检查56板（接地变压器），一次设备无异常，消弧线圈装置运行不良，感性电流103.8A，残流-103.8A，为严重过补偿，残流过大，消弧线圈运行信息如图6-43所示。

（3）查寻50板线路电流保护定值：电流变比600/5，Ⅱ段20A，0.45s，重合闸0.7s，加速15A，0.1s，动作电流86A，保护动作正确。56板（消弧线圈）定值：过电流1.5A，0.5s，电流变比200/5，当线路发生故障时，经消弧线圈补偿后，残流为103.8A，计算一次电流为61A，二次电流为2.5A，动作电流1.524A，保护动作正确。

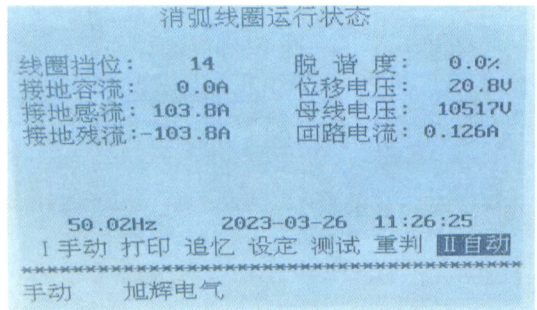
▲ 图6-43 消弧线圈运行异常

（4）全面检查消弧线圈装置，补偿在14挡位处，不能自动调挡，过补偿严重，经增容，改为自动后，消弧线圈装置恢复正常。

3. 整改措施

定期对消弧线圈进行巡视，检查自动跟踪装置主页面信息是否正确，发现异常，及时汇报处理，使消弧线圈装置正确运行，在自动补偿状态。

八、站用变压器低压侧导线绝缘老化脱落

1. 检查情况

2022年5月10日，发现某110kV变电站3号站用变压器低压侧绝缘老化，绝缘皮脱

落，如图6-44所示，随时会发生短路故障，需立即停电处理。站用变压器型号：SB13-M-315/10。

🔧 2. 分析处理

站用变压器负荷较大，在室外阳光暴晒和风雨侵蚀下，三相四线制低压侧电缆绝缘均老化龟裂，需立即进行绝缘化处理，处理后的情况如图6-45所示。

🔧 3. 整改措施

要对低压设备重视起来，防止站用变压器故障，失去动力电源，影响站内交、直流等设备运行。

▲ 图6-44　低压侧导线绝缘脱落

▲ 图6-45　低压侧绝缘化处理

九、消弧线圈接地变压器铁芯发热

🔧 1. 检查情况

2023年6月25日，对某110kV变电站进行巡视测温，发现10kV 1号消弧线圈，接地变压器铁芯发热104℃，线圈不发热，绝缘良好，接地变压器运行情况如图6-46所示。接地变压器型号：JDBC-700/10.5-100/0.4；接线组别：Znyn11。

▲ 图6-46　接地变压器铁芯发热

🔧 2. 分析处理

接地变压器负荷不大，系统未发生接地现象，消弧线圈运行正常，如图6-47所示，室内温度较高，38℃，设备为B级绝缘，温度极限为130℃，合格。

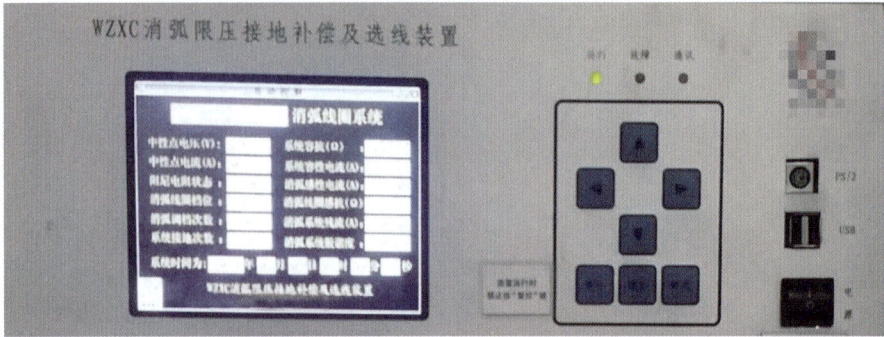

▲ 图6-47 消弧线圈运行正常

🔧 3. 整改措施

根据现场运行情况，此敞开式干式接地变压器底部应该加装通风风扇降温，厂家未设计安装。督促厂家改进生产工艺，夏季高温时，自动投入风扇降温，防止绝缘老化损坏。

第七章

保护及二次装置

7

一、10kV 保护测控装置屏运行灯熄灭

1. 检查情况

2019 年 2 月 22 日，某 110kV 变电站，进行例行巡视，发现 10kV 高压室出线，共八套微机保护装置屏运行绿灯熄灭，正常为闪烁状态，如图 7-1 所示，未发出告警信号，监控机数据刷新，立即汇报调度，通知保护人员处理。保护测控装置型号：积成电子 SAL61；断路器型号：北开 ZN65-EP；开关柜型号：KYN28A-12。

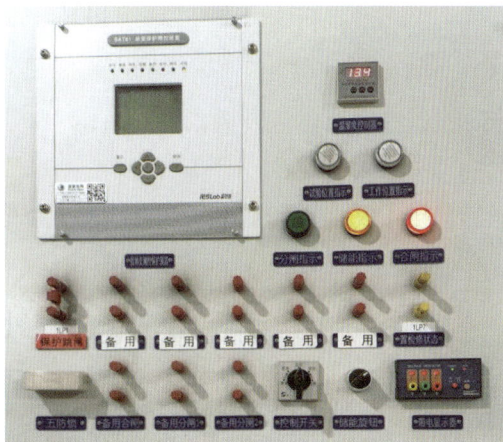

▲ 图 7-1　装置运行灯熄灭

2. 分析处理

保护检查，为装置受干扰死机，保护有可能会拒动，需要重启保护装置，经重启装置后恢复正常，运行灯闪亮。厂家答复，早期产品需要更换升级，经厂家更换升级后，未再出现运行指示灯熄灭情况，更换后的显示面板，如图 7-2 所示。

3. 整改措施

发现异常，及时汇报处理，加快产品更新换代速度，将异常消灭在萌芽状态。10kV 高压室断路器运行情况如图 7-3 所示。

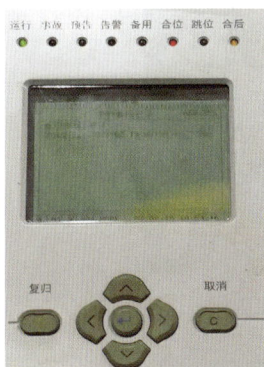

▲ 图 7-2　更换后的显示面板

▲ 图 7-3　10kV 高压室断路器

二、10kV线路机构弹簧未储能

1. 检查情况

2019年9月8日，某110kV变电站，巡视10kV高压室时，发现一条10kV运行线路手车开关柜显示器，"弹簧未储能"绿色灯亮，如图7-4所示，监控机"弹簧未储能"信号如图7-5所示。开关柜型号：KYN28A-12；断路器型号：ZN63A-12；保护型号：许继WXH-822。

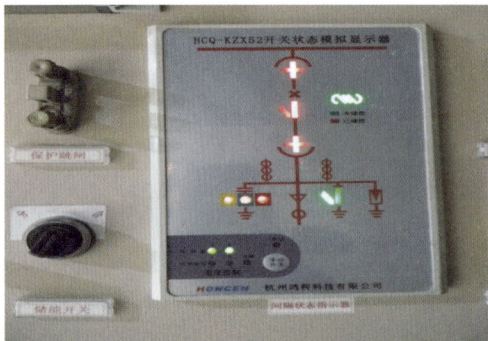

▲ 图7-4　弹簧未储能灯亮

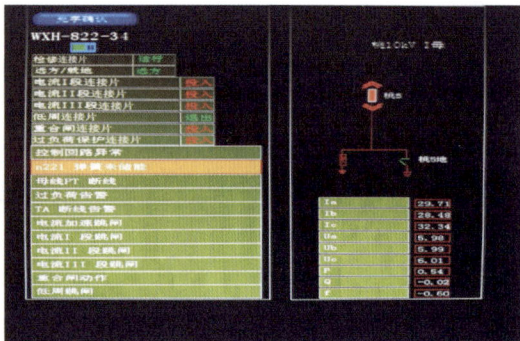

▲ 图7-5　弹簧未储能信号

2. 分析处理

（1）检查储能扭子开关，可以扭动，打开柜体上柜门，发现储能扭子开关3DK已老化裂纹，触点脱落，损坏的储能扭子开关如图7-6所示。

▲ 图7-6　损坏的储能扭子开关

（2）10kV弹簧储能电路如图7-7所示，测量直流电源正常，储能电动机良好，更换新的扭子开关后，电动机储能恢复正常，"弹簧未储能"信号消失。

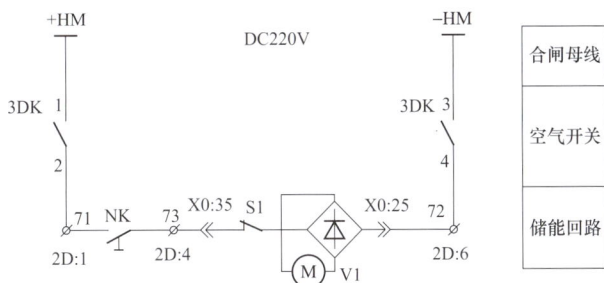

▲ 图7-7 10kV弹簧储能电路

3. 整改措施

（1）断路器操作前后，及时检查弹簧机构是否已储能，扭子开关、行程开关、微动触点、电源、电动机、航空插头是否正常，状态显示器是否指示正确，监控主机有无异常信号。

（2）检查设备要认真，搞清楚是误报信号，还是异常信号，发现异常，及时汇报处理。

三、10kV手车断路器跳闸线圈烧坏

1. 检查情况

（1）2019年6月14日，某110kV变电站，巡视10kV高压室时，闻到有较大焦煳味，检查为2板（电容器）装置报："控制回路断线"，开关指示在合位，分、合闸位置灯均熄灭，保护测控装置运行灯熄灭，预告信号灯亮，如图7-8所示。

（2）根据现征，判断为弹簧机构控制回路跳闸线圈烧坏，弹簧机构控制回路如图7-9所示，立即汇报调度，通知检修处理。断路器型号：北开ZN65-EP；开关柜型号：KYN28A-12；保护型号：积成电子SAC61。

2. 分析处理

（1）因控制回路断线，无法遥控操作，倒换10kV负荷，断开主进断路器，手动断开2板断路器，断路器控制回路如图7-10所示。

▲ 图7-8 保护测控装置告警

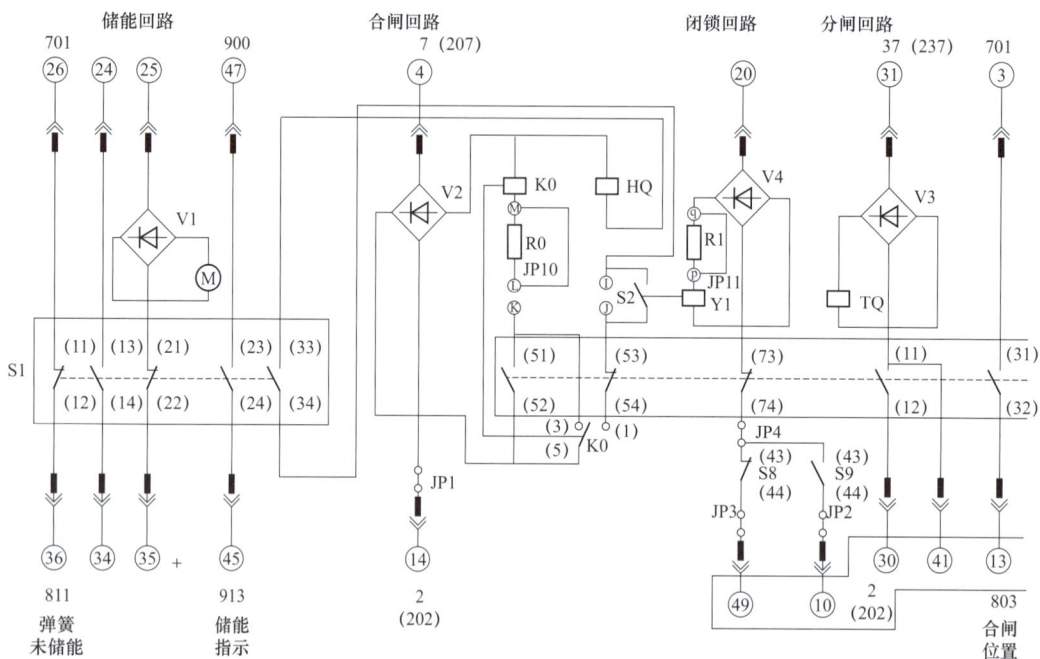

▲ 图7-9 弹簧机构控制回路

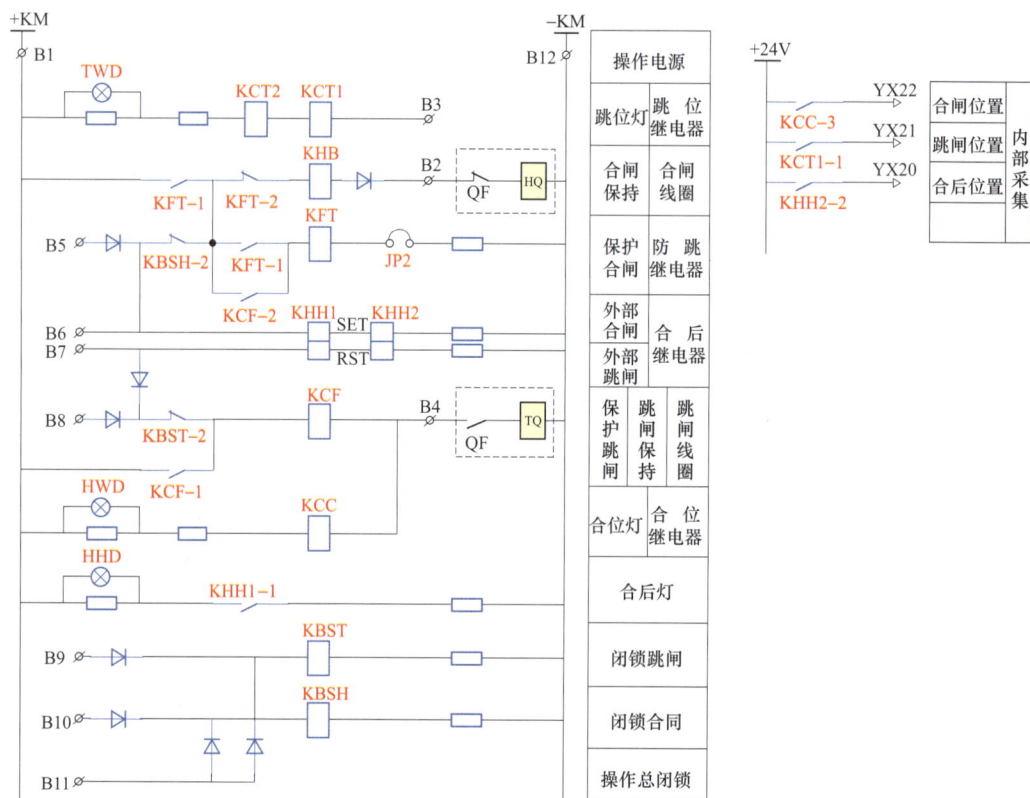

▲ 图7-10 断路器控制回路

（2）将2板手车断路器拉出，打开机构面板，发现塑料护套受热熔化，跳闸线圈已烧坏，如图7-11所示，拆除后的跳闸线圈如图7-12所示。

▲ 图7-11　受热的跳闸线圈

▲ 图7-12　拆除后的跳闸线圈

（3）跳闸线圈铁芯挡板歪斜，如图7-13所示，更换同型号跳闸线圈，如图7-14所示。

▲ 图7-13　铁芯挡板歪斜

▲ 图7-14　更换后的跳闸线圈

（4）电容器无功补偿投切频繁，自动分闸跳不开后，跳闸回路一直带电，造成跳闸线圈烧坏。跳闸铁芯挡板有些歪斜变形，固定线圈螺钉松动，当跳闸铁芯励磁时，未完全触碰跳闸铁芯挡板。调整跳闸挡板位置，紧固螺钉，更换跳闸线圈后，传动跳合闸试验正常，恢复送电正常。

🔧 3. 整改措施

（1）电容器为自动投切装置，断合频繁，跳闸线圈容易发热老化，不易发现。

（2）跳闸线圈铁芯挡板，制作工艺不良，经受不住跳闸铁芯的多次撞击，产生歪斜，配件质量需进一步提高。

四、交流采样异常造成10kV备用电源自动投入装置保护拒动

1. 检查情况

2016年1月6日，10:58，某110kV变电站，某110kV线路故障失压，造成2号主变压器及10kVⅡ母一段、Ⅱ母二段失压，120备用电源自动投入装置未正确动作，10kV母联备用电源自动投入装置保护型号：许继WBT-821。

2. 分析处理

（1）检查变电站内一次设备无异常，监控机无保护动作信息，调取备用电源自动投入装置报文，存在母线TV断线告警信息，装置告警灯亮，备用电源自动投入装置告警报文如图7-15所示。

（2）检查备用电源自动投入装置，交流采样Ⅰ母电压显示正常，二母（实际接线为Ⅱ母一段）电压显示为零，电压均正常；装置内保护定值

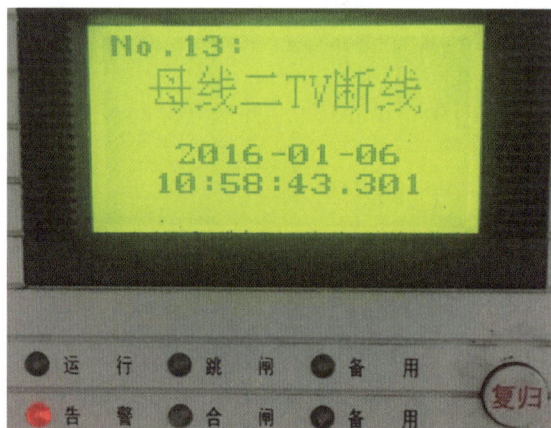

▲ 图7-15　120备用电源自动投入装置保护告警报文

与执行的定值单内容一致，二次回路接线正确，绝缘良好，1号进线采样电流正常。

（3）检查交流采样插件异常，母联备用电源自动投入装置Ⅱ母交流采样异常，导致备用电源自动投入装置动作逻辑中，Ⅱ母采样电压失压，在延迟60s后，母联备用电源自动投入装置自动放电，不具备备用电源自动投入装置充电条件，并发出异常告警信息。

（4）根据备用电源自动投入装置告警信息和监控机告警信息，判断120母联备用电源自动投入装置，1月6日，10:58故障，装置发出"母线二TV断线"告警，备用电源自动投入装置异常，2号主变压器失压期间就存在，未收到母联备用电源自动投入装置缺陷，未对缺陷进行及时处理。

（5）120母联备用电源自动投入装置保护装置告警后，发出备用电源自动投入装置"母线二TV断线异常"告警软报文，上传至监控机进行显示，但备用电源自动投入装置的"保护告警"硬触点信号，并未出现在综合自动化系统中。查阅图纸，装置异常信号，共有5个硬触点开出，其中"保护告警""保护合闸"两个硬触点信号为备用开

出，未设计二次回路编号和接线。

（6）D5000系统，对10kV部分只采集硬触点信号，对装置上送的软报文信号不进行采集，在120母联备用电源自动投入装置告警期间，"保护告警"触点动作，且保持闭合状态，综合自动化系统不反映此信号，而监控机仅从刷屏的软报文显示此信号，画面无此信号。

3. 整改措施

（1）增加二次控缆接线，完善120异常信号设计，备用开出硬触点信号，接入公用测控装置，在监控机增加光字牌。

（2）对现有的监控信息，发现问题，及时更新，避免遗漏异常告警关键信息，便于监控中心全面监控，确保电网安全稳定运行。

（3）制定监控信息标准，规范保护异常告警信息级别，避免二次设备部分功能自动退出，引起电网事件。

（4）提高备品备件的充裕度，缩短设备异常处理时间。全面排查图纸和现场情况，完善现有设备问题。规范项目立项审查力度，对于基建、大修技改项目，避免存在类似问题。

（5）经整改后，母联备用电源自动投入装置恢复正常，遥测量正常，如图7-16所示。

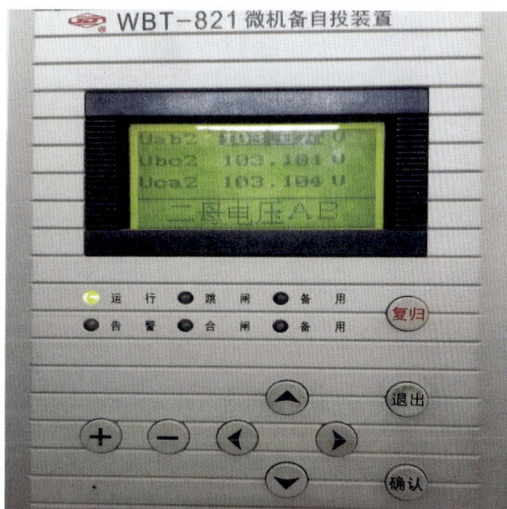

▲ 图7-16 母联备用电源自动投入装置恢复正常

五、35kV线路故障越级主变压器低后备跳闸

1. 检查情况

2018年2月24日，某220kV变电站某35kV线路发生相间故障，线路过电流保护动作，因电源异常，未启动跳闸出口继电器，造成断路器拒动，导致1号主变压器低后备动作跳闸。1号主变压器型号：山东电力SFSZ11-240000/220；35kV开关柜：ABB；变压器保护：南自PST-1200U；35kV保护：南自PSL641。

⚙ 2. 分析处理

（1）35kV线路保护装置黑屏，信号指示灯均不亮，经更换保护装置电源插件，重启装置后，显示05：30，线路保护启动，过电流Ⅰ段动作，过电流Ⅰ段动作指示灯亮，告警信号报文如图7-17所示。

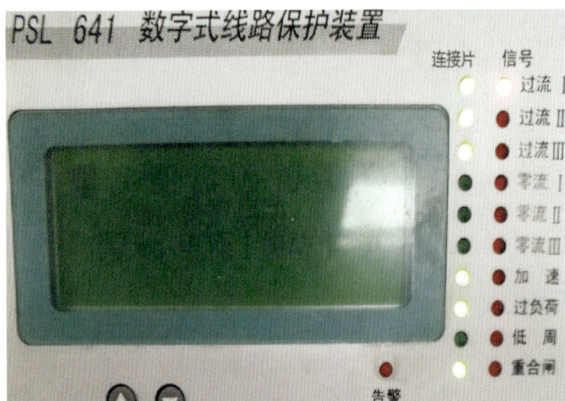

▲ 图7-17 线路告警信号报文

（2）过电流Ⅰ段动作（15A/0s），动作时二次故障电流约35A，TA变比为800/5，折合一次故障电流5600A。故障时，两相短路电流为5600A，转换为三相短路后，二次故障电流约16.3A，351TA变比为2000/5，折合一次故障电流6520A。1号变压器低后备复压过电流Ⅰ段动作跳闸，故障电流消失。1号主变压器低后备动作报文如图7-18、图7-19所示。

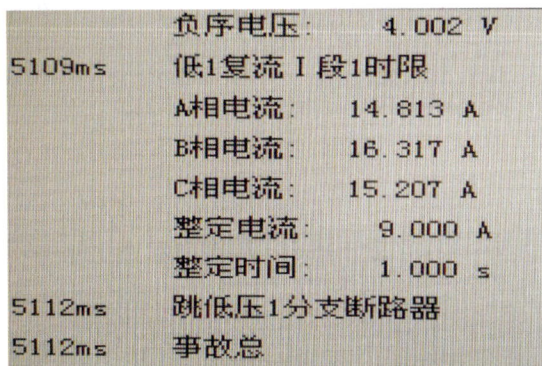

▲ 图7-18 1号主变压器低后备动作报文1

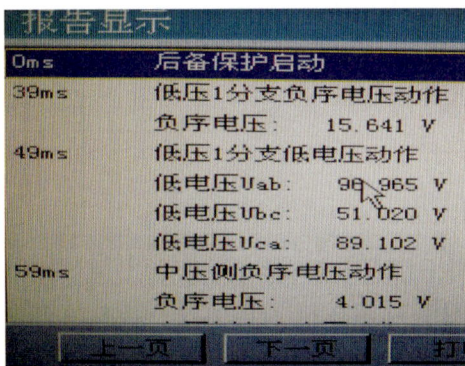

▲ 图7-19 1号主变压器低后备动作报文2

（3）线路保护因电源插件故障未动作，1号变压器保护装置动作正确，更换电源模块后，对保护装置进行全面检查，按照保护定值，带断路器进行传动试验正确，线路恢复送电正常。1号主变压器低后备动作，故障录波，如图7-20所示。

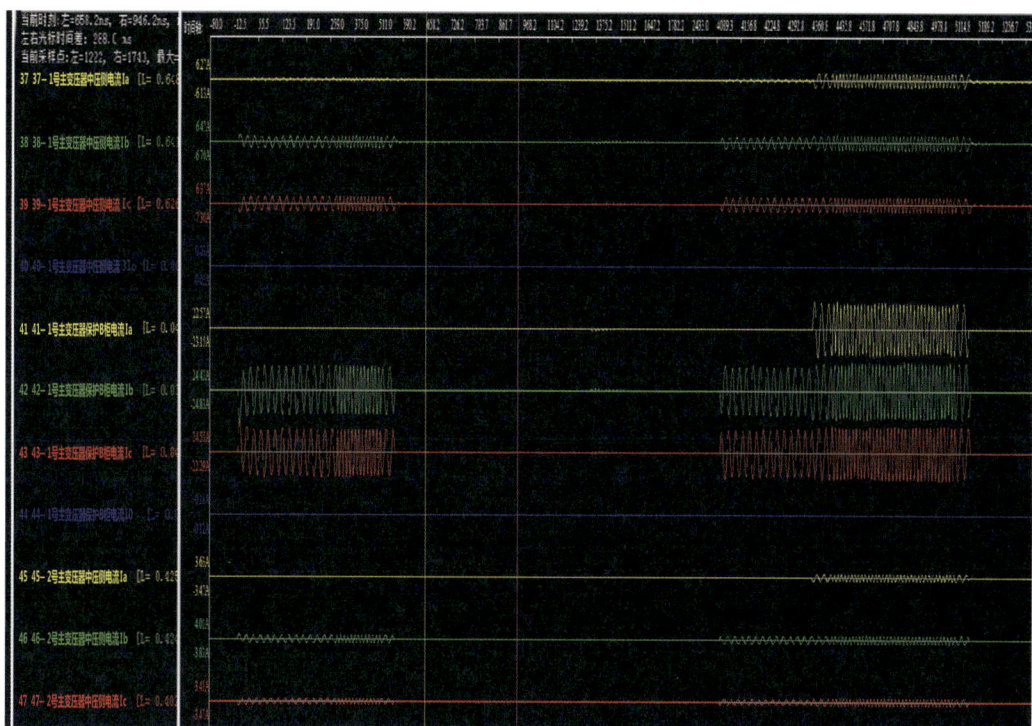

▲ 图7-20　1号主变压器低后备故障录波

（4）线保护启动后，505ms过电流Ⅰ段动作，过电流Ⅰ段动作红灯亮，启动跳闸继电器，电源模块提供直流24V电源，电源开放正电位，启动跳闸继电器。在24V电源工作时，装置失电。

3. 整改措施

35k线路保护装置电源老化，造成保护未动作，及时更新老旧设备，确保保护正确动作。

六、110kV线路测控装置控制回路断线

1. 检查情况

（1）2020年2月27日，某110kV线路报"控制回路断线"，监控机告警信号如图7-21所示。断路器型号：西开LWG2-126；机构：CT20-I。

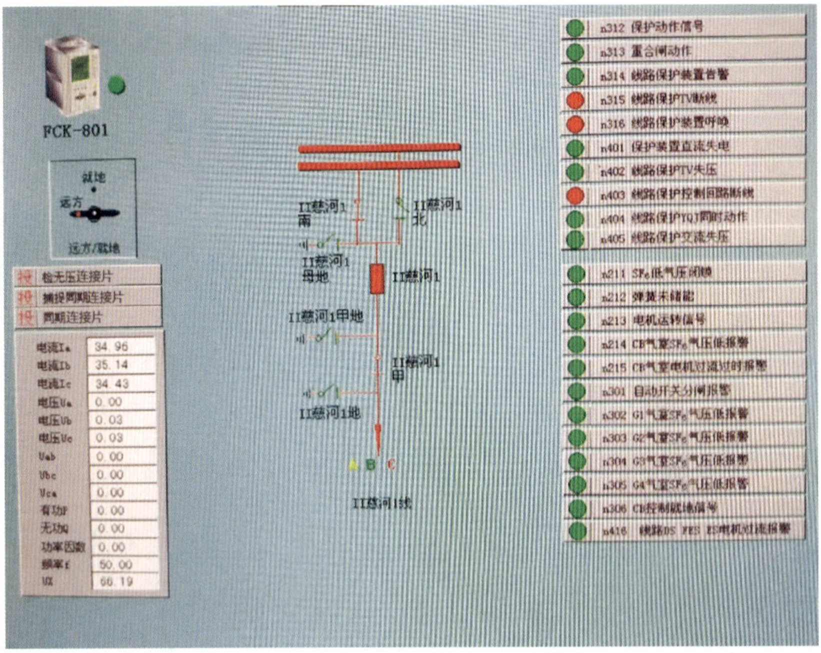

▲ 图7-21 控制回路断线告警

（2）现场检查，测控装置操作电源空气开关跳闸，如图7-22所示，操作把手红绿灯熄灭，室内有煳味。保护装置型号：许继FCK801。

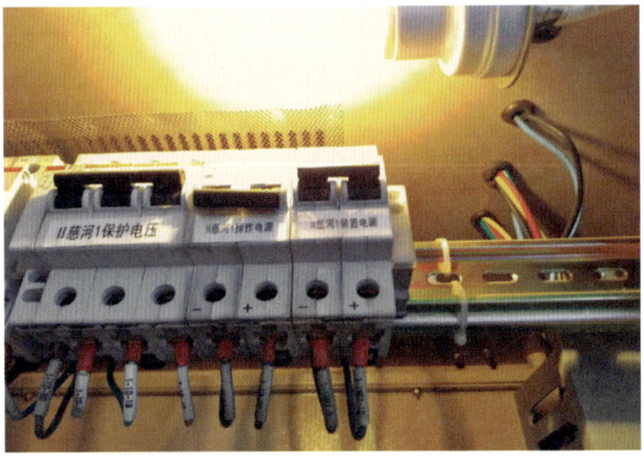

▲ 图7-22 装置操作电源跳闸

🔧 2. 分析处理

（1）红、绿灯在电路板上的管脚，设计距离太小，长期运行，分压电阻发热，烧坏电路板指示灯管脚，造成红灯短路，进一步加剧分压电阻RH发热，直流操作电源短路，空气开关跳闸。控制回路电路如图7-23所示。

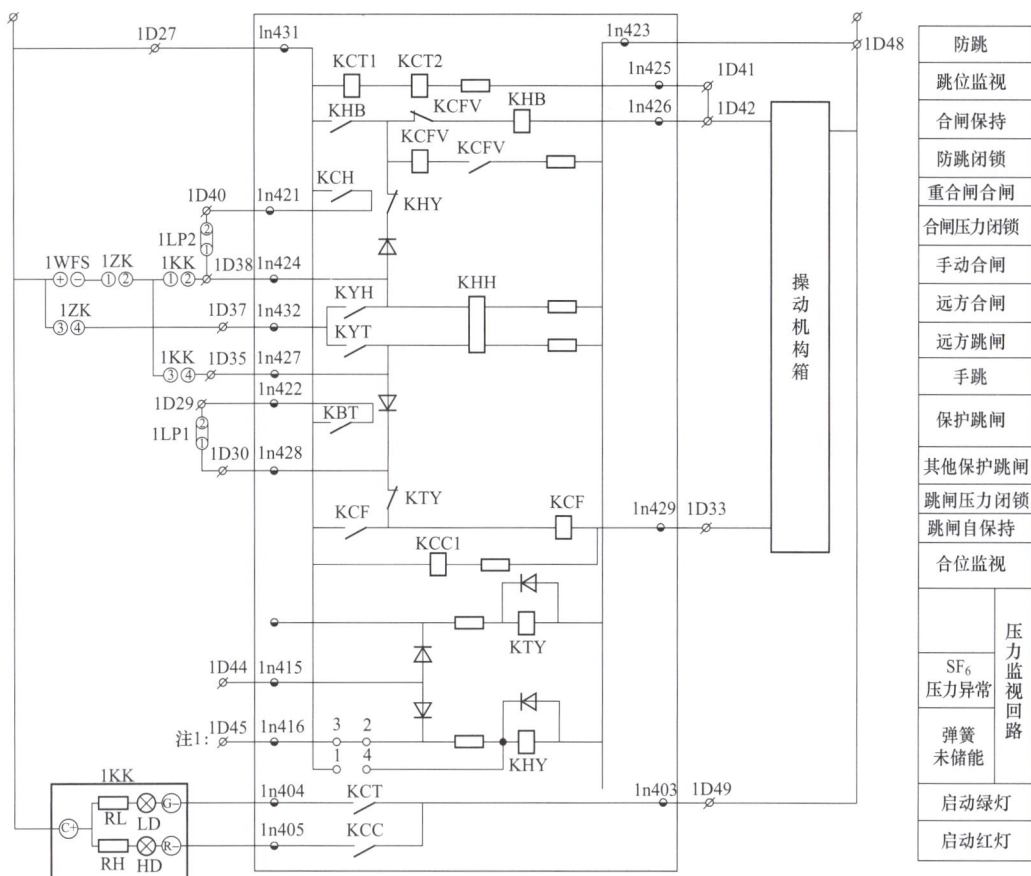

▲ 图7-23 控制回路电路

（2）汇报调度，经倒负荷停电后，保护更换新的指示灯电路板，合上操作电源，"控制回路断线"信号消失，恢复送电，红色指示灯亮，如图7-24所示。

（3）烧坏的指示灯电路板，RH两端发热严重，电路板发热短路情况如图7-25所示。

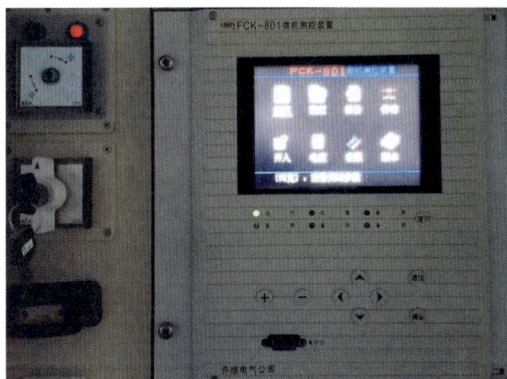

▲ 图7-24 测控装置指示正常

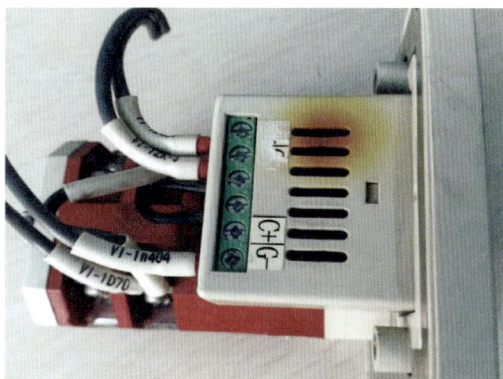

▲ 图7-25 指示灯电路板发热短路

3. 整改措施

（1）若紧急情况，无新的指示灯电路板，可临时拆除红、绿指示灯电源端子，断路器均可以正常操作，不影响运行，等有配件时再更换，只是测控屏红、绿灯不会亮。

（2）建议厂家增大电路板指示灯管脚距离，提高散热效果，减小指示灯功率，增大分压电阻功率，改进电路板设计工艺，防止电路板发热短路，造成"控制回路断线"发生。

七、110kV线路弹簧机构箱进水跳闸

1. 检查情况

2020年7月10日，阴雨天气，某110kV变电站某110kV线路突然无故障跳闸，现场检查，弹簧机构箱进水，就地、远方操作把手短路，接通跳闸回路，如图7-26所示。断路器型号：阿尔斯通GL312。

2. 分析处理

（1）弹簧机构箱老化锈蚀严重，运行二十多年了，雨水是从机构箱上部工作缸处渗入，不是从箱门处流入，水滴到操作把手上，造成内部短路，如图7-27所示。

▲ 图7-26　弹簧机构操作把手受潮短路　　▲ 图7-27　机构箱上部进水

（2）弹簧机构控制回路，如图7-28所示，向调度汇报情况，将线路解除备用，通知检修人员立即处理。

电　源	合　闸　回　路		跳　闸　回　路		电动机控制及保护回路	SF₆低
	就地	远方	就地	远方		

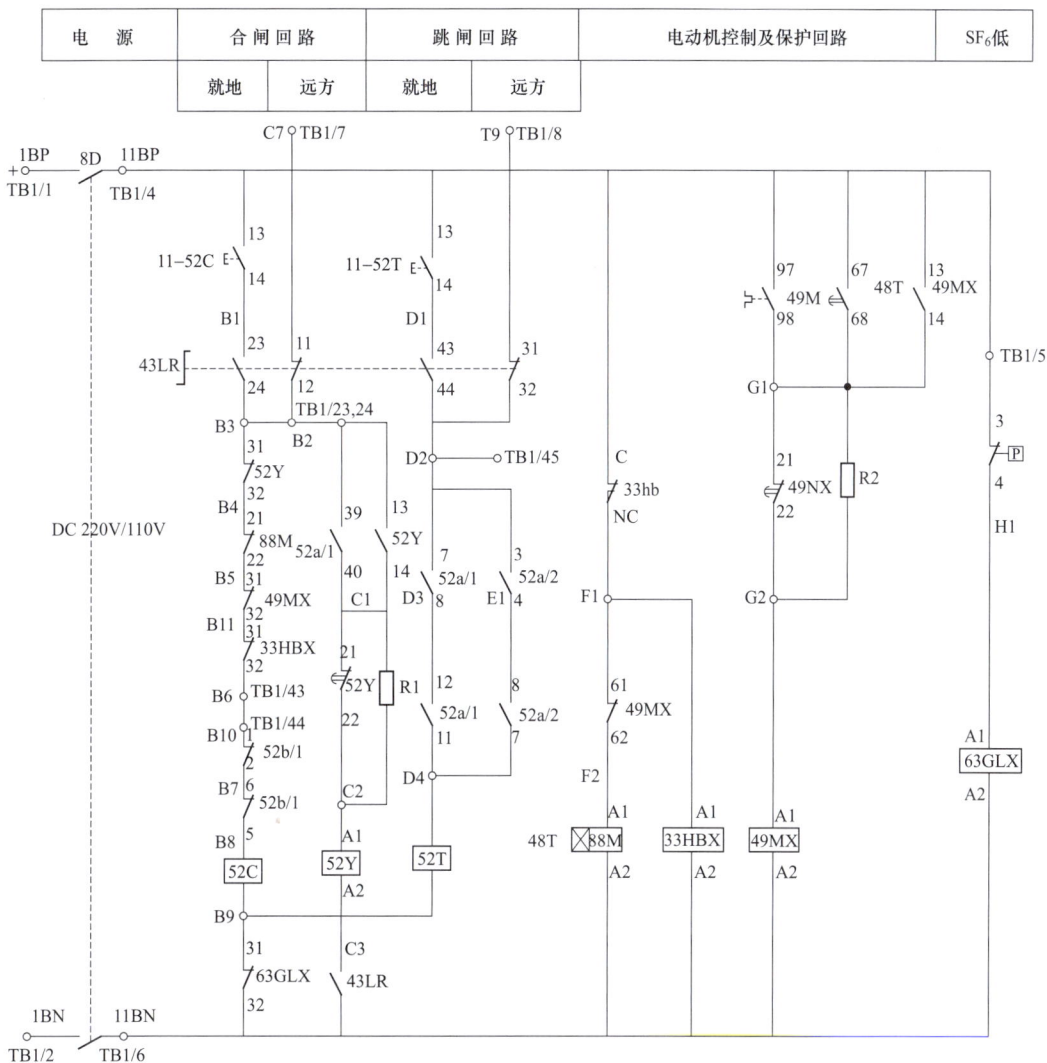

▲ 图7-28　弹簧机构控制回路

⚙ 3. 整改措施

（1）立即清擦机构箱水迹，更换操作把手转换开关，对机构箱上部工作缸处，进行密封处理，对开关传动试验正确，恢复送电正常。

（2）遇有恶劣天气，应加强设备巡视，尤其老旧设备和带有缺陷设备，发现异常，及时汇报处理。上报计划，及时更新陈旧设备，防止设备超期服役，避免类似事故再次发生。

八、110kV主变压器有载调压回路二次接地跳闸

🔧 1. 检查情况

2015年4月1日，某110kV变电站，1号主变压器有载调压重瓦斯动作跳闸，查阅非电量动作报告，1号变压器有载重瓦斯第一次动作后，一个小时内连续动作多达5次，与常见故障现象不一样。站内存在直流接地现象，经选择，为1号主变压器非电量保护直流接地，断开1号主变压器非电量保护电源后，站内直流接地信号消失。1号主变压器型号：南京立业SZ11-63000/110；主变压器保护：四方CSC-330。

🔧 2. 分析处理

（1）主变压器跳闸后，从故障录波、非电量保护跳闸报文、站内直流接地现象分析，为1号主变压器非电量保护二次回路，主变压器动作报文如图7-29所示。

（2）首先在1号主变压器保护屏处，拆除至1号主变压器端子箱的非电量保护电缆，并用绝缘电阻表摇测各电缆的绝缘电阻，有载重瓦斯电缆绝缘为0Ω；本

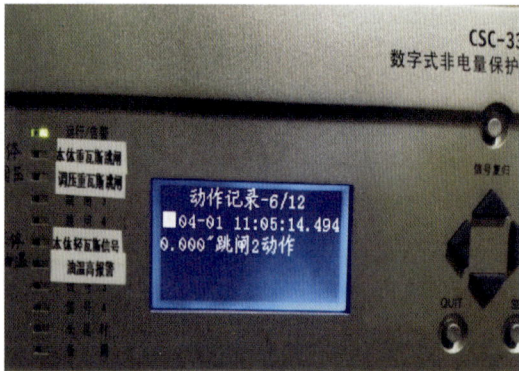

▲ 图7-29　主变压器动作报文

体轻瓦斯、重瓦斯电缆绝缘水平合格，从测试结果初步判断，有载重瓦斯跳闸回路存在直流接地；其次，在1号主变压器端子箱处，拆除至控制室保护屏、至1号主变压器本体端子箱的控制电缆，并分别测量绝缘电阻，1号主变压器端子箱至保护屏控制电缆绝缘合格，端子排绝缘合格，至本体端子箱控制电缆中，有载重瓦斯跳闸绝缘为0Ω，本体轻瓦斯、重瓦斯电缆绝缘合格，排除主变压器保护屏，至主变压器端子箱间电缆接地的可能。

（3）定位故障点为本体端子箱至有载气体继电器电缆，有载气体继电器本体。在有载气体继电器接线盒内，拆除至本体端子箱电缆，测试有载气体继电器至本体端子箱绝缘合格，有载气体继电器内，四个接线柱绝缘均为0Ω。经上述检查，外部二次电缆绝缘均合格，故障为有载气体继电器接线盒，直流多点接地，使得有载瓦斯跳闸回路被短

接，从而导致有载重瓦斯动作跳闸，有载调压气体继电器接线盒如图7-30所示。

（4）打开有载调压气体继电器接线盒，由于连续多天阴雨天气，盒内存有部分积水，二次电缆及接线柱均较潮湿，同时被尘土覆盖，经绝缘测试，四个接线柱均直接接地，导致有载调压气体继电器跳闸回路沟通，主变压器两侧断路器跳闸。

▲ 图7-30　气体继电器接线盒进水受潮

（5）清理有载气体继电器接线盒内积水、尘土，清扫接线柱、二次电缆接头部分，清理后，接线柱绝缘恢复至 $200M\Omega$，盒内电缆绝缘电阻为 $100M\Omega$，对其进行了除潮、除尘、密封措施后，如图7-31所示，恢复送电正常。

▲ 图7-31　清理后的气体继电器接线盒

3. 整改措施

（1）强化接线盒密封措施，对电缆入口处圆孔，接线盒上部端盖统一密封，防止后期雨水、尘土进入。

（2）紧固气体继电器上方防雨罩，防止大风等恶劣天气造成防雨罩脱落，造成设备隐患，全面检查本体、有载气体继电器接线盒运行工况。

九、保护屏显示器黑屏花屏

1. 检查情况

（1）在日常运行维护中，部分保护装置黑屏、花屏，无法查看信息、采集量、通道信息，无法输入、修改、打印报文，但无告警信号，为液晶屏损坏，保护装置黑屏如图7-32所示。

▲ 图7-32　显示器黑屏

（2）测控装置花屏如图7-33所示，更换后的测控屏如图7-34所示。

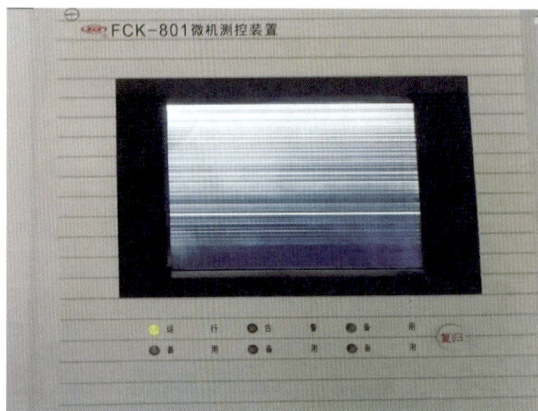

▲ 图7-33　测控屏显示器花屏

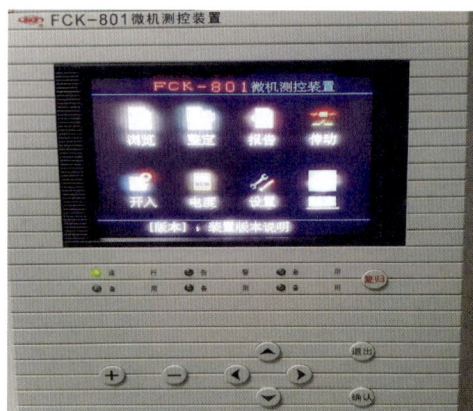

▲ 图7-34　测控屏显示器更换后

2. 分析处理

装置黑屏、花屏，只要不告警，均不影响运行，但影响信息查询、报文打印等，给运维工作带来不便，上报缺陷，未引起重视，未及时进行更换处理。

3. 整改措施

对于不影响运行的设备缺陷，应引起各厂家、职能部门重视，提高产品质量，把隐患消灭在萌芽状态，加快设备更新换代速度。

十、110kV主变压器有载调压控制模块损坏

1. 检查情况

2023年2月10，某110kV变电站1号主变压器报"有载调压电源故障"，装置不能调挡，监控机告警信号如图7-35所示。

2. 分析处理

通知检修处理，检查三相空气开关、电源正常，为有载调压机构控制模块损坏，需厂家更换处理，有载调压机构如图7-36所示。更换控制模块后，有载调压机构恢复正常，如图7-37所示。有载调压机构电路如图7-38所示。

▲ 图7-35　监控机告警信号

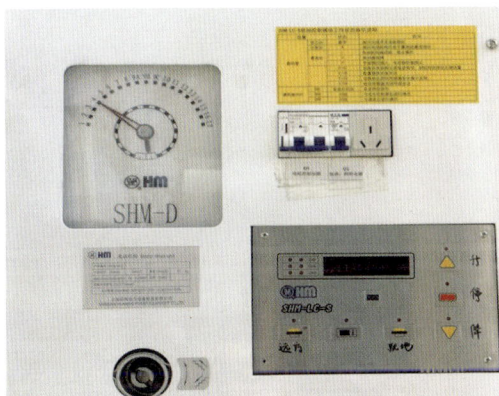

▲ 图7-36　有载调压机构控制模块损坏

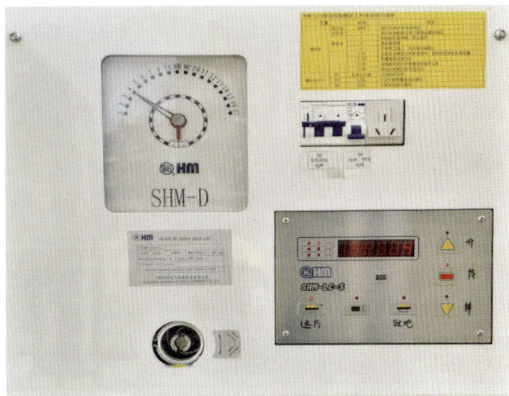

▲ 图7-37　有载调压机构恢复正常

3. 整改措施

发现异常，及时汇报处理，让主变压器调整在合适挡位，确保系统电压稳定运行。

十一、110kV主变压器有载调压机构不能自动调挡

1. 检查情况

2016年7月4日，发现某110kV主变压器不能自动调挡，主变压器型号：西变SFSZ7-40000/110；有载调压机构型号：贵州长征CMA-7。

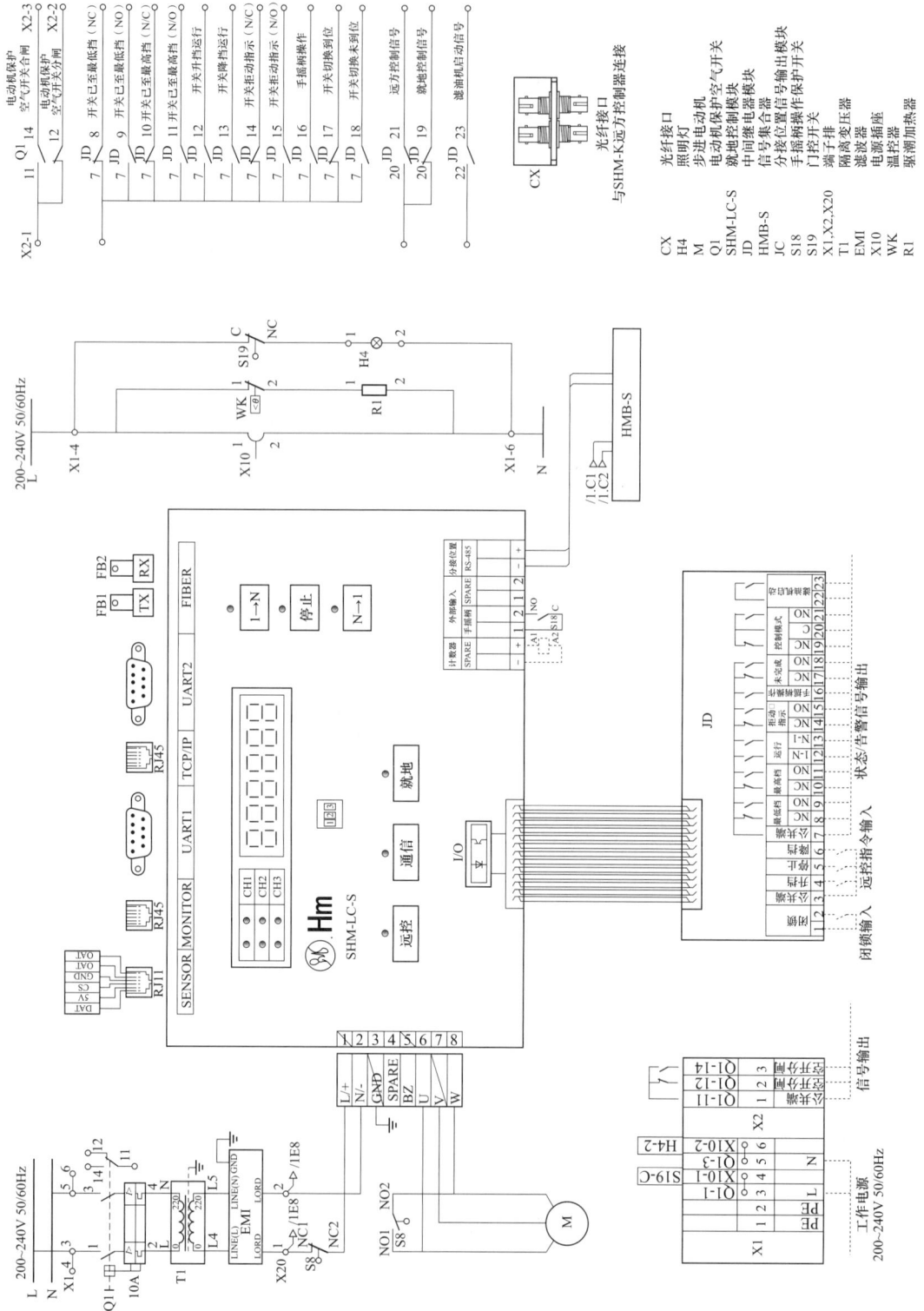

▲ 图7-38 有载调压机构电路

2. 分析处理

（1）有载调压控制回路电源，经端子X1的6、7端子，接至L1和N，中间接入Q1的辅助触点S8、S18，Q1、S8或S18动作，控制电压即中断。电动机保护开关Q1的跳闸回路与控制回路联锁。检查三相电源正常，手动摇动摇把，可以正常调挡，调压机构控制回路如图7-39所示。

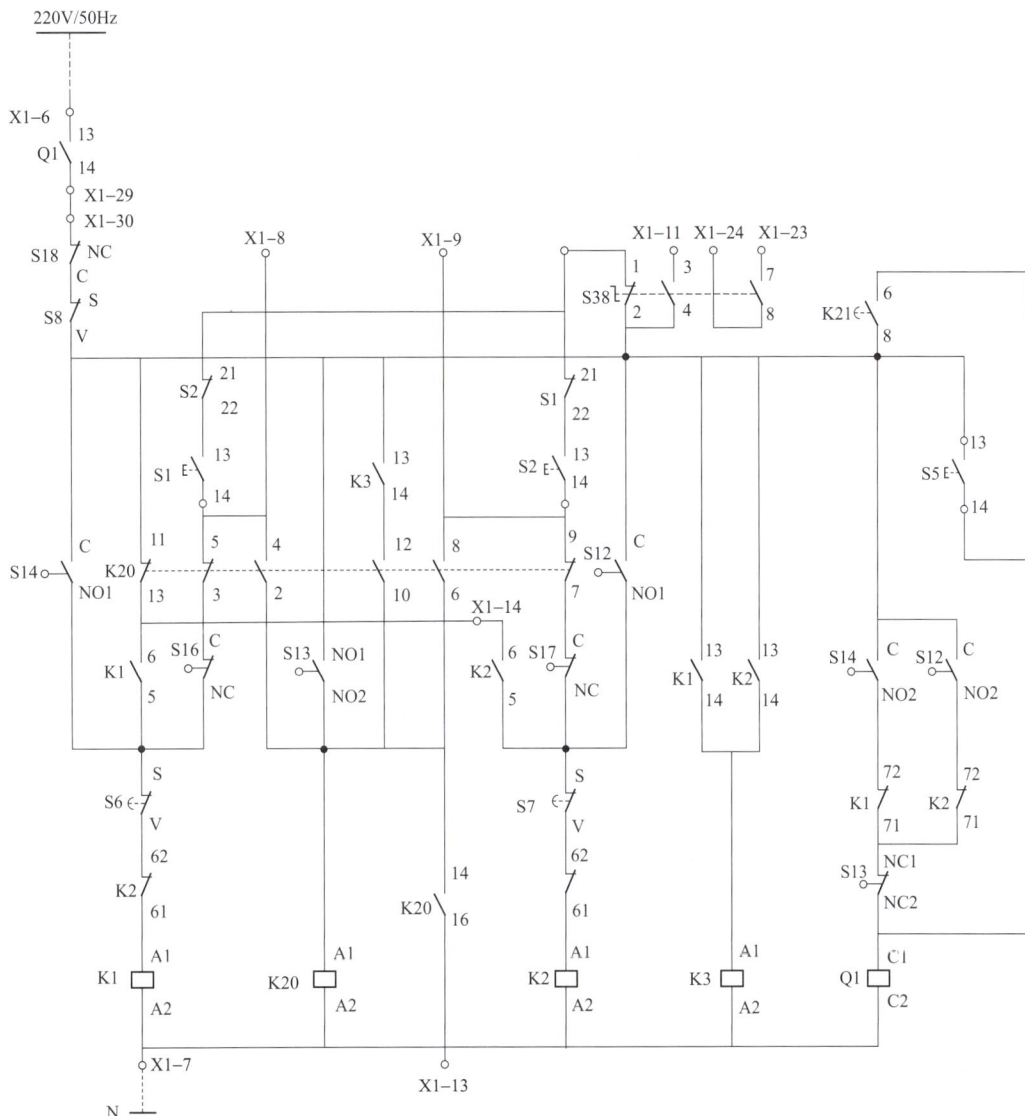

▲ 图7-39 调压机构控制回路

（2）检查为手动保护开关，S8、S18触点弹簧老化，经清洗触点后恢复正常，有载调压机构如图7-40所示，电动机控制回路如图7-41所示。

▲ 图7-40　主变压器有载调压机构

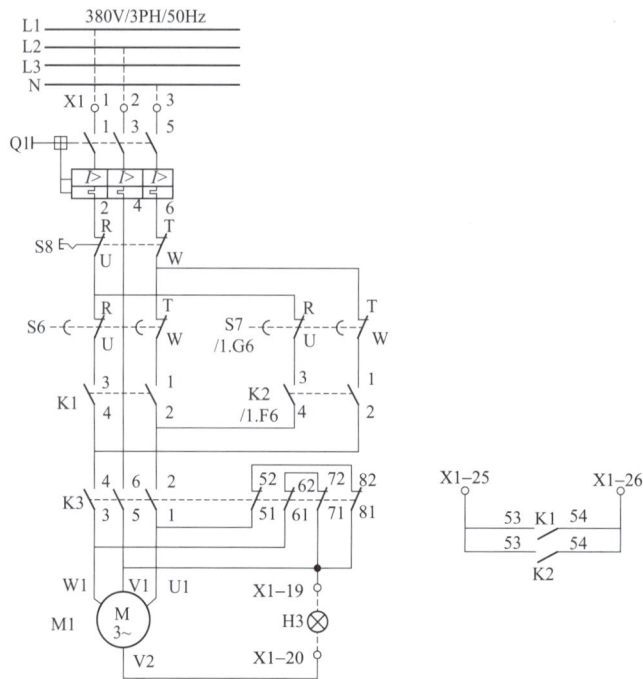

▲ 图7-41　电动机控制回路

🔧 3. 整改措施

有载调压机构老化严重，上报计划，更换为新式有载调压机构，未再出现类似情况。

十二、110kV主变压器低压侧智能终端电源损坏告警

1. 检查情况

2021年6月13日，某110kV变电站主变压器低压侧报：合智一体SV断链、SV总告警、合智一体装置直流消失、GOOSE通信中断总信号、SV通信中断总信号。智能终端型号：深瑞PRS-7395-G；合并单元：深瑞PRS-7393-1A-G。

2. 分析处理

（1）检查1022断路器智能终端，电源灯、装置运行灯熄灭，上边为智能终端装置，下边为合并单元装置，如图7-42所示。

▲ 图7-42 智能终端电源运行灯熄灭

（2）打开智能终端装置面板，检查为电源板损坏，多只电解电容已鼓肚，电路板有发热痕迹，熔断器电阻烧坏，如图7-43所示，立即联系厂家更换电源板，装置上电后，告警信号消失，装置信号恢复正常，如图7-44所示。

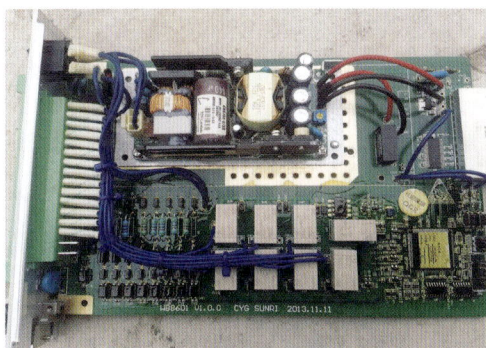

▲ 图7-43 智能终端电源板损坏

▲ 图7-44 智能终端信号正常

3. 整改措施

电源板设计工艺欠佳，电源输出口端子过于密集，空间散热差，应加大电源板输出功率，改进设计工艺，防止类似情况发生。

十三、110kV线路合智一体装置电源损坏告警

💡 1. 检查情况

2022年7月13日，某110kV变电站报：SV总告警；某110kV线路报：合智一体GOOSE断链、合智一体SV断链，电源灯、装置运行灯熄灭，如图7-45所示。测保一体装置告警、GOOSE链路中断，如图7-46所示。合智一体型号：深瑞PRS-7395-G集成型智能终端；测保一体装置型号：四方CSC-161。

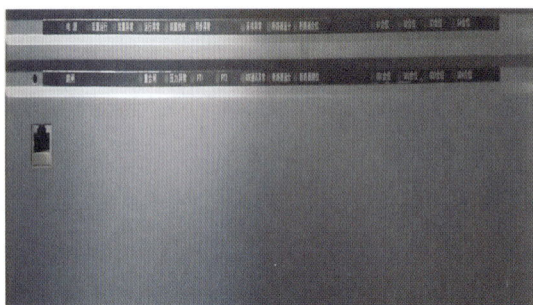

▲ 图7-45　智能终端电源运行灯熄灭

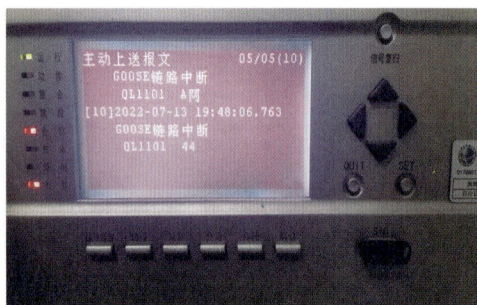

▲ 图7-46　测保一体装置告警

💡 2. 分析处理

（1）汇报调度转移负荷，已控制回路断线，无法遥控操作，解除五防闭锁，将汇控柜操作把手打至就地，将线路停止运行，解除备用，通知保护人员处理。

（2）保护检查为，智能终端电源板损坏，电解电容已爆浆，熔断器已熔断，如图7-47所示，经更换电源板后，信号恢复正常，如图7-48所示，线路恢复送电正常。

▲ 图7-47　智能终端电源板损坏

▲ 图7-48　智能终端信号恢复正常

🔧 3. 整改措施

改进电源板设计工艺，电源输出端口空间狭窄，散热性差，应加大电源板输出功率，室内加装工业级空调，防止类似情况发生。汇控柜信号正常如图7-49所示，监控机采集量正常如图7-50所示。

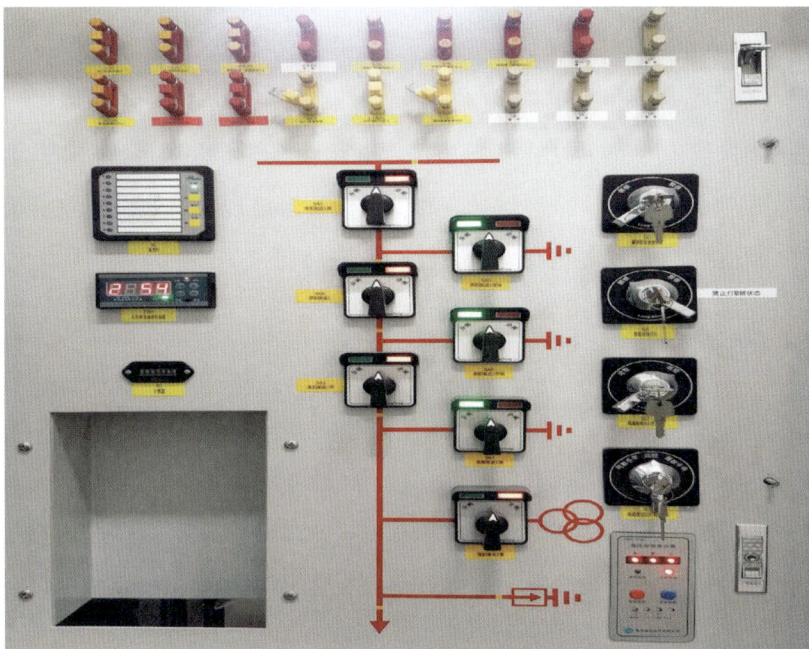

▲ 图7-49 汇控柜信号正常

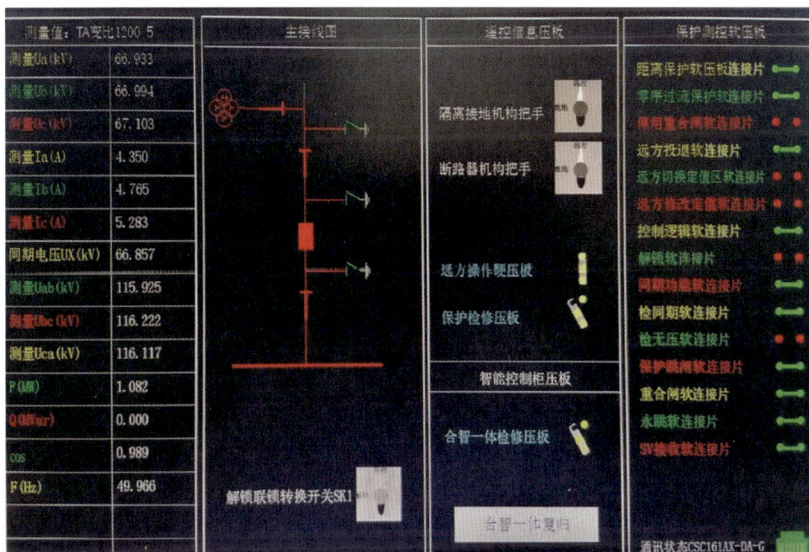

▲ 图7-50 监控机采集量正常

十四、110kV电压互感器两点接地保护拒动

1. 检查情况

2008年11月22日，某110kV线路发生B相接地故障，线路保护装置拒动，变压器越级跳闸。保护型号：WXH-811A。

2. 分析处理

（1）分析装置录波，零序方向为反方向，导致距离、零序（带方向）均拒动。B相故障，A相电压明显不正常，录波器录波和保护装置录波现象一致，排除了装置采样问题。保护装置录波如图7-51所示，故障录波器录波如图7-52所示。

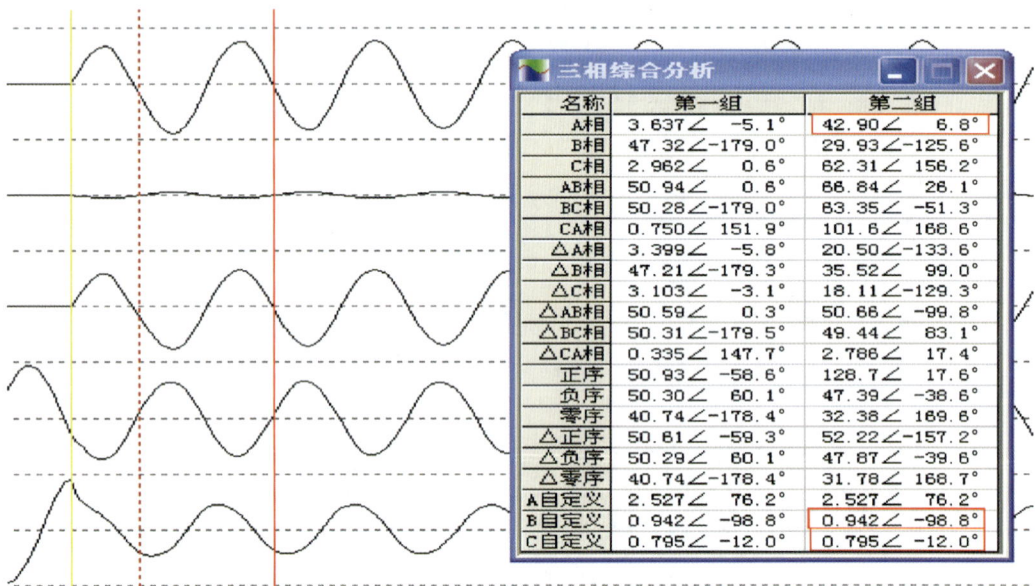

名称	第一组	第二组
A相	3.637∠ -5.1°	42.90∠ 6.8°
B相	47.32∠-179.0°	29.93∠-125.6°
C相	2.962∠ 0.6°	62.31∠ 156.2°
AB相	50.94∠ 0.6°	68.84∠ 26.1°
BC相	50.28∠-179.0°	83.35∠ -51.3°
CA相	0.750∠ 151.9°	101.6∠ 168.6°
△A相	3.399∠ -5.8°	20.50∠-133.6°
△B相	47.21∠-179.3°	35.52∠ 99.0°
△C相	3.103∠ -3.1°	18.11∠-129.3°
△AB相	50.59∠ 0.3°	50.66∠ -99.8°
△BC相	50.31∠-179.5°	49.44∠ 83.1°
△CA相	0.335∠ 147.7°	2.786∠ 17.4°
正序	50.93∠ -58.6°	128.7∠ 17.6°
负序	50.30∠ 60.1°	47.39∠ -38.6°
零序	40.74∠-178.4°	32.38∠ 169.6°
△正序	50.61∠ -59.3°	52.22∠-157.2°
△负序	50.29∠ 60.1°	47.87∠ -39.6°
△零序	40.74∠-178.4°	31.78∠ 168.7°
A自定义	2.527∠ 76.2°	2.527∠ 76.2°
B自定义	0.942∠ -98.8°	0.942∠ -98.8°
C自定义	0.795∠ -12.0°	0.795∠ -12.0°

▲ 图7-51 保护装置录波

（2）故障发生时，双母线并列运行，对比录波器两段母线的电压，发现西母电压正常，东母电压异常。从录波可以看出，零序方向为反方向，而负序方向为正方向，正方向发生单相接地故障时零序、负序均应位于正方向。

（3）110kV东母TV二次回路存在问题，由零序方向、负序方向不一致的特征判断，东母存在二次两点接地。将主控室TV二次接地回路断开后，测量中性点对地绝缘为0Ω，确认端子箱TV放电间隙击穿，造成二次回路两点接地，二次回路接线原理如图7-53所示。

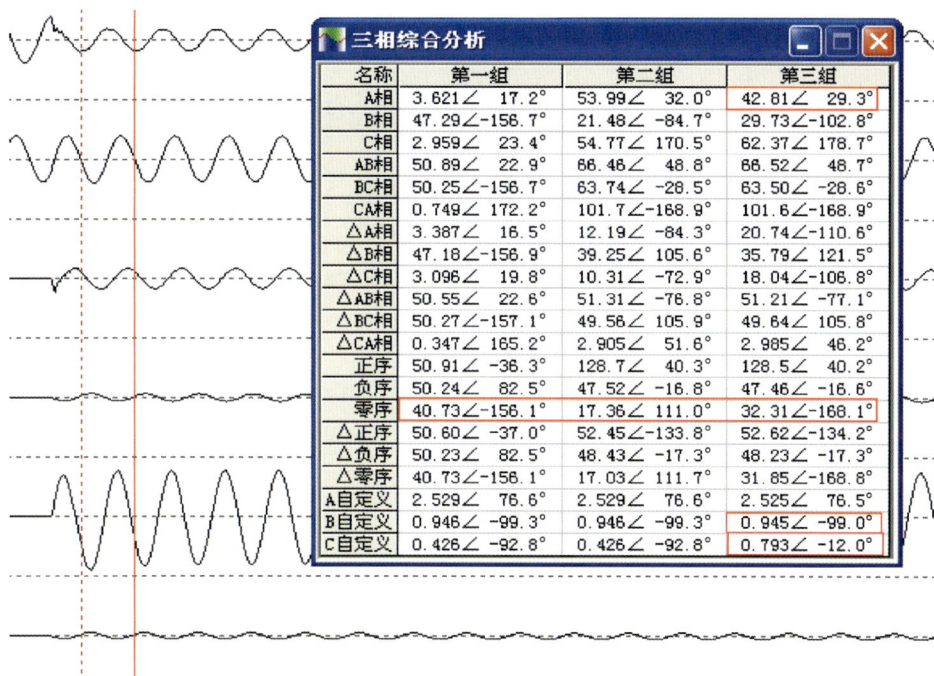

▲ 图7-52 故障录波器录波

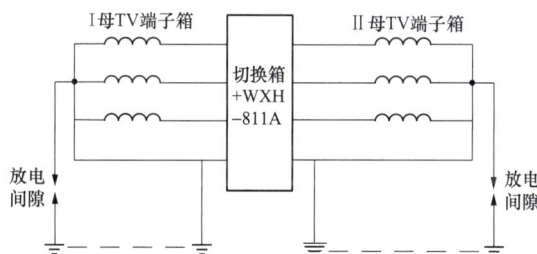

▲ 图7-53 二次回路接线原理

（4）系统发生故障时，TV二次两接地点间不是等电势，由于N线流过电流，叠加电压附加零序电压，造成电压中性点偏移，进而造成零序方向的误判，电压互感器两点接地电压相量图如图7-54所示，电压互感器一点接地电压相量图如图7-55所示。

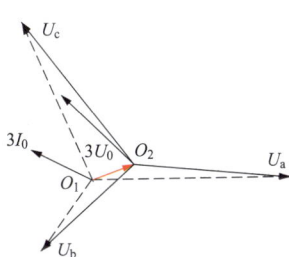

▲ 图7-54 两点接地电压相量图

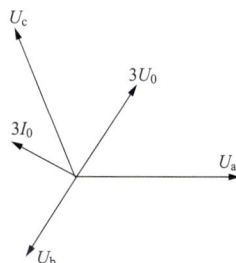

▲ 图7-55 一点接地电压相量图

⚙ 3. 整改措施

更换 110kV 东母 TV 二次放电间隙，使 TV 二次回路一点接地，保证保护动作正确性。

十五、电流相序接反造成保护误动

⚙ 1. 检查情况

2010 年 6 月 21 日，某变电站 110kV 线路送电后，没带负荷，电流很小，两小时后变压器充电，差动保护动作跳闸。保护型号：WXH-813A。两侧动作报文信息：

M 侧：I_A 2.15A ∠ 315　　A 相差动电流 6.407A

　　　I_B 4.75A ∠ 76　　　B 相差动 6.336A

　　　I_C 3.99A ∠ 231　　　C 相差动 0.140A

N 侧：I_A 4.725A ∠ 257　　A 相差动 5.327A

　　　I_B 2.104A ∠ 135　　B 相差动 5.247A

　　　I_C 3.939A ∠ 53　　　C 相差动 0.128A

⚙ 2. 分析处理

（1）由动作报告分析，为 M 侧 A、B 相电流相序不对，怀疑 A、B 相序接反，调取故障录波后分析相位信息，发现和保护动作报告相序一致，装置录波电流相位如图 7-56 所示。

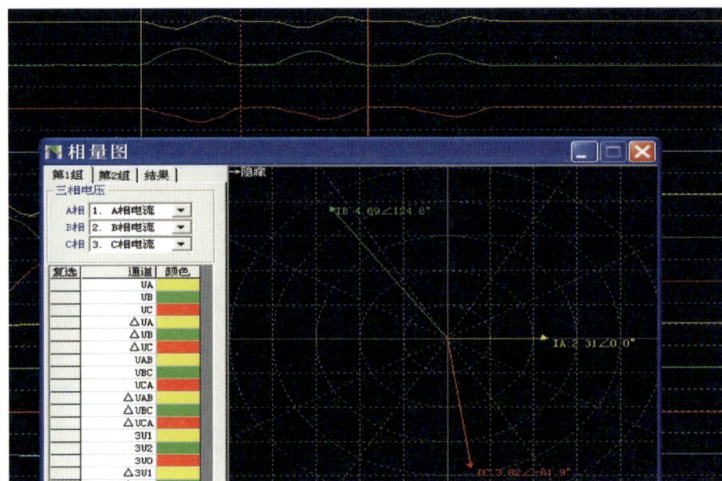

▲ 图 7-56　装置录波电流相位

（2）由相序分析可以判断，A、B相序接反，将M侧A相电流和N侧B相电流、将M侧B相电流和N侧A相电流对比分析，波形完全吻合，确认M侧A、B反序，两侧电流相位对比如图7-57所示。

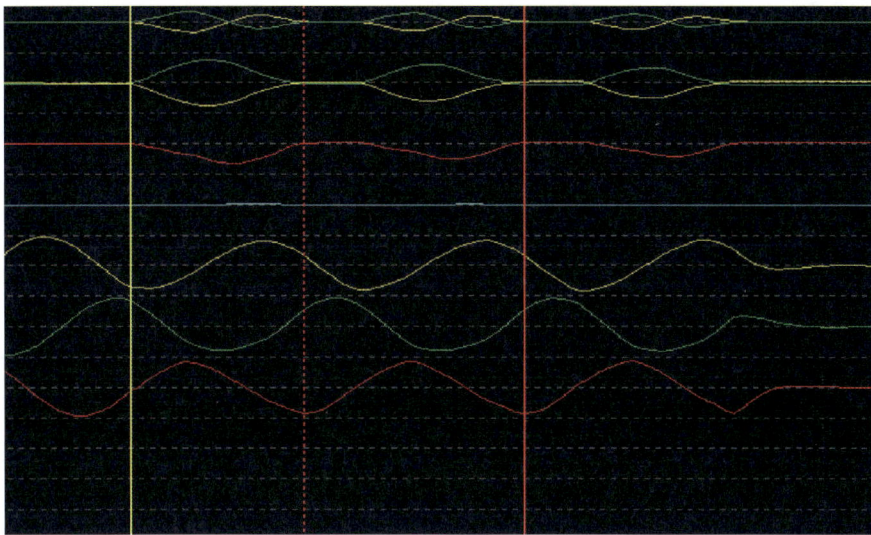

▲ 图7-57　两侧电流相位对比

3. 整改措施

（1）将A、B相电流按正确相序重新接线，恢复送电正常。

（2）110kV以上线路送电，均应带负荷测相位，不能简单地充电运行。

十六、110kV主变压器保护装置电源板损坏告警

1. 检查情况

2022年5月21日，某110kV变电站监控机报：1号主变压器低后备保护装置通信中断，如图7-58所示，检查1号主变压器保护装置，运行灯熄灭，数据不刷新，如图7-59所示，通知保护处理。保护型号：积成电子SAT66。

2. 分析处理

检查为电源板损坏，稳压块击穿、滤波电容鼓肚击穿，如图7-60所示，电源板老化、室内温度过高引起，需停电更换电源板。

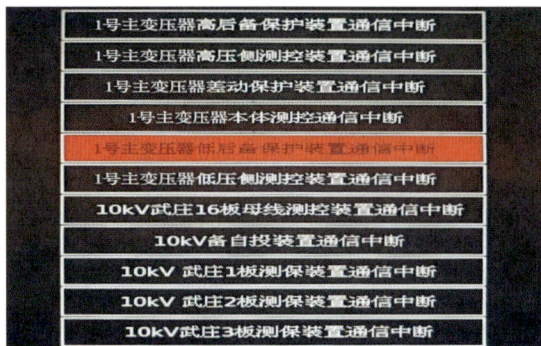

▲ 图7-58　监控机告警信号

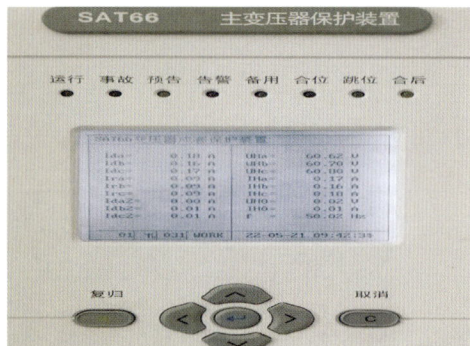

▲ 图7-59　装置运行灯熄灭

3. 整改措施

（1）更换新的电源板后，装置信号恢复正常，如图7-61所示，恢复送电正常。

▲ 图7-60　装置电源板损坏

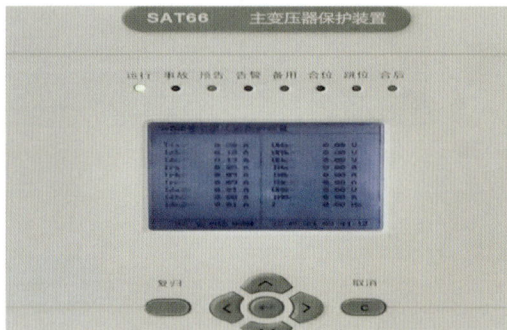

▲ 图7-61　装置恢复正常

（2）加强室内通风降温，及时更新老化设备，发现异常，及时汇报处理。

十七、110kV主变压器接线组别错误跳闸

1. 检查情况

（1）2020年3月25日，某110kV变电站某35kV线路发生A、C相间短路，因2号主变压器保护装置接线组别整定错误，引起主变压器差动保护动作，三侧断路器跳闸。主变压器型号：SSZ10-40000/110；主变压器保护：南自PST671U；线路保护：南自PSL641U。

（2）检查2号主变压器，接线组别为Yyd接线，定值单正确，实际按Ydd接线整定错误，中压侧为11钟点，应为12钟点，如图7-62所示。当流过穿越性故障电流时，产生差流超过差动保护定值（差动动作定值$0.5I_N$），区外故障，差动保护误动

作。事故发生后，已将主变压器定值修改正确。

🛠 2. 分析处理

（1）35kV线路首先发生C相接地，后发展为A、C相间短路，因线路A、C两相为瞬时性相间短路，35kV线路过电流一段保护动作，时间0.7s，大于主变压器差动动作时间，35kV线路保护启动返回，线路故障录波如图7-63所示。

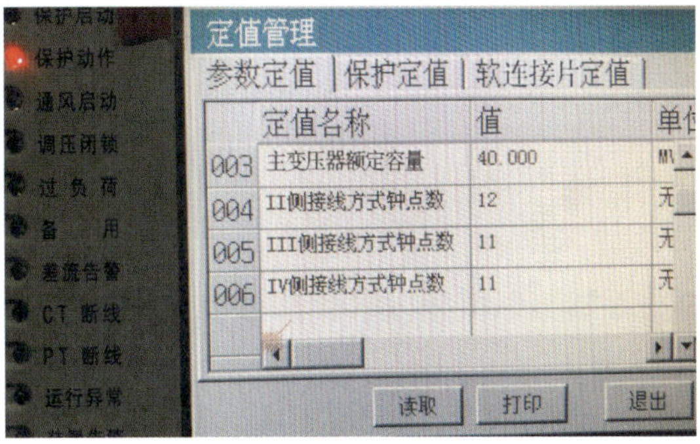

▲ 图7-62　2号主变压器故障前定值

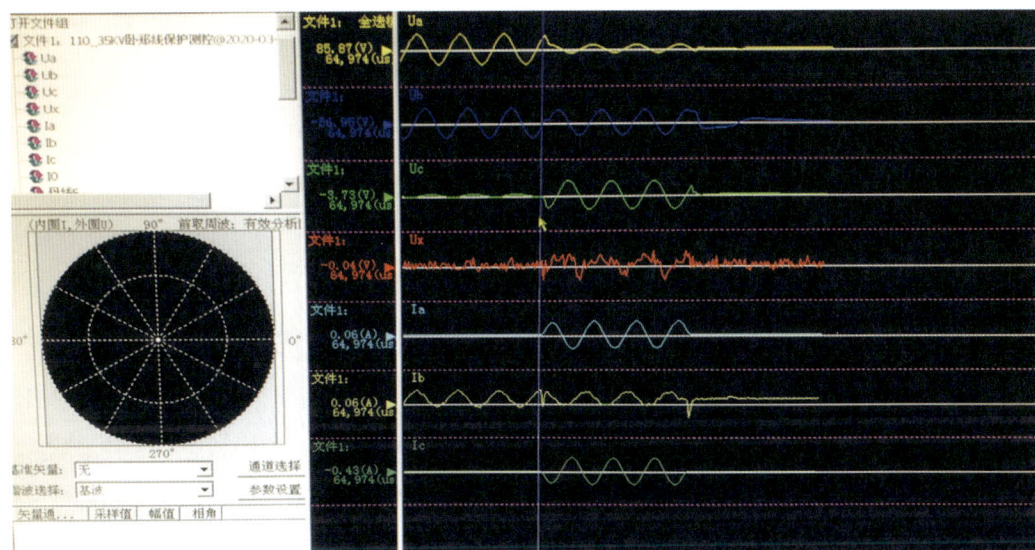

▲ 图7-63　35kV线路故障录波

（2）35kV侧故障电流24.8A（折合一次电流1981A），主变压器差动保护动作，A相差流4.458A，B相差流5.825A，C相差流1.375A，主变压器差动动作报文如图7-64所示，跳开三侧断路器，故障切除。

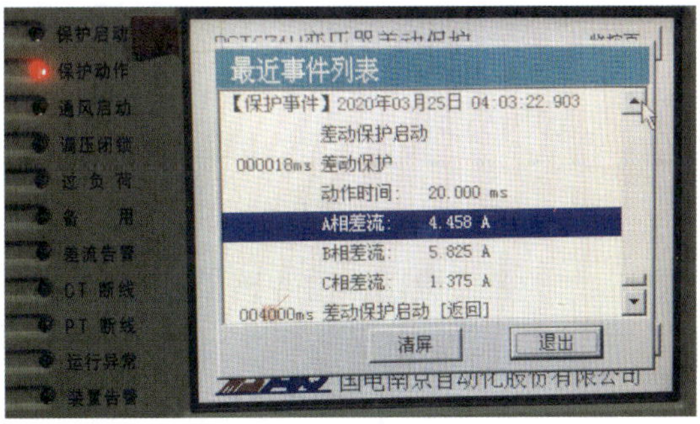

🛠 3. 整改措施

▲ 图7-64　主变压器差动保护动作报文

（1）设备定值在输入、装置调试、传动验收、定值核对、带负荷测相位全过程中，

变电站设备诊断与分析

保护人员责任心不强，标准执行不严格，未认真仔细核对定值与实际参数的一致性，造成定值整定错误，未能在后续各个环节及时发现，新装设备遗留存在隐患。

（2）针对2号主变压器保护发出的"差流越限、装置异常"等信号，主变压器差动保护历史报文，共报出差流越限信号9次，如图7-65所示，未引起有关人员重视。

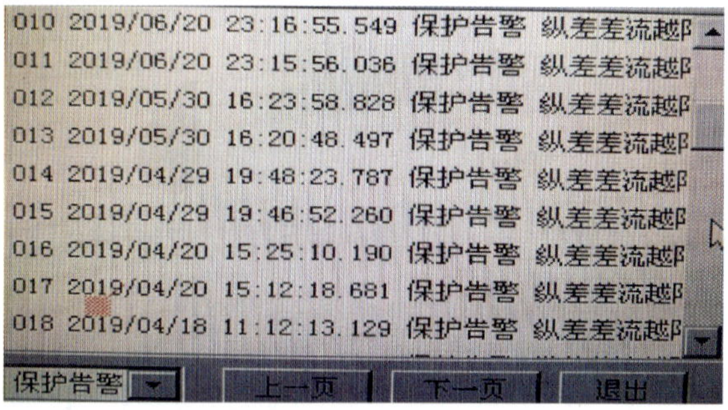

（3）针对不同厂家，不同型号装置，明确信号发生的原理，深究其发生原因。对影响电网稳定运行的信号，每次异常，均能直接定位并消除，避免此类事件再次发生，提高巡视质量，保障电网安全稳定运行。

▲ 图7-65　保护差流越限告警

十八、110kV线路光纤接反差动跳闸

1. 检查情况

2018年8月16日，某220kV变电站某110kV线路光纤差动保护连续发生两次跳闸，为Ⅰ、Ⅱ线路保护通道光端机移位，造成通道反接，在Ⅱ线路备用状态下，Ⅰ线路负荷超过差动保护动作值跳闸。Ⅰ、Ⅱ线路导线型号为LGJQ-300，全长均为1.29km，全线共6基杆塔，1~5基为同塔双回架设，线路光缆为直通式。线路保护型号：南自PSL621D，两条线路两侧，共四套保护装置，软件版本一致，均采用专用光纤通道。Ⅰ线路差动保护第一次动作故障录波如图7-66所示。

2. 分析处理

（1）Ⅰ线路1差动保护第一次动作，重合成功，第二次送电，Ⅰ线路1差动保护第二次动作，重合成功，Ⅰ线路差动保护第二次动作故障录波如图7-67所示，两次跳闸过程中，Ⅱ线路断路器均为分闸状态，线路无负荷电流通过。

（2）Ⅰ线路差动保护动作时，保护启动三相负荷电流为2.32A，保护启动后，三相电流负荷在5.59~4.31A范围衰减，且三相电流呈现出不规则的正弦波状态，二次差流约为3.6A，超过差动保护动作定值（3A，0s），重合成功。两次保护动作故障录波显

358

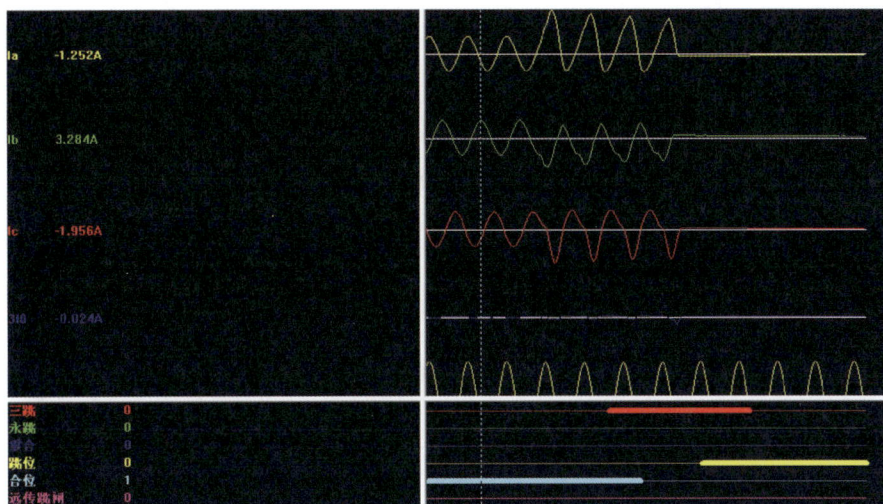

▲ 图7-66　Ⅰ线路差动保护第一次动作故障录波

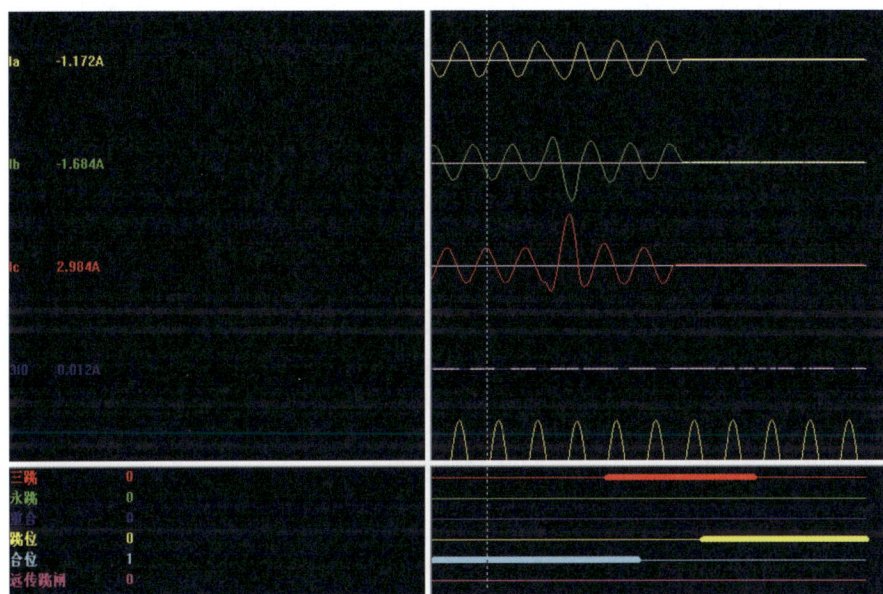

▲ 图7-67　Ⅰ线路差动保护第二次动作故障录波

示，二次三相电压电流幅值和相位都为正常的正弦波，与正常负荷电流基本一致，未出现电流突然增大、电压突然降低的故障特征。

（3）在正常负荷情况下，Ⅰ线路1保护显示，本侧电流为1.29A，接收到的对侧电流为1.22A。Ⅱ线路2保护屏幕显示，本侧电流为1.22A，三相电流相位分别为0°、−119°、120°。接收到的对侧电流为1.29A，三相电流相位分别为166°、46°、−73°，三相差动电流为0.3A，制动电流为2.49A，如图7-68所示。

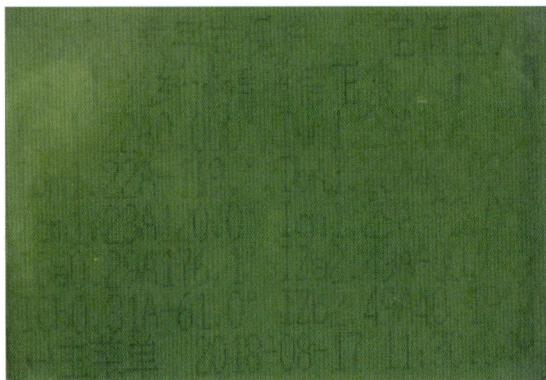

▲ 图7-68 Ⅱ线路2保护两侧电流值

（4）在Ⅰ、Ⅱ线路保护光纤接反后，保护装置形成了差动对应关系，Ⅱ线路1与Ⅰ线路2的保护装置形成了差动对应关系。装置除时钟设置方式外，无其他对通道进行识别的辅助判据，在光纤接反的情况下，差动保护仍然可以正常工作。

（5）在送电过程中，线路电流变化，导致保护装置满足电流突变量启动条件，引起保护启动，由于Ⅱ线路2断路器处于分闸位置，Ⅱ线路2装置在接收到Ⅰ线路1启动信号后，向对侧发送本侧差动动作允许信号。

（6）由于Ⅰ线路负荷电流即为差动电流，且A相电流大于差动动作电流定值，因此差动保护满足动作条件，出口跳闸。Ⅱ线路1在整个过程中为空充状态，无负荷电流，保护装置不会启动，即使在Ⅰ线路2装置启动，并且差动电流超过动作值后，Ⅱ线路不会向Ⅰ线路2发送差动动作信号，因此Ⅱ线路保护，在整个过程中不会动作。

（7）在保护光纤通道变动调整后，两侧保护未再次进行通道联调，也未进行装置内信息核对，工作程序上存在缺失环节，给误动作埋下了隐患。早期保护，无通道识别码等辅助判别手段，对光纤通道的识别方式单一，可靠性不高，在相同型号及软件的保护通道错位后，无法及时发出告警信息，闭锁保护出口。

（8）两条线路保护两侧，电流存在幅值相差较大，差动电流较大，电流相位不满足相差180°的要求。对Ⅰ、Ⅱ线路保护光纤通道进一步检查，发现在通信柜处，Ⅰ、Ⅱ线路保护通信光纤接反，在通信柜光纤配线架处，对Ⅰ、Ⅱ线路保护通信光纤进行调换，并通过对比两侧保护电流数据，确认通信正常。

3. 整改措施

（1）为配合综合自动化改造，将原位于载波室内通信装置及光纤，移至主控室通信柜内。对Ⅰ、Ⅱ线路保护用光缆，进行了移位和熔接，线路侧、保护装置侧光缆接入光端机后，保护装置告警信号消失。

（2）光纤差动保护在专用光纤通道下，两端保护装置的时钟采用内时钟方式，即两侧装置的发送时钟工作在"主–主"方式，一侧保护发送时钟，采用本机内部晶振时钟，接受时钟，从对侧发送的数据码流中提取，以此来满足两侧数据同步的需求。

（3）对保护用通道做专用标记，明确通道指示标志，减少光缆迁改、光机更换、保护更换等工作，可能引起的工作失误，系统对涉及的设备做全面检验，消除潜在隐患。

（4）加快对110kV装置改造进度，尽快将PSL621D型保护更换为新型的PSL621UD型保护，充分利用新型号保护装置内的通道识别码，增强对通道唯一性的判别力度。

十九、220kV综合自动化监控机A网中断

1. 检查情况

2021年10月16日，某220kV变电站A网通信中断，A网全部绿灯，B网正常，如图7-69所示，后台机断路器、隔离位置无显示，位置变白，部分采集量数据不刷新，如图7-70所示。

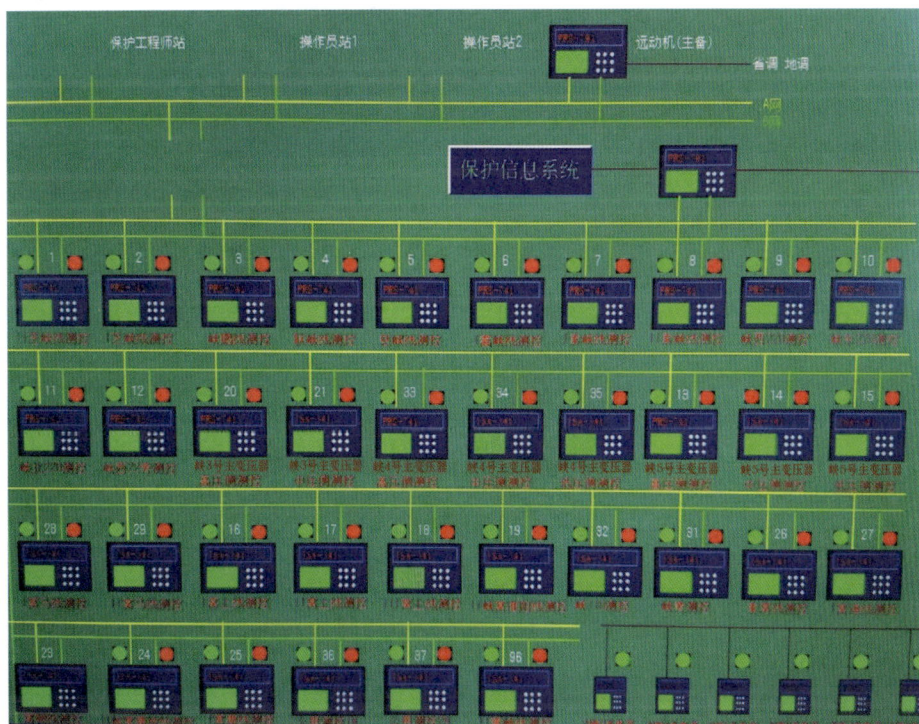

▲ 图7-69　A网通信中断

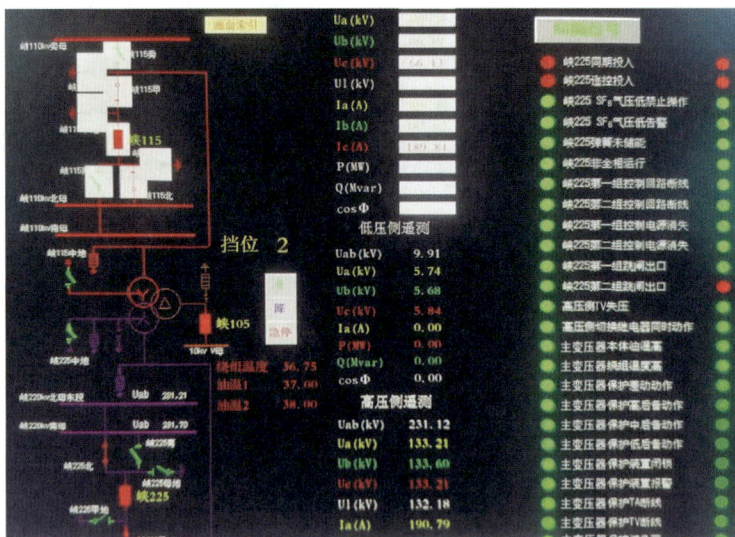

▲ 图7-70 遥测量数据不刷新

2. 分析处理

检查网络交换机正常，检查监控机A网水晶头不亮损坏，经远动重新压接水晶头，清洗端口后，数据恢复正常，如图7-71所示。

3. 整改措施

数据传输量大，端口老化，及时更新设备。

▲ 图7-71 A网水晶头损坏

二十、220kV主变压器压力释放阀进水受潮直流接地

1. 检查情况

2016年某日，大雨天气，某220kV变电站报出"直流接地"信号，同时3号主变压器报出"压力释放动作"信号，现场检查3号主变压器运行正常，压力释放阀没有喷油现象，将有关情况向调度和有关部门进行了汇报。

🔧 2.分析处理

（1）继电保护人员到达现场后，在3号主变压器端子箱内，将压力释放信号回路接线拆掉，"直流接地"信号和"压力释放动作"信号全部消失，判断为直流接地故障点，就在主变压器的压力释放器内。

（2）将3号主变压器运行转检修后，对压力释放阀进行内部检查，发现压力释放阀内部进水，辅助触点受潮短路接地；对压力释放阀进行内部检查时，发现端盖螺钉松动，密封不严，致使雨水进入，压力释放阀辅助触点严重受潮，造成直流接地，触点被短接，误报"压力释放动作"信号，压力释放阀内部进水情况，如图7-72所示。

▲ 图7-72　3号主变压器压力释放阀内部进水

🔧 3.整改措施

（1）由于安装施工工艺差，使压力释放阀密封不严，没有认真把关，验收时没有发现缺陷，导致故障发生。仅靠竣工验收和投运前验收还不够，必须认真落实验收制度，施工单位、运行维护单位，都要认真负责。

（2）安装施工单位，必须严格按照作业指导书规定的程序进行施工，确保施工质量；主变压器大修、预试时应打开压力释放阀，检查密封是否良好，接线有无松动，绝缘是否老化，发现异常，及时处理。

（3）密封垫使用硅胶垫，固定螺钉为不锈钢材质，压力释放阀外部加装防雨罩。

二十一、220kV汇控柜温控器烧坏告警

🔧 1.检查情况

2021年10月12日，某220kV线路断路器报"事故分闸""非全相运行"等异常信息。现场检查，断路器汇控柜温度控制器烧坏，控制回路二次接线绝缘烧坏，随即汇报调度，并申请紧急停电处理。断路器型号：阿尔斯通GL314；温控器型号：KD-W1。

2. 分析处理

（1）发现断路器汇控柜温度控制器烧坏，柜内二次配线烧损，存在开关误动的风险，立即申请线路紧急停运。保护对烧损的配线进行详细检查，发现温度控制器烧坏，如图7-73所示。

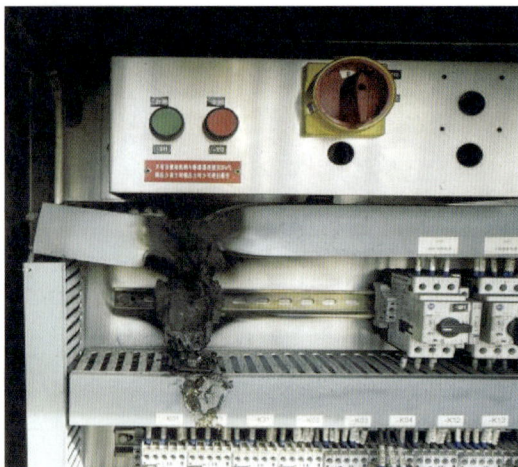

▲ 图7-73 汇控柜温控器烧坏

（2）远方、就地把手，分、合闸按钮及柜内配线烧坏，如图7-74所示，控制回路配线绝缘融化粘连，其中B相合闸回路与操作电源负极短接，使操作箱B相跳位监视继电器动作，导致与跳位监视继电器"事故分闸""非全相运行"异常信号报出。检查监控机、保护装置、故障录波均无其他异常信号。

（3）将间隔停电，解除备用后，检修对烧毁的配线逐根记录、更换，并更换分、合闸按钮，远方、就地转换把手，检查操作箱插件无异常。对断路器控制回路进行绝缘检查，上电试验、电位检查、就地分合闸试验、遥控分合闸试验、保护带开关传动试验，均未发现异常，线路恢复送电正常。

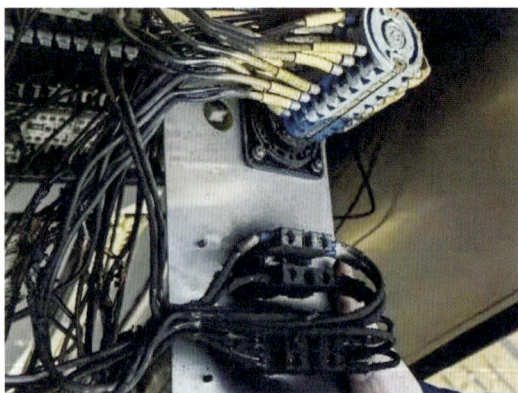

▲ 图7-74 远方就地分、合闸按钮烧坏

（4）汇控柜温度控制器故障烧坏，主要原因为近期阴雨天气较多，汇控柜内潮气较大，温度控制器频繁启动，导致继电器线圈发热。温控器与汇控柜配线线槽距离过近（约3cm），与分、合闸按钮距离约20cm，温控器高温熔化后，高温炙烤该部分线槽及配线，导致绝缘损坏。

3. 整改措施

（1）加大变电站温控器的排查力度，重点排查温控器和加热器损坏情况、回路完整情况、温控器材质、安装位置、有无隔离措施、保护空气开关等，发现问题及时处理。

（2）温控器安装位置与其他电气元件，配线距离小于5cm的整改。温控器外壳为非阻燃材料或不满足反措要求的，全部更换。温控器加装独立的空气开关，根据温控器功率选配开断电流适当的空气开关，切实起到保护作用。温控器增加隔离托板，防止温控器燃烧后引起其他元件及配线烧坏。

（3）加强变电站封堵、密封治理，防止潮气侵入箱内，减少温控器频繁启动。加强新设备初设、选型、采购阶段管控，按照十八项反措要求开展验收，提升入网设备质量。

二十二、二次绝缘降低造成220kV主变压器跳闸

🔧 1. 检查情况

（1）2016年2月1日，某220kV变电站主变压器221断路器跳闸，因端子箱内二次电缆绝缘降低引起，跳闸时无直流接地，1号主变压器无保护启动及故障录波信息。断路器型号：西开LW25A-252；保护：南瑞RCS-978E。

（2）检修对221断路器气室、机构状态等进行检查正常。二次对装置、跳合闸回路进行检查，重点对221断路器跳闸回路进行绝缘检查，1号变压器A保护屏至户外端子箱221控制电缆各芯之间绝缘，221第一组操作回路绝缘良好。

（3）221第二组操作回路电缆绝缘良好，但电缆1201（操作电源正极）和1237（保护至跳闸线圈）之间绝缘阻值为零。进一步检查发现端子箱内，该电缆剥皮加工处外皮破损，破损电缆回路编号分别为1201和1237，与绝缘电阻测试结果相符，如图7-75所示。

▲ 图7-75 端子箱电缆绝缘破损短路

🔧 2. 分析处理

（1）在基建施工阶段，1号主变压器A屏至221端子箱，第二组操作回路电缆根部存在误割伤，随着运行年限的增长，电缆绝缘老化，出现鼓包、粉化现象，在直流电

的作用下，导线氧化、霉变，最终导致操作回路与跳闸回路间绝缘击穿，接通跳闸回路，造成221断路器跳闸。

（2）立即启用1号主变压器A屏至端子箱间电缆备用芯，对发生缺陷的电缆芯进行了更换，绝缘恢复正常，传动正确，221断路器处理缺陷工作结束，恢复送电正常。

3. 整改措施

（1）基建施工工艺存在缺陷，误伤电缆芯最后一层绝缘，为后期事故的发生埋下隐患。现有的技术手段存在一定的局限性，对二次电缆的检查主要通过摇测绝缘和外观检查，对初始的绝缘割伤发现能力不足，需要改进制作工艺。

（2）设备定检过程不细致，对外观质量的检查重视不够，未对二次电缆进行逐个排查，造成隐患并持续发展，酿成跳闸事故。应重视基建工程中的过程验收，在施工阶段根据施工进度，适时进场进行中间验收。

（3）加强对二次设备进行通风清扫，开启机构箱驱潮装置，室外电缆孔洞使用水泥和防水材料封堵，发现问题及时处理，避免类似事故发生。电缆更换封堵后的情况如图7-76所示，未再发生二次绝缘接地、短路情况。

▲ 图7-76 端子箱电缆更换封堵

二十三、220kV主变压器A屏保护装置闭锁

1. 检查情况

（1）2012年4月10日，某220kV变电站监控主机报主变压器：保护装置闭锁告警，如图7-77所示。

（2）采集量正常，检查变压器A屏保护装置报：保护板DSP出错，运行灯熄灭，装置死机，如图7-78所示，B屏运行正常。主变压器保护型号：南瑞RCS-978。

▲ 图7-77　装置闭锁告警

2. 分析处理

立即汇报调度，通知保护处理，变压器A屏装置死机，不能运行，需要退出全部保护连接片重启装置，经重启装置后恢复正常，运行灯亮，告警信号消失，如图7-79所示。

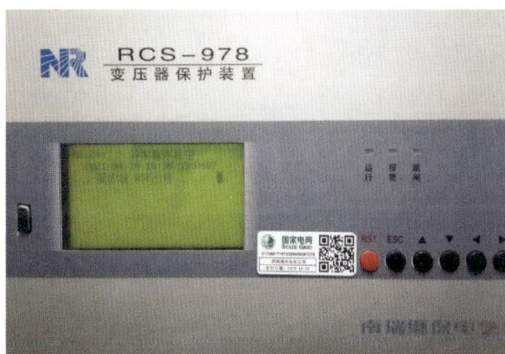

▲ 图7-78　主变压器保护装置告警

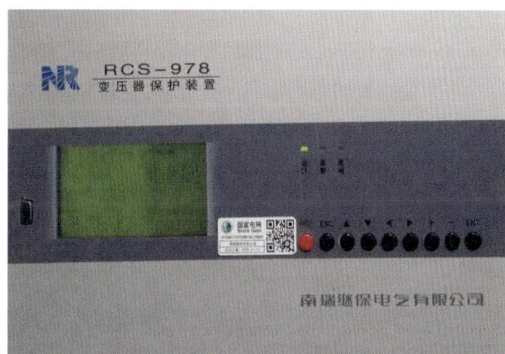

▲ 图7-79　主变压器A屏保护装置恢复

3. 整改措施

保护装置已运行十多年，最近一两年多次出现死机，产品老化严重，双套装置运行，一套装置损坏时，严重威胁220kV主变压器保护安全运行，已上报缺陷，计划更换保护装置。

二十四、直流接地造成220kV线路跳闸

1. 检查情况

（1）2016年11月24日，17：35，某220kV变电站某220kV线路因汇控柜内出现凝露，造成柜内第二组操作直流回路发生两点接地，进而导致A相跳闸。GIS设备型号：新东北ZF6-252；保护型号：第一套国电南自PSL-603GM，第二套长园深瑞PRS-702S。

（2）1：20，某220kV线路第一、二组控制回路断线，现场检查，发现SF$_6$压力正常，对汇控柜内进行通风，第一组操作回路恢复正常。10：30，发现直流有正极接地，第二组控制回路断线信号。由于信号间断发出，结合当时天气情况、汇控柜内已加装驱潮装置的情况，利用通风和新加装的驱潮装置消除潮气，密切观察该信号是否会再次报出。

（3）13：30，在汇控柜内轮流断开直流电源空气开关，接地信号未消失，检查过程中未在控制室断开间隔保护、测控、操作电源，未发现直流接地发生在第二组操作回路。14：30，发现第二组操作回路三相合闸位置指示灯不亮，再次检查，发现直流屏电压正极为0V，存在正极接地现象，利用吹风机对汇控柜进行吹风驱潮，接地信号未消失。

（4）17：35，断路器A相跳闸，重合后又跳闸，检查保护装置无故障报文，仅有双套保护重合闸动作，重合后三相电流均为负荷电流，无电流突变以及电压降低现象。汇控柜内湿度较大，有凝露现象，屏顶上有水珠，端子排二次接线上有水滴聚集，如图7-80所示。

（5）第二组操作回路正极绝缘电阻为0Ω，存在正极接地，第二组跳闸线圈至端子排处二次接线存在受潮现象，如图7-81所示。

▲ 图7-80　汇控柜内有凝露

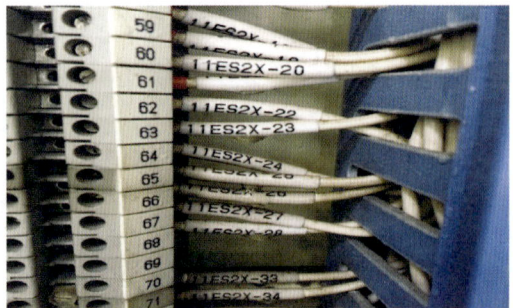
▲ 图7-81　跳闸回路至端子排二次线受潮

2. 分析处理

（1）将线路停电后，对汇控柜内的第二组操作回路正极，拆除接线并擦拭，绝缘水平有一定程度的恢复，测试电缆备用芯，其绝缘水平为无穷大，将备用芯替换原有电缆，消除正极接地现象。对汇控柜内第二组操作回路进行绝缘测试，消除二次接线受潮情况，对汇控柜进行通风、驱潮。

（2）跳闸时，由于汇控柜内外存在一定的温差，内部潮气造成汇控柜内凝露现象严重，柜顶及端子排上存在水滴。在潮气和水滴的作用下，首先发生了第二组操作回路正极接地，在一点接地的情况下，汇控柜跳闸线圈至操作回路端子排间，又发生第二点接地，接地点通过地网导通了跳闸回路，造成A相跳闸线圈启动，断路器A相跳闸，重合闸动作后，由于A相跳闸回路持续导通，再次造成断路器第二次跳闸。

3. 整改措施

（1）加快户外GIS汇控柜内加热器排查，全面排查加热器的完好性，对存在不能正常工作的，加快更换，确保其完好。

（2）在雨雪等恶劣天气下，加大户外设备的巡视次数和力度，发现隐患，及时处理，确保电网安全稳定运行。

二十五、220kV 液压机构控制回路断线

1. 检查情况

（1）2020年8月20日，某220kV变电站220kV线路光纤差动保护报："第二组控制回路断线，低油压分闸闭锁2"告警信号。检查监控主机，电流、电压、有功、无功、频率采集量均正常，告警信号如图7-82所示。

（2）检查B相机构KB4（低油压分闸闭锁继电器）励磁，如图7-83所示，A、C相机构正常。

断路器机构型号：平高LW10B-252W/CYT-50。

2. 分析处理

（1）检查保护测控装置电源正常，保护装置报出，第二组控制回路断线告警灯亮，操作箱电源指示灯正常，操作箱第二组合位监视灯不亮，排除第二组控制电源失电引

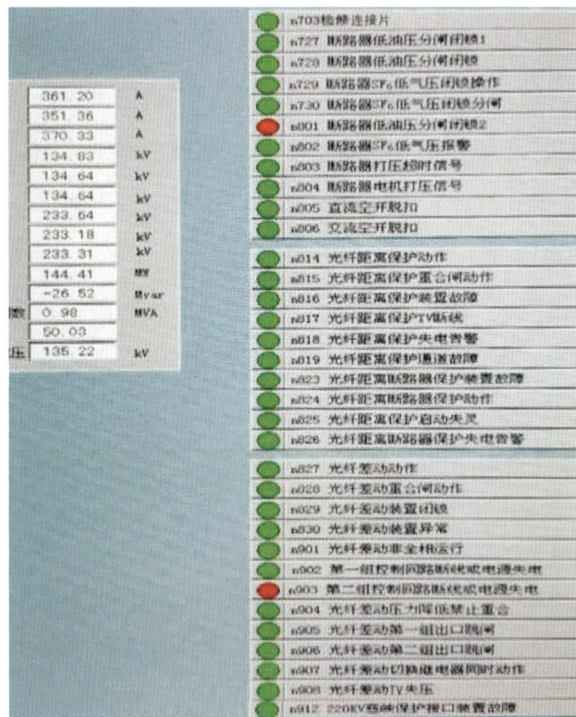

▲ 图7-82 监控机告警信号

▲ 图7-83 B相机构KB4励磁告警

起的告警，判断是机构出现低油压闭锁告警。对断路器三相机构进行检查，SF$_6$气体压力、密度继电器、液压压力均正常。

（2）保护人员检查端子箱、机构箱，发现B相断路器机构箱KB4中间继电器励磁，而A、C相断路器机构箱KB4中间继电器均未励磁，此KB4继电器正是低油压分闸闭锁2的告警信号继电器，断路器机构控制回路电路如图7-84所示。

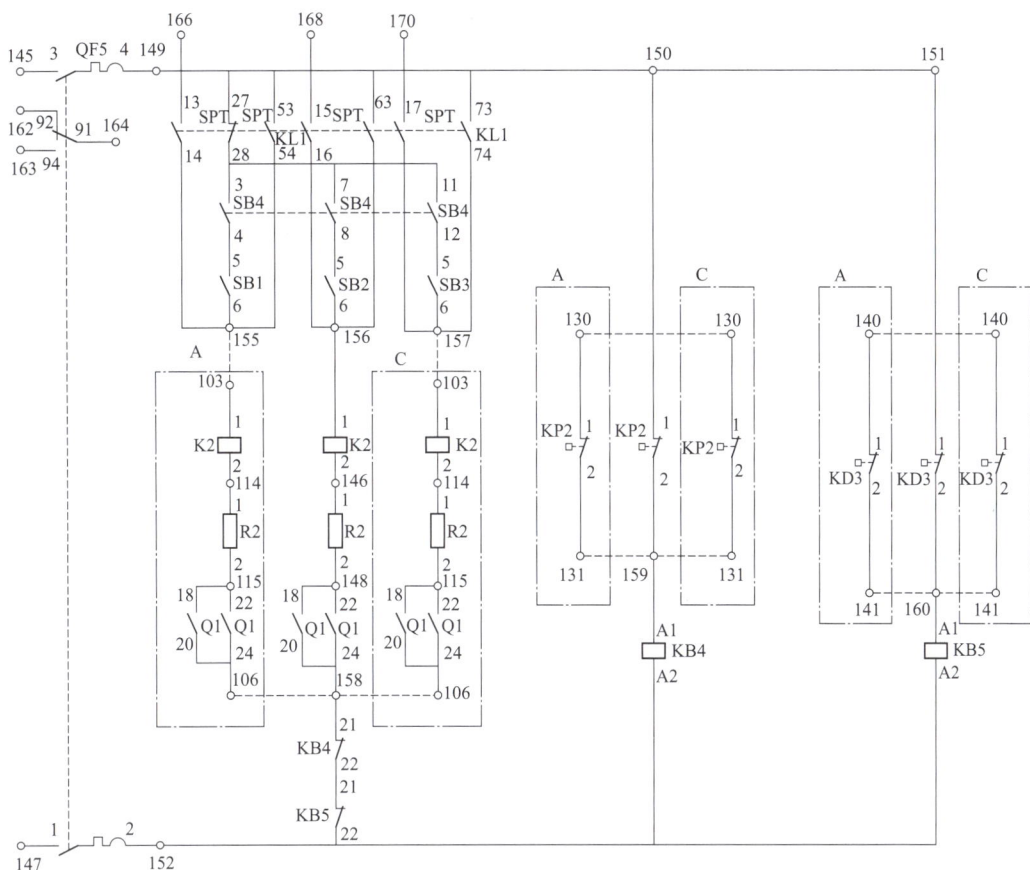

▲ 图7-84 液压机构控制回路

（3）对B相机构控制回路进行检查，发现液压机构的压力开关KP2的1-2触点导通，导致KB4中间继电器励磁，引起低油压分闸闭锁2告警。检查机构箱内的控制电缆有霉变老化现象，如图7-85所示。

（4）在控制电缆折弯处，有一束导线绝缘霉变破损，检查为KP2继电器的1-2触点导线连通，造成低油压分闸闭锁2告警。

▲ 图7-85 B相机构电缆霉变破损

（5）向调度申请停电，对控制电缆霉变破损处进行绝缘包扎，摇测绝缘正常，装置上电后，"低油压分闸闭锁2""控制回路断线"信号消失，对断路器跳合闸传动正确，汇报调度，恢复送电正常。

3. 整改措施

（1）根据《十八项电网重大反事故措施》要求，当断路器液压机构突然失压时，应申请停电处理，在设备停电前，禁止人为启动油泵，防止断路器慢分。

（2）针对户外断路器机构要加强巡视，发现霉变潮湿情况，及时开启加热器或通风清扫，底部封堵要严，防止潮气上返。绝缘封堵处理后的情况如图7-86所示。

▲ 图7-86　机构电缆绝缘封堵

二十六、220kV线路光纤差动通道告警

1. 检查情况

2023年4月10日，某220kV线路报第一套光纤纵联差动告警，其他保护正常，遥测量正常，如图7-87所示，检查第一套光纤纵联差动保护装置，"通道告警"红灯亮，报文显示：光纤通道一故障，通道一光收越下线，如图7-88所示。

▲ 图7-87　监控机告警信号

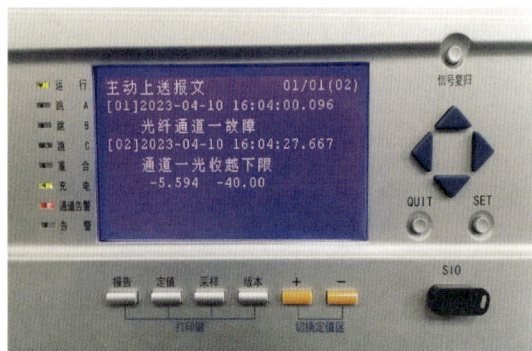

▲ 图7-88　保护装置告警报文

2. 分析处理

立即汇报调度，退出第一套光纤纵联差动主保护，通知保护、通信人员处理。经全面检查，为光纤配线箱光收连线断，更换一根黄色光纤连线后，恢复正常，"通道告

警"信号消失，盘后的光纤配线箱如图7-89所示。联系调度，投入第一套光纤纵联差动主保护，第一套光纤纵联差动主保护装置恢复正常，如图7-90所示。

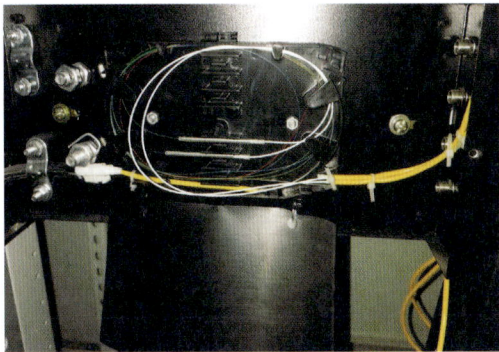

▲ 图7-89　光纤配线箱连线中断

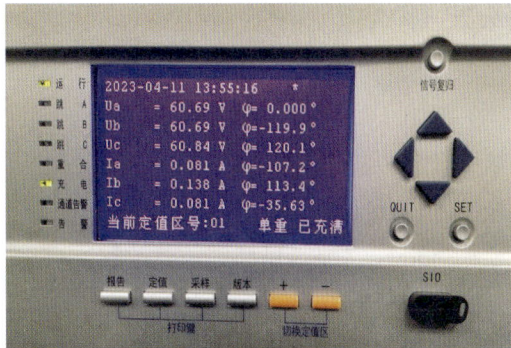

▲ 图7-90　保护装置恢复正常

🏵 3. 整改措施

加强光纤通道维护，遇有停电机会，及时检查通道光衰，双侧通道光纤收发线，发现异常，及时处理。

二十七、定值整定错误220kV主变压器纵联差动跳闸

🏵 1. 检查情况

（1）2022年6月19日，某220kV 1号主变压器纵联差动动作，三侧断路器跳闸。事故发生前，1号主变压器负荷11.4万kVA，35kV负荷6.15万kVA，35kV出线接地故障。主变压器型号：许继WBH801T2-DA-G；接线组别：YNyn0yn0+d。

（2）1号主变压器纵联差动保护动作，A相差动电流：0.197A，制动电流：0.259A，B相差动电流：0.164A，制动电流：0.421A，C相差动电流：0.086A，制动电流：0.410A，动作门槛$I_{op.0}$：0.188A，如图7-91所示，满足纵差保护动作条件，保护动作正确。

▲ 图7-91　1号主变压器纵差保护动作报文

🏵 2. 分析处理

（1）调取1号主变压器保护装置故障录波，低压侧A相电压降低，计算为8V左右，

A、B相电压升高，计算为100V左右，然后C相绝缘击穿，电压降低，计算为44V左右，发展为AC相间接地短路。首先低压侧区外发生A相接地，然后C相绝缘击穿，发展为AC相间接地故障。

（2）主变压器低压侧区外相间短路，对于主变压器纵差保护属于穿越性故障，纵差保护不应该动作。根据故障波形，跳闸前，计算高压侧A相电流超前低压1分支A相电流相位178°，主变压器低压侧绕组接线为星形，核对保护装置定值，低压侧接线为d11，确定低压侧绕组接线与保护定值不一致，存在30°的相位差，引起保护装置长期存在差流。

（3）由于1号主变压器负荷较小，差流未引起跳闸，等到夏季天气高温，负荷增加较大，同时跳闸前35kV系统存在接地故障，纵联差动动作，主变压器跳闸。

（4）主变压器投运前，三侧变比分别为1200/1、2500/1、2000/1，低压侧无负荷，投入一组电容器后，低压侧无功电流为360A，1号主变压器带负荷校验，因人员疏忽，录入定值错误，未发现电流二次极性异常。经对1号主变压器重新修改定值，带负荷测相位正确，恢复送电正常，三相差流正常，未再发生保护启动告警信号。

3. 整改措施

（1）杜绝因整定人员习惯性思维，引起定值错误情况出现，加强保护校核工作，提升定值整定人员反复校核，规避新老人员交替时，技术交接不完整情况的再次发生。

（2）入夏以来，持续高温天气，主变压器负荷不断攀升，监控机偶然报"主变压器保护启动"信号，但负荷降低时，信号自动复归，未引起运维人员重视，发现异常信号，应及时汇报，查明原因。

（3）开展继电保护专业验收投运提升培训，拓展技术思考维度，提升继保专业技术能力。

二十八、110kV母线测控装置端口损坏告警

1. 检查情况

2023年5月20日，某110kV变电站监控机报：110kV东母智能终端装置告警，测控装置GOOSE异常，如图7-92所示，智能终端报：总告警、GO A/B告警灯亮，如图7-93所示。测控装置型号：积成电子SAM61；110kV母线智能终端型号：四方CSD-601。

▲ 图7-92 监控机告警信号

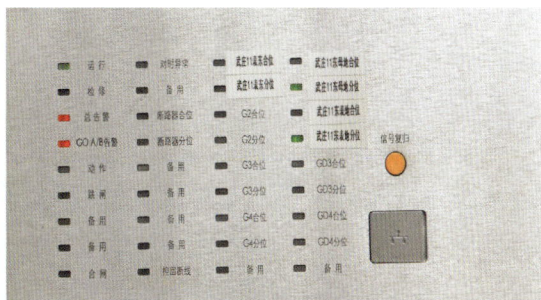

▲ 图7-93 智能终端告警信号

2. 分析处理

（1）检查110kV东母测控装置SV正常，GOOSE接收总状态和接收模块异常，重启测控装置和插拔GOOSE收发光纤线缆无效，怀疑GOOSE收发端口损坏，测控装置告警信号如图7-94所示。

（2）用笔记本连接测控装置，IP地址设置为192.168.1.200，子网掩码为255.255.255.0，测控装置IP为192.168.1.23，用FTP工具flashFXP连接测控装置，在flash文件夹找到iedcfg.xml文件，修改文件端口配置，由原来的2端口调整为3端口，将修改后的iedcfg.xml文件拷贝至装置内flash文件，并覆盖原来文件。

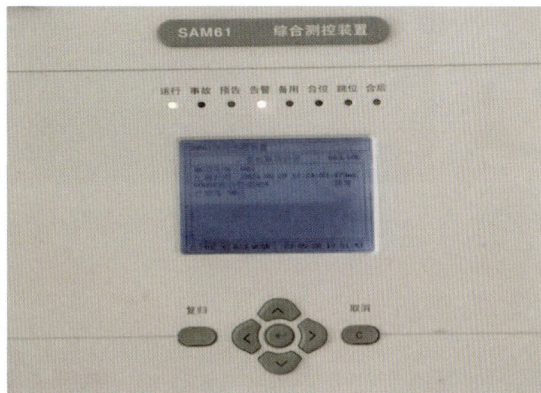

▲ 图7-94 测控装置告警信号

（3）SCD文件里配置了110kV东母测控装置，接收东母智能终端的信号，还发送遥控GOOSE，修改iedcfg.xml文件，对收发全部修改，重启测控装置后，恢复信号，告警信号消失。

3. 整改措施

设备老化，及时升级换代，防止影响设备位置上传和遥控操作。

二十九、220kV线路切换继电器同时动作告警

1. 检查情况

2023年5月25日，某220kV变电站，无任何操作和二次工作，某220kV备用线路

报："切换继电器同时动作"，电压遥测量正常，220kV南北母隔离开关未同时合闸，如图7-95所示。操作箱型号：南自FCX-22U。

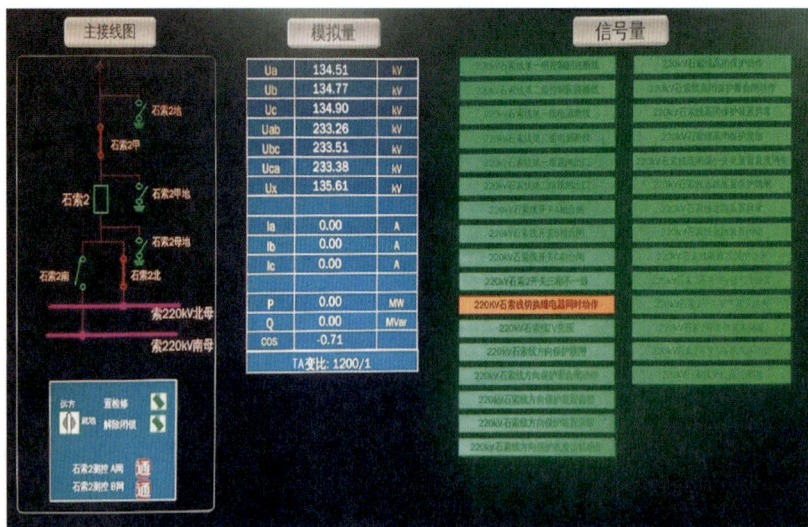

▲ 图7-95　线路切换继电器同时动作

2. 分析处理

（1）检查220kV双套母差保护，信号正常，无告警信息，检查线路保护屏操作箱，Ⅱ母电压运行灯熄灭，如图7-96所示。

▲ 图7-96　操作箱Ⅱ母电压灯熄灭

（2）检查线路南北母隔离开关操动机构，内部干燥，隔离开关辅助触点良好，无接地短路现象。分析操作箱电压切换回路，如图7-97所示。1YQJ2-1、2YQJ2-1触点同时闭合，"切换继电器同时动作"才能报出，当时又无倒闸操作，只有继电器触点抖动闭合，才能引起此异常信号出现。将此线路解除备用，更换操作箱电压切换插件，线路恢复备用，告警信号消失，Ⅱ母电压运行灯亮，如图7-98所示。

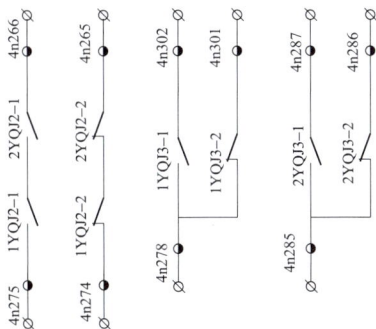
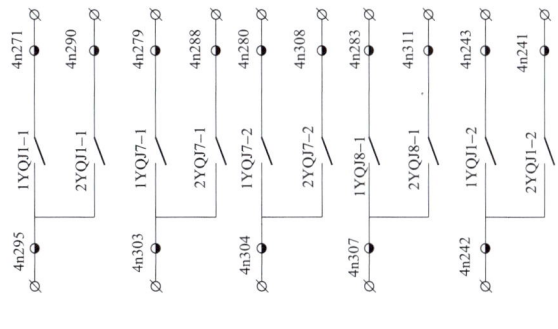
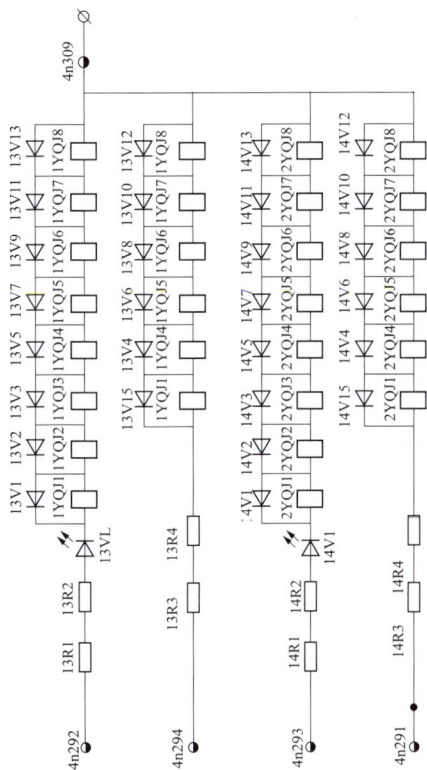
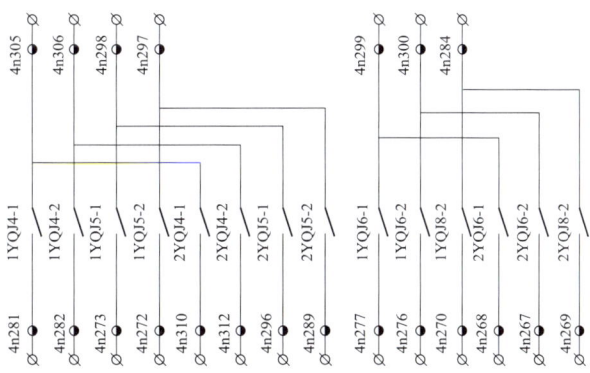

▲ 图7-97　操作箱电压切换回路

▲ 图7-98 操作箱Ⅱ母电压灯亮

3. 整改措施

操作箱有些老化，应及时更新设备，防止影响电压回路正常切换。

三十、110kV线路保护装置管理板死机

1. 检查情况

2023年6月21日，巡视某220kV变电站设备，发现某110kV运行线路保护装置左上角运行灯绿灯闪烁，液晶屏黑屏，无告警信号，如图7-99所示，按信号复归、QUIT、SET、上下左右键，均无反应。保护装置死机，可能保护已失去作用，汇报调度异常情况，立即通知保护人员处理。保护型号：四方CSC-163A。

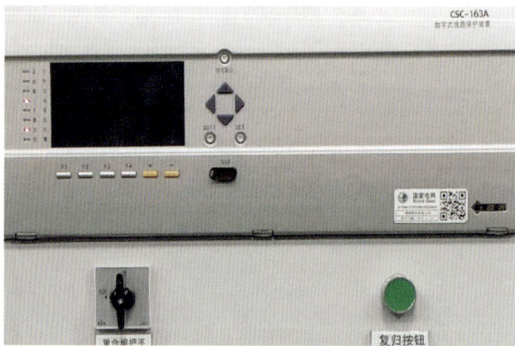

▲ 图7-99 保护装置死机

2. 分析处理

（1）检查监控机，线路遥测量正常，数据刷新，如图7-100所示，无告警信号，通道A告警，为无光纤通道主保护告警信号，只投有零序、距离保护，信号正常。

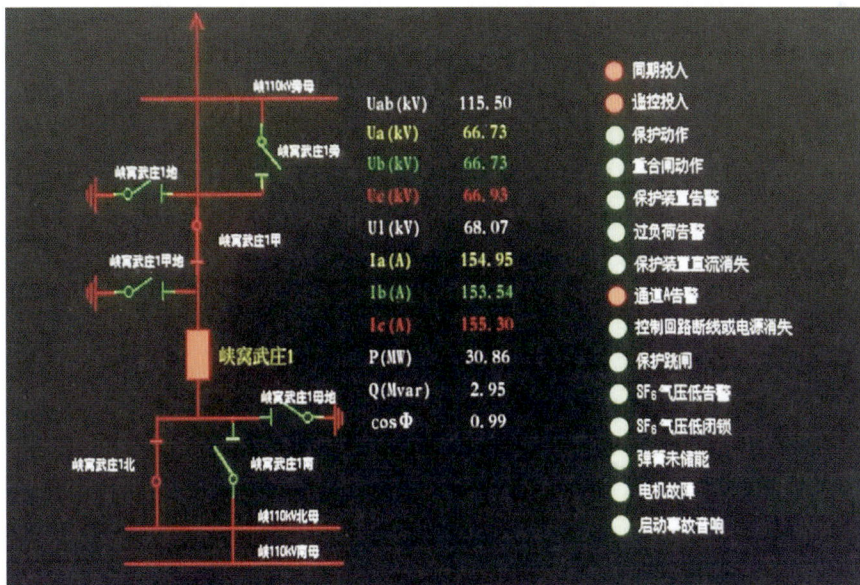

▲ 图7-100 线路遥测量正常

（2）保护人员检查，按键均无效，绿灯闪烁，为一级告警，管理板卡死，造成装置死机，保护已不起作用，需要重启保护装置，看看能否恢复正常，否则，需要停电更换管理板。经调度同意，短时退出跳闸连接片，经重启保护装置后，液晶屏、指示灯、按键均恢复正常，投入保护跳闸连接片。保护插件板运行情况如图7-101所示，液晶屏运行情况如图7-102所示。

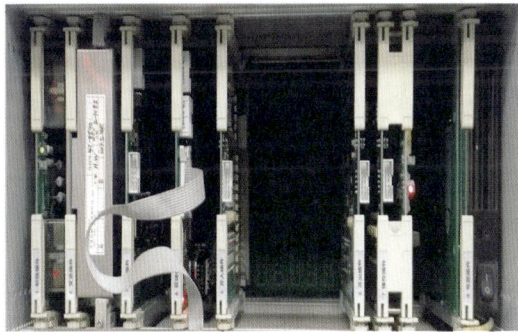

▲ 图7-101 保护插件板运行情况

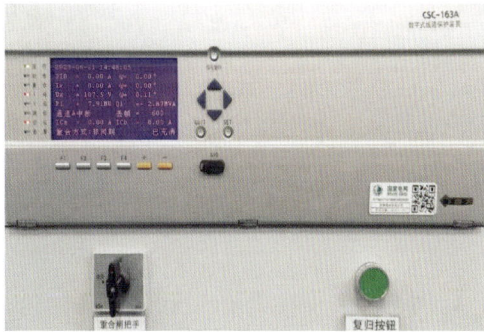

▲ 图7-102 液晶屏按键指示灯正常

3. 整改措施

（1）运维人员发现及时，避免了一次线路保护拒动，越级跳闸，220kV主变压器110kV侧后备保护动作，造成110kV一段母线失压的后果。

（2）保护装置老化，需要及时改造更换，防止类似事情再次发生。

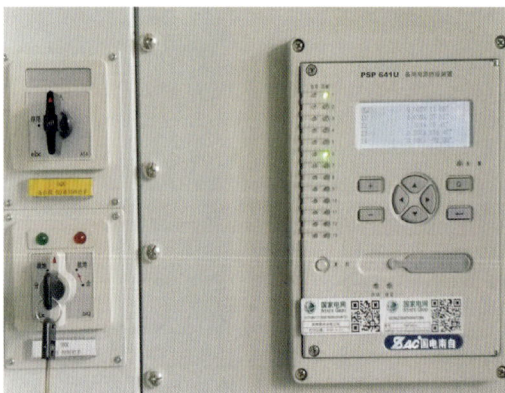

三十一、110kV变电站110备用电源自动投入装置闭锁动作

1. 检查情况

2023年6月11日，某110kV变电站Ⅰ、Ⅱ线路为主进电源线路，还有两条出线，110kV南北母线、主变压器分列运行，内桥接线。110kV Ⅰ线路B相接地故障，主保护：稳态量比率差动保护动作、突变量比率差动保护动作，故障电流24.61A，永久性故障，重合闸动作不成功，测距1.1km，线路全长7.7km，110备用电源自动投入装置闭锁，10kV备用电源自动投入装置动作成功。110备用电源自动投入装置TV断线告警报文如图7-103所示。保护型号：南自PSP-641U。

2. 分析处理

（1）检查110备用电源自动投入装置保护装置，备用电源自动投入装置总投1，绿灯亮，充电过电流2，绿灯亮，方式投入把手、跳Ⅰ、Ⅱ线路连接片、合110连接片投入正确，保护装置运行正常，如图7-104所示。

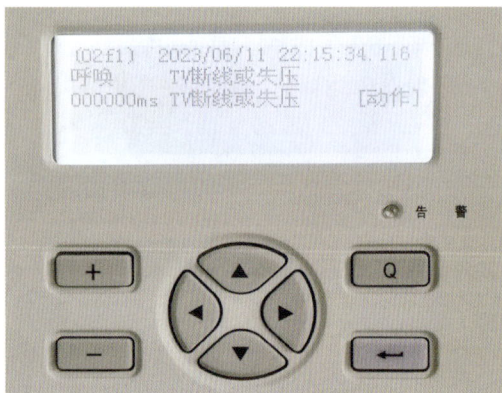

▲ 图7-103　110电压断线报文　　　　▲ 图7-104　110备用电源自动投入装置正常

（2）检查保护定值，无压30V，有压70V，动作时间4s，电流0.2A，保护定值整定正确。Ⅰ线路故障录波如图7-105所示，重合闸动作不成功，两次B相故障电流均较大，故障点靠近对侧变电站，系统冲击较大，对侧变电站110kV母线联络运行。

（3）Ⅰ线路故障时，跳-合-跳，本侧110kV北母失压。检查遥信变位信号，故障时备用电源自动投入装置在充电状态，无动作信息，故障发生后，持续报"TV断线"信号，说明备用电源自动投入装置未放电，不满足"进线1无流""Ⅰ母失压""Ⅱ母有压"动作条件。

電壓标度: 494.17V/格　　電流标度: 53.50 A/格　　時間标度: 20ms/格

時間(ms) HH TW HW TZ HZ　Ia　Ib　Ic　Ua　Ub　Uc　Il　Ux　3I0　3U0

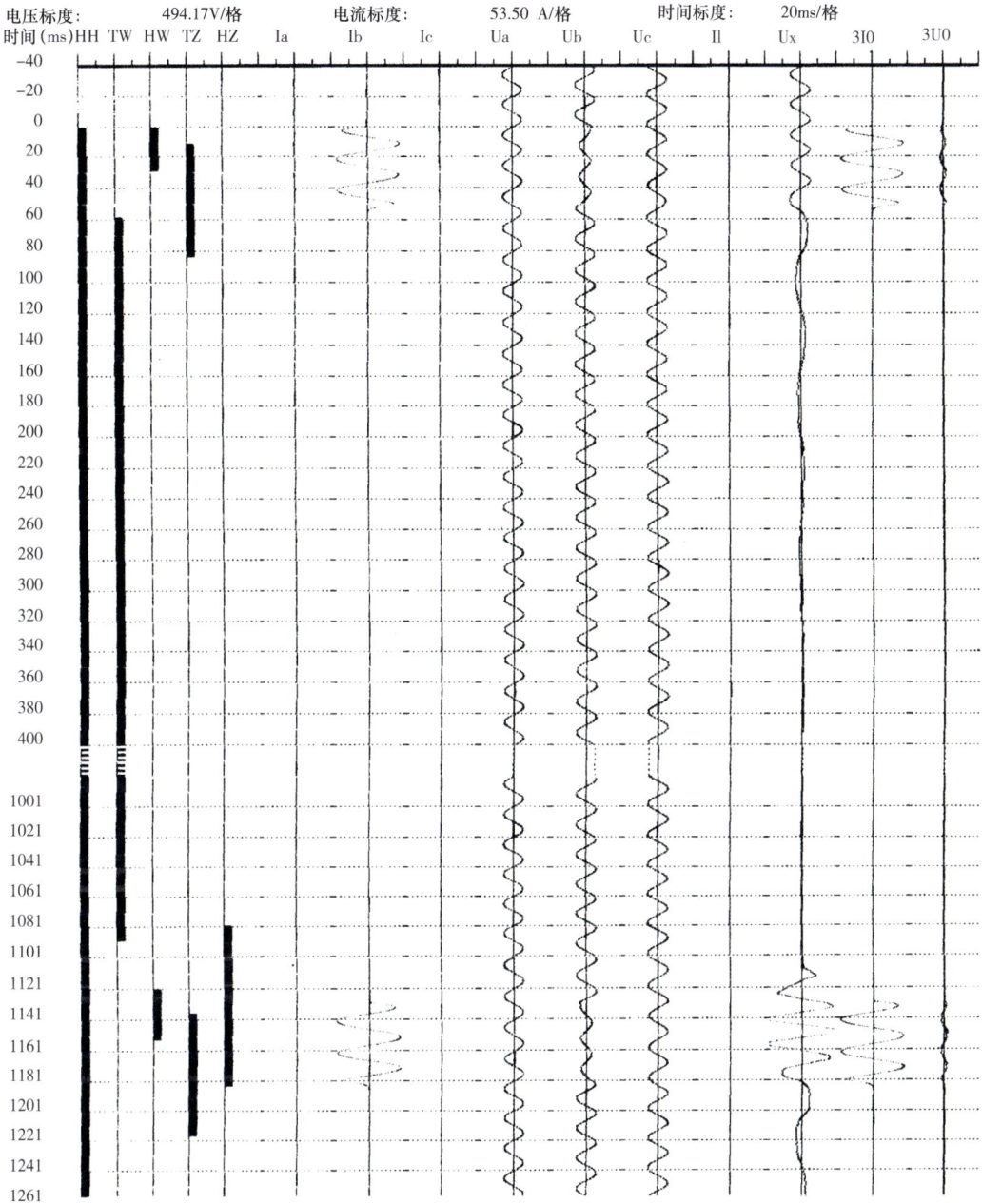

▲ 图7-105　Ⅰ线路故障录波

（4）该变电站Ⅰ线路固定在北母，Ⅱ线路固定在南母，按站内对母线定义，北母为Ⅱ母，南母为Ⅰ母。对于备用电源自动投入装置，Ⅰ线路为电源1，对应北母Ⅱ母，Ⅱ线路为电源2，对应南母Ⅰ母，则装置"Ⅰ母电压"应取Ⅱ母电压A640、B640、C640，"Ⅱ母电压"应取Ⅰ母电压A630、B630、C630。现场为"Ⅰ母电压"取Ⅰ母A630、B630、C630，Ⅰ母、Ⅱ母电压端子接反，如图7-106所示，故障时装置判断，

Ⅱ线路进线无压，60s电压开放，闭锁备用电源自动投入装置。

（5）经整改110备用电源自动投入装置接反Ⅰ母、Ⅱ母电压端子，传动信号正确，恢复备用电源自动投入装置运行。

3. 整改措施

（1）对于双母线接线形式，备用电源自动投入装置无法识别进线运行在哪条母线上，必须固定进线运行方式。

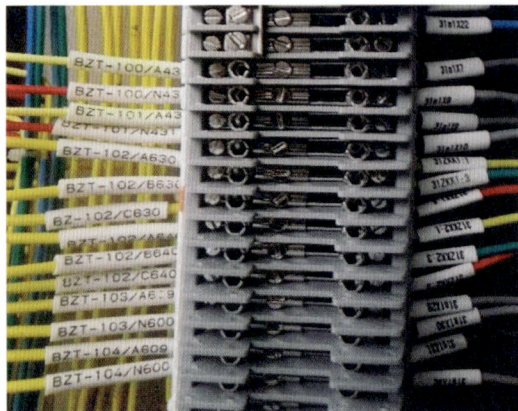

▲ 图7-106 母线电压端子接反

（2）在备用电源自动投入装置安装和验收过程中，应重点检查进线电流与母线电压接线的对应关系，在运行过程中，不得改变进线运行方式，否则将导致备用电源自动投入装置不正确动作。

三十二、断路器开入量异常造成110备用电源自动投入装置闭锁

1. 检查情况

某110kV变电站110kV部分接线，如图7-107所示，某日甲线发生故障，对侧断路器跳-合-跳，本侧断路器跳-合。110kV南母失压后，110备用电源自动投入装置未动作，10kV备用电源自动投入装置动作成功。

2. 分析处理

（1）甲线发生C相接地故障，两侧光纤纵联差动保护动作，跳C相断路器，对侧重合闸动作后三跳，1074ms本侧重合闸动作，由于对侧已跳开，本侧重合成功。

（2）由于甲线路电源侧断路器跳开，110kV南母失压，甲线路无压、无流，110kV北母有压，满足110备用电源自动投入装置动作条件。故障发生约4s后，110备用电源自动投入装置动作，跳开甲线路断路器，但未合110断路器，但装置报"Ⅱ母断路器拒跳"信号，即甲线路断路器拒跳。

（3）检查110备用电源自动投入装置主进断路器位置，接线取自线路保护操作回路

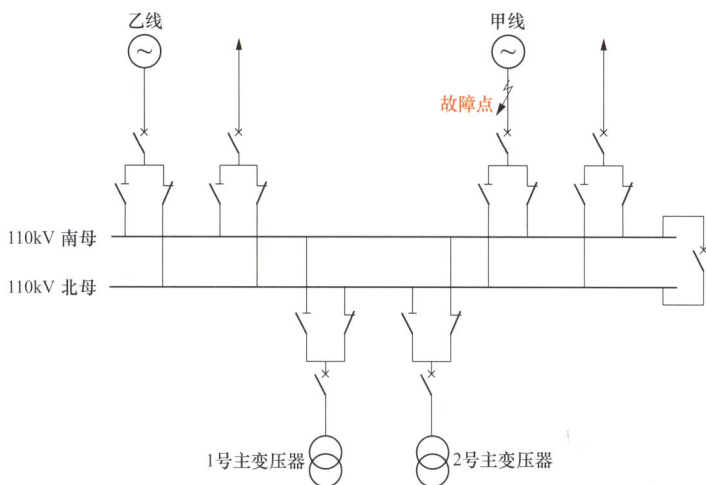

▲ 图7-107 110kV一次接线

中的KCT触点，二次回路接线原理，如图7-108所示。

（4）断路器机构合闸回路中，串接有储能状态触点。对于弹簧机构，断路器分合闸都依靠弹簧来提供能量，当断路器闭合时，合闸弹簧释放能量，同时给分闸弹簧储能，合闸弹簧释放完能量时，储能电动机向合闸弹簧储能，需经历十几秒储能过程。在此期间，断路器无法合闸，为避免合闸线圈持续通电被烧坏，通过合闸回路中的储能状态动合触点，将合闸回路断开。

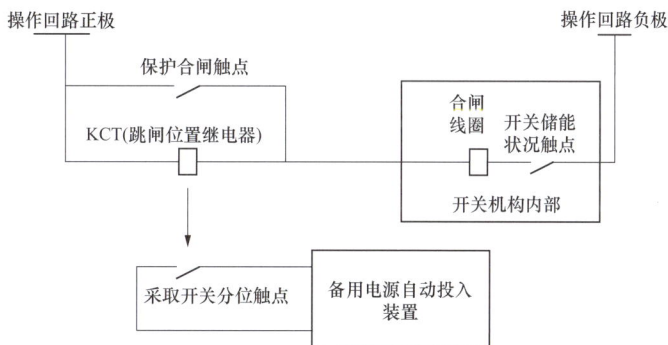

▲ 图7-108 二次回路接线原理

（5）KCT继电器接于合闸回路中，在储能状态合闸回路断开时，KCT继电器无法励磁，即使断路器分闸，也无法送出KCT信号。由于备用电源自动投入装置接收断路器位置信息，取自于KCT触点，备用电源自动投入装置动作跳甲线路断路器时，在固定时间内，未收到线路甲断路器分闸信息，误判为断路器未分闸，未能按功能合110断路器。

🔧 3. 整改措施

（1）由于110kV备用电源自动投入装置均用于负荷端变电站，负荷端线路保护多数处于退出状态，不会引起负荷端线路断路器跳闸，仅有光纤纵联保护功能的负荷端线路保护，存在投入跳闸功能状态。

（2）对于含光纤差动保护的线路，当线路发生永久性故障断路器经历"跳－合"或"跳－合－跳"过程时，若使用KCT作为进线开关位置，存在断路器机构储能，固有时间，无法缩短与备用电源自动投入装置等待断路器分位时间的配合，将造成备用电源自动投入装置误判进线断路器拒分，无法自投合闸。

（3）对于备用电源自动投入装置，特别是含光纤差动保护的备用电源自动投入装置，采集各个断路器位置触点时，不应采集保护装置KCT触点，而应采集断路器辅助触点位置，防止备用电源自动投入装置误判拒动。

第八章

一键顺控的操作应用

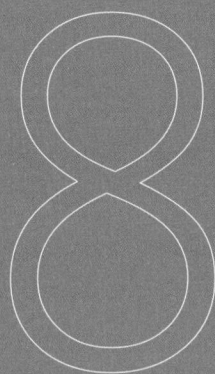

8

随着电网建设的不断发展，变电站数量持续增加，一线人员进行倒闸操作越来越频繁，现有操作模式下，设备冷备用转检修操作自动化程度较低，大量操作仍需要人工干预，重复性劳动多，频繁往返现场，人力、时间、交通成本高，安全风险大，加剧了人员数量及结构矛盾，难以适应当前电网的发展需要。顺控操作在国外应用已很成熟，在国内特高压站也得到广泛应用，经过现场实际运行和试点工程的检验，采用顺控操作可减少60%的倒闸操作工作量，大幅消除误操作、漏操作等风险，进一步提升变电站倒闸操作的效率，提高电网应对故障和自然灾害能力，保障电网设备的安全可靠运行，社会经济效益明显，符合新一代电网的发展趋势，具有极高的推广价值。

一、系统组成

一键顺控操作，是指具备"防误双校核、状态双确认"功能的一键启动、自动顺序执行的一种倒闸操作方式，操作范围包括"运行、热备用、冷备用"三种状态之间的转换。开关设备的状态双确认，通过至少两个非同样原理或非同源的状态指示同时发生对应变化，分为主判据和辅助判据。

一键顺控双确认系统，集成自动控制技术、传感器技术、物联网技术、图像识别技术、状态自动判断技术，是多学科综合应用为一体的系统。该系统主要包括智能防误主机、顺控主机、辅助设备监控主机、分析主机，结构功能原理如图8-1所示。

本系统架构，支持变电站端和调度端开展一键顺控操作应用。若在变电站端开展一键顺控操作，顺控指令由顺控主机上的顺控操作工作站软件发起，经顺控主机模块预演、防误主机预演通过后，下发操作指令到间隔装置，并将指令经正向隔离设备，下发到辅控视频站端主机。辅控主机接收到指令后，调取对应设备所关联的预置位视频信息，并通过数据接口，调用分析主机的智能推理分析服务接口，进行隔离开关分合过程智能分析，A、B、C三相分析结果稳定可靠后，将最终分析结果以CIM/E文件的格式，经反向隔离设备反校给顺控主机，顺控主机根据反校结果，进行操作过程自动顺序执行。若在调度端开展一键顺控操作，顺控指令由调度主站软件发起，经调度数据网下发到站端顺控主机，经顺控主机模拟预演、防误主机模拟预演通过后，下发操作指令到间隔装置。调度端顺控指令同时经SCADA事件服务器，发送给视频主站系统，视频主站系统接收到指令后，调取站端对应设备所关联的预置位视频信息，并通

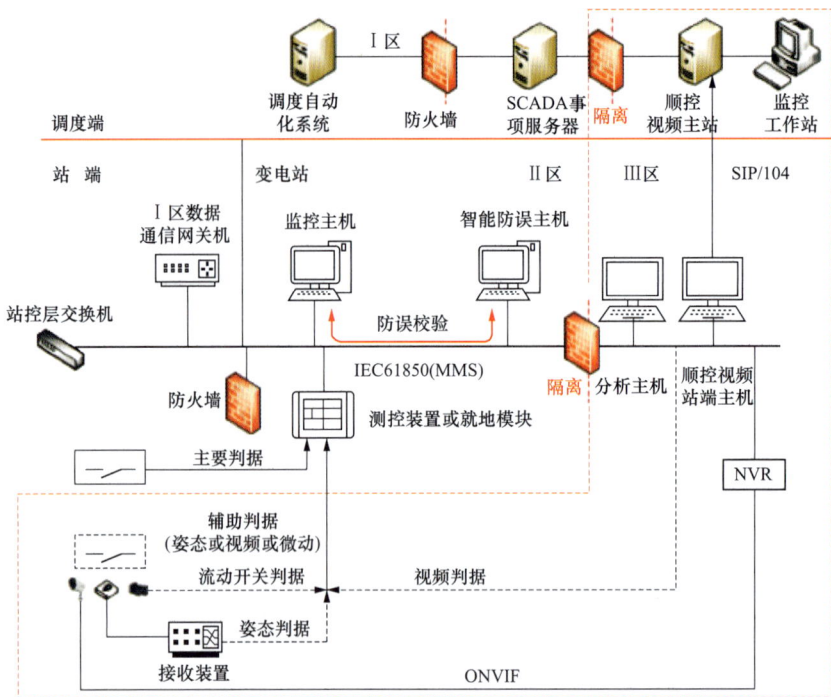

▲ 图8-1 结构功能原理

过数据接口，调用主站分析主机的智能推理分析服务接口，进行隔离开关分合过程智能分析，ABC三相分析结果稳定可靠后，将最终分析结果以CIM/E文件的格式，经反向隔离设备反校给调度端，调度端同时将反校结果下发到站端顺控主机，顺控主机根据反校结果，进行操作过程自动顺序执行。

　　变电站端实施一键顺控时，在站端部署顺控主机、顺控五防主机（或者对原有监控主机五防系统升级），独立防误主机与监控系统内置防误逻辑，实现双套防误校核，Ⅰ区运检网关机为远方一键顺控提供通道。断路器、隔离开关实施双确认措施，断路器双确认判据为位置遥信、遥测、视频分析识别，遥测三相电流或三相电压有无作为辅助判据，隔离开关双确认主判据为位置遥信，辅助判据包含三种方式：姿态传感器、微动开关、视频分析识别、视频联动。

🔧 1. 智能防误主机

　　接收变电站监控主机发送的顺控票，实现顺控票防误校验，并将顺控票防误校验结果，反馈给变电站监控主机。智能防误主机，具有面向全站设备的操作闭锁功能，可为一键顺控操作提供模拟预演、防误校核功能。智能防误主机通过信息交换，自动对顺控主机的模拟预演和顺控操作指令，进行不同源防误逻辑校核，与顺控主机内置防误校验结果，形成"与门"判据，满足顺控操作防误双校验的要求。智能防误主机从顺控主机获取全站设备状态，顺控主机模拟预演时，智能防误主机根据顺控主机预演指令执行操作票全过程防误校核，并将校核结果返回至顺控主机；顺控操作执行时，智能防误主机对顺控主机发送的每步控制指令进行逐步防误校验，并将校验结果返回至顺控主机。

2.顺控主机

变电站内数据的采集、处理、设备的一键顺控、防误闭锁、运行监视、操作控制。顺控主机，通过站控层网络采集变电站实时数据，下发控制信息；顺控主机与网关机通信，传输一键顺控数据；顺控主机与防误主机之间传输防误数据；顺控主机与辅控系统之间传输一次设备状态信息。

顺控主机负责一键顺控操作票的存储、管理，实时接收和执行本地及远方下发的一键顺控指令，完成生成任务、模拟预演、指令执行、防误校核、操作记录等，并上送执行结果。

模拟预演和指令执行过程中，采用双套防误校核机制，一套为顺控主机内置的防误逻辑闭锁，另一套为独立智能防误主机的防误逻辑校验，以防止发生误操作。两套系统采用不同厂家配置。模拟预演和指令执行过程中，双套防误校核并线进行，双套系统校核，均通过才可以继续执行，若校核不一致终止操作，并提供详细错误信息。

顺控主机具有"口令+指纹"双重验证功能，对操作人、监护人同时进行权限验证。在变电站Ⅰ区网关机前端配置纵向加密装置及路由器，实现远方数据的安全接入。

3.辅助设备监控主机

集中接入一次设备在线监测子系统、火灾消防子系统、安全防卫子系统、动环子系统、智能锁控子系统、智能巡视子系统等，实现一次设备在线监测、火灾、消防、安全警卫、动力环境的监视，智能锁控，安全环境监视及设备智能巡视，主辅设备智能联动、辅控设备智能联动、一键顺控视频双确认等功能。

4.分析主机

基于DOCKER容器技术，集中部署一键顺控视频双确认分析推理模型、不同类型表计读数识别推理模型、变电站设备不同类型缺陷分析识别模型、静默监视分析识别模型、推理分析 RESTFULL 服务接口、模型更新管理 RESTFULL 服务接口，实现一键顺控视频双确认分析、表计自动识别、巡检缺陷自动分析识别、静默监视分析识别。

二、顺控操作准备

1. 登录验证

通过"密码+电子口令或指纹"双因子校验后登录系统。

2. 操作票预置

应用图形化的配置工具快速生成、修改、删除、维护、检验一键顺控操作票，操作票主要包括操作对象、当前设备态、目标设备态、操作任务名称、操作项目、操作条件、目标状态等项目，并能根据操作对象、当前设备态、目标设备态确定唯一的操作票。

3. 操作任务，生成界面

操作界面如图 8-2 所示，操作顺序如图 8-3 所示。

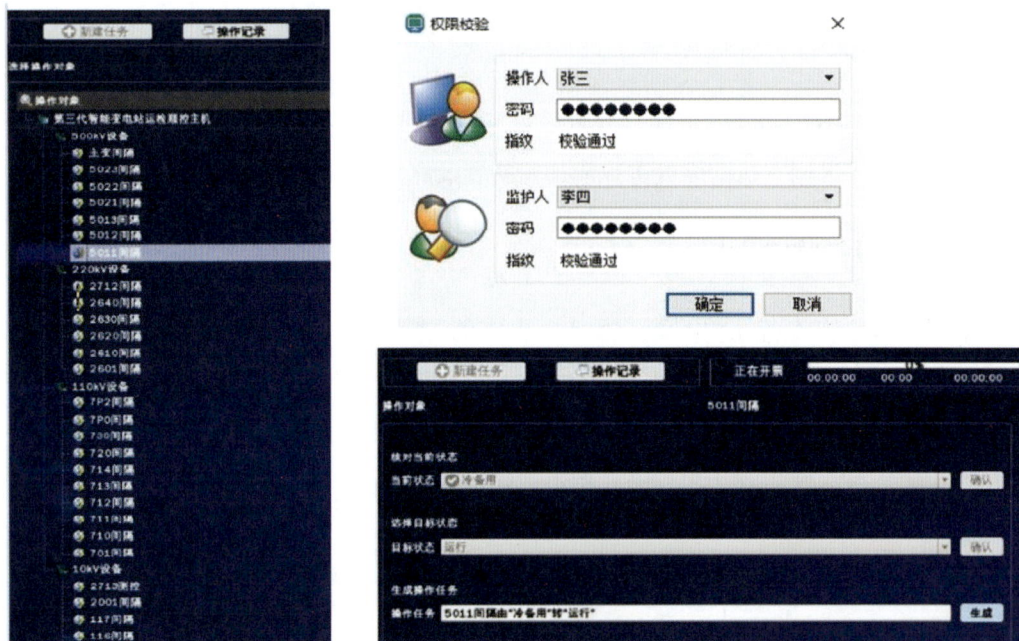

▲ 图 8-2　操作界面

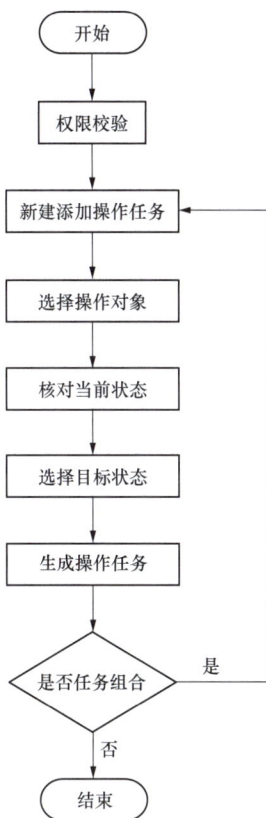

▲ 图8-3　操作顺序

（1）自动判别设备当前运行状态，与非当前运行状态有明显标识。

（2）选定设备当前运行状态、目标运行状态后，系统能够自动生成一键顺控操作任务，且操作任务具有唯一性。

（3）系统生成操作任务时，自动更新当前操作条件列表和目标状态列表，操作条件能根据设备名称自动整理，目标状态能根据操作项目顺序自动整理。

（4）生成操作任务后，系统将操作任务的目标设备态模拟置为满足。

（5）系统具备内预置的子任务操作票组合功能，一键顺控任务组合，应在上一操作任务生成后的模拟结果基础上，判断下一操作任务的当前设备态是否满足，若不满足，禁止任务组合。

三、顺控操作交互流程

顺控操作交互流程如图8-4所示。

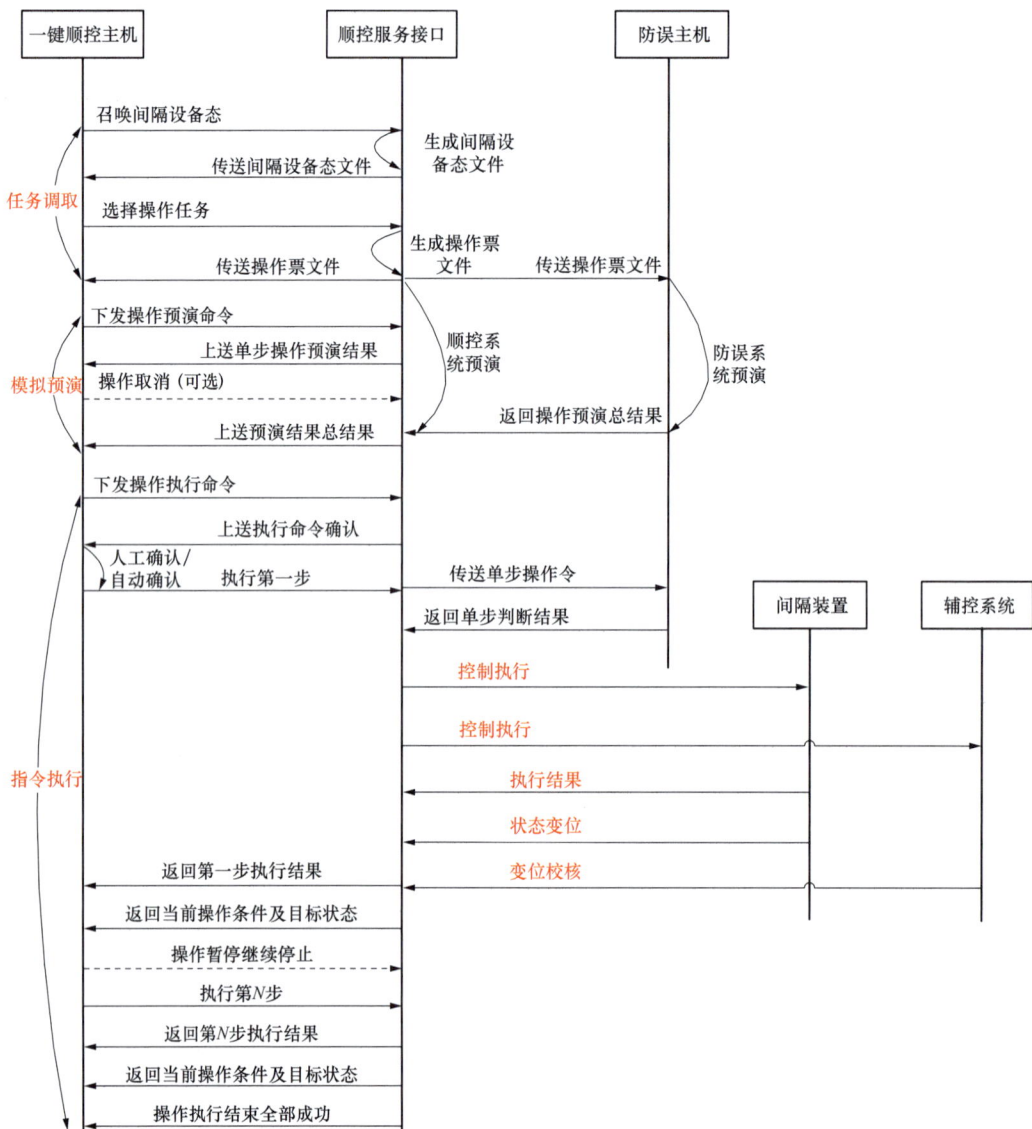

▲ 图8-4 操作流程

1. 任务调取

选择已经新建好的操作任务。

2. 模拟预演

模拟预演流程如图8-5所示。

检查操作条件：模拟预演前应检查操作条件列表是否全部满足，若有不满足项，禁止模拟预演，并提示错误。

预演前当前设备态核实：模拟预演前，应检查指令中的当前设备态，与操作对象的实际状态是否一致，若不一致，禁止模拟预演，并提示错误。

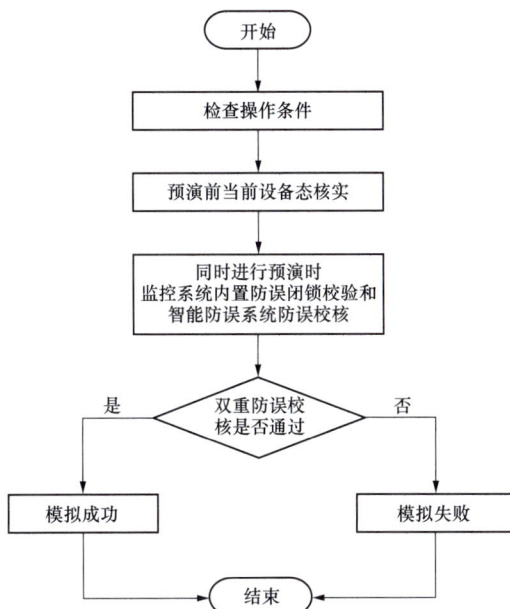

▲ 图8-5 模拟预演流程

监控系统内置防误闭锁校验：模拟预演时，所有步骤经监控主机内置防误逻辑闭锁校验，若校验不通过，终止模拟预演，并提示错误。

智能防误主机防误校核：模拟预演时，所有步骤经独立智能防误主机防误逻辑校核，若校核不通过，终止模拟预演，并提示错误。

单步模拟操作：模拟预演过程中每一个操作项目的预演结果，应逐项显示，任何一步模拟操作失败，终止模拟预演，并说明失败原因。

预演成功后，使用"执行"按钮，并禁用"预演"按钮。

3.指令执行

指令执行流程如图8-6所示。

（1）启动指令执行：指令执行应以模拟预演成功为前提，由运维人员进行操作。

（2）执行前当前设备态核实：指令执行前，检查指令中的当前设备态，与操作对象的实际状态是否一致，若不一致，禁止指令执行并提示错误。

（3）检查操作条件：单步执行前应判断操作条件是否满足，若不满足，终止指令执行并提示错误，将不满足项明显标识。

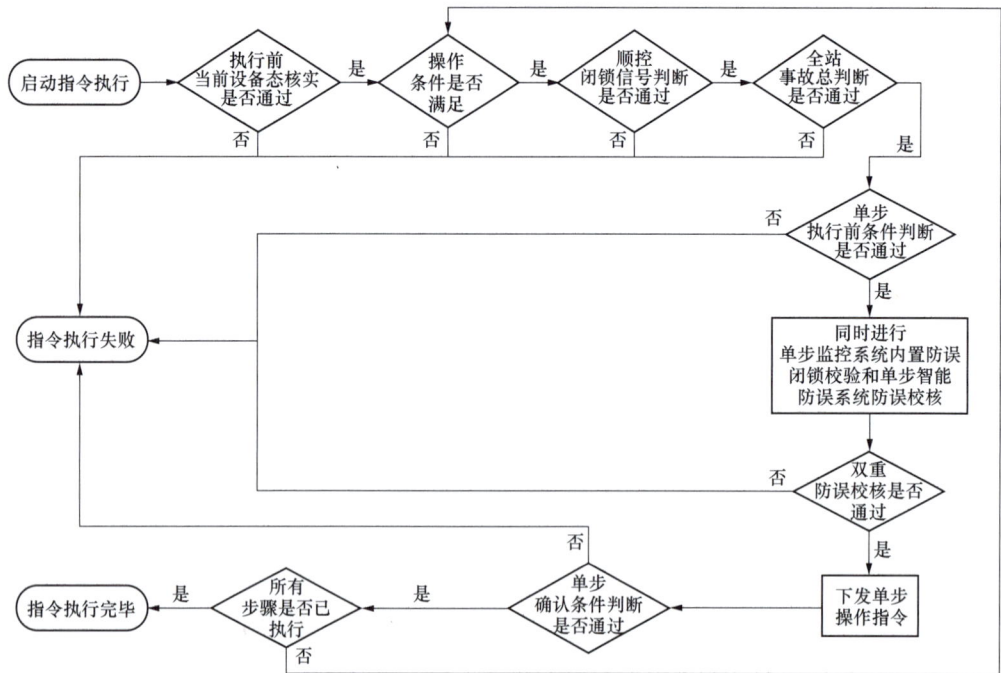

▲ 图8-6　指令执行流程

（4）一键顺控闭锁信号判断：单步执行前判断是否有闭锁信号，若有闭锁信号终止指令执行并提示错误，点亮"异常监视"指示灯。

（5）全站事故总判断：单步执行前，应判断是否有全站事故总信号，若有全站事故总信号，应终止指令执行，并提示错误，点亮"事故信号"指示灯。

（6）单步执行前条件判断：单步执行前判断本步操作的执行前条件是否满足，若不满足终止操作，并弹出提示错误，点亮"异常监视"指示灯。

（7）单步执行一键顺控主机防误闭锁校验：单步执行前本步操作，经一键顺控主机防误闭锁校验，校验不通过应终止操作，并提示错误，点亮"内置防误闭锁"指示灯。

（8）单步智能防误系统防误闭锁校核：单步执行前本步操作，应经智能防误主机防误闭锁校核，若校核不通过应暂停操作，并提示错误，点亮"智能防误校核"指示灯，应能选择忽略单步智能防误主机，防误闭锁校核失败的错误提示，权限校验通过后，可以继续一键顺控操作。

（9）下发单步操作指令：向间隔层设备下发操作指令，开始执行本步操作指令；指令执行过程结果逐项显示，执行每一步操作项目之后更新操作条件、目标状态；具备人工干预功能，在指令执行过程中能够暂停执行操作，任务暂停后应能够继续执行操作，在任务执行过程中应能够终止执行操作；一键顺控任务暂停时限可系统设置，超时后一键顺控操作应自动终止并弹出超时提示。

（10）单步确认条件判断：单步执行结束后，应判断本步操作的确认条件是否满足，若确认条件已满足则继续执行，若不满足应自动暂停执行操作，并弹出提示错误，该错误可由人工确认后选择"重试""忽略"或"终止"；应能设置执行结束后，确认判断的延时时间，范围为10～200s；应能设置单步执行成功后的延时时间，默认为2s。

（11）在一键顺控控制指令每一个操作项目执行前，向辅助监控系统发出联动信号，辅助监控系统收到信号后，触发图像采集设备联动，并根据需要转发视频图像识别结果，至一键顺控主机。

四、视频双确认

采用深度学习Pytorch框架及Trident、Resnet101、Fpn、RepPoints、Mask-Rcnn等网络模型，对采集的各类隔离开关的海量样本进行标注、训练，获取训练模型，然后基于模型进行隔离开关的初步定位和状态判断，再提取刀臂边缘线，然后根据刀臂边缘线间的夹角进行隔离开关的分合状态判断，样本采集确认，如图8-7所示，确认上传数据，如图8-8所示。

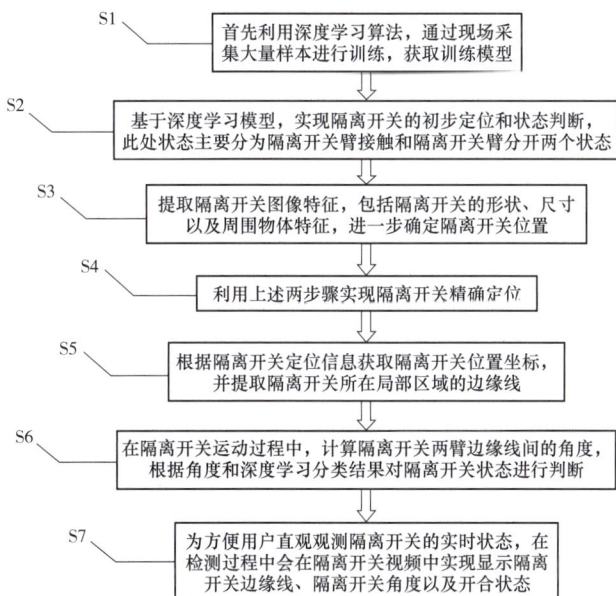

S1　首先利用深度学习算法，通过现场采集大量样本进行训练，获取训练模型

S2　基于深度学习模型，实现隔离开关的初步定位和状态判断，此处状态主要分为隔离开关臂接触和隔离开关臂分开两个状态

S3　提取隔离开关图像特征，包括隔离开关的形状、尺寸以及周围物体特征，进一步确定隔离开关位置

S4　利用上述两步骤实现隔离开关精确定位

S5　根据隔离开关定位信息获取隔离开关位置坐标，并提取隔离开关所在局部区域的边缘线

S6　在隔离开关运动过程中，计算隔离开关两臂边缘线间的角度，根据角度和深度学习分类结果对隔离开关状态进行判断

S7　为方便用户直观观测隔离开关的实时状态，在检测过程中会在隔离开关视频中实现显示隔离开关边缘线、隔离开关角度以及开合状态

▲　图8-7　样本采集确认

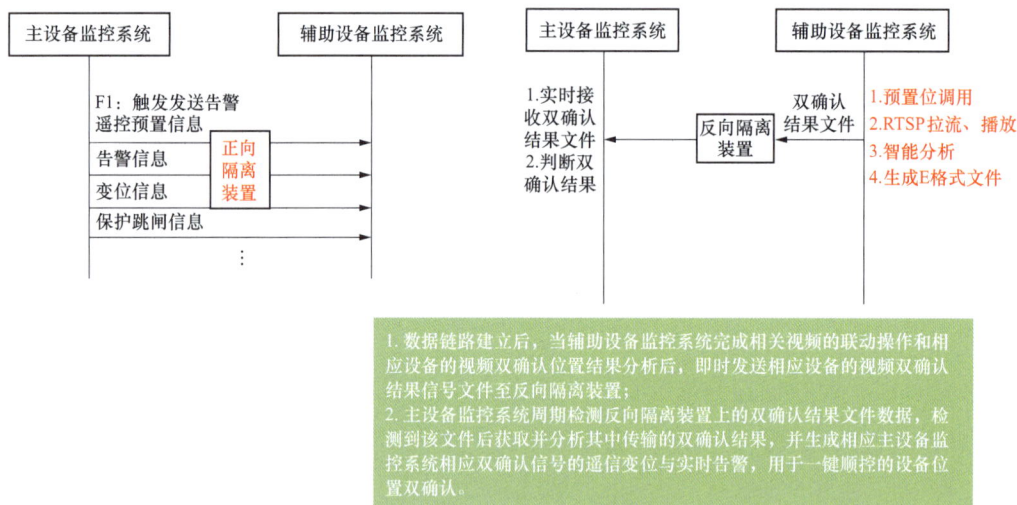

▲ 图8-8　确认上传数据

🏋 1.中性点隔离开关特征提取

分析主机DOCKER容器中，内置中性点隔离开关特征识别的推理模型，顺控操作辅控主机，根据主设备顺控联动关联模型，可自动调用分析主机对应的隔离开关特征，识别推理模型，进行识别分析，并将分析结果推送给顺控主机，如图8-9所示。

▲ 图8-9　中性点隔离开关特征提取

🏋 2.剪刀式隔离开关特征提取

分析主机DOCKER容器中，内置剪刀式隔离开关特征识别的推理模型，顺控操作时，辅控主机根据主设备顺控联动关联模型，可自动调用分析主机对应的隔离开关特征，识别推理模型，进行识别分析，并将分析结果推送给顺控主机，如图8-10所示。

▲ 图 8-10　剪刀式隔离开关特征提取

3.水平式隔离开关特征提取

　　分析主机DOCKER容器中，内置水平式隔离开关特征识别的推理模型，顺控操作时，辅控主机根据主设备顺控联动关联模型，可自动调用分析主机对应的隔离开关特征，识别推理模型，进行识别分析，并将分析结果推送给顺控主机，如图8-11所示。

▲ 图 8-11　水平式隔离开关特征提取

4.垂直式隔离开关特征提取

　　分析主机DOCKER容器中，内置垂直式隔离开关特征识别的推理模型，顺控操作时，辅控主机根据主设备顺控联动关联模型，可自动调用分析主机对应的隔离开关特征，识别推理模型，进行识别分析，并将分析结果推送给顺控主机，如图8-12所示。

▲ 图 8-12　垂直式隔离开关特征提取

5. 三柱式隔离开关特征提取

分析主机DOCKER容器中，内置三柱式隔离开关特征识别的推理模型，顺控操作时，辅控主机根据主设备顺控联动关联模型，可自动调用分析主机对应的隔离开关特征，识别推理模型，进行识别分析，并将分析结果推送给顺控主机，如图8-13所示。

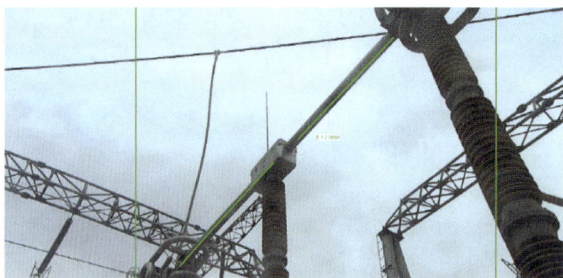

▲ 图8-13　三柱式隔离开关特征提取

6. 双开式隔离开关特征提取

分析主机DOCKER容器中，内置双开式隔离开关特征识别的推理模型，顺控操作时，辅控主机根据主设备顺控联动关联模型，可自动调用分析主机对应的隔离开关特征，识别推理模型，进行识别分析，并将分析结果推送给顺控主机，双开式分闸位置如图8-14所示，双开式合闸位置如图8-15所示。

▲ 图8-14　双开式隔离开关分闸提取

▲ 图8-15　双开式隔离开关合闸提取

7.指针式特征提取

分析主机DOCKER容器中，内置指针式隔离开关特征识别的推理模型，顺控操作时，辅控主机根据主设备顺控联动关联模型，可自动调用分析主机对应的隔离开关特征，识别推理模型，进行识别分析，并将分析结果推送给顺控主机，如图8-16所示。

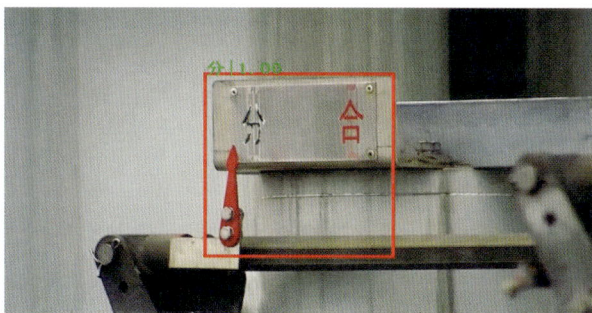

▲ 图8-16 指针式特征提取

8.翻牌器特征提取

分析主机DOCKER容器中，内置翻牌器特征识别的推理模型，顺控操作时辅控主机根据主设备顺控联动关联模型，可自动调用分析主机对应的隔离开关特征，识别推理模型，进行识别分析，并将分析结果推送给顺控主机，如图8-17所示。

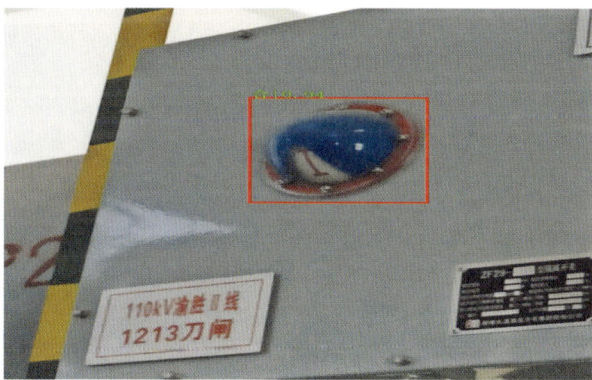

▲ 图8-17 翻牌器特征提取

9.刀臂边缘线提取

通过图像处理技术，提取AIS隔离开关边缘，计算相关隔离开关状态。首先将隔离开关图像处理为灰度图像，并对灰度图像进行高斯模糊，以减少图像噪声的干扰；计算降噪后的图像中每个像素点的梯度值和方向，对每个像素点的梯度值进行非极大值抑制，得到图像边缘点集合；采用双阈值方法，获得图像的边缘阵列，并进行边缘连接；计算所有边缘线角度，获取所有平行边缘线集合；遍历所有平行边缘线集合，剔除干扰边缘线，获取隔离开关边缘线集合；计算背景和前景图像方向，计算边缘线方向；根据前景图像方向，剔除干扰边缘线，获取隔离开关边缘线集合，获取所有隔离开关边缘线。

⚙ 10.状态判断

针对敞开式隔离开关，在隔离开关由开到合或由合到开过程中，获取隔离开关两臂的边缘线；计算两臂边缘线间的夹角；视频联动系统，以采集识别到的隔离开关导电臂夹角数据为依据，判断隔离开关状态。设置合闸到位判别阈值为α，分闸到位判别阈值β，隔离开关导电臂夹角实际测得角度为γ，则视频判别原则如下：（阈值设置默认0.8）

（1）当$180°-\alpha<\gamma<180°+\alpha$时，系统判别隔离开关位置为合闸到位；

（2）当$0°<\gamma<\beta$时，系统判别隔离开关位置为分闸到位；

（3）当$\beta<\gamma<（180°-\alpha）$时，系统判别隔离开关位置为分合闸异常。

针对组合电器隔离开关，视频联动系统可通过传动机构的角度变化或分合闸指示牌状态来判断隔离开关分合闸状态。具体判断原则如下：

（1）当分合闸指示牌状态为"合"时，系统判别隔离开关位置为合闸到位；

（2）当分合闸指示牌状态为"分"时，系统判别隔离开关位置为分闸到位；

（3）当分合闸指示牌状态处于"分"与"合"之间时，系统判断隔离开关位置为分合闸不到位。

五、微动开关隔离开关位置双确认

基于微动开关的变电站，隔离开关位置"双确认"系统包括顺控主机，与分别相连的测控装置及智能防误主机，设置于隔离开关内，用于检测隔离开关位置的第一微动开关，以及与测控装置相连的二次确认组件。顺控主机发起操作指令，产生操作票，并通过站控层网络，将操作票指令传输至智能防误主机；智能防误主机收到操作票指令后，形成防误校核序列，用于后续的隔离开关位置变化的每步校核。

第一微动开关遥信，将隔离开关位置作为第一判据传输至测控装置，二次确认组件，为测控装置提供隔离开关位置的第二判据；测控装置将接收到的第一判据及第二判据，传输至顺控主机，然后顺控主机与智能防误主机进行防误校验。

第一步，隔离开关利用既有的辅助开关触点位置遥信功能，对其分合闸位置进行判断，将判断结果作为第一判据，发送至测控装置。

第二步，隔离开关的合闸或分闸到位后，机械凸起压下双微动开关的传动件，该传动件带动弹簧片触动静触点后，使第二微动开关的动合与动断触点切换，实现了隔离开关位置信号的转换，姿态传感器再将该信号传输至接收装置，由接收装置对隔离开关的分合闸位置进行判断，并作为第二判据发送至测控装置。设置非同源的双微动开关，第二微动开关能在电动机停止反转的同时，实现触点切换，从而进一步确保了隔离开关的分闸或合闸到位。

第三步，测控装置根据第一判据及第二判据，判断隔离开关位置，并通过电脑钥匙顺控主机反馈隔离开关的位置。微动开关的变电站，隔离开关位置的"双确认"系统，是在电动机构内隔离开关第一微动开关，将隔离开关位置作为第一判据，传输至测控装置的原有基础上，通过加装第二微动开关，为测控装置提供隔离开关位置的第二判据，使隔离开关形成"双确认"系统。当隔离开关动作后，运维人员可以准确、有效地判别隔离开关的分合闸状态，这将极大提高设备状态判别的准确率，也为实现变电站隔离开关状态转换的"一键顺控"操作提供了安全保障。

六、应用分析

为满足一键顺控操作技术条件，隔离开关应满足双确认条件，其位置（辅助触点）确认应采用"位置遥信+姿态遥信"判据，位置遥信作为主要判据，姿态遥信装置可采用安装在隔离开关输出轴上的姿态传感器和安装在现场的接收装置组成，传感器与接收装置之间通过有线方式进行通信。采用姿态传感器，对隔离开关分合闸状态进行监测，由接收装置对隔离开关分合闸遥信进行确认，实现一次设备非同源双确认功能，即在隔离开关的拐臂主轴处，加载姿态传感器，监测拐臂主轴转动角度，判断隔离开关位置变化。

在工程化应用中，同时增加了视频联动双确认分析，作为辅助判据，即在隔离开关、断路器等设备分合闸指示处安装高清摄像头，并按"全景+A相+B相+C相"模式，实时监控设备状态变化，在倒闸操作过程中，视频摄像头智能聚焦当前设备操作情况，并将画面通过数据接口上送分析主机后台，由分析主机深度机器，学习推理模型自动推理，判断出ABC三相设备的状态变化信息，并将分析后稳定结果，以CIM/E文件的方式通过反向隔离设备推送给顺控主机，顺控主机以此结果作为第二判据，进行顺控操作的双确认分析。

🔧 1. 顺控工程化应用改造方法

（1）监控摄像头安装调试：按"全景+A相+B相+C相"模式进行，需要顺控视频双确认设备的视频监控摄像头布点设计、施工安装、预置位调试、顺控设备的预置位模型关联调试。

（2）对于35kV区域短刀臂隔离开关可采用安装微动开关的方式，进行一键顺控双确认应用，以提高35kV隔离开关顺控操作的可靠性。

（3）顺控主机选择安装：顺控主机选择需要由工作负责人带后台厂家人员与站内运行人员，核实原工程师站主机型号与运行情况。优先对原监控主机（SCADA4或工程师站）进行一键顺控功能升级（由后台厂家核实该主机是否具备升级功能），若具备升级条件，则将原工程师站主机断网、拆机，后作顺控主机使用，并由工作负责人监护厂家人员，从站控层中心交换机导出原监控后台底层数据库（后称旧底层数据库）。若不具备升级条件，应新增一台具有一键顺控功能的监控主机（后称顺控主机），可保留原监控主机，新增顺控主机仅完成一键顺控功能。

（4）顺控操作票导入及底层数据库核对：厂家人员从顺控主机导出底层数据库（后称新底层数据库），包含全站遥信、遥测、保护遥信、保护遥测、遥控、装置等数据点，由工作负责人、运行人员共同检查顺控操作票内容，由厂家人员负责顺控操作票导入；由检修人员、运行人员共同完成新、旧底层数据库核对工作，对数据库中不一致的部分，要求后台厂家作出解释并清晰标注。

（5）智能防误主机与顺控主机五防逻辑导入与检查、通信接口调试：优先对原独立五防主机进行一键顺控校核功能升级，不具备升级条件的，应新增一台具备该功能的智能防误主机，新增智能防误主机，从新增顺控主机获取全站设备实遥信状态，从原五防主机获取地线、网门等虚遥信状态。原监控后台五防系统厂家，联系运行人员将站内原监控后台五防逻辑导出，由智能防误主机五防厂家与顺控主机五防厂家，分别将原五防逻辑导入两台主机，以实现站控层顺控主机与智能防误主机双五防校核。由运行人员和检修人员依据打印的原监控后台五防逻辑表，逐一检查两套五防系统内全部一次设备五防逻辑正确性。顺控主机厂家与智能防误主机厂家，严格按照相关文件要求，完成通信接口调试工作。

（6）站内调试人员需要登录一键顺控操作界面，对顺控操作票内不同状态转换进行逐一检查，确认设备态、操作条件、操作步骤、目标条件均无误后点击"模拟预演校核"，该工作可校验顺控主机和智能防误主机内五防逻辑一致性。模拟预演应以生成任务成功为前提。全过程应包括检查操作条件、预演前当前设备态核实、顺控主机内置防误闭锁校验、智能防误主机防误校核。单步模拟操作，全部环节成功后才可确认模拟预演完毕。

（7）辅控系统安装组网调试，由检修人员联系视频主机厂家、顺控主机厂家进行组网及接口调试。将顺控主机、智能防误主机、正向隔离装置、反向隔离装置、视频主机组成视频联动系统，并对系统各设备之间进行接口调试。

（8）测控模拟仿真，测控模拟仿真校核是站控层改造中最重要的环节，该工作由顺控主机厂家人员，根据检修人员提出的验证需求，研制现场测控模拟仿真软件，运行于Windows XP系统的笔记本电脑。由顺控主机厂家人员，将现场测控装置SCD文件及部分遥信、遥测量（从原监控后台导出）导入仿真软件，搭建由顺控主机、智能防误主机、笔记本电脑、视频监控主机构成的模拟仿真校核平台，对顺控操作票开展模拟预演、执行的验证工作。在视频联动系统组网完成后，顺控主机发出操作指令，智能防误主机校核反馈后，经过正向隔离装置传递给视频监控主机，视频主机接到信号后，将模拟现场设备分合位置进行回传，经过反向隔离装置后，传递至顺控主机，形成闭环。

（9）由运行人员、检修人员、顺控主机厂家人员再次对操作条件、设备状态等信息进行检查、修改，确保操作过程与站内实际常规操作流程一致。校核完毕后，由顺控主机厂家人员，将最终顺控操作票导出，由运行人员再次检查顺控操作票内容。

（10）在一次设备首次通过一键顺控操作实际停送电过程前，为切实管控顺控操作中误控风险，需检查本次操作所用顺控票所关联的点位正确性；再次核查本间隔顺控主机、智能防误主机内五防逻辑正确性与一致性，在检修人员监护下，由厂家人员对本次操作所用顺控票添加断点，并开展不挂网视频联调验证，告知运维人员，将非本次顺控操作间隔安措布置到位。

（11）根据顺控操作流程开展顺控操作，一键顺控系统改造完成后，运维人员只要点击指令，即可实现电气设备运行状态的自动转换。

2.顺控操作应用方法

需要开展顺控操作时，运维人员只需在顺控主机上启动顺控操作工作站，输入监护人机操作人账号密码进入操作界面，然后进入一键顺控操作界面，点击新建任务，选择需要操作的设备，核对当前设备状态、选择目标状态，生成操作任务。进入预演画面进行预演，根据逻辑条件是否满足操作条件，若满足条件预演成功后即可进入执行，点击执行菜单进行顺控操作，一键顺控控制指令每一个操作项目执行前，向辅助监控系统发出联动信号，辅助监控系统收到信号后触发图像采集设备联动，并根据需要转发视频图像，识别结果至一键顺控主机，顺控主机根据视频双确认反校结果，自动判断当前操作是否进行。运维人员在顺控过程中，需同时监视一键顺控操作界面，如图8-18所示，垂直式隔离开关双确认如图8-19所示，水平式隔离开关双确认如图8-20所示，翻牌式隔离开关双确认如图8-21所示，指针式隔离开关双确认如图8-22所示。

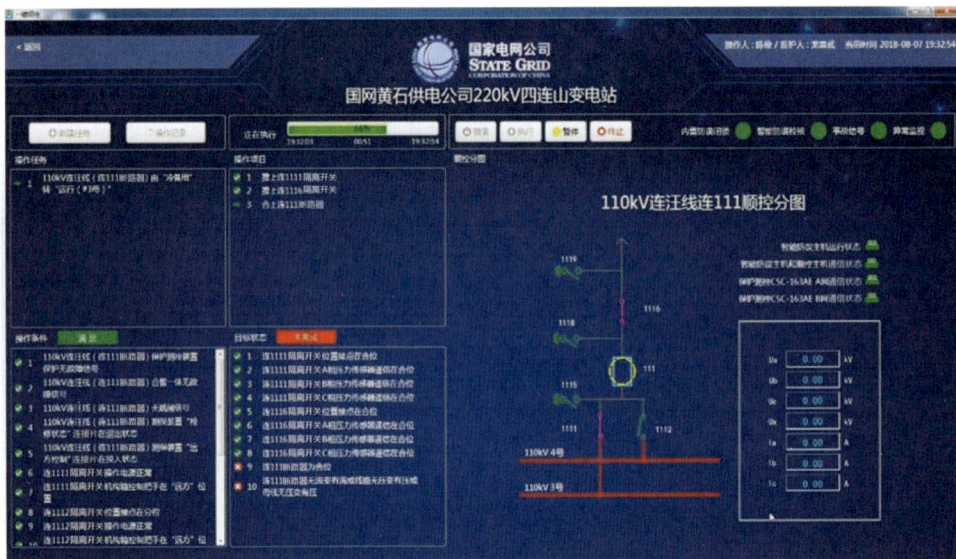

▲ 图8-18　一键顺控操作界面

▲ 图8-19　垂直式隔离开关双确认

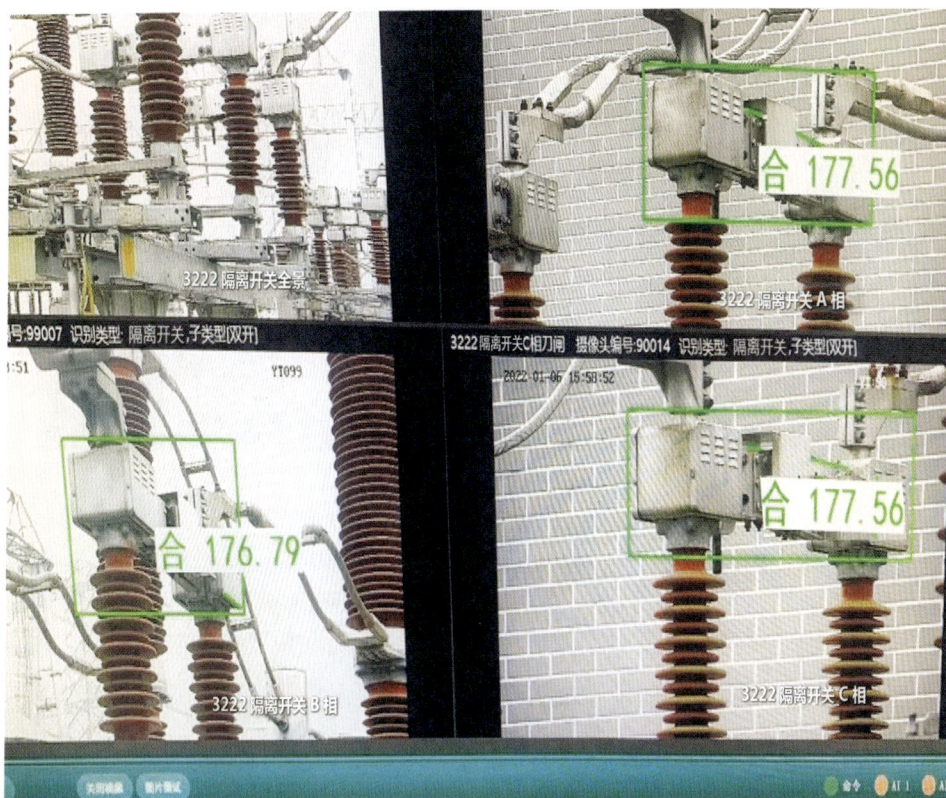

▲ 图8-20　水平式隔离开关双确认

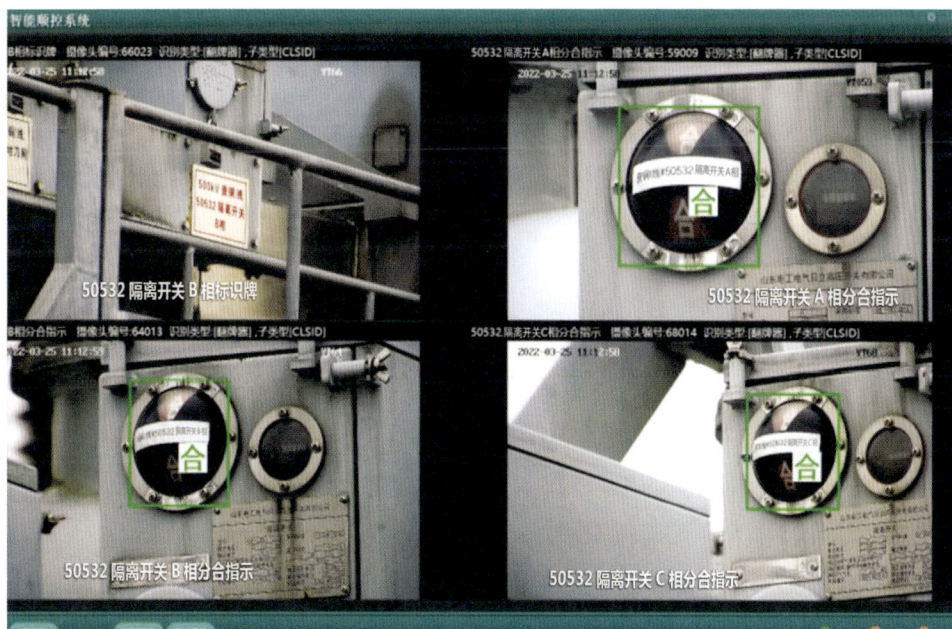

▲ 图8-21　翻牌器隔离开关双确认

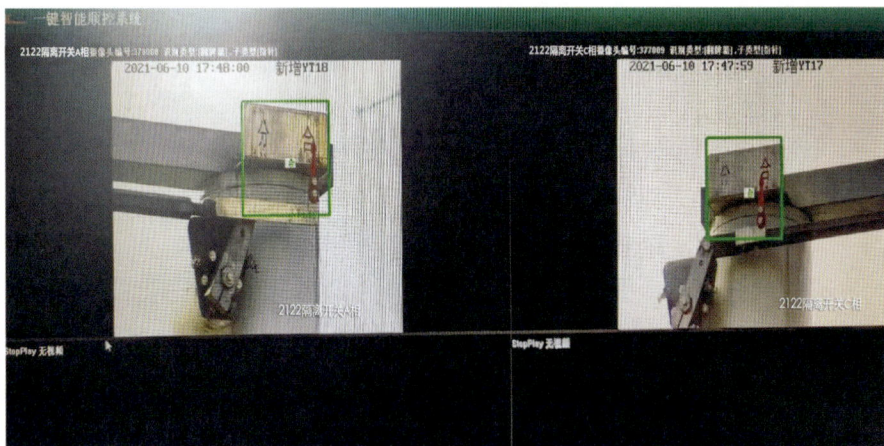

▲ 图8-22　指针式隔离开关双确认

3. 顺控操作应用成效

应用隔离开关双确认以及双套防误校核，满足防误操作要求，首先经过监控系统一体化五防的防误闭锁，同时向智能五防系统发送防误校核请求，智能防误系统实时完成防误逻辑校验并返回校验结果，双套防误校核同时满足时执行顺控操作。

提高隔离开关操作完善性和准确性，采用模块化的一键顺控操作票，降低了变电运维人员技术要求、对设备熟悉程度的要求，避免了误操作的可能。

实现降本增效，一键顺控不需要变电运维人员到现场编写操作票，不需要进行图版模拟，不需要常规变电站操作前的五防校验状态检查，不会出现操作漏项、缺项，操作速度快、效率高、节省操作时间，降低操作人员劳动强度。

可实现集控站或远方操作，在一定程度上解决变电运维人员不足的问题。

七、未来展望

一键顺控技术，已在电网公司的多所变电站得到广泛应用，操作的设备类型，包括线路、变压器、母线、断路器等。一键顺控操作的推广应用，为变电站运维人员带来极大的便利，提升设备侧的操作效率，节省大量的时间、大量的人力。但是，一键顺控双确认系统，智能分析主机、推理模型识别精度，还需进一步提升，以期将一键顺控双确认技术普遍应用于传统的倒闸操作中，将繁琐、重复、易误操作的隔离开关操作模式，转变为操作项目软件预制、操作内容快速搭建、设备状态智能判别、操作一键启动、操作过程自动顺序执行。

附录 A 110kV 开关机构图

电源控制回路	合闸控制回路	防跳控制回路	分闸控制回路	SF₆气体压力控制回路	储能控制回路	合闸簧储能状态信号	SF₆气压报警信号	电动机手动/电动联锁	电动机储能控制回路

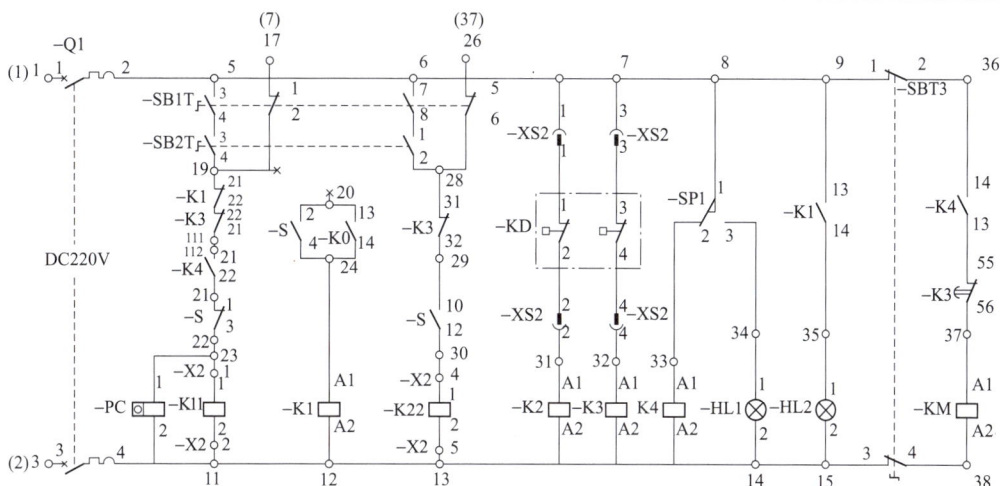

▲ 图 A-1 平高 LW35-126 开关机构图 1

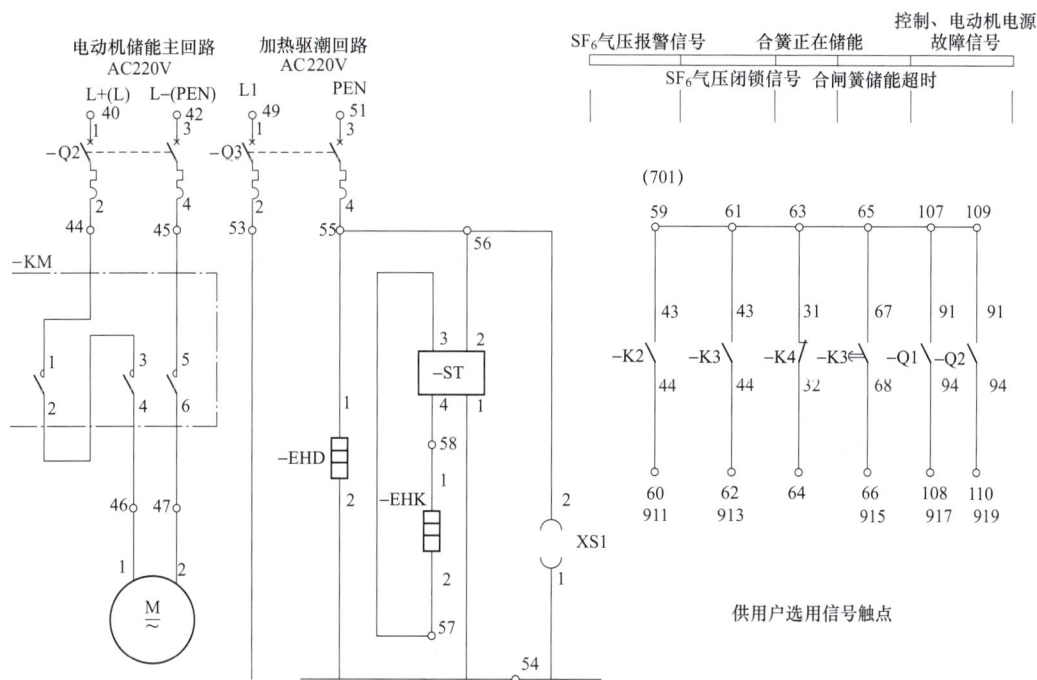

▲ 图 A-2 平高 LW35-126 开关机构图 2

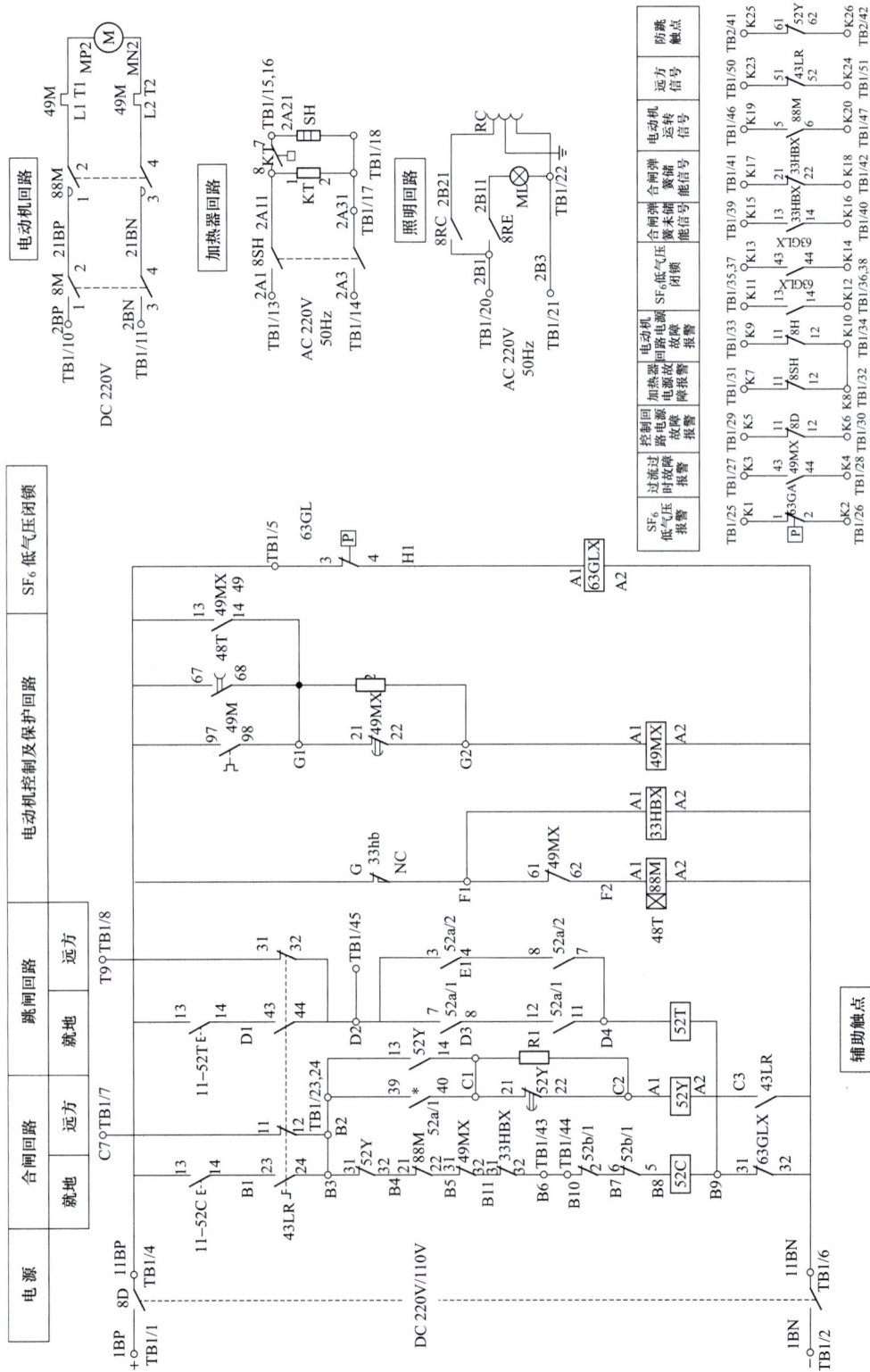

▲ 图 A-3　西高 LW25-126 开关机构图

附录 B 220kV 开关机构图

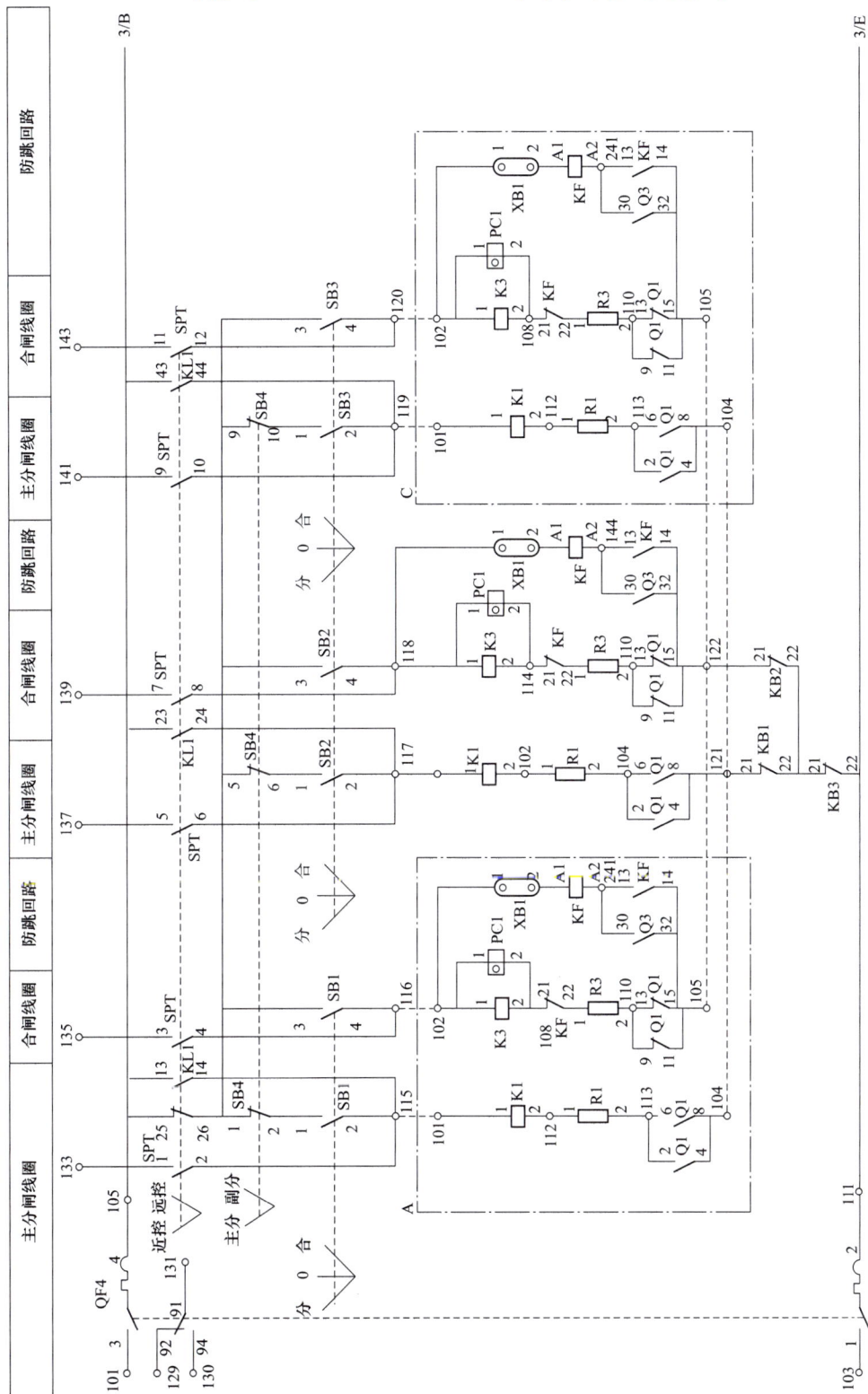

▲ [图]图B-1 平高LW10-252机构（220kV）1

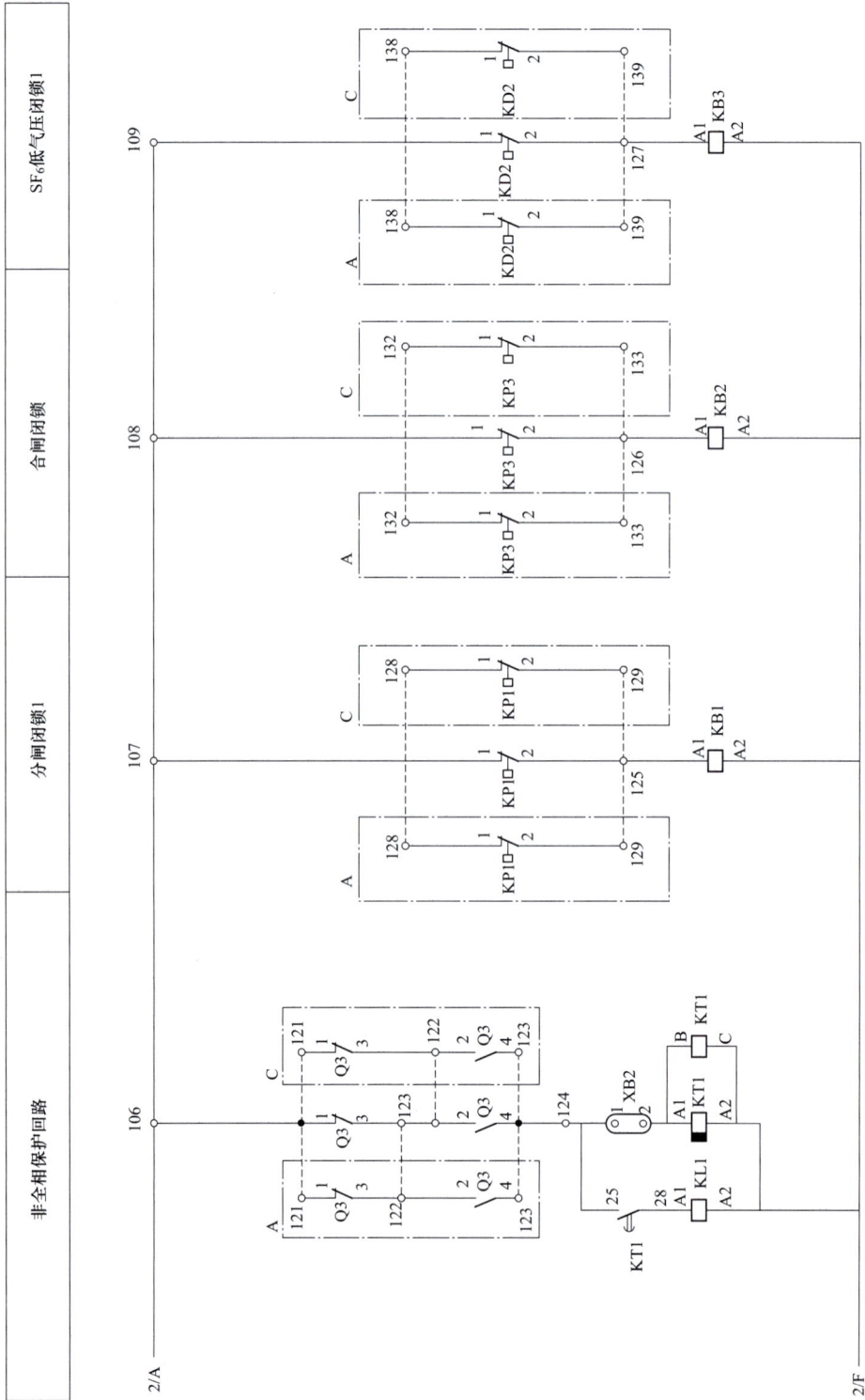

▲ 图B-2　平高LW10-252机构（220kV）2

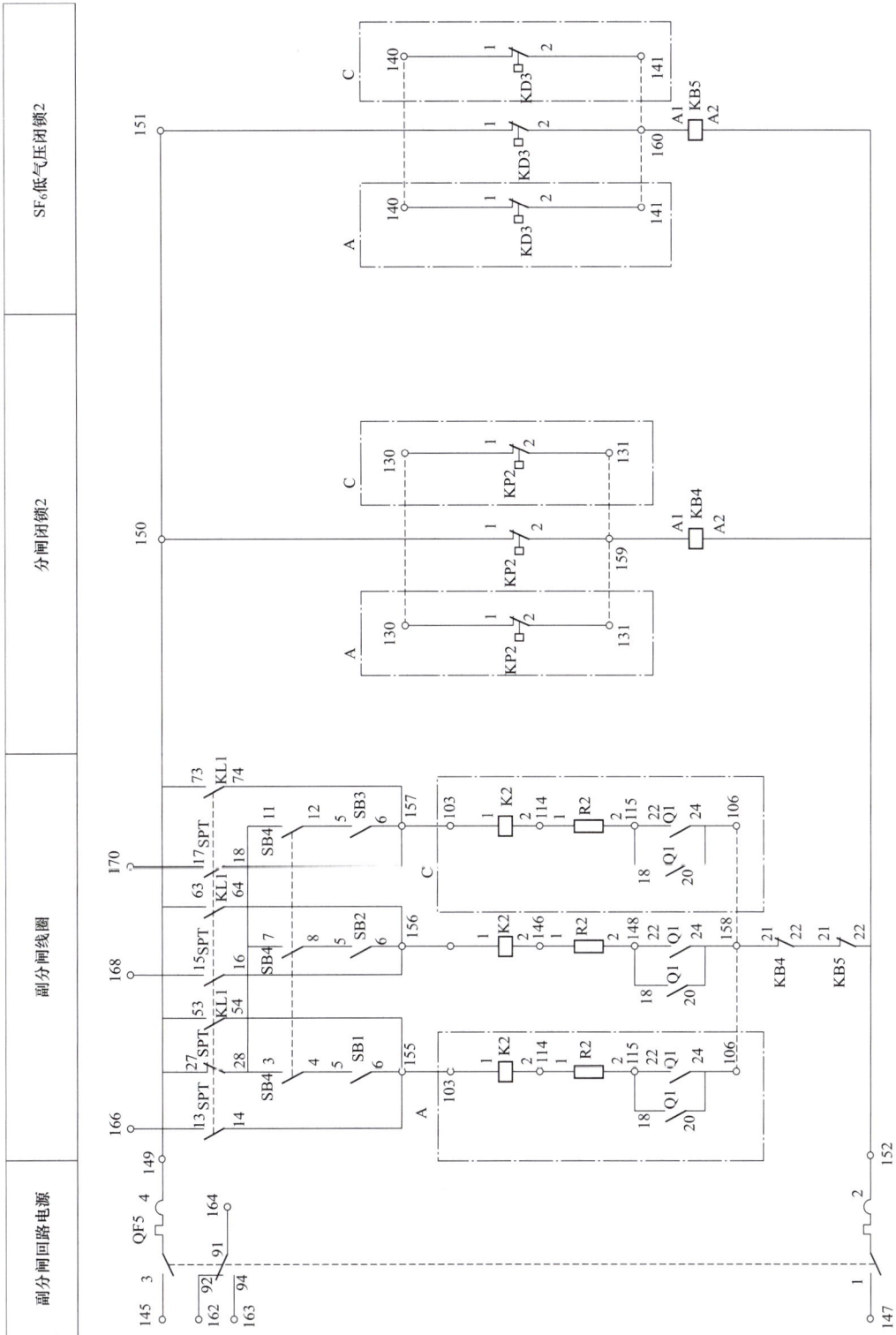

▲ 图B-3　平高LW10-252机构（220kV）3

411

重合闸闭锁	非全相保护信号触点	分闸信号1	合闸信号1	分闸信号2	合闸信号2

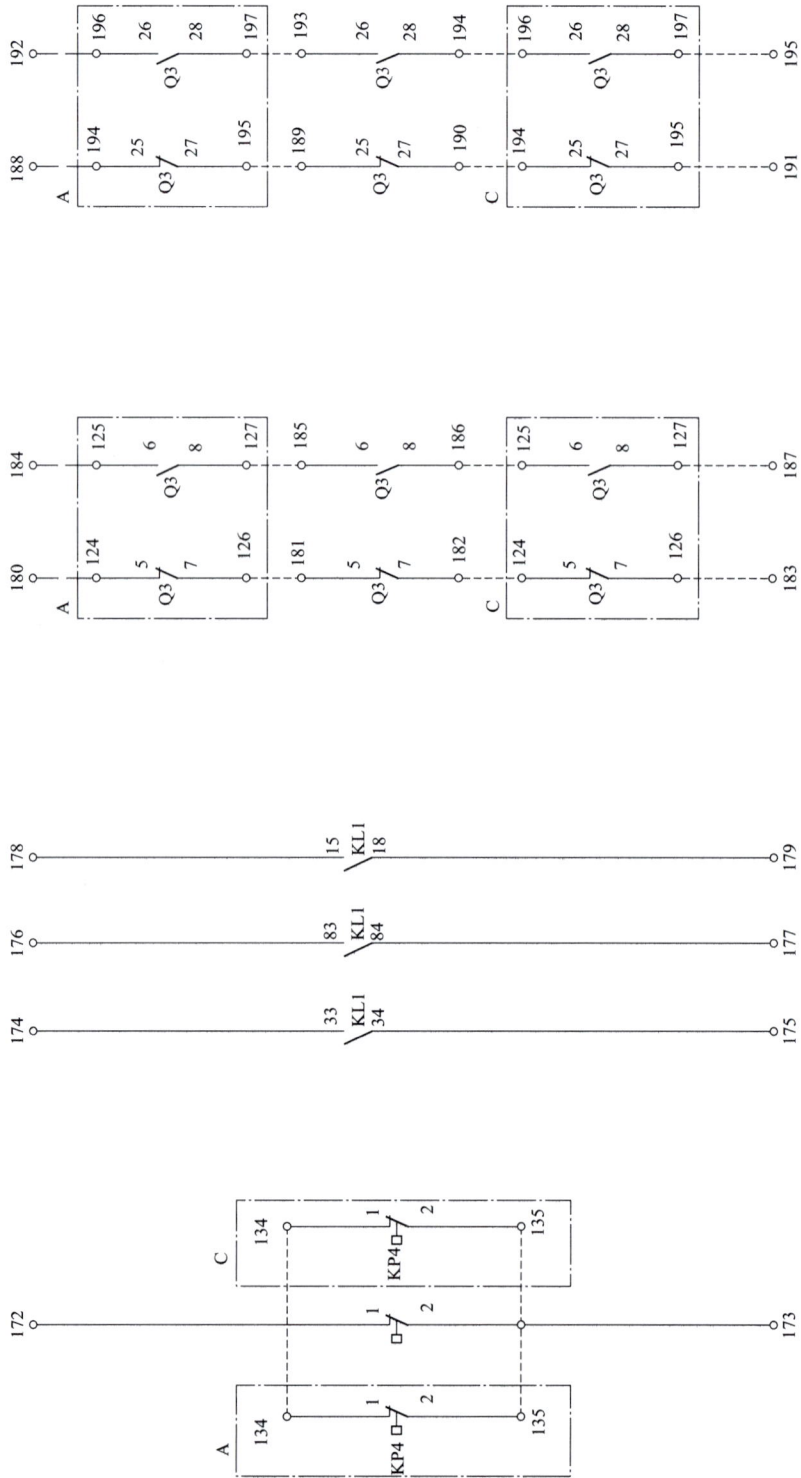

▲ 图B-4　平高LW10-252机构（220kV）4

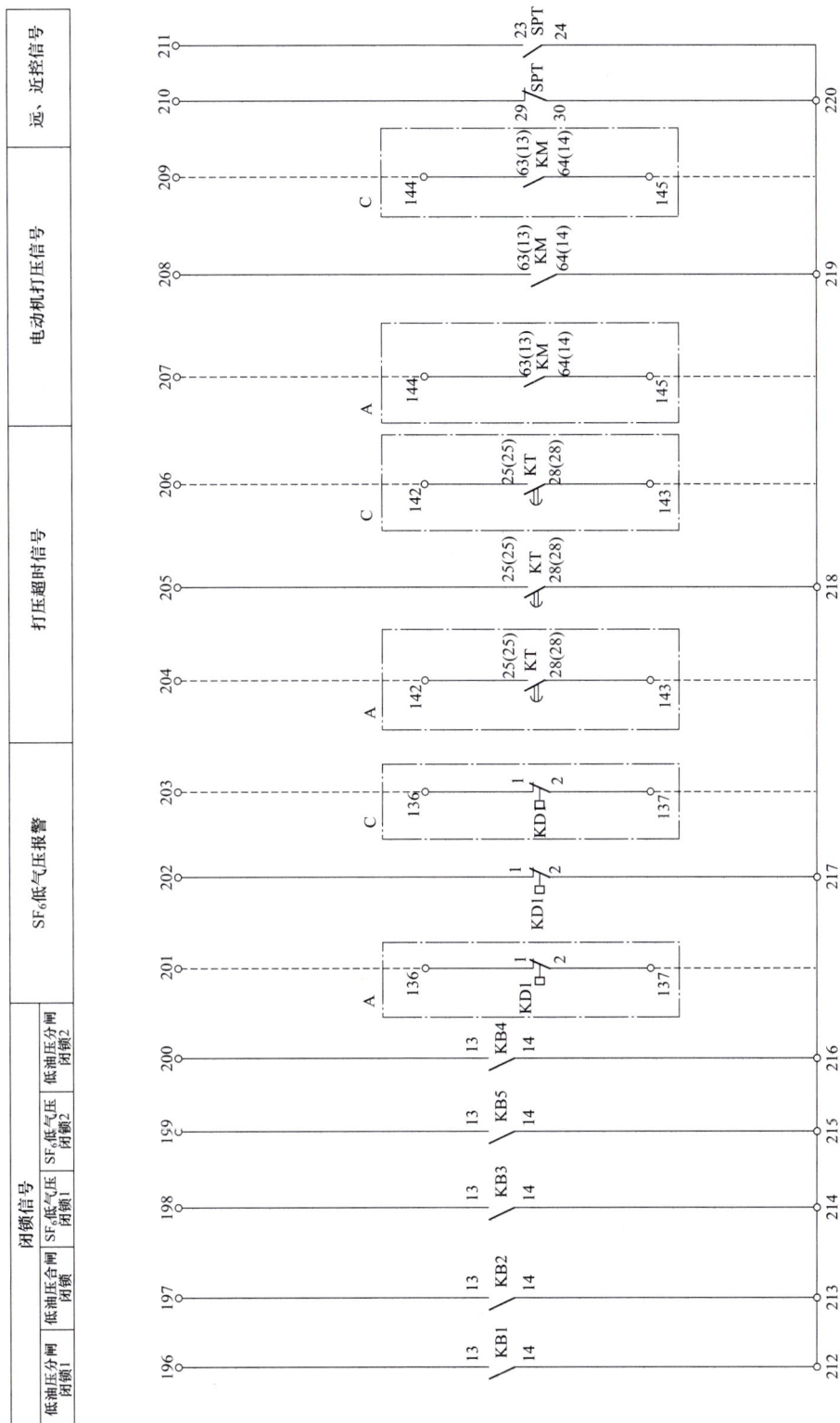

▲ 图B-5　平高LW10-252机构（220kV）5

油泵交流电动机　电动机启停控制　油泵打压超时回路　油泵交流电动机　电动机启停控制　油泵打压超时回路　油泵交流电动机　电动机启停控制　油泵打压超时回路

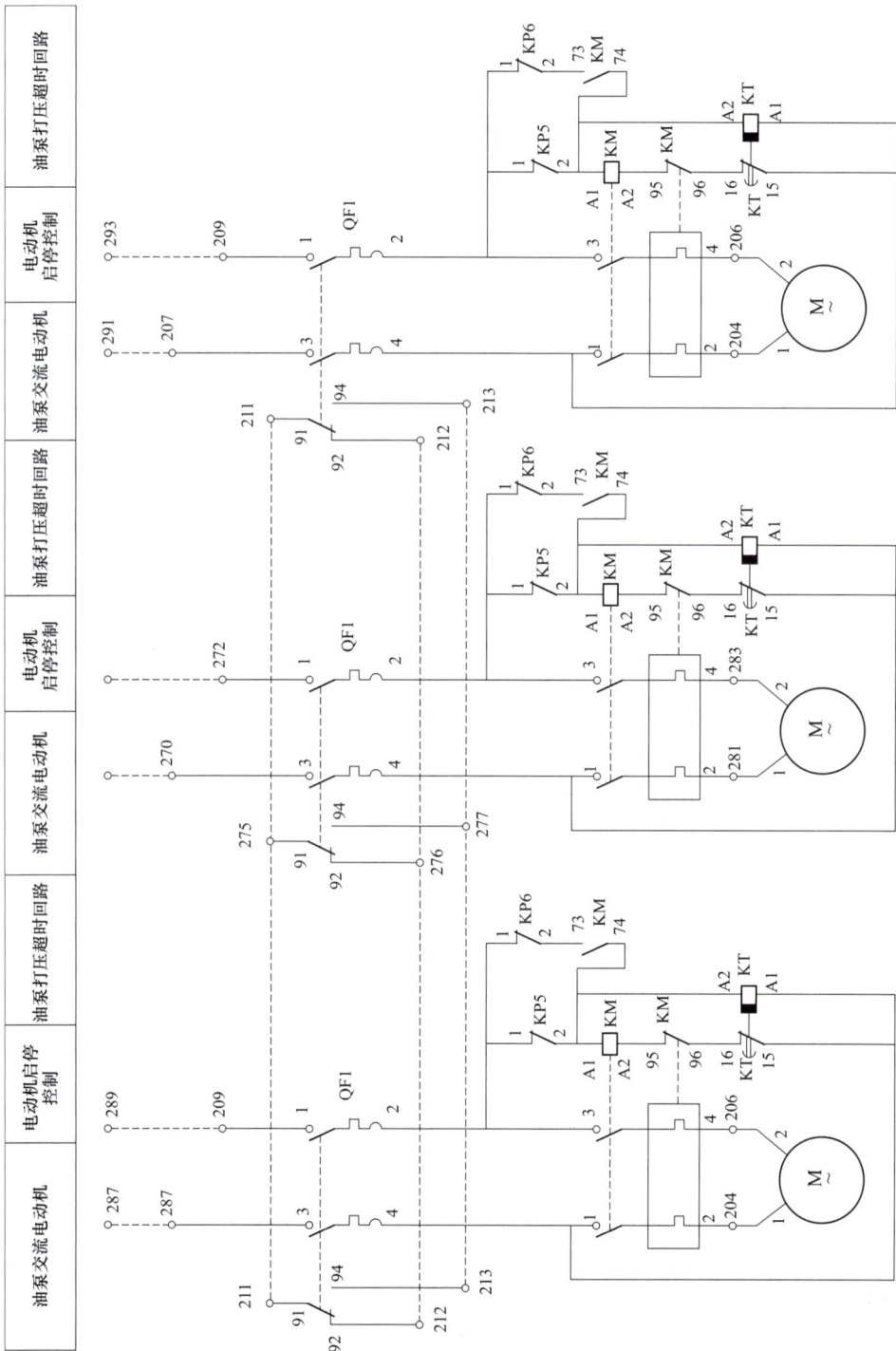

▲ 图B-6　平高LW10-252机构（220kV）6

参考文献

［1］王国光.变电站二次回路及运行维护.北京：中国电力出版社，2017.

［2］郑新才，蒋剑.怎样看110kV变电站典型二次回路图.北京：中国电力出版社，2021.

［3］郑新才，陈国永.220kV变电站典型二次回路详解.北京：中国电力出版社，2014.

［4］王世祥.电压互感器现场验收及运行维护.北京：中国电力出版社，2015.

［5］司增彦，包玉树.电气设备故障试验诊断攻略 消弧线圈.北京：中国电力出版社，2018.

［6］衡思坤，包玉树.电气设备故障试验诊断攻略 电力变压器.北京：中国电力出版社，2017.

［7］陈志勇，包玉树.电气设备故障试验诊断攻略 变压器附件.北京：中国电力出版社，2017.

［8］司增彦，包玉树.电气设备故障试验诊断攻略 电力电容器.北京：中国电力出版社，2019.

［9］秦嘉喜，包玉树.电气设备故障试验诊断攻略 电力电缆.北京：中国电力出版社，2017.

［10］周源，包玉树.电气设备故障试验诊断攻略 互感器.北京：中国电力出版社，2019.

［11］高山，包玉树.电气设备故障试验诊断攻略 开关设备.北京：中国电力出版社，2020.

［12］陈灵.高压隔离开关检修技术及案例分析.北京：中国电力出版社，2019.

［13］陈灵.高压断路器故障诊断与缺陷处理.北京：中国电力出版社，2019.

［14］陈灵.变电设备试验诊断及分析.北京：中国电力出版社，2019.

［15］刘兴华.220kV及以下变压器故障检测典型案例分析与处理.北京：中国电力出版

社，2019.

［16］伍国兴.10kV开关柜操作机构运维手册.北京：中国电力出版社，2018.

［17］黎贤钛.变压器油泵实用技术.北京：中国电力出版社，2010.

［18］王沛.GIS设备典型故障案例及分析.北京：中国电力出版社，2019.

［19］马飞越.GIS设备内部异物检测.北京：中国电力出版社，2020.

［20］邱欣杰.变电设备技术监督典型案例汇编.北京：中国电力出版社，2019.

［21］要焕年，曹梅月.电力系统谐振接地.北京：中国电力出版社，2015.

［22］刘勇，侯向红，杨诚.新型电力变压器结构原理及常见故障处理.北京：中国电力
出版社，2014.

［23］周存和.并联电容器及其成套装置.北京：中国电力出版社，2010.

［24］刘兴华.开关柜故障检测与处理典型案例.北京：中国电力出版社，2020.

［25］咸日常，刘兴华，吕学宾.组合电器故障检测与处理典型案例.北京：中国电力出
版社，2020.

［26］李鑫，刘兴华，吕学宾.互感器故障检测与处理典型案例.北京：中国电力出版
社，2020.

［27］刘兴华.避雷器故障检测与处理典型案例.北京：中国电力出版社，2020.

［28］王季梅.真空开关技术与应用.北京：机械工业出版社，2008.

［29］薛峰.怎样分析电力系统故障录波图.北京：中国电力出版社，2017.